개념원리

중학 수학 2-2

Love yourself 무엇이든 할 수 있는 나이다

| 공부 시작한 날 | 년 | 월 | 일 |

| 공부 다짐 |

발행일	2024년 2월 15일 2판 3쇄
지은이	이홍섭
기획 및 개발	개념원리 수학연구소

사업 책임	황은정
마케팅 책임	권가민, 정성훈
제작/유통 책임	정현호, 이미혜, 이건호
콘텐츠 개발 총괄	한소영
콘텐츠 개발 책임	오영석, 김경숙, 오지애, 모규리, 김현진
디자인	스튜디오 에딩크, 손수영

펴낸이	고사무열
펴낸곳	(주)개념원리
등록번호	제 22-2381호
주소	서울시 강남구 테헤란로 8길 37, 7층(역삼동, 한동빌딩) 06239
고객센터	1644-1248

개념원리

중학 수학

2-2

많은 학생들은 왜
개념원리로 공부할까요?
정확한 개념과 원리의 이해,
수학의 비결
개념원리에 있습니다.

생각하는 방법을 알려 주는 개념원리수학

"어떻게 하면 골치 아픈 수학을 잘 할 수 있을까?" 이것은 오랫동안 끊임없이 제기되고 있는 학생들의 질문이며 가장 큰 바람입니다. 그런데 안타깝게도 대부분의 학생들이 공부는 열심히 하지만 성적이 오르지 않아 흥미를 잃어버리고 중도에 포기하는 경우가 많습니다.

수학 공부를 열심히 하지 않아서 그럴까요? 머리가 나빠서 그럴까요?

그렇지 않습니다. 공부하는 방법이 잘못되었기 때문입니다.

개념원리수학은 단순한 암기식 학습이 아니라 현 교육과정에서 요구하는 사고력, 응용력, 창의력을 배양 – 수학의 기본적인 지식과 기능을 습득하고, 수학적으로 사고하는 능력을 길러 실생활의 여러 가지 문제를 합리적으로 해결할 수 있는 능력과 태도를 기름 – 하도록 기획되어 생각하는 방법을 깨칠 수 있도록 하였습니다.

개념원리 중학수학의 특징

❶ 하나를 알면 10개, 20개를 풀 수 있고 어려운 수학에 흥미를 갖게 하여 쉽게 수학을 정복할 수 있습니다.

❷ 나선식 교육법을 채택하여 쉬운 것부터 어려운 것까지 단계적으로 혼자서도 충분히 공부할 수 있도록 하였습니다.

❸ 페이지마다 문제를 푸는 방법과 틀리기 쉬운 부분을 체크하여 개념과 원리를 충실히 익히도록 하였습니다.

따라서 이 책의 구성에 따라 인내심을 가지고 꾸준히 학습한다면 수학에 대하여 흥미와 자신감을 갖게 될 것입니다.

구성과 특징

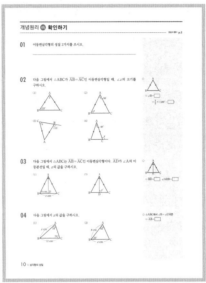

개념원리 이해

개념과 원리를 완벽하게 이해할 수 있도록 꼼꼼하고 상세하게 정리하였습니다.

개념원리 확인하기

학습한 내용을 확인하기 쉬운 문제로 개념과 원리를 정확하게 이해할 수 있도록 하였습니다.

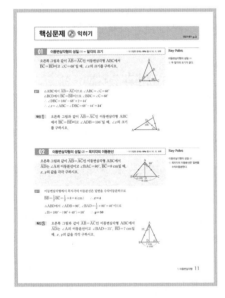

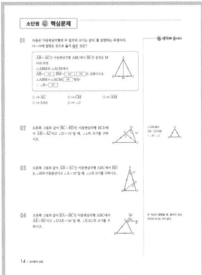

핵심문제 익히기

개념별로 꼭 풀어야 하는 핵심문제와 더불어 확인문제를 실어서 개념원리의 적용 및 응용을 충분히 익힐 수 있도록 하였습니다.

소단원 핵심문제

소단원별로 핵심문제의 변형 또는 발전 문제를 통하여 배운 내용에 대한 확인을 할 수 있도록 하였습니다.

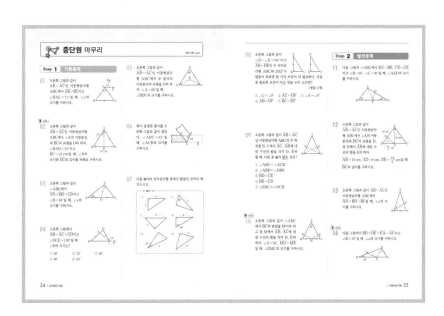

중단원 마무리

중단원에서 출제율이 높은 문제를 기본, 발전으로 나누어 수준별로 구성하여 수학 실력을 향상시킬 수 있도록 하였습니다.

서술형 대비 문제

예제와 쌍둥이 유제를 통하여 서술의 기본기를 다진 후 출제율이 높은 서술형 문제를 통하여 서술력을 강화할 수 있도록 하였습니다.

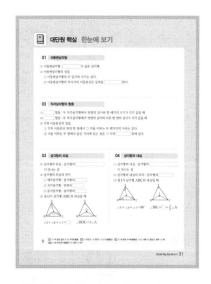

대단원 핵심 한눈에 보기

대단원에서 학습한 전체 내용을 체계적으로 익힐 수 있도록 하였습니다.

 ## 차례

I

삼각형의 성질

개념원리
이해

1 이등변삼각형이란 무엇인가?

(1) **이등변삼각형** : 두 변의 길이가 같은 삼각형
　　⇨ $\overline{AB} = \overline{AC}$

(2) **이등변삼각형에서 자주 사용하는 용어**
　① 꼭지각 : 길이가 같은 두 변이 이루는 각 ⇨ ∠A
　② 밑변 : 꼭지각의 대변 ⇨ $\overline{BC}$
　③ 밑각 : 밑변의 양 끝 각 ⇨ ∠B, ∠C
　▶ 꼭지각, 밑각은 이등변삼각형에서만 사용하는 용어이다.

참고 정삼각형은 세 변의 길이가 같으므로 이등변삼각형이다.

2 이등변삼각형에는 어떤 성질이 있는가?(1) ◐ 핵심문제 1, 3, 4

이등변삼각형의 두 밑각의 크기는 같다.
　⇨ $\overline{AB} = \overline{AC}$이면 ∠B = ∠C

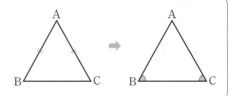

▶ $\angle B = \angle C = \dfrac{1}{2} \times (180° - \angle A)$

설명 $\overline{AB} = \overline{AC}$인 △ABC에서 ∠A의 이등분선과 $\overline{BC}$의 교점을 D라 하면
　　△ABD와 △ACD에서
　　$\overline{AB} = \overline{AC}$ 　　　　　 …… ㉠
　　∠BAD = ∠CAD 　　　 …… ㉡
　　$\overline{AD}$는 공통 　　　　　 …… ㉢
　　㉠, ㉡, ㉢에 의해 △ABD ≡ △ACD(SAS 합동)
　　∴ ∠B = ∠C

예 오른쪽 그림과 같이 $\overline{AB} = \overline{AC}$인 이등변삼각형 ABC에서 ∠A = 50°일 때, ∠x의
　　크기를 구하시오.
　　∠B + ∠C = 180° − 50° = 130°이고
　　∠B = ∠C이므로
　　$\angle x = \angle B = \dfrac{1}{2} \times 130° = 65°$

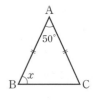

3 이등변삼각형에는 어떤 성질이 있는가?(2) ● 핵심문제 2

이등변삼각형의 꼭지각의 이등분선은 밑변을
수직이등분한다.
↳ $\overline{AB}=\overline{AC}$, ∠BAD=∠CAD이면
$\overline{BD}=\overline{CD}$, $\overline{AD}⊥\overline{BC}$

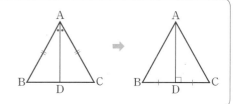

▶ 이등변삼각형에서 다음이 성립한다.
(꼭지각의 이등분선)=(밑변의 수직이등분선)=(꼭지각의 꼭짓점에서 밑변에 내린 수선)
=(꼭지각의 꼭짓점과 밑변의 중점을 이은 선분)

설명 △ABD와 △ACD에서

$\overline{AB}=\overline{AC}$ ······ ㉠

∠BAD=∠CAD ······ ㉡

$\overline{AD}$는 공통 ······ ㉢

㉠, ㉡, ㉢에 의해 △ABD≡△ACD(SAS 합동) ∴ $\overline{BD}=\overline{CD}$

또 ∠ADB=∠ADC이고, ∠ADB+∠ADC=180°이므로

∠ADB=∠ADC=90°, 즉 $\overline{AD}⊥\overline{BC}$

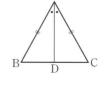

예 오른쪽 그림과 같이 $\overline{AB}=\overline{AC}$인 이등변삼각형 ABC에서 $\overline{AD}$는 ∠A의 이등분선
이고 $\overline{BC}=6$ cm일 때, x의 값을 구하시오.

$\overline{BD}=\overline{CD}$이고 $\overline{BC}=6$ cm이므로 $\overline{CD}=\dfrac{1}{2}\overline{BC}=\dfrac{1}{2}×6=3$(cm) ∴ $x=3$

4 이등변삼각형이 되는 조건은 무엇인가? ● 핵심문제 5, 6

두 내각의 크기가 같은 삼각형은 이등변삼각형
이다.
↳ ∠B=∠C이면 $\overline{AB}=\overline{AC}$

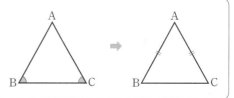

설명 ∠B=∠C인 △ABC에서 ∠A의 이등분선과 $\overline{BC}$의 교점을 D라 하면

△ABD와 △ACD에서

∠B=∠C

∠BAD=∠CAD ······ ㉠

삼각형의 세 내각의 크기의 합은 180°이므로

∠ADB=∠ADC ······ ㉡

$\overline{AD}$는 공통 ······ ㉢

㉠, ㉡, ㉢에 의해 △ABD≡△ACD(ASA 합동) ∴ $\overline{AB}=\overline{AC}$

예 오른쪽 그림과 같은 △ABC에서 ∠B=∠C=40°, $\overline{AC}=9$ cm일 때, x의
값을 구하시오.

∠B=∠C이므로 $\overline{AB}=\overline{AC}=9$ cm ∴ $x=9$

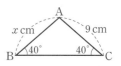

01 이등변삼각형의 성질 2가지를 쓰시오.

_____

_____

02 다음 그림에서 △ABC가 $\overline{AB}=\overline{AC}$인 이등변삼각형일 때, ∠$x$의 크기를 구하시오.

⇨ ∠B=□

  $=\dfrac{1}{2}×(180°-□)$

(1)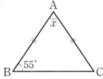

(2)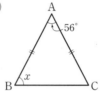

(3)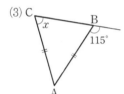

(4)

03 다음 그림에서 △ABC는 $\overline{AB}=\overline{AC}$인 이등변삼각형이다. $\overline{AD}$가 ∠A의 이등분선일 때, x의 값을 구하시오.

⇨ $\overline{BD}=□$, ∠ADB=□

(1)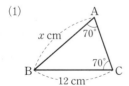

(2)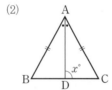

04 다음 그림에서 x의 값을 구하시오.

△ABC에서 ∠B=∠C이면
⇨ $\overline{AB}=□$

(1)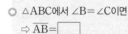

(2)

01 이등변삼각형의 성질 (1) – 밑각의 크기   ◉ 더 다양한 문제는 RPM 중2-2 10, 11, 18쪽

오른쪽 그림과 같이 $\overline{AB}=\overline{AC}$인 이등변삼각형 ABC에서
$\overline{BC}=\overline{BD}$이고 ∠C=68°일 때, ∠$x$의 크기를 구하시오.

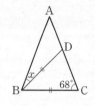

Key Point

이등변삼각형의 성질 (1)
⇨ 두 밑각의 크기가 같다.

풀이 △ABC에서 $\overline{AB}=\overline{AC}$이므로 ∠ABC=∠C=68°
△BCD에서 $\overline{BC}=\overline{BD}$이므로 ∠BDC=∠C=68°
∴ ∠DBC=180°−68°×2=44°
∴ ∠x=∠ABC−∠DBC=68°−44°=**24°**

확인 1 오른쪽 그림과 같이 $\overline{AB}=\overline{AC}$인 이등변삼각형 ABC
에서 $\overline{BC}=\overline{BD}$이고 ∠ADB=106°일 때, ∠$x$의 크기
를 구하시오.

02 이등변삼각형의 성질 (2) – 꼭지각의 이등분선   ◉ 더 다양한 문제는 RPM 중2-2 10, 12, 18쪽

오른쪽 그림과 같이 $\overline{AB}=\overline{AC}$인 이등변삼각형 ABC에서
$\overline{AD}$는 ∠A의 이등분선이고 ∠BAC=80°, $\overline{BC}=8$ cm일 때,
x, y의 값을 각각 구하시오.

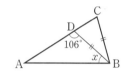

Key Point

이등변삼각형의 성질 (2)
⇨ 꼭지각의 이등분선은 밑변을
수직이등분한다.

풀이 이등변삼각형에서 꼭지각의 이등분선은 밑변을 수직이등분하므로
$\overline{BD}=\dfrac{1}{2}\overline{BC}=\dfrac{1}{2}\times 8=4$(cm)   ∴ $x=4$

△ABD에서 ∠ADB=90°, ∠BAD=$\dfrac{1}{2}\times 80°=40°$이므로
∠B=180°−(90°+40°)=50°   ∴ $y=50$

확인 2 오른쪽 그림과 같이 $\overline{AB}=\overline{AC}$인 이등변삼각형 ABC에서
$\overline{AD}$는 ∠A의 이등분선이고 ∠BAD=25°, $\overline{BD}=7$ cm일
때, x, y의 값을 각각 구하시오.

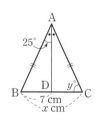

03 이등변삼각형의 성질의 응용 – 이웃한 이등변삼각형   ◎ 더 다양한 문제는 RPM 중2-2 12쪽

오른쪽 그림에서 $\overline{AB}=\overline{AC}=\overline{CD}$이고 ∠B=40°일 때,
∠x, ∠y의 크기를 각각 구하시오.

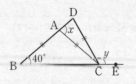

Key Point

삼각형의 한 외각의 크기는 그와 이웃하지 않는 두 내각의 크기의 합과 같다.

풀이 △ABC에서 $\overline{AB}=\overline{AC}$이므로 ∠ACB=∠B=40°

∴ ∠x=∠B+∠ACB=40°+40°=**80°**

또 △CDA에서 $\overline{CA}=\overline{CD}$이므로 ∠D=∠CAD=80°

따라서 △BCD에서 ∠y=∠B+∠D=40°+80°=**120°**

확인③ 오른쪽 그림에서 $\overline{AB}=\overline{AC}=\overline{CD}$이고 ∠DCE=105°일 때, ∠$x$의 크기를 구하시오.

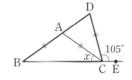

04 이등변삼각형의 성질의 응용 – 각의 이등분선   ◎ 더 다양한 문제는 RPM 중2-2 13쪽

오른쪽 그림과 같이 $\overline{AB}=\overline{AC}$인 이등변삼각형 ABC에서 ∠B의
이등분선과 ∠C의 외각의 이등분선의 교점을 D라 하자.
∠A=44°일 때, ∠x의 크기를 구하시오.

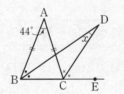

Key Point

이등변삼각형의 두 밑각의 크기는 같음을 이용한다.

풀이 △ABC에서 $\overline{AB}=\overline{AC}$이므로

∠ABC=∠ACB=$\dfrac{1}{2}\times(180°-44°)$=68°

∴ ∠DBC=$\dfrac{1}{2}$∠ABC=$\dfrac{1}{2}\times68°$=34°

∠ACE=180°-∠ACB=180°-68°=112°이므로

∠DCE=$\dfrac{1}{2}$∠ACE=$\dfrac{1}{2}\times112°$=56°

따라서 △BCD에서 ∠DCE=∠DBC+∠D이므로

56°=34°+∠x ∴ ∠x=**22°**

확인④ 오른쪽 그림에서 △ABC와 △BCD는 각각
$\overline{AB}=\overline{AC}$, $\overline{CB}=\overline{CD}$인 이등변삼각형이다.
∠ACD=∠DCE이고 ∠A=80°일 때, ∠x의 크기를 구하시오.

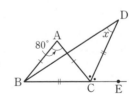

05 이등변삼각형이 되는 조건

더 다양한 문제는 RPM 중2-2 13, 14쪽

Key Point

두 내각의 크기가 같은 삼각형
은 이등변삼각형이다.

오른쪽 그림과 같이 $\overline{AB}=\overline{AC}$인 이등변삼각형 ABC에서 $\overline{BD}$는 ∠B
의 이등분선이고 ∠A$=36°$, $\overline{BC}=8$ cm일 때, 다음을 구하시오.

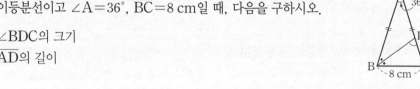

(1) ∠BDC의 크기
(2) $\overline{AD}$의 길이

풀이 (1) △ABC에서 $\overline{AB}=\overline{AC}$이므로

$$∠ABC=∠C=\frac{1}{2}\times(180°-36°)=72°$$

$$\therefore ∠ABD=∠DBC=\frac{1}{2}∠ABC=\frac{1}{2}\times72°=36°$$

따라서 △ABD에서 ∠BDC$=∠A+∠ABD=36°+36°=$**72°**

(2) ∠A$=∠ABD=36°$이므로 △ABD는 $\overline{DA}=\overline{DB}$인 이등변삼각형이다.
또 ∠C$=∠BDC=72°$이므로 △BCD는 $\overline{BC}=\overline{BD}$인 이등변삼각형이다.
$$\therefore \overline{AD}=\overline{BD}=\overline{BC}=\textbf{8 cm}$$

확인 5 오른쪽 그림에서 ∠B$=20°$, ∠CAD$=40°$,
∠CDE$=140°$이고, $\overline{AB}=5$ cm일 때, x의 값을
구하시오.

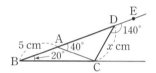

06 폭이 일정한 종이 접기

더 다양한 문제는 RPM 중2-2 18쪽

Key Point

두 직선이 평행할 때, 동위각 또
는 엇각의 크기는 각각 같다.

폭이 일정한 종이를 오른쪽 그림과 같이 접었을 때, 겹쳐진 부분인
△ABC는 어떤 삼각형인지 말하시오.

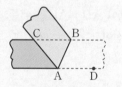

풀이 $\overline{CB}$∥$\overline{AD}$이므로 ∠BAD$=∠$ABC (엇각) ...... ㉠
또 $\overline{AB}$를 접는 선으로 하여 접었으므로
∠BAD$=∠$BAC (접은 각) ...... ㉡
㉠, ㉡에서 ∠BAC$=∠$ABC
따라서 △ABC는 $\overline{CA}=\overline{CB}$인 **이등변삼각형**이다.

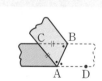

확인 6 폭이 일정한 종이를 오른쪽 그림과 같이 접었다.
∠EAB$=60°$일 때, ∠x의 크기를 구하시오.

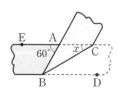

01 다음은 '이등변삼각형의 두 밑각의 크기는 같다.'를 설명하는 과정이다.
㈎~㈒에 알맞은 것으로 옳지 <u>않은</u> 것은?

⭐ 생각해 봅시다

$\overline{AB}=\overline{AC}$인 이등변삼각형 ABC에서 $\overline{BC}$의 중점을 M
이라 하면
△ABM과 △ACM에서
$\overline{AB}=$ ㈎ , $\overline{BM}=$ ㈏ , ㈐ 은 공통이므로
△ABM≡△ACM(㈑ 합동)
∴ ∠B= ㈒

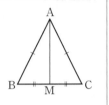

① ㈎ $\overline{AC}$　　　② ㈏ $\overline{CM}$　　　③ ㈐ $\overline{AM}$

④ ㈑ SAS　　　⑤ ㈒ ∠C

02 오른쪽 그림과 같이 $\overline{BC}=\overline{BD}$인 이등변삼각형 BCD에
서 $\overline{AB}=\overline{AC}$이고 ∠D=70°일 때, ∠$x$의 크기를 구하
시오.

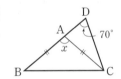

△ABC에서
$\overline{AB}=\overline{AC}$이면
⇨ ∠B=∠C

03 오른쪽 그림과 같이 $\overline{AB}=\overline{AC}$인 이등변삼각형 ABC에서 $\overline{BD}$
는 ∠B의 이등분선이고 ∠A=32°일 때, ∠x의 크기를 구하시오.

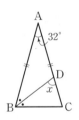

04 오른쪽 그림과 같이 $\overline{BA}=\overline{BC}$인 이등변삼각형 ABC에서
$\overline{AE}\,/\!/\,\overline{BC}$이고 ∠DAE=50°일 때, ∠EAC의 크기를 구
하시오.

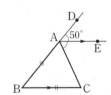

두 직선이 평행할 때, 동위각 또는
엇각의 크기는 각각 같다.

05 오른쪽 그림과 같이 $\overline{AB}=\overline{AC}$인 이등변삼각형 ABC에서 $\overline{AD}$는 ∠A의 이등분선이다. 점 P가 $\overline{AD}$ 위의 점일 때, 다음 중 옳지 <u>않은</u> 것은?

① ∠BDP=90°   ② $\overline{BD}=\overline{CD}$
③ $\overline{AP}=\overline{BP}=\overline{CP}$ ④ $\overline{AD}\perp\overline{BC}$
⑤ △PBD≡△PCD

⭐ 생각해 봅시다

이등변삼각형의 꼭지각의 이등분선은 밑변을 수직이등분한다.

06 오른쪽 그림에서 $\overline{AB}=\overline{AC}=\overline{CD}=\overline{DE}$이고 ∠EDF=88°일 때, ∠$x$의 크기를 구하시오.

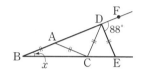

07 오른쪽 그림과 같이 $\overline{AB}=\overline{AC}$인 이등변삼각형 ABC에서 ∠B의 이등분선과 ∠C의 외각의 이등분선의 교점을 D라 하자. ∠A=52°일 때, ∠x의 크기를 구하시오.

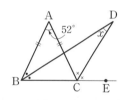

08 오른쪽 그림과 같은 △ABC에서 ∠B=∠DCB=30°, ∠A=60°이고 $\overline{AD}=3$ cm일 때, $\overline{BD}$의 길이를 구하시오.

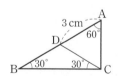

두 내각의 크기가 같은 삼각형은 이등변삼각형이고, 세 내각의 크기가 같은 삼각형은 정삼각형이다.

09 폭이 일정한 종이를 오른쪽 그림과 같이 접었다. ∠DAB=70°일 때, ∠ACB의 크기를 구하시오.

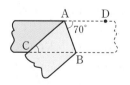

∠ABC=∠DAB(엇각)
∠BAC=∠DAB(접은 각)

개념원리
이해

1 직각삼각형의 합동 조건이란 무엇인가? ◑ 핵심문제 1~3

(1) 빗변의 길이와 한 예각의 크기가 각각 같은 두 직각삼각형은
합동이다. (RHA 합동)
⇨ ∠C=∠F=90°, $\overline{AB}=\overline{DE}$, ∠B=∠E이면
△ABC≡△DEF

(2) 빗변의 길이와 다른 한 변의 길이가 각각 같은 두 직각삼각형
은 합동이다. (RHS 합동)
⇨ ∠C=∠F=90°, $\overline{AB}=\overline{DE}$, $\overline{AC}=\overline{DF}$이면
△ABC≡△DEF

▶ ① 직각삼각형에서 직각의 대변을 빗변이라 한다.
② 직각삼각형의 합동 조건에서 R는 Right angle(직각), H는 Hypotenuse(빗변), A는 Angle(각),
S는 Side(변)의 첫 글자이다.

빗변

주의 직각삼각형의 합동 조건을 쓸 때는 반드시 빗변의 길이가 같은지 확인해야 한
다. 오른쪽 그림과 같이 빗변이 아닌 다른 변의 길이와 한 예각의 크기가 각각
같으면 RHA 합동이 아니라 ASA 합동이다.

2 각의 이등분선에는 어떤 성질이 있는가? ◑ 핵심문제 4, 5

(1) 각의 이등분선 위의 한 점에서 그 각을 이루는 두 변까지의 거리는 같다.

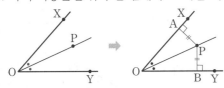

⇨ ∠XOP=∠YOP이면 $\overline{PA}=\overline{PB}$

(2) 각을 이루는 두 변에서 같은 거리에 있는 점은 그 각의 이등분선 위에 있다.

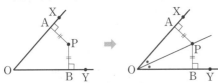

⇨ $\overline{PA}=\overline{PB}$이면 ∠XOP=∠YOP

▶ ① 각의 이등분선은 한 각을 이등분하는 직선이다.
② 한 점과 직선(선분) 사이의 거리는 그 점에서 직선(선분)에 내린 수선의 길이이다. 따라서 한 점이 두 변에서 같은 거리에
있다는 것은 그 점에서 두 변에 각각 내린 수선의 길이가 같다는 의미이다.

보충
학습

1. 직각삼각형의 합동 조건

(1) 빗변의 길이와 한 예각의 크기가 각각 같은 두 직각삼각형은 합동이다. (RHA 합동)

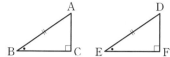

> **설명** $\triangle ABC$와 $\triangle DEF$에서
> $$\angle B = \angle E \qquad \cdots\cdots \ \textcircled{\scriptsize ㄱ}$$
> 또 $\angle C = \angle F = 90°$이므로
> $$\angle A = 180° - (\angle B + 90°)$$
> $$= 180° - (\angle E + 90°) = \angle D$$
> $$\therefore \ \angle A = \angle D \qquad \cdots\cdots \ \textcircled{\scriptsize ㄴ}$$
> $$\overline{AB} = \overline{DE} \qquad \cdots\cdots \ \textcircled{\scriptsize ㄷ}$$
> $\textcircled{\scriptsize ㄱ}$, $\textcircled{\scriptsize ㄴ}$, $\textcircled{\scriptsize ㄷ}$에 의해 $\triangle ABC \equiv \triangle DEF$ (ASA 합동)

(2) 빗변의 길이와 다른 한 변의 길이가 각각 같은 두 직각삼각형은 합동이다. (RHS 합동)

> **설명** 오른쪽 그림과 같이 $\triangle ABC$와 $\triangle DEF$에서 $\triangle DEF$를 뒤
> 집어 $\overline{AC}$와 $\overline{DF}$가 겹치도록 놓으면
> $$\angle ACB + \angle ACE = 90° + 90° = 180°$$
> 이므로 세 점 B, C(F), E는 한 직선 위에 있다.
> 이때 $\overline{AB} = \overline{AE}$이므로 $\triangle ABE$는 이등변삼각형이다.
> $$\therefore \ \angle B = \angle E \qquad \cdots\cdots \ \textcircled{\scriptsize ㄱ}$$
> 또 $\angle C = \angle F = 90°$이므로
> $$\angle BAC = 180° - (\angle B + 90°) = 180° - (\angle E + 90°) = \angle EDF$$
> $$\therefore \ \angle BAC = \angle EDF \qquad \cdots\cdots \ \textcircled{\scriptsize ㄴ}$$
> $$\overline{AB} = \overline{DE} \qquad \cdots\cdots \ \textcircled{\scriptsize ㄷ}$$
> $\textcircled{\scriptsize ㄱ}$, $\textcircled{\scriptsize ㄴ}$, $\textcircled{\scriptsize ㄷ}$에 의해 $\triangle ABC \equiv \triangle DEF$ (ASA 합동)

2. 각의 이등분선의 성질

(1) 각의 이등분선 위의 한 점에서 그 각을 이루는 두 변까지의 거리는 같다.

> **설명** $\triangle AOP$와 $\triangle BOP$에서
> $$\angle OAP = \angle OBP = 90° \qquad \cdots\cdots \ \textcircled{\scriptsize ㄱ}$$
> $$\overline{OP}는 \ 공통 \qquad \cdots\cdots \ \textcircled{\scriptsize ㄴ}$$
> $$\angle AOP = \angle BOP \qquad \cdots\cdots \ \textcircled{\scriptsize ㄷ}$$
> $\textcircled{\scriptsize ㄱ}$, $\textcircled{\scriptsize ㄴ}$, $\textcircled{\scriptsize ㄷ}$에 의해 $\triangle AOP \equiv \triangle BOP$ (RHA 합동)
> $$\therefore \ \overline{PA} = \overline{PB}$$

(2) 각을 이루는 두 변에서 같은 거리에 있는 점은 그 각의 이등분선 위에 있다.

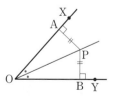

> **설명** $\triangle AOP$와 $\triangle BOP$에서
> $$\angle OAP = \angle OBP = 90° \qquad \cdots\cdots \ \textcircled{\scriptsize ㄱ}$$
> $$\overline{OP}는 \ 공통 \qquad \cdots\cdots \ \textcircled{\scriptsize ㄴ}$$
> $$\overline{PA} = \overline{PB} \qquad \cdots\cdots \ \textcircled{\scriptsize ㄷ}$$
> $\textcircled{\scriptsize ㄱ}$, $\textcircled{\scriptsize ㄴ}$, $\textcircled{\scriptsize ㄷ}$에 의해 $\triangle AOP \equiv \triangle BOP$ (RHS 합동)
> $$\therefore \ \angle AOP = \angle BOP$$

개념원리 📖 확인하기

01 다음은 두 직각삼각형이 합동임을 설명하는 과정이다. ☐ 안에 알맞은 것을 써넣으시오.

(1) 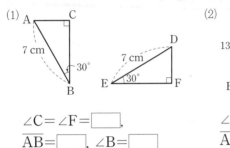 (2)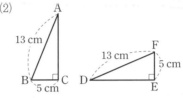

$\angle C = \angle F = \boxed{}$,

$\overline{AB} = \boxed{}$, $\angle B = \boxed{}$

$\therefore \triangle ABC \equiv \boxed{}$ ($\boxed{}$ 합동)

$\angle C = \boxed{} = 90°$,

$\overline{AB} = \boxed{}$, $\overline{BC} = \boxed{}$

$\therefore \triangle ABC \equiv \boxed{}$ ($\boxed{}$ 합동)

02 다음은 주어진 직각삼각형과 합동인 삼각형을 **보기**에서 찾는 과정이다. 물음에 답하시오.

○ 직각삼각형의 합동 조건을 쓸 때는 반드시 '☐의 길이가 같다.'라는 조건이 있어야 한다.

보기

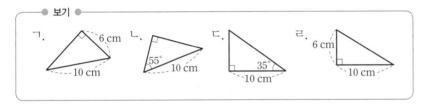

(1) ① 오른쪽 그림과 같은 △ABC와 빗변의 길이가 같은 삼각형을 모두 말하시오.
② ①의 삼각형 중에서 △ABC와 합동인 것을 찾고, 그 합동 조건을 말하시오.

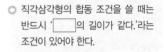

(2) ① 오른쪽 그림과 같은 △DEF와 빗변의 길이가 같은 삼각형을 모두 말하시오.
② ①의 삼각형 중에서 △DEF와 합동인 것을 찾고, 그 합동 조건을 말하시오.

03 다음은 각의 이등분선의 성질을 나타낸 것이다. ☐ 안에 알맞은 것을 써넣으시오.

(1) 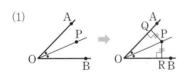 (2)

$\angle AOP = \angle BOP$이면

$\Rightarrow \overline{PQ} = \boxed{}$

$\overline{PQ} = \overline{PR}$이면

$\Rightarrow \angle QOP = \boxed{}$

01 **직각삼각형의 합동 조건**   더 다양한 문제는 **RPM** 중2-2 14쪽

Key Point

직각삼각형의 합동 조건
(1) 빗변의 길이와 한 예각의 크기가 각각 같을 때
 ⇨ RHA 합동
(2) 빗변의 길이와 다른 한 변의 길이가 각각 같을 때
 ⇨ RHS 합동

다음 중 오른쪽 그림과 같은 두 직각삼각형 ABC와 DEF가 합동이 되는 조건이 <u>아닌</u> 것은?

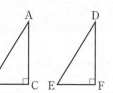

① $\overline{AC}=\overline{DF}$, $\overline{AB}=\overline{DE}$
② $\overline{AC}=\overline{DF}$, $\angle A=\angle D$
③ $\overline{AC}=\overline{DF}$, $\overline{BC}=\overline{EF}$
④ $\angle A=\angle D$, $\angle B=\angle E$
⑤ $\overline{AB}=\overline{DE}$, $\angle B=\angle E$

풀이   ① RHS 합동   ② ASA 합동   ③ SAS 합동
④ 세 내각의 크기가 각각 같다고 하여 두 삼각형이 항상 합동이 되는 것은 아니다.
⑤ RHA 합동
따라서 합동이 되는 조건이 아닌 것은 ④이다.

확인 1   다음 **보기** 중 오른쪽 그림의 직각삼각형 ABC와 합동인 것을 모두 고르시오.

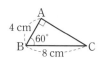

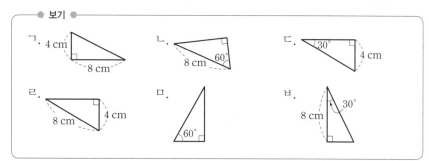

확인 2   오른쪽 그림과 같이 $\angle C=\angle F=90°$이고 $\overline{BC}=\overline{EF}$인 두 직각삼각형 ABC와 DEF에 대하여 다음 중 옳은 것을 모두 고르면? (정답 2개)

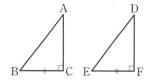

① $\angle A=\angle D$이면 RHA 합동이다.
② $\angle B=\angle E$이면 RHA 합동이다.
③ $\angle B=\angle E$이면 ASA 합동이다.
④ $\overline{AC}=\overline{DF}$이면 RHS 합동이다.
⑤ $\overline{AB}=\overline{DE}$이면 RHS 합동이다.

02 직각삼각형의 합동 조건의 응용 – RHA 합동

⊙ 더 다양한 문제는 RPM 중2-2 15쪽

오른쪽 그림과 같이 $\overline{AB}=\overline{AC}$인 직각이등변삼각형 ABC의 꼭짓점 B, C에서 꼭짓점 A를 지나는 직선 l에 내린 수선의 발을 각각 D, E라 하자. $\overline{BD}=10$ cm, $\overline{CE}=4$ cm일 때, 다음을 구하시오.

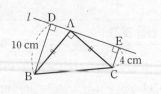

(1) △ABD와 합동인 삼각형과 그 합동 조건
(2) $\overline{DE}$의 길이

풀이 (1) △ABD와 △CAE에서 ∠D=∠E=90°　　⋯⋯ ㉠
　　∠DBA+∠DAB=90°, ∠EAC+∠DAB=90°이므로
　　∠DBA=∠EAC　　⋯⋯ ㉡
　　또 △ABC가 직각이등변삼각형이므로 $\overline{AB}=\overline{CA}$　　⋯⋯ ㉢
　　㉠, ㉡, ㉢에 의해 △ABD≡△CAE(**RHA 합동**)
(2) (1)에서 △ABD≡△CAE이므로 $\overline{AD}=\overline{CE}=4$ cm, $\overline{AE}=\overline{BD}=10$ cm
　　∴ $\overline{DE}=\overline{DA}+\overline{AE}=4+10=$ **14(cm)**

확인③ 오른쪽 그림과 같이 $\overline{AB}=\overline{AC}$인 직각이등변삼각형 ABC의 꼭짓점 B, C에서 꼭짓점 A를 지나는 직선 l에 내린 수선의 발을 각각 D, E라 하자. $\overline{BD}=7$ cm, $\overline{DE}=12$ cm일 때, 사각형 DBCE의 넓이를 구하시오.

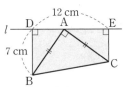

03 직각삼각형의 합동 조건의 응용 – RHS 합동

⊙ 더 다양한 문제는 RPM 중2-2 16쪽

오른쪽 그림과 같이 $\overline{AB}=\overline{BC}$인 직각이등변삼각형 ABC에서 $\overline{AB}=\overline{AE}$이고 $\overline{AC}\perp\overline{DE}$이다. $\overline{CE}=4$ cm일 때, $\overline{BD}$의 길이를 구하시오.

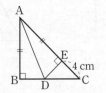

풀이 △ABC에서 $\overline{BA}=\overline{BC}$이므로 $∠C=∠BAC=\dfrac{1}{2}\times(180°-90°)=45°$

이때 △CED에서 ∠CED=90°이므로 ∠EDC=180°-(90°+45°)=45°
즉, ∠EDC=∠C이므로 $\overline{DE}=\overline{CE}=4$ cm
한편 △ABD와 △AED에서 ∠ABD=∠AED=90°, $\overline{AD}$는 공통, $\overline{AB}=\overline{AE}$이므로
△ABD≡△AED(RHS 합동)　　∴ $\overline{BD}=\overline{ED}=$ **4 cm**

확인④ 오른쪽 그림과 같이 $\overline{AC}=\overline{BC}$인 직각이등변삼각형 ABC에서 $\overline{AC}=\overline{AD}$이고 $\overline{AB}\perp\overline{ED}$이다. $\overline{EC}=3$ cm일 때, △BED의 넓이를 구하시오.

04 각의 이등분선의 성질

더 다양한 문제는 RPM 중2-2 17쪽

Key Point

각의 이등분선의 성질
⇨ 직각삼각형의 합동을 이용한다.

오른쪽 그림과 같이 ∠AOB의 이등분선 위의 한 점 P에서 두 변 OA, OB에 내린 수선의 발을 각각 Q, R라 할 때, 다음 중 옳지 않은 것은?

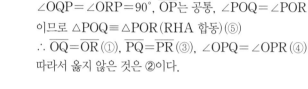

① $\overline{OQ}=\overline{OR}$　　　　② $\overline{OP}=\overline{OQ}$
③ $\overline{PQ}=\overline{PR}$　　　　④ $\angle OPQ = \angle OPR$
⑤ $\triangle POQ \equiv \triangle POR$

풀이 △POQ와 △POR에서
$\angle OQP = \angle ORP = 90°$, $\overline{OP}$는 공통, $\angle POQ = \angle POR$
이므로 $\triangle POQ \equiv \triangle POR$ (RHA 합동) (⑤)
∴ $\overline{OQ}=\overline{OR}$ (①), $\overline{PQ}=\overline{PR}$ (③), $\angle OPQ = \angle OPR$ (④)
따라서 옳지 않은 것은 ②이다.

확인 5 오른쪽 그림과 같이 ∠AOB의 내부의 한 점 P에서 두 변 OA, OB에 내린 수선의 발을 각각 Q, R라 하자. $\overline{PQ}=\overline{PR}$일 때, 다음 **보기** 중 옳은 것을 모두 고르시오.

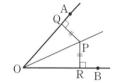

───● 보기 ●───
ㄱ. $\overline{OQ}=\overline{OR}$　　　　ㄴ. $\angle QOP = \angle ROP$
ㄷ. $\angle OPQ = \angle ORP$　　　　ㄹ. $\triangle POQ \equiv \triangle POR$

05 각의 이등분선의 성질의 응용

더 다양한 문제는 RPM 중2-2 17쪽

Key Point

각의 이등분선 위의 한 점에서 그 각을 이루는 두 변까지의 거리는 같다.
⇨ $\overline{DE}=\overline{DC}$

오른쪽 그림과 같이 ∠C=90°인 직각삼각형 ABC에서 ∠B의 이등분선과 $\overline{AC}$의 교점을 D라 하고, 점 D에서 $\overline{AB}$에 내린 수선의 발을 E라 하자. $\overline{BC}=4\,cm$, $\overline{DE}=2\,cm$일 때, △BCD의 넓이를 구하시오.

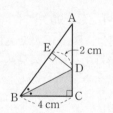

풀이 $\overline{BD}$는 ∠ABC의 이등분선이므로 $\overline{DC}=\overline{DE}=2\,cm$
∴ $\triangle BCD = \dfrac{1}{2} \times 4 \times 2 = \textbf{4(cm}^2\textbf{)}$

확인 6 오른쪽 그림과 같이 ∠C=90°인 직각삼각형 ABC에서 ∠A의 이등분선과 $\overline{BC}$의 교점을 D라 하고, 점 D에서 $\overline{AB}$에 내린 수선의 발을 E라 하자.
$\overline{AB}=15\,cm$, $\overline{CD}=4\,cm$일 때, △ABD의 넓이를 구하시오.

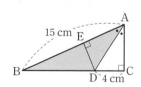

01 다음 **보기**의 직각삼각형 중에서 서로 합동인 것끼리 짝 짓고, 그 합동 조건을 말하시오.

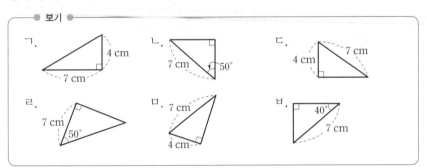

⭐ 생각해 봅시다

02 다음 중 오른쪽 그림과 같이 $\angle C = \angle F = 90°$이고 $\overline{AB} = \overline{DE}$인 두 직각삼각형 ABC와 DEF가 RHA 합동이 되기 위해 필요한 조건은?

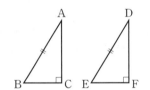

① $\angle B = \angle E$ ② $\angle A = 30°$
③ $\angle A = \angle F$ ④ $\overline{AC} = \overline{DF}$
⑤ $\overline{AC} = \overline{DE}$

빗변의 길이와 한 예각의 크기가 각각 같을 때
⇨ RHA 합동

03 오른쪽 그림과 같이 $\angle C = 90°$인 직각삼각형 ABC에서 $\angle ADC = \angle ADE$, $\overline{AB} \perp \overline{DE}$이고 $\overline{AD} = \overline{BD}$일 때, $\angle x$의 크기를 구하시오.

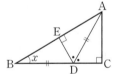

$\triangle EAD \equiv \triangle CAD$(RHA 합동)이 므로 $\angle EAD = \angle CAD$

04 오른쪽 그림과 같이 $\overline{AB} = \overline{AC}$인 직각이등변삼각형 ABC의 꼭짓점 B, C에서 꼭짓점 A를 지나는 직선 l에 내린 수선의 발을 각각 D, E라 하자. $\overline{BD} = 8\ cm$, $\overline{CE} = 6\ cm$일 때, 사각형 DBCE의 넓이를 구하시오.

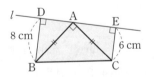

$\angle DBA + \angle DAB = 90°$, $\angle EAC + \angle DAB = 90°$
⇨ $\angle DBA = \angle EAC$

05 오른쪽 그림과 같이 △ABC의 꼭짓점 B, C에서 $\overline{AC}$, $\overline{AB}$에 내린 수선의 발을 각각 D, E라 하자. $\overline{BE}=\overline{CD}$이고 ∠A=48°일 때, ∠ECB의 크기를 구하시오.

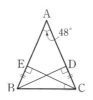

06 오른쪽 그림과 같이 $\overline{CA}=\overline{CB}$인 직각이등변삼각형 ABC에서 $\overline{AC}=\overline{AD}$이고 $\overline{AB}\perp\overline{ED}$일 때, 다음을 구하시오.

⑴ ∠AED의 크기
⑵ $\overline{CE}=6$ cm일 때, △BED의 넓이

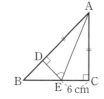

$\overline{AC}=\overline{BC}$, $\overline{AC}=\overline{AD}$일 때,
△ADE≡△ACE
$\overline{BD}=\overline{DE}=\overline{CE}$

07 오른쪽 그림과 같이 ∠B=90°인 직각삼각형 ABC에서 ∠C의 이등분선과 $\overline{AB}$의 교점을 D라 하고, 점 D에서 $\overline{AC}$에 내린 수선의 발을 E라 하자. 다음 **보기** 중 옳은 것을 모두 고르시오.

—● 보기 ●—

ㄱ. $\overline{DB}=\overline{DE}$　　　　　　ㄴ. ∠CDB=∠CDE

ㄷ. △DBC≡△DEC　　　ㄹ. $\overline{AE}=\overline{DE}$

08 오른쪽 그림과 같이 ∠XOY의 내부의 한 점 P에서 두 변 OX, OY에 내린 수선의 발을 각각 A, B라 하자. $\overline{PA}=\overline{PB}$이고 ∠AOP=35°일 때, ∠$x$의 크기를 구하시오.

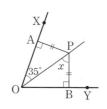

 **중단원** 마무리

정답과 풀이 p.5

01 오른쪽 그림과 같이
$\overline{AB}=\overline{AC}$인 이등변삼각형
ABC에서 $\overline{AE}$∥$\overline{BC}$이고
∠BAC=72°일 때, ∠x의
크기를 구하시오.

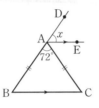

폭나와

02 오른쪽 그림과 같이
$\overline{AB}=\overline{AC}$인 이등변삼각형
ABC에서 ∠A의 이등분선
과 $\overline{BC}$의 교점을 D라 하자.
∠BAD=32°이고
$\overline{BC}=10$ cm일 때, ∠B의
크기와 $\overline{DC}$의 길이를 차례로 구하시오.

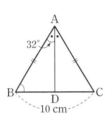

03 오른쪽 그림과 같은
△ABC에서
$\overline{AD}=\overline{BD}=\overline{CD}$이고
∠B=38°일 때, ∠x의
크기를 구하시오.

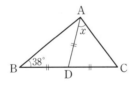

04 오른쪽 그림에서
$\overline{AB}=\overline{AC}=\overline{CD}$이고
∠DCE=120°일 때,
∠B의 크기는?

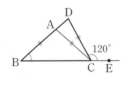

① 30°　　② 35°　　③ 38°
④ 40°　　⑤ 43°

05 오른쪽 그림과 같이
$\overline{AB}=\overline{AC}$인 이등변삼각
형 ABC에서 두 밑각의
이등분선의 교점을 D라 하
자. ∠A=68°일 때,
∠BDC의 크기를 구하시오.

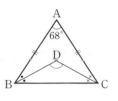

06 폭이 일정한 종이를 오
른쪽 그림과 같이 접었
다. ∠ABC=65°일
때, ∠ACB의 크기를
구하시오.

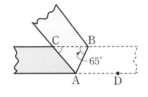

07 다음 **보기**의 직각삼각형 중에서 합동인 것끼리 짝
지으시오.

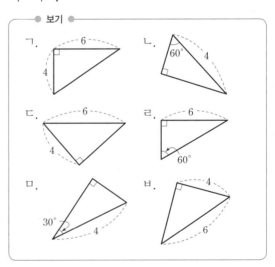

08 오른쪽 그림과 같이 $\angle B = \angle E = 90°$이고 $\overline{AB} = \overline{DE}$인 두 직각삼각형 ABC와 DEF가 합동이 되려면 한 가지 조건이 더 필요하다. 다음 중 필요한 조건이 <u>아닌</u> 것을 모두 고르면?

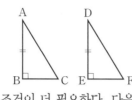

(정답 2개)

① $\angle C = \angle F$ ② $\overline{AC} = \overline{DF}$ ③ $\angle A = \angle F$
④ $\overline{AB} = \overline{DF}$ ⑤ $\overline{BC} = \overline{EF}$

09 오른쪽 그림과 같이 $\overline{AB} = \overline{AC}$인 이등변삼각형 ABC의 두 꼭짓점 B, C에서 $\overline{AC}$, $\overline{AB}$에 내린 수선의 발을 각각 D, E라 할 때, 다음 중 옳지 <u>않은</u> 것은?

① $\angle ABC = \angle ACB$
② $\angle ABD = \angle DBC$
③ $\overline{BD} = \overline{CE}$
④ $\overline{BE} = \overline{CD}$
⑤ $\triangle EBC \equiv \triangle DCB$

꼭 나와
10 오른쪽 그림과 같이 $\triangle ABC$에서 $\overline{BC}$의 중점을 M이라 하고 점 M에서 $\overline{AB}$, $\overline{AC}$에 내린 수선의 발을 각각 D, E라 하자. $\angle A = 56°$, $\overline{MD} = \overline{ME}$일 때, $\angle EMC$의 크기를 구하시오.

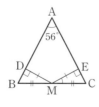

Step **2** **발전문제**

11 다음 그림의 $\triangle ABC$에서 $\overline{BA} = \overline{BE}$, $\overline{CD} = \overline{CE}$이고 $\angle B = 50°$, $\angle C = 30°$일 때, $\angle AED$의 크기를 구하시오.

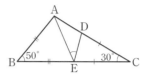

12 오른쪽 그림과 같이 $\overline{AB} = \overline{AC}$인 이등변삼각형 ABC에서 $\angle A$의 이등분선과 $\overline{BC}$의 교점을 D, 점 D에서 $\overline{AB}$에 내린 수선의 발을 E라 하자. $\overline{AB} = 10$ cm, $\overline{AD} = 8$ cm, $\overline{DE} = \dfrac{24}{5}$ cm일 때, $\overline{BC}$의 길이를 구하시오.

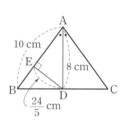

13 오른쪽 그림과 같이 $\overline{AB} = \overline{AC}$인 이등변삼각형 ABC에서 $\overline{AD} = \overline{BD} = \overline{BC}$일 때, $\angle x$의 크기를 구하시오.

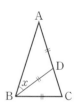

꼭 나와
14 다음 그림에서 $\overline{BD} = \overline{DE} = \overline{EA} = \overline{AC}$이고 $\angle B = 20°$일 때, $\angle x$의 크기를 구하시오.

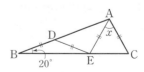

15 오른쪽 그림에서 △ABC 는 $\overline{AB}=\overline{AC}$인 이등변삼 각형이다.
∠ABD=∠DBE,
∠ACD : ∠DCE=1 : 2
이고 ∠A=60°일 때, ∠x의 크기는?

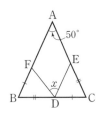

① 35° ② 40° ③ 45°
④ 50° ⑤ 55°

16 오른쪽 그림과 같이 $\overline{AB}=\overline{AC}$인 이등변삼각형 ABC에서 $\overline{BF}=\overline{CD}$, $\overline{BD}=\overline{CE}$이고 ∠A=50°일 때, ∠$x$의 크기를 구하시오.

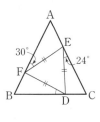

17 오른쪽 그림에서 △ABC는 $\overline{AB}=\overline{AC}$인 이등변삼각형이 고 △DEF는 정삼각형이다.
∠AFE=30°, ∠CED=24°
일 때, ∠FDB의 크기를 구 하시오.

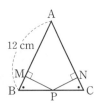

18 오른쪽 그림과 같이 ∠B=∠C인 △ABC의 $\overline{BC}$ 위의 점 P에서 $\overline{AB}$, $\overline{AC}$에 내린 수선의 발을 각각 M, N 이라 하자. $\overline{AB}=12$ cm이고 △ABC의 넓이가 60 cm²일 때, $\overline{PM}+\overline{PN}$의 길 이를 구하시오.

19 오른쪽 그림과 같이 $\overline{AB}=\overline{AC}$인 이등변삼각 형 ABC에서 $\overline{AB}$ 위의 점 D를 지나고 $\overline{BC}$에 수 직인 지선이 $\overline{BC}$와 만나는 점을 E, $\overline{AC}$의 연장선과 만나는 점을 F라 하자. $\overline{BD}=3$ cm, $\overline{CF}=8$ cm일 때, $\overline{AF}$의 길이를 구 하시오.

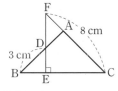

20 오른쪽 그림과 같이 직 각이등변삼각형 ABC 의 꼭짓점 B, C에서 꼭 짓점 A를 지나는 직선 l에 내린 수선의 발을 각각 D, E라 하자.
$\overline{BD}=12$ cm, $\overline{CE}=7$ cm일 때, $\overline{DE}$의 길이를 구하시오.

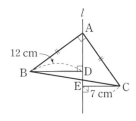

21 다음 그림과 같이 ∠C=90°인 직각삼각형 ABC 에서 $\overline{AC}=\overline{AD}$이고 $\overline{AB}\perp\overline{ED}$이다.
$\overline{AB}=13$ cm, $\overline{BC}=12$ cm, $\overline{AC}=5$ cm일 때, △BED의 둘레의 길이를 구하시오.

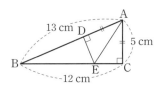

22 오른쪽 그림과 같이 ∠C=90° 인 직각삼각형 ABC에서 ∠A의 이등분선이 $\overline{BC}$와 만 나는 점을 D라 하자.
$\overline{AB}=20$ cm이고 △ABD 의 넓이가 50 cm²일 때, $\overline{CD}$의 길이를 구하시오.

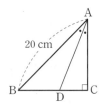

서술형 대비 문제

1

오른쪽 그림에서
$\overline{AB}=\overline{AC}=\overline{CD}$이고
$\angle BAC=112°$일 때, $\angle DCE$의
크기를 구하시오. [6점]

풀이과정

1단계 ∠B의 크기 구하기 [2점]

△ABC에서 $\overline{AB}=\overline{AC}$이므로

$\angle B=\angle ACB=\dfrac{1}{2}\times(180°-112°)=34°$

2단계 ∠D의 크기 구하기 [2점]

△CDA에서 $\overline{CA}=\overline{CD}$이므로

$\angle D=\angle CAD=180°-112°=68°$

3단계 ∠DCE의 크기 구하기 [2점]

△BCD에서 삼각형의 외각의 성질에 의해

$\angle DCE=\angle B+\angle D$
$\qquad\quad=34°+68°=102°$

답 $102°$

1-1 오른쪽 그림에서
$\overline{AB}=\overline{AC}=\overline{CD}$이고
$\angle B=25°$일 때, $\angle DCE$의 크
기를 구하시오. [6점]

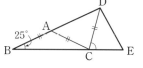

풀이과정

1단계 ∠CAD의 크기 구하기 [2점]

2단계 ∠CDA의 크기 구하기 [2점]

3단계 ∠DCE의 크기 구하기 [2점]

답

2

오른쪽 그림과 같이
$\overline{BA}=\overline{BC}$인 직각이등변삼각
형 ABC의 꼭짓점 A, C에서
꼭짓점 B를 지나는 직선 l에
내린 수선의 발을 각각 D, E라 하자. $\overline{AD}=9\,\mathrm{cm}$,
$\overline{CE}=5\,\mathrm{cm}$일 때, △ABC의 넓이를 구하시오. [7점]

풀이과정

1단계 △ADB≡△BEC임을 알기 [2점]

△ADB와 △BEC에서 $\angle ADB=\angle BEC=90°$,
$\overline{AB}=\overline{BC}$, $\angle ABD=90°-\angle CBE=\angle BCE$이므로
△ADB≡△BEC (RHA 합동)

2단계 $\overline{BD}$, $\overline{BE}$의 길이 구하기 [2점]

$\therefore \overline{BD}=\overline{CE}=5\,\mathrm{cm}$, $\overline{BE}=\overline{AD}=9\,\mathrm{cm}$

3단계 △ABC의 넓이 구하기 [3점]

$\therefore \triangle ABC=\dfrac{1}{2}\times(9+5)\times(5+9)-2\times\left(\dfrac{1}{2}\times9\times5\right)$
$\qquad\qquad=53(\mathrm{cm}^2)$

답 $53\,\mathrm{cm}^2$

2-1 오른쪽 그림과 같
이 $\overline{AB}=\overline{AC}$인 직각이등변삼
각형 ABC의 꼭짓점 B, C에
서 꼭짓점 A를 지나는 직선 l
에 내린 수선의 발을 각각 D, E라 하자. $\overline{BD}=6\,\mathrm{cm}$,
$\overline{DE}=10\,\mathrm{cm}$일 때, △ABC의 넓이를 구하시오. [7점]

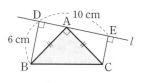

풀이과정

1단계 △ABD≡△CAE임을 알기 [2점]

2단계 $\overline{CE}$의 길이 구하기 [2점]

3단계 △ABC의 넓이 구하기 [3점]

답

③ $\overline{AB}=\overline{AC}$인 이등변삼각형 모양의 종이를 오른쪽 그림과 같이 점 A가 점 B에 오도록 접었다. ∠EBC=30°일 때, ∠x의 크기를 구하시오. [7점]

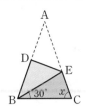

풀이과정

답

⑤ 오른쪽 그림과 같이 $\overline{AB}=\overline{AC}$인 이등변삼각형 ABC에서 ∠B의 이등분선과 $\overline{AC}$의 교점을 D라 하자. ∠C=72°, $\overline{BC}=6$ cm일 때, $\overline{AD}$의 길이를 구하시오. [7점]

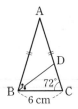

풀이과정

답

④ 오른쪽 그림과 같이 $\overline{AB}=\overline{AC}$인 이등변삼각형 ABC에서 $\overline{BD}=\overline{CE}$이고 ∠ADE=70°일 때, ∠DAE의 크기를 구하시오. [7점]

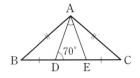

풀이과정

답

⑥ 오른쪽 그림과 같이 ∠C=90°인 직각삼각형 ABC에서 ∠A의 이등분선과 $\overline{BC}$의 교점을 D라 하자. $\overline{AB}=16$ cm, $\overline{CD}=5$ cm일 때, △ABD의 넓이를 구하시오. [7점]

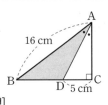

풀이과정

답

I

삼각형의 성질

개념원리 이해 💡

1 삼각형의 외심이란 무엇인가? ⊙ 핵심문제 1

(1) **외접원과 외심**: 한 다각형의 모든 꼭짓점이 원 O 위에 있을 때, 원 O는 다각형에 **외접**한다고 한다. 이때 원 O를 다각형의 **외접원**이라 하고, 외접원의 중심 O를 **외심**이라 한다.

▶ 외심은 Outer center(외접원의 중심)로 주로 O로 나타낸다.

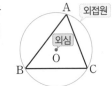

(2) **삼각형의 외심의 성질**

① 삼각형의 세 변의 수직이등분선은 한 점(외심)에서 만난다.

② 삼각형의 외심에서 세 꼭짓점에 이르는 거리는 같다.

$\Rightarrow \overline{OA} = \overline{OB} = \overline{OC} =$ (외접원의 반지름의 길이)

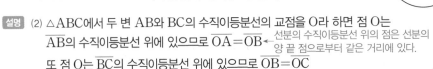

설명 (2) △ABC에서 두 변 AB와 BC의 수직이등분선의 교점을 O라 하면 점 O는 $\overline{AB}$의 수직이등분선 위에 있으므로 $\overline{OA} = \overline{OB}$ ← 선분의 수직이등분선 위의 점은 선분의 양 끝 점으로부터 같은 거리에 있다.

또 점 O는 $\overline{BC}$의 수직이등분선 위에 있으므로 $\overline{OB} = \overline{OC}$

$\therefore \overline{OA} = \overline{OB} = \overline{OC}$

즉, 점 O에서 세 꼭짓점에 이르는 거리는 같다.

한편 점 O에서 변 AC에 내린 수선의 발을 D라 하면 △AOD와 △COD에서

$\angle ODA = \angle ODC = 90°$, $\overline{OA} = \overline{OC}$, $\overline{OD}$는 공통

이므로 △AOD ≡ △COD(RHS 합동) $\therefore \overline{AD} = \overline{CD}$

즉, $\overline{OD}$는 변 AC의 수직이등분선이다.

따라서 △ABC의 세 변의 수직이등분선은 한 점 O에서 만난다.

2 삼각형의 외심의 위치는 어디인가? ⊙ 핵심문제 2

(1) **예각삼각형**: 삼각형의 내부에 있다.

(2) **직각삼각형**: 빗변의 중점이다.

(3) **둔각삼각형**: 삼각형의 외부에 있다.

예각삼각형   직각삼각형   둔각삼각형

▶ 직각삼각형의 외심은 빗변의 중점이므로

(직각삼각형의 외접원의 반지름의 길이)$= \dfrac{1}{2} \times$ (빗변의 길이)

참고 이등변삼각형은 꼭지각의 이등분선이 밑변을 수직이등분하므로 이등변삼각형의 외심은 꼭지각의 이등분선 위에 있다.

점 O가 △ABC의 외심일 때, 다음이 성립한다.

(1)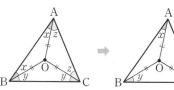

⇨ $\angle x + \angle y + \angle z = 90°$

(2)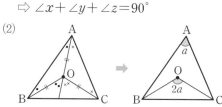

⇨ $\angle BOC = 2\angle A$

설명 (1) 점 O는 △ABC의 외심이므로 $\overline{OA} = \overline{OB} = \overline{OC}$이다.

따라서 △OAB, △OBC, △OCA는 각각 이등변삼각형이다.

그런데 삼각형의 세 내각의 크기의 합은 180°이므로

$\angle A + \angle B + \angle C = 180°$

즉, $(\angle x + \angle z) + (\angle x + \angle y) + (\angle y + \angle z) = 180°$이므로

$2(\angle x + \angle y + \angle z) = 180°$

∴ $\angle x + \angle y + \angle z = 90°$

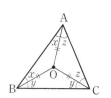

(2) $\overline{AO}$의 연장선과 $\overline{BC}$의 교점을 D라 하고, $\angle OAB = \angle x$, $\angle OAC = \angle y$

라 하면 △OAB와 △OCA는 각각 이등변삼각형이므로

$\angle OBA = \angle OAB = \angle x$

$\angle OCA = \angle OAC = \angle y$

그런데 삼각형의 한 외각의 크기는 그와 이웃하지 않는 두 내각의 크기의

합과 같으므로

△OAB에서 $\angle BOD = \angle OAB + \angle OBA = 2\angle x$

△OCA에서 $\angle COD = \angle OAC + \angle OCA = 2\angle y$

∴ $\angle BOC = \angle BOD + \angle COD$

$= 2\angle x + 2\angle y$

$= 2(\angle x + \angle y)$

$= 2\angle A$

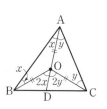

예 다음 그림에서 점 O가 △ABC의 외심일 때, $\angle x$의 크기를 구하시오.

(1)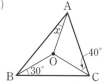

(2)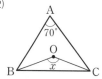

(1) $\angle x + 30° + 40° = 90°$ ∴ $\angle x = 20°$

(2) $\angle x = 2 \times 70° = 140°$

01 다음 ☐ 안에 알맞은 말을 써넣으시오.

> 삼각형의 외심은 삼각형의 [   ]의 교점이고, 삼각형의 외심에서 세 [   ]에 이르는 거리는 같다.

02 다음 **보기** 중 점 D가 △ABC의 외심인 것을 모두 고르시오.

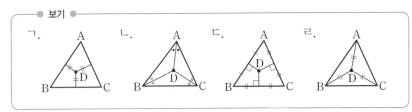

03 다음 그림에서 점 O가 △ABC의 외심일 때, x의 값을 구하시오.

(1)
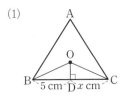

(2)
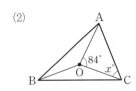

04 다음 그림에서 점 O가 직각삼각형 ABC의 외심일 때, x의 값을 구하시오.

○ 직각삼각형의 외심의 위치는?

(1)
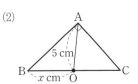

(2)

05 다음 그림에서 점 O가 △ABC의 외심일 때, ∠x의 크기를 구하시오.

(1)
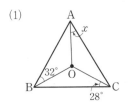

(2)
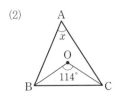

○ 삼각형의 외심의 성질은?

(1)
A

⇨ ∠x+∠y+∠z=[   ]

(2)
A

⇨ ∠BOC=2∠A

핵심문제 🔑 익히기

정답과 풀이 p.9

01 　삼각형의 외심　　　　　더 다양한 문제는 RPM 중2-2 26쪽

더 다양한 문제는 RPM 중2-2 26쪽

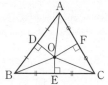

오른쪽 그림과 같이 △ABC의 세 변의 수직이등분선의 교점을 O라 할 때, 다음 중 옳지 <u>않은</u> 것은?

① $\overline{OA}=\overline{OB}=\overline{OC}$ 　　　② ∠OBE=∠OCE

③ △OBE≡△OCE 　　　④ △OCF≡△OCE

⑤ 점 O는 △ABC의 외심이다.

풀이　②, ③ △OBE와 △OCE에서 $\overline{BE}=\overline{CE}$, $\overline{OE}$는 공통, ∠OEB=∠OEC=90°이므로

△OBE≡△OCE (SAS 합동)　∴ ∠OBE=∠OCE

④ △OCF≡△OAF (SAS 합동), △OCE≡△OBE (SAS 합동)이지만 △OCF와 △OCE

는 합동이 아니다.

따라서 옳지 않은 것은 ④이다.

확인 1　오른쪽 그림에서 점 O는 △ABC의 외심이다. 다음 중 옳은 것을 모두 고르면? (정답 2개)

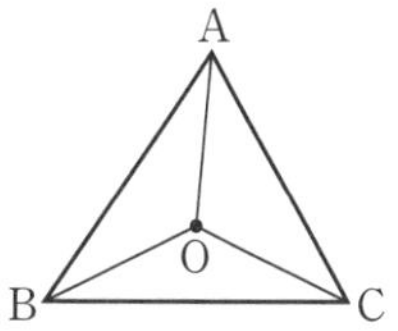

① $\overline{AB}=\overline{AC}$ 　　　② ∠AOB=∠AOC

③ ∠OBA=∠OBC 　　　④ ∠OCA=∠OAC

⑤ 점 O에서 세 꼭짓점에 이르는 거리는 같다.

> **Key Point**
>
> 외심
> ⇨ 삼각형의 세 변의 수직이등분선의 교점이고, 외심에서 세 꼭짓점에 이르는 거리는 같다.

02 　직각삼각형의 외심　　　　　더 다양한 문제는 RPM 중2-2 26쪽

더 다양한 문제는 RPM 중2-2 26쪽

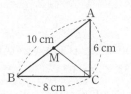

오른쪽 그림에서 점 M은 ∠C=90°인 직각삼각형 ABC의 외심이다. $\overline{AB}=10$ cm, $\overline{BC}=8$ cm, $\overline{AC}=6$ cm일 때, △ABC의 외접원의 넓이를 구하시오.

풀이　직각삼각형의 외심은 빗변의 중점이므로 △ABC의 외접원의 반지름의 길이는

$\dfrac{1}{2}\times10=5$ (cm)

따라서 외접원의 넓이는 $\pi\times5^2=\mathbf{25\pi(cm^2)}$

확인 2　오른쪽 그림과 같이 ∠B=90°인 직각삼각형 ABC의 빗변의 중점을 M이라 하자. ∠MBC=37°, $\overline{AC}=24$ cm일 때, 다음을 구하시오.

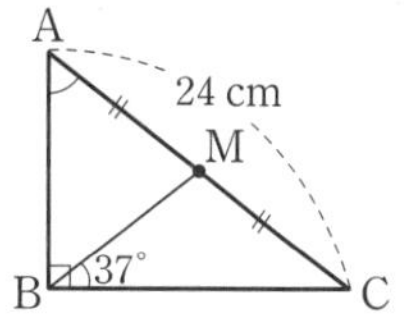

(1) $\overline{MB}$의 길이　　　(2) ∠A의 크기

> **Key Point**
>
> 직각삼각형의 외심은 빗변의 중점이다.
>
>
>
> ⇨ $\overline{OA}=\overline{OB}=\overline{OC}$
> (단, 점 O는 외심)

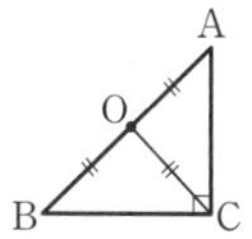

03 **삼각형의 외심이 주어질 때, 각의 크기 구하기** (1) ● 더 다양한 문제는 RPM 중2-2 27쪽

오른쪽 그림에서 점 O는 △ABC의 외심이다. ∠OCA=46°,
∠OCB=32°일 때, ∠x의 크기를 구하시오.

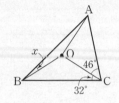

$\angle x + \angle y + \angle z = 90°$

풀이 $\angle x + 32° + 46° = 90°$ ∴ $\angle x = 12°$

확인**3** 다음 그림에서 점 O가 △ABC의 외심일 때, ∠x의 크기를 구하시오.

(1)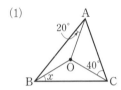

(2)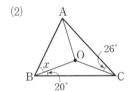

(3)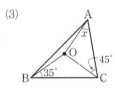

04 **삼각형의 외심이 주어질 때, 각의 크기 구하기** (2) ● 더 다양한 문제는 RPM 중2-2 27쪽

오른쪽 그림에서 점 O는 △ABC의 외심이다. ∠OAC=32°,
∠OCB=30°일 때, ∠x의 크기를 구하시오.

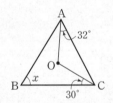

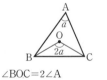

$\angle BOC = 2\angle A$

풀이 △OCA에서 $\overline{OA}=\overline{OC}$이므로 ∠OCA=∠OAC=32°
∴ ∠AOC=180°−32°×2=116°
∴ $\angle x = \dfrac{1}{2}\angle AOC = \dfrac{1}{2} \times 116° = \mathbf{58°}$

확인**4** 다음 그림에서 점 O가 △ABC의 외심일 때, ∠x의 크기를 구하시오.

(1)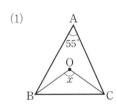

(2)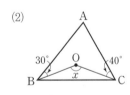

(3)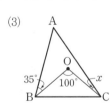

01 다음 그림에서 점 O가 △ABC의 외심일 때, ∠x의 크기를 구하시오.

(1)
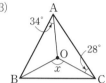

(2)
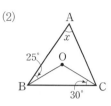

(3)

(4)
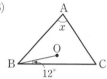

(5)

(6)

02 다음 그림에서 점 O가 직각삼각형 ABC의 외심일 때, x의 값을 구하시오.

(1)
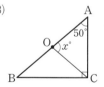

(2)

(3)

(4)

(5)

(6)

소단원 📄 핵심문제

01 오른쪽 그림에서 점 O는 △ABC의 외심이다. 다음 물음에 답하시오.

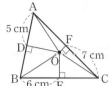

(1) 다음 중 옳지 <u>않은</u> 것은?

① $\overline{OA}=\overline{OB}=\overline{OC}$ ② $\overline{AD}=\overline{BD}$

③ $\angle OAB=\angle OBA$ ④ $\angle BOE=\angle COE$

⑤ $\overline{OD}=\overline{OE}=\overline{OF}$

(2) $\overline{AD}=5$ cm, $\overline{BE}=6$ cm, $\overline{CF}=7$ cm일 때, △ABC의 둘레의 길이를 구하시오.

점 O가 △ABC의 외심이면 △OAB, △OBC, △OCA는 모두 이등변삼각형이다.

02 오른쪽 그림과 같이 $\angle B=90°$인 직각삼각형 ABC에서 $\overline{AB}=12$ cm, $\overline{BC}=16$ cm, $\overline{AC}=20$ cm일 때, △ABC의 외접원의 둘레의 길이를 구하시오.

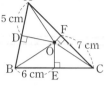

직각삼각형의 외심은 빗변의 중점이다.

03 오른쪽 그림에서 점 O는 △ABC의 외심이다. $\angle ABO=40°$, $\angle ACO=15°$일 때, $\angle x+\angle y$의 크기를 구하시오.

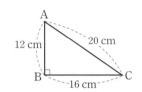

04 오른쪽 그림에서 점 O는 △ABC의 외심이다. $\angle ACO=30°$, $\angle BCO=15°$일 때, $\angle A-\angle B$의 크기를 구하시오.

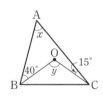

05 오른쪽 그림에서 점 O는 △ABC의 외심이다. $\angle AOB : \angle BOC : \angle COA=3 : 4 : 5$일 때, $\angle ACB$의 크기를 구하시오.

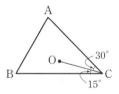

$\angle AOB+\angle BOC+\angle COA$ $=360°$

02 | 삼각형의 내심

개념원리
이해

1 삼각형의 내심이란 무엇인가? ◎ 핵심문제 1, 4

(1) **원의 접선과 접점**: 원과 직선이 한 점에서 만날 때, 이 직선은 원에 **접한다**고 한다. 이때 이 직선을 원의 **접선**이라 하고, 접선이 원과 만나는 점을 **접점**이라 한다. 또 원의 접선은 그 접점을 지나는 반지름에 수직이다.

접점 접선

(2) **내접원과 내심**: 한 다각형의 모든 변이 원 I에 접할 때, 원 I는 다각형에 **내접**한다고 한다. 이때 원 I를 다각형의 **내접원**이라 하고, 내접원의 중심 I를 **내심**이라 한다.

▶ 내심은 Inner center(내접원의 중심)로 주로 I로 나타낸다.

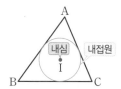
내심 내접원

(3) **삼각형의 내심의 성질**
　① 삼각형의 세 내각의 이등분선은 한 점(내심)에서 만난다.
　② 삼각형의 내심에서 세 변에 이르는 거리는 같다.
　　⇨ $\overline{ID}=\overline{IE}=\overline{IF}$=(내접원의 반지름의 길이)

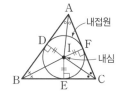
내접원 내심

설명 (3) △ABC에서 ∠A와 ∠B의 이등분선의 교점을 I라 하고, 점 I에서 삼각형의 세 변 AB, BC, CA에 내린 수선의 발을 각각 D, E, F라 하면
점 I는 ∠A의 이등분선 위에 있으므로 $\overline{ID}=\overline{IF}$ ⎤ 각의 이등분선의 성질
또 점 I는 ∠B의 이등분선 위에 있으므로 $\overline{ID}=\overline{IE}$ ⎦
∴ $\overline{ID}=\overline{IE}=\overline{IF}$
즉, 점 I에서 세 변에 이르는 거리는 같다.
한편 △CIE와 △CIF에서
∠IEC=∠IFC=90°, $\overline{CI}$는 공통, $\overline{IE}=\overline{IF}$
이므로 △CIE≡△CIF(RHS 합동)
∴ ∠ICE=∠ICF
즉, $\overline{CI}$는 ∠C의 이등분선이다.
따라서 △ABC의 세 내각의 이등분선은 한 점 I에서 만난다.

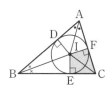

2 삼각형의 내심의 위치는 어디인가?

모든 삼각형의 내심은 삼각형의 내부에 있다.

참고 이등변삼각형과 정삼각형의 외심과 내심의 위치
　① 이등변삼각형: 외심과 내심이 꼭지각의 이등분선 위에 있다.
　② 정삼각형: 외심과 내심이 일치한다.

외심
내심
이등변삼각형

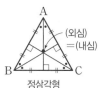
(외심)
=(내심)
정삼각형

3 삼각형의 내심은 어떻게 응용되는가? ◆ 핵심문제 2, 3

점 I가 $\triangle ABC$의 내심일 때, 다음이 성립한다.

(1) ➡

⇨ $\angle x + \angle y + \angle z = 90°$

(2) ➡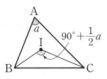

⇨ $\angle BIC = 90° + \dfrac{1}{2}\angle A$

설명 (1) 삼각형의 세 내각의 크기의 합은 180°이므로

$\angle A + \angle B + \angle C = 180°$

즉, $2\angle x + 2\angle y + 2\angle z = 180°$이므로

$\angle x + \angle y + \angle z = 90°$

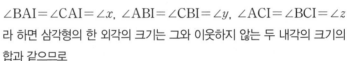

(2) $\overline{AI}$의 연장선과 $\overline{BC}$의 교점을 D라 하고,

$\angle BAI = \angle CAI = \angle x$, $\angle ABI = \angle CBI = \angle y$, $\angle ACI = \angle BCI = \angle z$

라 하면 삼각형의 한 외각의 크기는 그와 이웃하지 않는 두 내각의 크기의 합과 같으므로

$\triangle ABI$에서 $\angle BID = \angle BAI + \angle ABI = \angle x + \angle y$

$\triangle AIC$에서 $\angle CID = \angle CAI + \angle ACI = \angle x + \angle z$

$\therefore \angle BIC = \angle BID + \angle CID$

$\qquad = (\angle x + \angle y) + (\angle x + \angle z)$

$\qquad = (\angle x + \angle y + \angle z) + \angle x$

$\qquad = 90° + \dfrac{1}{2}\angle A$

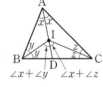

예 다음 그림에서 점 I가 $\triangle ABC$의 내심일 때, $\angle x$의 크기를 구하시오.

(1) 　　　(2)

(1) $34° + 26° + \angle x = 90°$　　$\therefore \angle x = 30°$

(2) $\angle x = 90° + \dfrac{1}{2} \times 40° = 110°$

4 삼각형의 내접원은 어떻게 응용되는가? ◐ 핵심문제 5, 6

(1) 삼각형의 넓이와 내접원의 반지름의 길이

△ABC에서 세 변의 길이가 각각 a, b, c이고 내접원의 반지름의 길이가 r일 때

$$\triangle ABC = \frac{1}{2}r\underbrace{(a+b+c)}_{\text{세 변의 길이의 합}}$$

내접원의 반지름의 길이

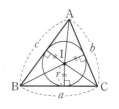

설명 $\triangle ABC = \triangle IBC + \triangle ICA + \triangle IAB$

$$= \frac{1}{2}ar + \frac{1}{2}br + \frac{1}{2}cr$$

$$= \frac{1}{2}r(a+b+c)$$

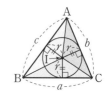

예 오른쪽 그림에서 점 I는 △ABC의 내심이다. $\overline{AB}=6\,\mathrm{cm}$, $\overline{BC}=8\,\mathrm{cm}$, $\overline{CA}=10\,\mathrm{cm}$이고 △ABC의 넓이가 $24\,\mathrm{cm}^2$일 때, 내접원의 반지름의 길이를 구하시오.

△ABC의 내접원의 반지름의 길이를 $r\,\mathrm{cm}$라 하면

$24 = \frac{1}{2}r(6+8+10)$, $24 = 12r$ ∴ $r = 2$

따라서 내접원의 반지름의 길이는 $2\,\mathrm{cm}$이다.

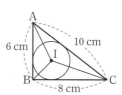

(2) 삼각형의 내접원의 접선의 길이

△ABC의 내접원 I가 $\overline{AB}$, $\overline{BC}$, $\overline{CA}$와 접하는 점을 각각 D, E, F라 할 때

$$\overline{AD}=\overline{AF}, \ \overline{BD}=\overline{BE}, \ \overline{CE}=\overline{CF}$$

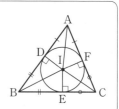

설명 $\triangle ADI \equiv \triangle AFI$(RHA 합동)이므로 $\overline{AD}=\overline{AF}$

$\triangle BDI \equiv \triangle BEI$(RHA 합동)이므로 $\overline{BD}=\overline{BE}$

$\triangle CEI \equiv \triangle CFI$(RHA 합동)이므로 $\overline{CE}=\overline{CF}$

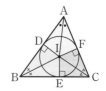

예 오른쪽 그림에서 점 I는 △ABC의 내심이고 세 점 D, E, F는 내접원과 세 변의 접점이다. $\overline{AB}=15\,\mathrm{cm}$, $\overline{BC}=13\,\mathrm{cm}$, $\overline{CA}=12\,\mathrm{cm}$일 때, $\overline{AD}$의 길이를 구하시오.

$\overline{AD}=\overline{AF}=x\,\mathrm{cm}$라 하면

$\overline{BE}=\overline{BD}=\overline{AB}-\overline{AD}=15-x\,(\mathrm{cm})$

$\overline{CE}=\overline{CF}=\overline{AC}-\overline{AF}=12-x\,(\mathrm{cm})$

이때 $\overline{BC}=\overline{BE}+\overline{CE}$이므로 $13=(15-x)+(12-x)$

$13=27-2x$ ∴ $x=7$ ∴ $\overline{AD}=7\,(\mathrm{cm})$

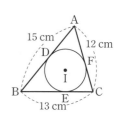

01 다음 ☐ 안에 알맞은 말을 써넣으시오.

> 삼각형의 내심은 삼각형의 [   ]의 교점이고, 삼각형의 내심에서 세 ☐에 이르는 거리는 같다.

02 다음 **보기** 중 점 D가 △ABC의 내심인 것을 모두 고르시오.

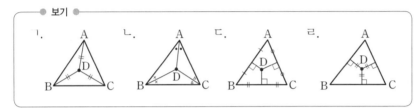

03 다음 그림에서 점 I가 △ABC의 내심일 때, x의 값을 구하시오.

(1)
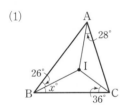

(2)
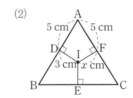

04 다음 그림에서 점 I가 △ABC의 내심일 때, $\angle x$의 크기를 구하시오.

(1)
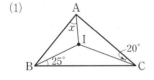

(2)
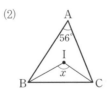

○ 삼각형의 내심의 성질은?

(1)
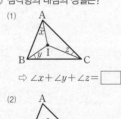

⇨ $\angle x + \angle y + \angle z =$ ☐

(2)
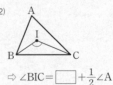

⇨ $\angle BIC =$ ☐ $+ \dfrac{1}{2}\angle A$

핵심문제 🔑 익히기

01 삼각형의 내심

더 다양한 문제는 RPM 중2-2 28쪽

Key Point

내심
⇨ 삼각형의 세 내각의 이등분선의 교점이고, 내심에서 세 변에 이르는 거리는 같다.

오른쪽 그림과 같이 △ABC의 세 내각의 이등분선의 교점을 I라 할 때, 다음 보기 중 옳지 <u>않은</u> 것을 모두 고르시오.

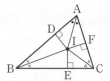

> ● 보기 ●
>
> ㄱ. $\overline{AF}=\overline{CF}$ ㄴ. $\overline{ID}=\overline{IE}=\overline{IF}$
> ㄷ. △CEI≡△CFI   ㄹ. △ADI≡△BDI
> ㅁ. 점 I는 △ABC의 내심이다.

풀이 ㄷ. △CEI와 △CFI에서 ∠CEI=∠CFI=90°, $\overline{CI}$는 공통, ∠ECI=∠FCI이므로 △CEI≡△CFI(RHA 합동)

ㄹ. △ADI≡△AFI(RHA 합동), △BDI≡△BEI(RHA 합동)이지만 △ADI와 △BDI 는 합동이 아니다.

따라서 옳지 않은 것은 ㄱ, ㄹ이다.

확인 1 오른쪽 그림에서 점 I가 △ABC의 내심일 때, 다음 중 옳은 것을 모두 고르면? (정답 2개)

① $\overline{BA}=\overline{BC}$ ② ∠BAI=∠ABI
③ $\overline{IA}=\overline{IB}=\overline{IC}$ ④ ∠ICA=∠ICB
⑤ 점 I에서 세 변에 이르는 거리는 같다.

02 삼각형의 내심이 주어질 때, 각의 크기 구하기 (1)

더 다양한 문제는 RPM 중2-2 28쪽

Key Point

점 I가 △ABC의 내심일 때

∠x+∠y+∠z=90°

오른쪽 그림에서 점 I는 △ABC의 내심이다. ∠A=68°, ∠ICB=20°일 때, ∠x의 크기를 구하시오.

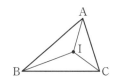

풀이 $\overline{AI}$를 그으면 ∠IAC=$\frac{1}{2}$×68°=34°이므로

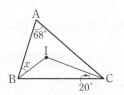

∠x+20°+34°=90°   ∴ ∠x=**36°**

확인 2 오른쪽 그림에서 점 I는 △ABC의 내심이다. ∠ABI=32°, ∠IAC=21°일 때, ∠y−∠x의 크기를 구하시오.

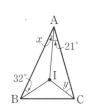

03 삼각형의 내심이 주어질 때, 각의 크기 구하기 (2) 　◎ 더 다양한 문제는 **RPM 중2-2 29쪽**

Key Point

점 I가 △ABC의 내심일 때

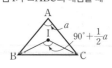

$\angle BIC = 90° + \frac{1}{2}\angle A$

오른쪽 그림에서 점 I는 △ABC의 내심이다. ∠BIC=120°일 때, ∠x의 크기를 구하시오.

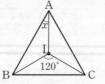

풀이　$120° = 90° + \frac{1}{2}\angle BAC$이므로 $\angle BAC = 60°$

이때 $\angle IAB = \angle IAC$이므로 $\angle x = \frac{1}{2}\angle BAC = \frac{1}{2} \times 60° = \mathbf{30°}$

확인③　다음 그림에서 점 I가 △ABC의 내심일 때, ∠x의 크기를 구하시오.

(1) 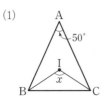　　(2) 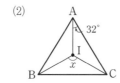　　(3)

---

04 삼각형의 내심과 평행선　◎ 더 다양한 문제는 **RPM 중2-2 29쪽**

Key Point

△DBI, △EIC는 이등변삼각형
이다.
(1) $\overline{DE} = \overline{DB} + \overline{EC}$
(2) (△ADE의 둘레의 길이)
　　$= \overline{AB} + \overline{AC}$

오른쪽 그림에서 점 I는 △ABC의 내심이고 $\overline{DE} /\!/ \overline{BC}$이다. $\overline{AB}=15$ cm, $\overline{AC}=10$ cm일 때, △ADE의 둘레의 길이를 구하시오.

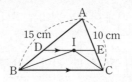

풀이　점 I가 △ABC의 내심이므로 $\angle DBI = \angle IBC$, $\angle ECI = \angle ICB$
　　　이때 $\overline{DE} /\!/ \overline{BC}$이므로
　　　$\angle DIB = \angle IBC$(엇각), $\angle EIC = \angle ICB$(엇각)
　　　∴ $\angle DBI = \angle DIB$, $\angle ECI = \angle EIC$
　　　즉, △DBI, △EIC는 이등변삼각형이므로 $\overline{DB} = \overline{DI}$, $\overline{EC} = \overline{EI}$
　　　∴ (△ADE의 둘레의 길이)$= \overline{AD} + \overline{DE} + \overline{EA} = \overline{AD} + (\overline{DI} + \overline{EI}) + \overline{EA}$
　　　　　　　　　　　　　　$= (\overline{AD} + \overline{DB}) + (\overline{EC} + \overline{EA})$
　　　　　　　　　　　　　　$= \overline{AB} + \overline{AC} = 15 + 10 = \mathbf{25(cm)}$

확인④　오른쪽 그림에서 점 I는 △ABC의 내심이고 $\overline{DE} /\!/ \overline{BC}$이다. $\overline{DE}=7$ cm, $\overline{EC}=3$ cm일 때, $\overline{DB}$ 의 길이를 구하시오.

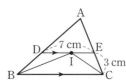

05 삼각형의 내접원의 응용 (1) – 내접원의 반지름의 길이 구하기 ⬚ 더 다양한 문제는 RPM 중2-2 30쪽

Key Point

오른쪽 그림에서 점 I는 △ABC의 내심이다. $\overline{AB}=3$ cm, $\overline{BC}=5$ cm, $\overline{AC}=4$ cm이고 △ABC의 넓이가 6 cm²일 때, △ABC의 내접원의 반지름의 길이를 구하시오.

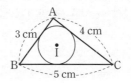

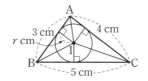

$$\triangle ABC = \frac{1}{2}r(a+b+c)$$

풀이 △ABC의 내접원의 반지름의 길이를 r cm라 하면

$6=\dfrac{1}{2}r(3+5+4)$, $6=6r$ ∴ $r=1$

따라서 내접원의 반지름의 길이는 **1 cm**이다.

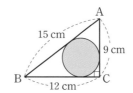

확인 5 오른쪽 그림과 같이 ∠C=90°인 직각삼각형 ABC에서 $\overline{AB}=15$ cm, $\overline{BC}=12$ cm, $\overline{AC}=9$ cm일 때, △ABC의 내접원의 넓이를 구하시오.

06 삼각형의 내접원의 응용 (2) – 내접원의 접선의 길이 구하기 ⬚ 더 다양한 문제는 RPM 중2-2 30쪽

Key Point

오른쪽 그림에서 점 I는 △ABC의 내심이고, 세 점 D, E, F는 내접원과 세 변의 접점이다. $\overline{AB}=7$ cm, $\overline{BC}=9$ cm, $\overline{AC}=6$ cm일 때, $\overline{BE}$의 길이를 구하시오.

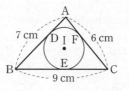

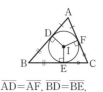

$\overline{AD}=\overline{AF}$, $\overline{BD}=\overline{BE}$, $\overline{CE}=\overline{CF}$

풀이 $\overline{BE}=\overline{BD}=x$ cm라 하면

$\overline{AF}=\overline{AD}=(7-x)$ cm, $\overline{CF}=\overline{CE}=(9-x)$ cm

이때 $\overline{AC}=\overline{AF}+\overline{CF}$이므로

$6=(7-x)+(9-x)$, $6=16-2x$ ∴ $x=5$

∴ $\overline{BE}=$ **5 cm**

확인 6 오른쪽 그림에서 점 I는 △ABC의 내심이고, 세 점 D, E, F는 내접원과 세 변의 접점이다. $\overline{AB}=32$ cm, $\overline{AC}=18$ cm, $\overline{AF}=10$ cm일 때, $\overline{BC}$의 길이를 구하시오.

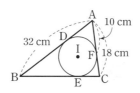

계산력 ⏱ 강화하기

01 다음 그림에서 점 I가 △ABC의 내심일 때, ∠x의 크기를 구하시오.

(1)

(2)
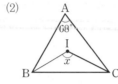

(3)
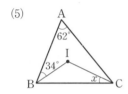

(4)
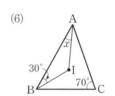

(5)
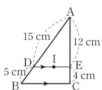

(6)
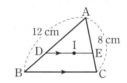

02 아래 그림에서 점 I는 △ABC의 내심이고 $\overline{DE} /\!/ \overline{BC}$일 때, 다음을 구하시오.

(1) $\overline{DE}$의 길이

(2) △ADE의 둘레의 길이

03 다음 그림에서 점 I는 △ABC의 내심이고 세 점 D, E, F는 내접원과 세 변의 접점일 때, x의 값을 구하시오.

(1)
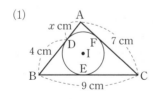

(2)
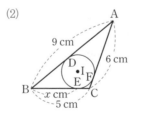

(3)
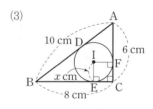

소단원 📑 핵심문제

01 다음 그림에서 점 I는 △ABC의 내심일 때, ∠x의 크기를 구하시오.

(1)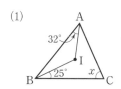

(2)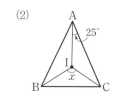

02 오른쪽 그림에서 점 O, I는 각각 △ABC의 외심과 내심이다. ∠OBC=42°일 때, ∠BIC의 크기를 구하시오.

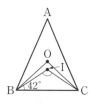

03 오른쪽 그림에서 점 I는 △ABC의 내심이고 $\overline{DE} /\!/ \overline{BC}$이다. $\overline{AD}$=13 cm, $\overline{DE}$=12 cm, $\overline{AE}$=11 cm, $\overline{BC}$=18 cm일 때, △ABC의 둘레의 길이를 구하시오.

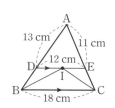

△DBI, △EIC는 이등변삼각형이므로 $\overline{DB}=\overline{DI}$, $\overline{EC}=\overline{EI}$
⇨ $\overline{DE}=\overline{DB}+\overline{EC}$

04 오른쪽 그림에서 점 I는 ∠C=90°인 직각삼각형 ABC의 내심이다. $\overline{AB}$=20 cm, $\overline{BC}$=16 cm, $\overline{AC}$=12 cm일 때, 이 삼각형의 내접원의 반지름의 길이와 내접원의 넓이를 차례로 구하시오.

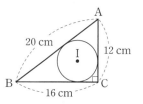

△ABC=$\frac{1}{2}r(a+b+c)$

05 다음 그림에서 점 I는 △ABC의 내심이고 세 점 D, E, F는 내접원과 세 변의 접점일 때, x의 값을 구하시오.

(1)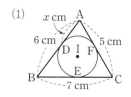

(2)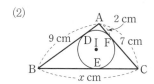

Step 1 기본문제

01 오른쪽 그림과 같은 세 서비스 센터 A, B, C에서 같은 거리에 있는 지점에 부품 공급 센터를 지으려고 한다. 다음 중 어느 지점에 부품 공급 센터를 지어야 하는가?

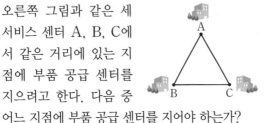

① $\overline{BC}$의 중점
② ∠A와 ∠B의 이등분선이 만나는 점
③ $\overline{AC}$와 $\overline{BC}$의 수직이등분선이 만나는 점
④ 점 A와 $\overline{BC}$의 중점, 점 B와 $\overline{AC}$의 중점을 각각 연결한 선분이 만나는 점
⑤ 점 A에서 $\overline{BC}$에 내린 수선과 점 B에서 $\overline{AC}$에 내린 수선이 만나는 점

02 오른쪽 그림과 같이 ∠A=90°인 직각삼각형 ABC에서 점 O는 △ABC의 외심이다. $\overline{AB}$=12 cm, $\overline{BC}$=13 cm, $\overline{AC}$=5 cm일 때, △ABO의 넓이를 구하시오.

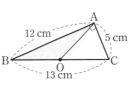

03 오른쪽 그림과 같이 ∠A=90°인 직각삼각형 ABC에서 $\overline{BC}$의 중점을 M이라 하고, 꼭짓점 A에서 $\overline{BC}$에 내린 수선의 발을 H라 하자. ∠B=32°일 때, ∠MAH의 크기를 구하시오.

꼭 나와
04 오른쪽 그림에서 점 O는 △ABC의 외심이다. ∠OCA=30°, ∠BOC=110°일 때, ∠OAB의 크기는?

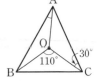

① 12°   ② 17°   ③ 20°
④ 25°   ⑤ 27°

05 오른쪽 그림에서 점 O는 △ABC의 외심이다. ∠ABC : ∠BCA : ∠CAB =4 : 2 : 3 일 때, ∠BOC의 크기를 구하시오.

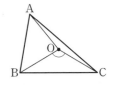

06 오른쪽 그림에서 점 O, I는 각각 △ABC의 외심과 내심일 때, 다음 중 옳은 것을 모두 고르면? (정답 2개)

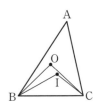

① ∠OBA = ∠OBC
② ∠ICB = ∠ICA
③ 외심 O는 항상 삼각형의 내부에 있다.
④ 내심 I에서 세 변에 이르는 거리는 같다.
⑤ $\overline{AB}$의 수직이등분선은 내심 I를 지난다.

07 오른쪽 그림에서 점 I는 △ABC의 내심이다. ∠A=70°일 때, ∠x＋∠y의 크기는?

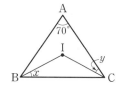

① 45° ② 50° ③ 55°
④ 60° ⑤ 65°

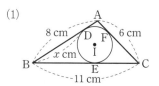

08 오른쪽 그림에서 점 I는 △ABC의 내심이고 $\overline{DE}$∥$\overline{BC}$일 때, 다음 중 옳지 <u>않은</u> 것은?

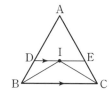

① ∠ABI=∠CBI
② ∠IBC=∠ICB
③ $\overline{DB}$=$\overline{DI}$, $\overline{EC}$=$\overline{EI}$
④ $\overline{DE}$=$\overline{DB}$＋$\overline{EC}$
⑤ (△ADE의 둘레의 길이)=$\overline{AB}$＋$\overline{AC}$

09 다음 그림에서 점 I는 △ABC의 내심이고 세 점 D, E, F는 내접원과 세 변의 접점일 때, x의 값을 구하시오.

(1)

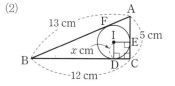

(2)

10 오른쪽 그림에서 점 O는 △ABC의 외심이다. ∠OAC=34°, ∠ACB=18°일 때, ∠x의 크기를 구하시오.

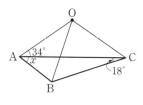

11 오른쪽 그림에서 점 O는 △ABC의 외심이다. $\overline{AF}$=5 cm, $\overline{OF}$=4 cm 이고 △ABC의 넓이는 60 cm²일 때, 사각형 ODBE의 넓이를 구하시오.

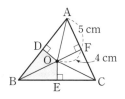

12 오른쪽 그림에서 점 I는 △ABC의 내심이다. 내심 I 에서 세 변에 내린 수선의 발을 각각 D, E, F라 할 때, 점 I는 △DEF의 무엇이 되는지 말하시오.

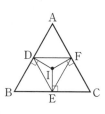

13 오른쪽 그림에서 점 I는 △ABC의 내심이고, 점 I′ 은 △IBC의 내심이다. ∠I′BC=14°, ∠ACI=32° 일 때, ∠A의 크기를 구하시오.

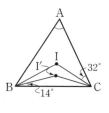

14 오른쪽 그림에서 점 I는
△ABC의 내심이다.
∠C=80°일 때,
∠ADB+∠AEB의 크기
를 구하시오.

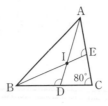

폭 나와
15 오른쪽 그림에서 점 O,
I는 각각 △ABC의 외
심과 내심이다.
∠B=35°, ∠C=65°일
때, ∠OAI의 크기를 구하시오.

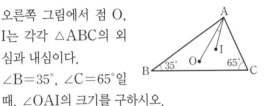

16 오른쪽 그림과 같이
∠B=90°인 직각삼각
형 ABC에서 점 O, I
는 각각 △ABC의 외
심과 내심이다. ∠A=70°일 때, ∠BPC의 크기
를 구하시오.

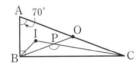

17 오른쪽 그림에서 점 I
는 △ABC의 내심이고
$\overline{DE}$∥$\overline{BC}$이다.
$\overline{DB}$=13 cm,
$\overline{EC}$=15 cm,
$\overline{BC}$=42 cm이고 내접원의 반지름의 길이가
12 cm일 때, 사각형 DBCE의 넓이를 구하시오.

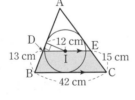

UP
18 오른쪽 그림에서 △ABC는
정삼각형이고, 점 I는
△ABC의 내심이다.
$\overline{AB}$∥$\overline{ID}$, $\overline{AC}$∥$\overline{IE}$이고
$\overline{AB}$=12 cm일 때, $\overline{DE}$의
길이를 구하시오.

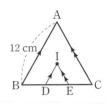

19 오른쪽 그림에서 점 I는 이
등변삼각형 ABC의 내심
이다. $\overline{AB}$=$\overline{AC}$=10 cm,
$\overline{BC}$=12 cm이고 △ABC
의 넓이는 48 cm²일 때,
$\overline{AI}$의 길이를 구하시오.

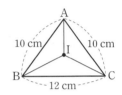

폭 나와
20 다음 그림에서 점 I는 ∠C=90°인 직각삼각형
ABC의 내심이다. $\overline{AB}$=26 cm, $\overline{BC}$=24 cm,
$\overline{AC}$=10 cm일 때, △IAB의 넓이를 구하시오.

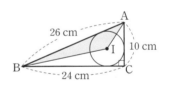

UP
21 오른쪽 그림과 같이
직사각형 ABCD에서
△ABC와 △ACD의
내심을 각각 I, I′이라
하자. △ABC의 세 변
과 내접원 I의 접점을 각각 E, G, H라 하고 $\overline{AC}$
와 내접원 I′의 접점을 F라 할 때, $\overline{EF}$의 길이를
구하시오.

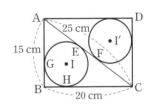

서술형 대비 문제

1

오른쪽 그림에서 점 O, I는 각각 △ABC 의 외심과 내심이다. ∠A=48°이고 $\overline{AB}=\overline{AC}$일 때, ∠OCI의 크기를 구하시오. [7점]

풀이과정

1단계 ∠OCB의 크기 구하기 [3점]

점 O는 △ABC의 외심이므로

∠BOC=2∠A=2×48°=96°

이때 $\overline{OB}=\overline{OC}$이므로 $\angle OCB=\frac{1}{2}\times(180°-96°)=42°$

2단계 ∠ICB의 크기 구하기 [3점]

또 $\overline{AB}=\overline{AC}$이므로 $\angle ACB=\frac{1}{2}\times(180°-48°)=66°$

점 I는 △ABC의 내심이므로 $\angle ICB=\frac{1}{2}\times66°=33°$

3단계 ∠OCI의 크기 구하기 [1점]

∴ ∠OCI=∠OCB-∠ICB=42°-33°=9°

답 9°

1-1

오른쪽 그림에서 점 O, I는 각각 △ABC의 외심과 내심이다. ∠A=40° 이고 $\overline{AB}=\overline{AC}$일 때, ∠OBI의 크기를 구하시오. [7점]

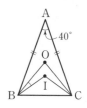

풀이과정

1단계 ∠OBC의 크기 구하기 [3점]

2단계 ∠IBC의 크기 구하기 [3점]

3단계 ∠OBI의 크기 구하기 [1점]

답

2

오른쪽 그림에서 점 I는 △ABC 의 내심이고 $\overline{DE}\,//\,\overline{BC}$이다. $\overline{AB}=10\,cm$, $\overline{AC}=13\,cm$일 때, △ADE의 둘레의 길이를 구하시오. [7점]

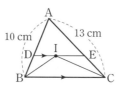

풀이과정

1단계 $\overline{DB}=\overline{DI}$임을 알기 [2점]

점 I가 △ABC의 내심이므로 ∠IBC=∠DBI

$\overline{DE}\,//\,\overline{BC}$이므로 ∠DIB=∠IBC(엇각)

즉, ∠DBI=∠DIB이므로 $\overline{DB}=\overline{DI}$

2단계 $\overline{EC}=\overline{EI}$임을 알기 [2점]

점 I가 △ABC의 내심이므로 ∠ICB=∠ECI

$\overline{DE}\,//\,\overline{BC}$이므로 ∠EIC=∠ICB(엇각)

즉, ∠ECI=∠EIC이므로 $\overline{EC}=\overline{EI}$

3단계 △ADE의 둘레의 길이 구하기 [3점]

∴ (△ADE의 둘레의 길이)=$\overline{AB}+\overline{AC}$=23(cm)

답 23 cm

2-1

오른쪽 그림에서 점 I는 △ABC의 내심이고 $\overline{DE}\,//\,\overline{BC}$이다. $\overline{AB}=\overline{AC}$이고 △ADE의 둘레의 길이가 18 cm일 때, $\overline{AB}$의 길이를 구하시오. [7점]

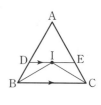

풀이과정

1단계 $\overline{DB}=\overline{DI}$임을 알기 [2점]

2단계 $\overline{EC}=\overline{EI}$임을 알기 [2점]

3단계 $\overline{AB}$의 길이 구하기 [3점]

답

스스로 서술하기

3 오른쪽 그림과 같이 원 O 위에 세 점 A, B, C가 있다. ∠OBA=25°, ∠OCA=35°이고 $\overline{AO}$=3 cm일 때, 부채꼴 BOC의 넓이를 구하시오. [7점]

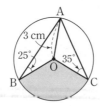

풀이과정

답

5 오른쪽 그림에서 점 I는 △ABC의 내심이다. ∠BAC : ∠ABC : ∠ACB =4 : 3 : 2 일 때, ∠BIC의 크기를 구하시오. [6점]

풀이과정

답

4 오른쪽 그림에서 점 O 는 △ABC와 △ACD의 외심이다. ∠B=70°일 때, ∠D의 크기를 구하시오. [8점]

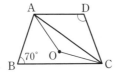

풀이과정

답

6 오른쪽 그림에서 원 O는 직각삼각형 ABC의 외접원이고, 원 I 는 직각삼각형 ABC의 내접원이다. 두 원 O, I의 반지름의 길이가 각각 5 cm, 2 cm이고, 세 점 D, E, F는 내접원과 세 변의 접점일 때, 직각삼각형 ABC의 넓이를 구하시오. [8점]

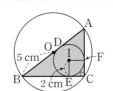

풀이과정

답

대단원 핵심 한눈에 보기

01 이등변삼각형

(1) 이등변삼각형 : ☐☐☐☐☐☐가 같은 삼각형
(2) 이등변삼각형의 성질
　① 이등변삼각형의 두 밑각의 크기는 같다.
　② 이등변삼각형의 꼭지각의 이등분선은 밑변을 ☐☐☐☐☐한다.

02 직각삼각형의 합동

(1) ☐☐☐☐ 합동 : 두 직각삼각형에서 빗변의 길이와 한 예각의 크기가 각각 같을 때
(2) ☐☐☐☐ 합동 : 두 직각삼각형에서 빗변의 길이와 다른 한 변의 길이가 각각 같을 때
(3) 각의 이등분선의 성질
　① 각의 이등분선 위의 한 점에서 그 각을 이루는 두 변까지의 거리는 같다.
　② 각을 이루는 두 변에서 같은 거리에 있는 점은 그 각의 ☐☐☐☐☐ 위에 있다.

03 삼각형의 외심

(1) 삼각형의 외심 : 삼각형의 ☐☐☐☐☐☐☐
　이 만나는 점
(2) 삼각형의 외심의 위치
　① 예각삼각형 : 삼각형의 ☐☐☐☐
　② 직각삼각형 : 빗변의 ☐☐☐☐
　③ 둔각삼각형 : 삼각형의 ☐☐☐☐
(3) 점 O가 삼각형 ABC의 외심일 때

$$\angle x + \angle y + \angle z = \boxed{} \qquad \angle BOC = 2\angle A$$

04 삼각형의 내심

(1) 삼각형의 내심 : 삼각형의 ☐☐☐☐☐☐☐
　이 만나는 점
(2) 삼각형의 내심의 위치 : 삼각형의 ☐☐☐☐
(3) 점 I가 삼각형 ABC의 내심일 때

$$\angle x + \angle y + \angle z = 90° \qquad \angle BIC = \boxed{} + \frac{1}{2}\angle A$$

구두쇠의 희망

돈 많은 졸부가 친구에게 말했습니다.

"이상하단 말일세. 내가 죽으면 나의 전 재산을 모두 자선 단체에 기부하겠다고 유언해 두었는데도 왜 사람들은 나를 구두쇠라고 비난하는 거지?"

친구가 대답했습니다.

"내기 암소와 돼지 이야기를 하나 해 주겠네. 어느 날 돼지가 암소에게 불평하길 '사람들은 항상 너, 암소의 부드럽고 온순함을 칭찬하지. 물론 너는 사람들에게 우유와 크림을 제공해 주고 말이야. 하지만 난 사람들에게 사실 더 많은 것을 제공한다고. 베이컨과 햄, 심지어 발까지 주는데도 사람들은 여전히 날 좋아하지 않아. 도대체 왜 그러는지 난 알 수가 없어.'

암소는 잠시 생각에 잠기더니 말했다네.

'글쎄, 그건 아마도 내가 살아 있을 때 사람들에게 유익한 것을 제공하기 때문일 거야.'

라고 말일세."

– 내 인생을 변화시키는 짧은 이야기 중에서 –

II

사각형의 성질

1 평행사변형

개념원리
이해

1 평행사변형이란 무엇인가?

두 쌍의 대변이 각각 평행한 사각형을 평행사변형이라 한다.

⇨ $\overline{AB} /\!/ \overline{DC}$, $\overline{AD} /\!/ \overline{BC}$

참고 사각형 ABCD를 기호로 □ABCD와 같이 나타낸다.

▶ ① 대변: 사각형에서 서로 마주 보는 변, 즉 $\overline{AB}$와 $\overline{DC}$, $\overline{AD}$와 $\overline{BC}$
　② 대각: 사각형에서 서로 마주 보는 각, 즉 ∠A와 ∠C, ∠B와 ∠D

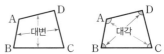

2 평행사변형에는 어떤 성질이 있는가? ● 핵심문제 1~4

(1) 두 쌍의 대변의 길이는 각각 같다.
　⇨ $\overline{AB}=\overline{DC}$, $\overline{AD}=\overline{BC}$
(2) 두 쌍의 대각의 크기는 각각 같다.
　⇨ ∠A=∠C, ∠B=∠D
(3) 두 대각선은 서로 다른 것을 이등분한다.
　⇨ $\overline{AO}=\overline{CO}$, $\overline{BO}=\overline{DO}$

(1) 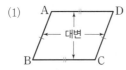　(2) 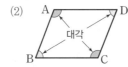　(3)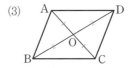

▶ 평행사변형 ABCD에서 이웃하는 두 내각의 크기의 합은 180°이다.
　⇨ 평행사변형 ABCD에서 ∠A+∠B+∠C+∠D=360°이고
　　∠A=∠C, ∠B=∠D이므로 ∠A+∠B+∠A+∠B=360°
　　2(∠A+∠B)=360°　∴ ∠A+∠B=180°
　　같은 방법으로 ∠A+∠B=∠B+∠C=∠C+∠D=∠D+∠A=180°

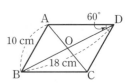

예 오른쪽 그림과 같은 평행사변형 ABCD에서 두 대각선의 교점을 O라 할 때, 다음을 구하시오.

(1) $\overline{CD}$의 길이　　　　(2) $\overline{OB}$의 길이

(3) ∠ABC의 크기　　　(4) ∠BCD의 크기

(1) $\overline{CD}=\overline{BA}=10\ cm$

(2) $\overline{OB}=\dfrac{1}{2}\overline{BD}=\dfrac{1}{2}\times18=9(cm)$

(3) ∠ABC=∠ADC=60°

(4) ∠BCD=180°-∠CDA=180°-60°=120°

평행사변형의 성질

(1) 평행사변형의 두 쌍의 대변의 길이는 각각 같다.

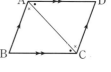

설명 평행사변형 ABCD에서 대각선 AC를 그으면

△ABC와 △CDA에서

$\overline{AC}$는 공통 $\qquad$ ······ ㉠

$\overline{AD}/\!/\overline{BC}$이므로

∠ACB=∠CAD(엇각) $\qquad$ ······ ㉡

$\overline{AB}/\!/\overline{DC}$이므로

∠BAC=∠DCA(엇각) $\qquad$ ······ ㉢

㉠, ㉡, ㉢에 의해

△ABC≡△CDA(ASA 합동)

∴ $\overline{AB}=\overline{DC}$, $\overline{AD}=\overline{BC}$

따라서 평행사변형의 두 쌍의 대변의 길이는 각각 같다.

(2) 평행사변형의 두 쌍의 대각의 크기는 각각 같다.

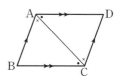

설명 위의 (1)에서 △ABC≡△CDA이므로

∠B=∠D

또 위의 (1)에서

∠BAC=∠DCA(엇각)

∠BCA=∠DAC(엇각)

이므로

∠A=∠BAC+∠DAC

$\quad$ =∠DCA+∠BCA

$\quad$ =∠C

∴ ∠B=∠D, ∠A=∠C

따라서 평행사변형의 두 쌍의 대각의 크기는 각각 같다.

(3) 평행사변형에서 두 대각선은 서로 다른 것을 이등분한다.

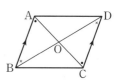

설명 평행사변형 ABCD에서 두 대각선 AC와 BD의 교점을 O라 하자.

△ABO와 △CDO에서

$\overline{AB}=\overline{CD}$(평행사변형의 대변) $\qquad$ ······ ㉠

$\overline{AB}/\!/\overline{DC}$이므로

∠ABO=∠CDO(엇각) $\qquad$ ······ ㉡

∠BAO=∠DCO(엇각) $\qquad$ ······ ㉢

㉠, ㉡, ㉢에 의해

△ABO≡△CDO(ASA 합동)

∴ $\overline{AO}=\overline{CO}$, $\overline{BO}=\overline{DO}$

따라서 평행사변형의 두 대각선은 서로 다른 것을 이등분한다.

개념원리 📖 확인하기

정답과 풀이 p. 18

01 평행사변형의 뜻과 성질을 쓰시오.

(1) 뜻: _____

(2) 성질 :

① _____

② _____

③ _____

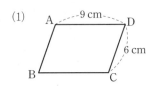

① 뜻: $\overline{AB} /\!/ \overline{DC}$, $\overline{AD} /\!/ \overline{BC}$

② 성질

$\overline{AB}=\boxed{}$, $\overline{AD}=\boxed{}$

$\angle A=\boxed{}$, $\angle B=\boxed{}$

$\overline{AO}=\boxed{}$, $\overline{BO}=\boxed{}$

02 아래 그림과 같은 평행사변형 ABCD에서 다음을 구하시오.

(1)

A ⌐ 9 cm ⌐ D

6 cm

B ⌐ C

① $\overline{AB}$의 길이

② $\overline{BC}$의 길이

(2)

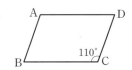

① $\angle A$의 크기

② $\angle D$의 크기

평행사변형에서

① 두 쌍의 대변의 길이는 각각 $\boxed{}$.

② 두 쌍의 대각의 크기는 각각 $\boxed{}$.

03 다음은 오른쪽 그림의 평행사변형 ABCD에서 $\angle B$의 크기를 구하는 과정이다. □ 안에 알맞은 수를 써 넣으시오.

A ⌐ ⌐ D

110°

B ⌐ C

평행사변형에서 이웃하는 두 내각의 크기의 합은 $\boxed{}$이다.

$\angle B + \angle C = \boxed{}°$이므로

$\angle B = \boxed{}° - \boxed{}° = \boxed{}°$

04 오른쪽 그림과 같은 평행사변형 ABCD에서 두 대각선의 교점을 O라 하자. $\overline{AO}=6$ cm, $\overline{BD}=14$ cm일 때, 다음을 구하시오.

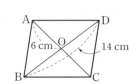

(1) $\overline{CO}$의 길이

(2) $\overline{BO}$의 길이

평행사변형에서 두 대각선은 서로 다른 것을 $\boxed{}$한다.

01 평행사변형의 성질

더 다양한 문제는 RPM 중2-2 38, 39쪽

Key Point

평행사변형은
① 두 쌍의 대변이 각각 평행하다. (뜻)
② 두 쌍의 대변의 길이가 각각 같다.
③ 두 쌍의 대각의 크기가 각각 같다.
④ 두 대각선이 서로 다른 것을 이등분한다.

다음 그림과 같은 평행사변형 ABCD에서 x, y의 값을 각각 구하시오.
(단, 점 O는 두 대각선의 교점이다.)

(1) 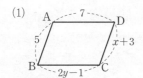　(2) 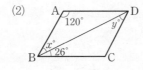　(3)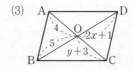

풀이　(1) $\overline{AB}=\overline{DC}$이므로 $5=x+3$　∴ $\boldsymbol{x=2}$
　　　$\overline{AD}=\overline{BC}$이므로 $7=2y-1$　∴ $\boldsymbol{y=4}$
　　(2) $\angle C=\angle A=120°$이므로 △BCD에서
　　　$\angle BDC=180°-(26°+120°)=34°$　∴ $\boldsymbol{y=34}$
　　　$\overline{AB}/\!/\overline{DC}$이므로 $\angle ABD=\angle BDC=34°$(엇각)　∴ $\boldsymbol{x=34}$
　　(3) $\overline{BO}=\overline{DO}$이므로 $5=2x+1$　∴ $\boldsymbol{x=2}$
　　　$\overline{AO}=\overline{CO}$이므로 $4=y+3$　∴ $\boldsymbol{y=1}$

확인 1　다음 그림과 같은 평행사변형 ABCD에서 x, y의 값을 각각 구하시오.
(단, 점 O는 두 대각선의 교점이다.)

(1) 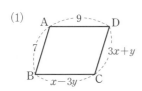　(2) 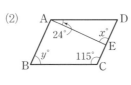　(3)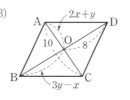

02 평행사변형의 성질의 응용 (1) - 대변의 길이

더 다양한 문제는 RPM 중2-2 39쪽

Key Point

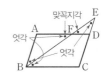

△ABF, △DEF, △BCE는 각각 두 밑각의 크기가 같으므로 이등변삼각형이다.
⇨ $\overline{AB}=\overline{AF}$, $\overline{DE}=\overline{DF}$, $\overline{CB}=\overline{CE}$

오른쪽 그림과 같은 평행사변형 ABCD에서 $\angle B$의 이등분선이 $\overline{CD}$의 연장선과 만나는 점을 E라 하자. $\overline{AB}=4$ cm, $\overline{BC}=6$ cm일 때, $\overline{DE}$의 길이를 구하시오.

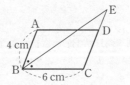

풀이　$\overline{AB}/\!/\overline{EC}$이므로 $\angle ABE=\angle CEB$(엇각)　∴ $\angle CBE=\angle CEB$
　　따라서 △BCE는 이등변삼각형이므로 $\overline{CE}=\overline{CB}=6$ cm
　　이때 $\overline{CD}=\overline{AB}=4$ cm이므로 $\overline{DE}=\overline{CE}-\overline{CD}=6-4=\boldsymbol{2(cm)}$

확인 2　오른쪽 그림과 같은 평행사변형 ABCD에서 $\overline{BE}$는 $\angle B$의 이등분선이다. $\overline{AB}=6$ cm, $\overline{BC}=8$ cm일 때, $\overline{DE}$의 길이를 구하시오.

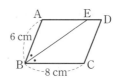

03 평행사변형의 성질의 응용 (2)−대각의 크기 · 더 다양한 문제는 **RPM** 중2-2 40쪽

다음 그림과 같은 평행사변형 ABCD에서 ∠x의 크기를 구하시오.

(1)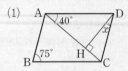

(2)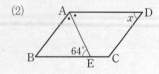

Key Point

· 평행사변형에서 두 쌍의 대각의 크기는 각각 같다.
· 평행사변형에서 이웃하는 두 내각의 크기의 합은 180°이다.
· 평행한 두 직선이 다른 한 직선과 만나서 생기는 엇각의 크기는 같다.

풀이 (1) □ABCD는 평행사변형이므로 ∠ADC=∠B=75°
△ADH에서 ∠ADH=180°−(40°+90°)=50°
∴ ∠x=∠ADC−∠ADH=75°−50°=**25°**

(2) $\overline{AD}$∥$\overline{BC}$이므로 ∠DAE=∠BEA=64°(엇각)
따라서 ∠BAE=∠DAE=64°이고 ∠A+∠D=180°이므로
∠x=180°−(64°+64°)=**52°**

확인③ 다음 그림과 같은 평행사변형 ABCD에서 ∠x의 크기를 구하시오.

(1)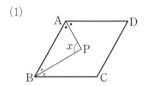

(2)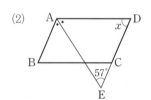

04 평행사변형의 성질의 응용 (3)−대각선의 성질 · 더 다양한 문제는 **RPM** 중2-2 41쪽

오른쪽 그림과 같은 평행사변형 ABCD에서 두 대각선의 교점을 O라 하자. $\overline{AD}$=8 cm, $\overline{AC}$=10 cm, $\overline{BD}$=12 cm일 때, △OBC의 둘레의 길이를 구하시오.

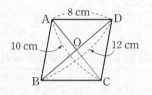

Key Point

평행사변형의 두 대각선은 서로 다른 것을 이등분한다.

풀이 □ABCD는 평행사변형이므로 $\overline{BC}$=$\overline{AD}$=8 cm
평행사변형의 두 대각선은 서로 다른 것을 이등분하므로
$\overline{BO}$=$\overline{DO}$=$\frac{1}{2}\overline{BD}$=$\frac{1}{2}$×12=6(cm), $\overline{CO}$=$\overline{AO}$=$\frac{1}{2}\overline{AC}$=$\frac{1}{2}$×10=5(cm)
∴ (△OBC의 둘레의 길이)=$\overline{OB}$+$\overline{BC}$+$\overline{CO}$=6+8+5=**19(cm)**

확인④ 오른쪽 그림과 같은 평행사변형 ABCD에서 두 대각선의 교점을 O라 하자. $\overline{CD}$=6 cm이고 두 대각선의 길이의 합이 22 cm일 때, △OAB의 둘레의 길이를 구하시오.

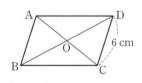

소단원 📖 핵심문제

01 오른쪽 그림은 평행사변형 ABCD의 내부에 있는 한 점 P를 지나고 변 AD, AB에 각각 평행한 선분 EF, GH를 그은 것이다. 다음을 구하시오.

(1) x, y의 값

(2) ∠a, ∠b의 크기

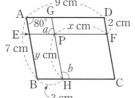

02 다음 그림과 같은 평행사변형 ABCD에서 x의 값을 구하시오.

(1)
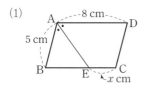

(2)

03 오른쪽 그림과 같은 평행사변형 ABCD에서 $\overline{BC}$의 중점을 E라 하고, $\overline{AE}$의 연장선이 $\overline{CD}$의 연장선과 만나는 점을 F라 하자. $\overline{AB}$=7 cm, $\overline{AD}$=10 cm일 때, $\overline{DF}$의 길이를 구하시오.

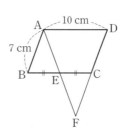

04 오른쪽 그림과 같은 평행사변형 ABCD에서 $\overline{AF}$와 $\overline{DE}$는 각각 ∠A와 ∠D의 이등분선이다. $\overline{AB}$=9 cm, $\overline{AD}$=12 cm이고 ∠B=70°일 때, 다음을 구하시오.

(1) ∠AFC의 크기

(2) $\overline{EF}$의 길이

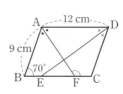

05 오른쪽 그림과 같은 평행사변형 ABCD에서 두 대각선의 교점 O를 지나는 직선이 $\overline{AD}$, $\overline{BC}$와 만나는 점을 각각 P, Q라 할 때, 다음 중 옳지 <u>않은</u> 것은?

① $\overline{AO}=\overline{BO}$ ② $\overline{BO}=\overline{DO}$

③ $\overline{PO}=\overline{QO}$ ④ ∠OAP=∠OCQ

⑤ △AOP≡△COQ

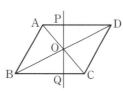

**개념원리
이해**

1 평행사변형이 되는 조건은 무엇인가? ◐ 핵심문제 l

□ABCD가 다음의 어느 한 조건을 만족시키면 평행사변형이 된다.

(1) 두 쌍의 대변이 각각 평행하다. ← 평행사변형의 뜻
⇨ $\overline{AB}$∥$\overline{DC}$, $\overline{AD}$∥$\overline{BC}$

(2) 두 쌍의 대변의 길이가 각각 같다.
⇨ $\overline{AB}=\overline{DC}$, $\overline{AD}=\overline{BC}$

(3) 두 쌍의 대각의 크기가 각각 같다.
⇨ ∠A=∠C, ∠B=∠D

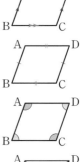

(4) 두 대각선이 서로 다른 것을 이등분한다.
⇨ $\overline{AO}=\overline{CO}$, $\overline{BO}=\overline{DO}$

(5) 한 쌍의 대변이 평행하고 그 길이가 같다.
⇨ $\overline{AB}$∥$\overline{DC}$, $\overline{AB}=\overline{DC}$

2 평행사변형이 되는 조건은 어떻게 응용되는가? ◐ 핵심문제 2

□ABCD가 평행사변형일 때, 다음 조건을 만족시키는 □EBFD는 모두 평행사변형이다.

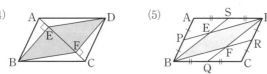

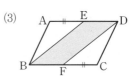

(1) 평행사변형 ABCD에서 ∠ABE=∠EBF, ∠EDF=∠FDC일 때, □EBFD는 평행사
변형이다.

설명 ∠B=∠D이므로 ∠EBF=∠EDF ⋯⋯ ㉠
$\overline{AD}$∥$\overline{BC}$이므로 ∠AEB=∠EBF(엇각), ∠DFC=∠EDF(엇각)
∴ ∠AEB=∠DFC
∴ ∠DEB=180°−∠AEB=180°−∠DFC=∠BFD ⋯⋯ ㉡
㉠, ㉡에 의해 두 쌍의 대각의 크기가 각각 같으므로 □EBFD는 평행사변형이다.

(2) 평행사변형 ABCD에서 $\overline{EO}=\overline{FO}$(또는 $\overline{AE}=\overline{CF}$)일 때, □EBFD는 평행사변형이다.

> 설명 □ABCD가 평행사변형이므로 $\overline{BO}=\overline{DO}$이고 $\overline{EO}=\overline{FO}$
> 따라서 두 대각선이 서로 다른 것을 이등분하므로 □EBFD는 평행사변형이다.

(3) 평행사변형 ABCD에서 $\overline{AE}=\overline{CF}$(또는 $\overline{ED}=\overline{BF}$)일 때, □EBFD는 평행사변형이다.

> 설명 $\overline{AD}/\!/\overline{BC}$이므로 $\overline{ED}/\!/\overline{BF}$, $\overline{AD}=\overline{BC}$이고 $\overline{AE}=\overline{CF}$이므로 $\overline{ED}=\overline{BF}$
> 따라서 한 쌍의 대변이 평행하고 그 길이가 같으므로 □EBFD는 평행사변형이다.

(4) 평행사변형 ABCD에서 $\angle AEB=\angle CFD=90°$일 때, □EBFD는 평행사변형이다.

> 설명 △ABE와 △CDF에서
> $\angle AEB=\angle CFD=90°$, $\overline{AB}=\overline{CD}$, $\angle BAE=\angle DCF$(엇각)
> 이므로 △ABE≡△CDF(RHA 합동)　　∴ $\overline{BE}=\overline{DF}$　　　······ ㉠
> 이때 $\angle BEF=\angle DFE=90°$
> 즉, 엇각의 크기가 같으므로 $\overline{BE}/\!/\overline{DF}$　　　······ ㉡
> ㉠, ㉡에 의해 한 쌍의 대변이 평행하고 그 길이가 같으므로 □EBFD는 평행사변형이다.

(5) 평행사변형 ABCD에서 $\overline{AS}=\overline{SD}=\overline{BQ}=\overline{QC}$, $\overline{AP}=\overline{PB}=\overline{DR}=\overline{RC}$일 때, □EBFD는 평행사변형이다.

> 설명 $\overline{SD}/\!/\overline{BQ}$, $\overline{SD}=\overline{BQ}$이므로 □SBQD는 평행사변형이다.　　∴ $\overline{EB}/\!/\overline{DF}$
> $\overline{PB}/\!/\overline{DR}$, $\overline{PB}=\overline{DR}$이므로 □PBRD는 평행사변형이다.　　∴ $\overline{ED}/\!/\overline{BF}$
> 따라서 두 쌍의 대변이 각각 평행하므로 □EBFD는 평행사변형이다.

3 평행사변형의 넓이는 어떻게 나누어지는가? ⊙ 핵심문제 3, 4

(1) 평행사변형의 넓이는 한 대각선에 의하여 이등분된다.

⇨ $\triangle ABC=\triangle BCD=\triangle CDA=\triangle DAB=\dfrac{1}{2}$□ABCD

(2) 평행사변형의 넓이는 두 대각선에 의하여 사등분된다.

⇨ $\triangle ABO=\triangle BCO=\triangle CDO=\triangle DAO=\dfrac{1}{4}$□ABCD

(3) 평행사변형의 내부의 한 점 P에 대하여 다음이 성립한다.

⇨ $\triangle PAB+\triangle PCD=\triangle PDA+\triangle PBC=\dfrac{1}{2}$□ABCD

> 설명 (3) 평행사변형 ABCD의 내부의 점 P를 지나고 $\overline{AB}$, $\overline{BC}$에 각각 평행하도록 $\overline{HF}$, $\overline{EG}$를 그으면 □AEPH, □EBFP, □PFCG, □HPGD는 모두 평행사변형이므로
> $\triangle AEP=\triangle PHA$, $\triangle PEB=\triangle BFP$
> $\triangle PFC=\triangle CGP$, $\triangle DHP=\triangle PGD$
> ∴ $\triangle PAB+\triangle PCD=(①+②)+(③+④)=(①+④)+(②+③)$
> $=\triangle PDA+\triangle PBC=\dfrac{1}{2}$□ABCD

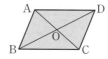

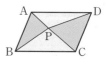

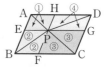

평행사변형이 되는 조건

(1) 두 쌍의 대변의 길이가 각각 같은 사각형은 평행사변형이다.

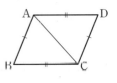

> **설명** □ABCD에서 대각선 AC를 그으면
>
> △ABC와 △CDA에서
>
> $\overline{AB}=\overline{CD}$, $\overline{BC}=\overline{DA}$, $\overline{AC}$는 공통
>
> 이므로 △ABC≡△CDA(SSS 합동)
>
> ∠BAC＝∠DCA, 즉 엇각의 크기가 같으므로 $\overline{AB}/\!/\overline{DC}$　……　㉠
>
> ∠ACB＝∠CAD, 즉 엇각의 크기가 같으므로 $\overline{AD}/\!/\overline{BC}$　……　㉡
>
> ㉠, ㉡에 의해 □ABCD는 두 쌍의 대변이 각각 평행하므로 평행사변형이다.

(2) 두 쌍의 대각의 크기가 각각 같은 사각형은 평행사변형이다.

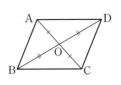

> **설명** □ABCD에서 ∠A＋∠B＋∠C＋∠D＝360°
>
> 이때 ∠A＝∠C, ∠B＝∠D이므로
>
> ∠A＋∠B＝180°　……　㉠
>
> $\overline{AB}$의 연장선 위에 점 E를 잡으면
>
> ∠B＋∠CBE＝180°　……　㉡
>
> ㉠, ㉡에 의해 ∠A＝∠CBE
>
> 즉, 동위각의 크기가 같으므로 $\overline{AD}/\!/\overline{BC}$　……　㉢
>
> 또 ∠C＝∠A＝∠CBE
>
> 즉, 엇각의 크기가 같으므로 $\overline{AB}/\!/\overline{DC}$　……　㉣
>
> ㉢, ㉣에 의해 □ABCD는 두 쌍의 대변이 각각 평행하므로 평행사변형이다.

(3) 두 대각선이 서로 다른 것을 이등분하는 사각형은 평행사변형이다.

> **설명** △AOB와 △COD에서
>
> $\overline{AO}=\overline{CO}$, $\overline{BO}=\overline{DO}$, ∠AOB＝∠COD(맞꼭지각)
>
> 이므로 △AOB≡△COD(SAS 합동)
>
> ∴ ∠ABO＝∠CDO
>
> 즉, 엇각의 크기가 같으므로 $\overline{AB}/\!/\overline{DC}$　……　㉠
>
> 같은 방법으로 △AOD≡△COB(SAS 합동)이므로
>
> ∠DAO＝∠BCO
>
> 즉, 엇각의 크기가 같으므로 $\overline{AD}/\!/\overline{BC}$　……　㉡
>
> ㉠, ㉡에 의해 □ABCD는 두 쌍의 대변이 각각 평행하므로 평행사변형이다.

(4) 한 쌍의 대변이 평행하고 그 길이가 같은 사각형은 평행사변형이다.

> **설명** □ABCD에서 대각선 AC를 그으면
>
> △ABC와 △CDA에서
>
> $\overline{AB}=\overline{CD}$, $\overline{AC}$는 공통, ∠BAC＝∠DCA(엇각)
>
> 이므로 △ABC≡△CDA(SAS 합동)
>
> ∴ ∠ACB＝∠CAD
>
> 즉, 엇각의 크기가 같으므로 $\overline{AD}/\!/\overline{BC}$
>
> 따라서 □ABCD는 두 쌍의 대변이 각각 평행하므로 평행사변형이다.

01 다음은 오른쪽 그림과 같은 □ABCD가 평행사변형이 되는 조건이다. □ 안에 알맞은 것을 써넣으시오. (단, 점 O는 두 대각선의 교점이다.)

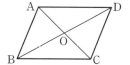

(1) $\overline{AB}$ // ☐ , $\overline{AD}$ // ☐

(2) $\overline{AB}$ = ☐ , $\overline{AD}$ = ☐

(3) ∠A = ☐ , ∠B = ☐

(4) $\overline{AO}$ = ☐ , $\overline{BO}$ = ☐

(5) $\overline{AB}$ // ☐ , $\overline{AB}$ = ☐

◆ 평행사변형이 되는 조건
  ① 두 쌍의 대변이 각각 ☐ 하다.
  ② 두 쌍의 대변의 길이가 각각 같다.
  ③ 두 쌍의 ☐ 가 각각 같다.
  ④ 두 대각선이 서로 다른 것을 ☐ 한다.
  ⑤ 한 쌍의 대변이 ☐ 하고 그 길이가 ☐.

02 다음 중 오른쪽 그림의 □ABCD가 평행사변형이 되는 것은 ○표, 평행사변형이 되지 않는 것은 ×표를 ( ) 안에 써넣고, 평행사변형이 되는 것은 그 조건을 쓰시오. (단, 점 O는 두 대각선의 교점이다.)

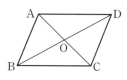

(1) ∠A = 120°, ∠B = 60°　　　　　(　)

　　조건 : _____

(2) $\overline{AO}$ = $\overline{CO}$ = 5 cm, $\overline{BO}$ = $\overline{DO}$ = 7 cm　(　)

　　조건 : _____

(3) $\overline{AD}$ // $\overline{BC}$, $\overline{AB}$ = $\overline{DC}$ = 8 cm　　(　)

　　조건 : _____

(4) $\overline{AB}$ = $\overline{DC}$ = 5 cm, $\overline{AD}$ = $\overline{BC}$ = 8 cm　(　)

　　조건 : _____

(5) ∠A = 65°, ∠B = 115°, ∠C = 65°　(　)

　　조건 : _____

(6) $\overline{AB}$ = $\overline{BC}$ = 4 cm, $\overline{CD}$ = $\overline{DA}$ = 6 cm　(　)

　　조건 : _____

03 오른쪽 그림과 같이 평행사변형 ABCD의 내부의 한 점 P에 대하여 점 P를 지나면서 $\overline{AB}$, $\overline{BC}$에 각각 평행한 직선을 그었다. ㉠~㉣에 알맞은 것을 써넣고, 다음 넓이를 구하시오.

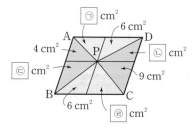

(1) △ABP + △CDP = _____

(2) △APD + △BCP = _____

(3) □ABCD = _____

◆ ① 평행사변형의 넓이는 한 대각선에 의하여 ☐ 된다.

②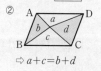

⇨ $a + c = b + d$

$ = \dfrac{1}{2}(a+b+c+d)$

$ = \dfrac{1}{2}$□ABCD

핵심문제 익히기

01 평행사변형이 되는 조건

더 다양한 문제는 RPM 중2-2 42쪽

Key Point

주어진 조건을 그림으로 나타낸 후 평행사변형이 되는 조건 중 하나를 만족시키는지 알아본다.

다음 보기 중 □ABCD가 평행사변형이 되는 것을 모두 고르시오.

┌─ 보기 ●
ㄱ. $\overline{AB} /\!/ \overline{DC}$, $\overline{AD}=\overline{BC}$
ㄴ. $\angle A=80°$, $\angle B=100°$, $\angle C=80°$
ㄷ. $\angle A+\angle B=180°$, $\angle C+\angle D=180°$
ㄹ. $\overline{AD}=\overline{BC}$, $\angle A+\angle B=180°$
└─

풀이

ㄱ. 오른쪽 그림의 □ABCD는 $\overline{AB} /\!/ \overline{DC}$, $\overline{AD}=\overline{BC}$이지만 평행사변형이 아니다.

ㄴ. $\angle D=360°-(80°+100°+80°)=100°$
    즉, $\angle A=\angle C$, $\angle B=\angle D$에서 두 쌍의 대각의 크기가 각각 같으므로 □ABCD는 평행사변형이다.

ㄷ. $\angle A=50°$, $\angle B=130°$, $\angle C=110°$, $\angle D=70°$이면 $\angle A+\angle B=\angle C+\angle D=180°$이지만 □ABCD는 평행사변형이 아니다.

ㄹ. 오른쪽 그림과 같이 $\overline{AB}$의 연장선 위에 점 E를 잡자.

이때 $\angle A+\angle B=180°$이므로 $\angle EAD=\angle B$
    즉, 동위각의 크기가 같으므로 $\overline{AD} /\!/ \overline{BC}$
    따라서 한 쌍의 대변이 평행하고 그 길이가 같으므로 □ABCD는 평행사변형이다.

따라서 □ABCD가 평행사변형이 되는 것은 ㄴ, ㄹ이다.

확인 1 다음 그림의 □ABCD 중에서 평행사변형이 <u>아닌</u> 것은?
(단, 점 O는 두 대각선의 교점이다.)

①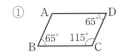
②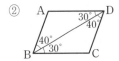
③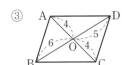
④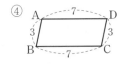
⑤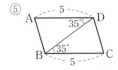

확인 2 다음 그림과 같은 □ABCD가 평행사변형이 되도록 하는 x, y의 값을 각각 구하시오.

(1)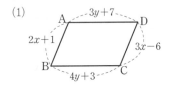
(2)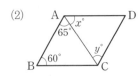

02 평행사변형이 되는 조건의 응용

더 다양한 문제는 RPM 중2-2 44쪽

다음은 평행사변형 ABCD에서 ∠B, ∠D의 이등분선이 $\overline{AD}$, $\overline{BC}$와 만나는 점을 각각 E, F라 할 때, □EBFD가 평행사변형임을 설명하는 과정이다. (개), (내)에 알맞은 것을 써넣으시오.

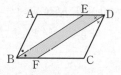

∠B=∠D이므로

$\angle EBF = \frac{1}{2}\angle B = \frac{1}{2}\angle D = \angle FDE$ ······ ㉠

또 $\overline{AD}/\!/\overline{BC}$이므로

∠AEB=∠EBF(엇각), ∠DFC=∠FDE(엇각)

∴ ∠AEB=∠EBF=∠FDE= (개)

∴ ∠DEB=180°−∠AEB

      =180°− (개)

      = (내) ······ ㉡

㉠, ㉡에 의해 두 쌍의 대각의 크기가 각각 같으므로 □EBFD는 평행사변형이다.

풀이 (개) ∠DFC (내) ∠BFD

확인3 오른쪽 그림과 같은 평행사변형 ABCD에서 ∠A, ∠C의 이등분선이 $\overline{BC}$, $\overline{AD}$와 만나는 점을 각각 E, F라 하자. $\overline{AB}$=10 cm, $\overline{AD}$=14 cm이고 ∠B=60°일 때, □AECF의 둘레의 길이를 구하시오.

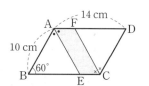

확인4 오른쪽 그림과 같은 평행사변형 ABCD에서 각 변의 중점을 E, F, G, H라 하고, $\overline{AF}$와 $\overline{ED}$, $\overline{BG}$의 교점을 각각 P, Q, $\overline{HC}$와 $\overline{BG}$, $\overline{ED}$의 교점을 각각 R, S라 할 때, □PQRS가 평행사변형이 되는 조건을 말하시오.

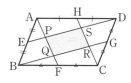

03 **평행사변형과 넓이 – 두 대각선에 의해 나누어지는 경우** 더 다양한 문제는 RPM 중2-2 43쪽

Key Point

평행사변형의 넓이는 두 대각선에 의하여 사등분된다.

오른쪽 그림과 같은 평행사변형 ABCD에서 두 대각선의 교점을 O라 하자. △OAB의 넓이가 4 cm^2일 때, □ABCD의 넓이를 구하시오.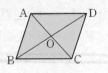

풀이 △OAB＝△OBC＝△OCD＝△ODA＝$\frac{1}{4}$□ABCD이므로

□ABCD＝4△OAB＝4×4＝**16(cm^2)**

확인⑤ 오른쪽 그림과 같은 평행사변형 ABCD에서 $\overline{\text{AD}}$, $\overline{\text{BC}}$의 중점을 각각 M, N이라 하고, □ABNM, □MNCD의 두 대각선의 교점을 각각 P, Q라 하자. □ABCD의 넓이가 28 cm^2일 때, □MPNQ의 넓이를 구하시오.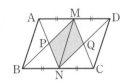

04 **평행사변형과 넓이 – 내부의 한 점이 주어지는 경우** 더 다양한 문제는 RPM 중2-2 43쪽

Key Point

평행사변형 ABCD의 내부의 한 점 P에 대하여

△PAB＋△PCD
＝△PDA＋△PBC
＝$\frac{1}{2}$□ABCD

오른쪽 그림과 같은 평행사변형 ABCD의 내부의 한 점 P에 대하여 △PAB＝15 cm^2, △PBC＝20 cm^2, △PDA＝12 cm^2일 때, △PCD의 넓이를 구하시오.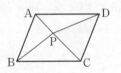

풀이 △PAB＋△PCD＝△PDA＋△PBC이므로

15＋△PCD＝12＋20

∴ △PCD＝**17(cm^2)**

확인⑥ 오른쪽 그림과 같은 평행사변형 ABCD의 내부의 한 점 P에 대하여 △PCD＝14 cm^2일 때, △PAB의 넓이를 구하시오.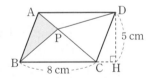

소단원 📰 핵심문제

01 다음 중 □ABCD가 평행사변형이 되는 것을 모두 고르면? (정답 2개)
(단, 점 O는 대각선 AC와 BD의 교점이다.)

① $\overline{AB}=7$ cm, $\overline{DC}=7$ cm, $\overline{AB} \parallel \overline{DC}$
② $\overline{AB}=3$ cm, $\overline{AD}=3$ cm, $\overline{AB} \parallel \overline{DC}$
③ $\overline{AO}=5$ cm, $\overline{BO}=5$ cm, $\overline{CO}=4$ cm, $\overline{DO}=4$ cm
④ $\angle A = \angle B$, $\overline{AD}=10$ cm, $\overline{BC}=10$ cm
⑤ $\angle A=95°$, $\angle B=85°$, $\angle C=95°$

> ⭐ 생각해 봅시다
> 평행사변형이 되는 조건을 생각한다.

02 다음은 평행사변형 ABCD에서 두 대각선의 교점을 O 라 하고, 대각선 AC 위에 $\overline{AE}=\overline{CF}$가 되도록 두 점 E, F를 잡을 때, □EBFD가 평행사변형임을 설명하는 과정이다. (가)~(다)에 알맞은 것을 써넣고, □EBFD가 평행사변형이 되는 조건을 말하시오.

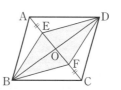

> □ABCD는 평행사변형이므로 $\overline{AO}=\overline{CO}$, $\overline{BO}=\boxed{\text{(가)}}$ ······ ㉠
> 그런데 $\overline{AE}=\overline{CF}$이므로
> $\overline{EO}=\overline{AO}-\overline{AE}=\boxed{\text{(나)}}-\overline{CF}=\boxed{\text{(다)}}$ ······ ㉡
> ㉠, ㉡에 의해 □EBFD는 평행사변형이다.

03 오른쪽 그림과 같은 평행사변형 ABCD의 내부의 한 점 P에 대하여 △PAB : △PCD=2 : 3이고 □ABCD=60 cm²일 때, △PAB의 넓이를 구하시오.

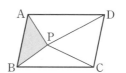

$\triangle PAB + \triangle PCD = \dfrac{1}{2}\square ABCD$

04 오른쪽 그림과 같이 평행사변형 ABCD의 내부에 한 점 P를 잡고 점 P를 지나면서 $\overline{AB}$, $\overline{AD}$에 각각 평행하도록 $\overline{HF}$, $\overline{EG}$를 그었다. □ABCD의 넓이가 70 cm²일 때, 색칠한 부분의 넓이를 구하시오.

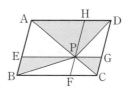

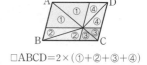

$\square ABCD = 2 \times (① + ② + ③ + ④)$

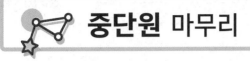

중단원 마무리

01 오른쪽 그림과 같은 평행사변형 ABCD에서 ∠BAC=80°, ∠DBC=25°, ∠BDC=35°일 때, ∠x의 크기는?

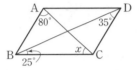

① 25°　　② 30°　　③ 35°
④ 40°　　⑤ 45°

02 오른쪽 그림과 같은 평행사변형 ABCD에서 $\overline{AB}$=7 cm, $\overline{BO}$=5 cm, $\overline{AC}$=12 cm이고 ∠ABC=100°일 때, 다음 중 옳지 <u>않은</u> 것은?
(단, 점 O는 두 대각선의 교점이다.)

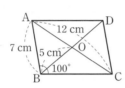

① $\overline{DC}$=7 cm　　② $\overline{AO}$=6 cm
③ ∠DAB=100°　　④ $\overline{BD}$=10 cm
⑤ ∠ADC=100°

꼭 나와
03 오른쪽 그림과 같은 평행사변형 ABCD에서 ∠A의 이등분선이 $\overline{BC}$와 만나는 점을 E라 하자. $\overline{AB}$=7 cm, $\overline{AD}$=11 cm일 때, $\overline{EC}$의 길이는?

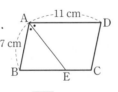

① 5.5 cm　　② 5 cm　　③ 4.5 cm
④ 4 cm　　⑤ 3.5 cm

04 오른쪽 그림과 같은 평행사변형 ABCD에서 ∠PAB=∠PAD이고 ∠D=76°, ∠APB=90°일 때, ∠x의 크기를 구하시오.

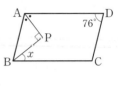

05 오른쪽 그림과 같은 평행사변형 ABCD에서 ∠B=70°이고 $\overline{AD}=\overline{DF}$=6 cm일 때, ∠$x$의 크기를 구하시오.

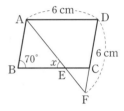

꼭 나와
06 오른쪽 그림과 같은 평행사변형 ABCD에서 ∠A : ∠B=3 : 2일 때, ∠C, ∠D의 크기를 각각 구하시오.

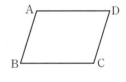

꼭 나와
07 다음 중 □ABCD가 평행사변형이 되는 조건이 <u>아닌</u> 것은?
(단, 점 O는 대각선 AC와 BD의 교점이다.)

① $\overline{AB}=\overline{DC}$, $\overline{AD}=\overline{BC}$
② ∠A=120°, ∠B=60°, ∠D=60°
③ ∠A=∠C, $\overline{AB}\,/\!/\,\overline{DC}$
④ $\overline{AB}=\overline{DC}$, $\overline{AD}\,/\!/\,\overline{BC}$
⑤ $\overline{AO}=\overline{CO}$, $\overline{BO}=\overline{DO}$

08 다음 그림의 □ABCD가 평행사변형일 때, 색칠한 사각형이 평행사변형이 <u>아닌</u> 것은?

① 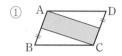　②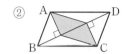

③ 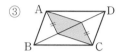　④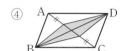

⑤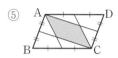

09 오른쪽 그림과 같은 평행사변형 ABCD에서 변 BC, DC의 연장선 위에 $\overline{BC}=\overline{CE}$, $\overline{DC}=\overline{CF}$가 되도록 점 E, F를 잡을 때, 다음 중 □BFED가 평행사변형이 되는 조건으로 가장 알맞은 것은?
(단, 점 O는 □ABCD의 두 대각선의 교점이다.)

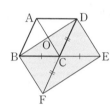

① 두 쌍의 대변이 각각 평행하다.
② 두 쌍의 대변의 길이가 각각 같다.
③ 두 쌍의 대각의 크기가 각각 같다.
④ 두 대각선이 서로 다른 것을 이등분한다.
⑤ 한 쌍의 대변이 평행하고 그 길이가 같다.

꼭 나와
10 오른쪽 그림과 같은 평행사변형 ABCD의 내부의 한 점 P에 대하여 색칠한 부분의 넓이를 구하시오.

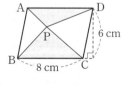

11 오른쪽 그림과 같은 평행사변형 ABCD를 꼭짓점 C가 점 E에 오도록 대각선 BD를 접는 선으로 하여 접었다. $\overline{DE}$와 $\overline{BA}$의 연장선의 교점을 F라 하고 ∠BDC=40°일 때, ∠AFE의 크기를 구하시오.

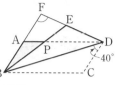

12 오른쪽 그림과 같은 평행사변형 ABCD에서 ∠A, ∠B의 이등분선이 $\overline{CD}$의 연장선과 만나는 점을 각각 E, F라 하자. $\overline{AB}=10\ cm$, $\overline{AD}=12\ cm$일 때, $\overline{EF}$의 길이를 구하시오.

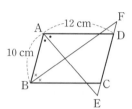

13 오른쪽 그림과 같이 $\overline{AB}=\overline{AC}$인 이등변삼각형 ABC에서 $\overline{AB}\parallel\overline{DP}$, $\overline{AC}\parallel\overline{EP}$이고 $\overline{AB}=10\ cm$일 때, □AEPD의 둘레의 길이를 구하시오.

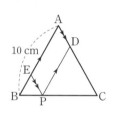

14 오른쪽 그림과 같은 평행사변형 ABCD에서 ∠ADE : ∠EDC =2 : 1이고 ∠B=60°, ∠AED=75°일 때, ∠x의 크기는?

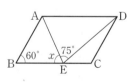

① 55°　② 60°　③ 65°
④ 70°　⑤ 75°

15 오른쪽 그림과 같은 평행사변형 ABCD에서 ∠B, ∠C의 이등분선이 $\overline{AD}$와 만나는 점을 각각 E, F라 하고, $\overline{CF}$와 $\overline{BA}$의 연장선의 교점을 H라 하자. ∠AHF=40°일 때, ∠x의 크기는?

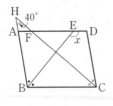

① 120°　　② 125°　　③ 130°

④ 135°　　⑤ 140°

16 오른쪽 그림과 같이 평행사변형 ABCD에서 대각선 BD 위에 $\overline{BE}=\overline{DF}$가 되도록 점 E, F를 잡을 때, 다음 중 옳지 <u>않은</u> 것은?

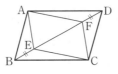

① $\overline{AF}=\overline{CE}$　　　② $\overline{AE}=\overline{CF}$

③ △AFD≡△CEB　　④ $\overline{AB}=\overline{EF}$

⑤ ∠ADF=∠CBE

17 오른쪽 그림과 같은 평행사변형 ABCD에서 두 대각선 AC, BD 위에 $\overline{AP}=\overline{CR}$, $\overline{BQ}=\overline{DS}$가 되도록 점 P, Q, R, S를 잡을 때, □PQRS가 평행사변형이 되는 조건을 말하시오.
　　　　　　(단, 점 O는 두 대각선의 교점이다.)

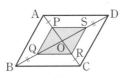

18 오른쪽 그림과 같은 평행사변형 ABCD에서 두 점 M, N은 각각 $\overline{AD}$, $\overline{BC}$의 중점이다. ∠DAN=72°, ∠MBC=38°일 때, ∠x의 크기를 구하시오.

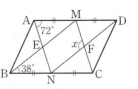

19 오른쪽 그림에서 △ADB, △BCE, △ACF는 △ABC의 세 변을 각각 한 변으로 하는 정삼각형일 때, □AFED는 어떤 사각형인지 말하고, 그 둘레의 길이를 구하시오.

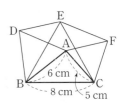

20 오른쪽 그림과 같은 평행사변형 ABCD에서 $\overline{BC}$, $\overline{DC}$의 연장선 위에 $\overline{BC}=\overline{CE}$, $\overline{DC}=\overline{CF}$가 되도록 점 E, F를 잡았다. △ABO의 넓이가 30 cm²일 때, 다음 중 옳지 <u>않은</u> 것은? (단, 점 O는 □ABCD의 두 대각선의 교점이다.)

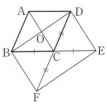

① △CDO=30 cm²

② △ACD=60 cm²

③ △BFC=60 cm²

④ □ABFC=90 cm²

⑤ □BFED=240 cm²

📋✏️ 서술형 대비 문제

1

오른쪽 그림과 같은 평행사변형 ABCD에서 $\overline{BE}$는 ∠B의 이등분선이고 $\overline{BE}\perp\overline{CF}$이다. ∠D=52° 일 때, ∠DCF의 크기를 구하시오. [7점]

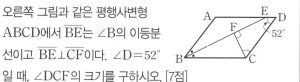

풀이과정

1단계 ∠BCF의 크기 구하기 [3점]

∠ABC=∠D=52°이므로

∠CBF=$\frac{1}{2}$∠ABC=$\frac{1}{2}\times52°=26°$

△BCF에서 ∠BCF=$180°-(90°+26°)=64°$

2단계 ∠BCD의 크기 구하기 [2점]

∠BCD+∠D=180°이므로

∠BCD=180°-52°=128°

3단계 ∠DCF의 크기 구하기 [2점]

∴ ∠DCF=∠BCD-∠BCF

$\qquad=128°-64°=64°$

답 64°

1-1 오른쪽 그림과 같은 평행사변형 ABCD에서 대각선 AC를 긋고 ∠DAC의 이등분선이 $\overline{BC}$의 연장선과 만나는 점을 E라 하자. ∠B=70°, ∠E=32°일 때, ∠ACD의 크기를 구하시오. [7점]

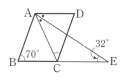

풀이과정

1단계 ∠DAC의 크기 구하기 [2점]

2단계 ∠BAC의 크기 구하기 [3점]

3단계 ∠ACD의 크기 구하기 [2점]

답

2

오른쪽 그림과 같은 평행사변형 ABCD에서 ∠A, ∠C의 이등분선이 $\overline{BC}$, $\overline{AD}$와 만나는 점을 각각 E, F라 하자.
$\overline{AB}$=12 cm, $\overline{BC}$=20 cm이고 □ABCD의 넓이가 220 cm²일 때, □AECF의 넓이를 구하시오. [7점]

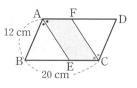

풀이과정

1단계 평행사변형 ABCD의 높이 구하기 [2점]

평행사변형 ABCD의 높이를 h cm라 하면

$220=20\times h$ ∴ $h=11$

2단계 $\overline{EC}$의 길이 구하기 [3점]

∠AEB=∠EAF(엇각)=∠EAB

즉, △ABE는 $\overline{BA}=\overline{BE}$인 이등변삼각형이므로

$\overline{BE}=\overline{BA}$=12 cm ∴ $\overline{EC}$=20-12=8(cm)

3단계 □AECF의 넓이 구하기 [2점]

∴ □AECF=$\overline{EC}\times h=8\times11=88(\text{cm}^2)$

답 88 cm²

2-1 오른쪽 그림과 같은 평행사변형 ABCD에서 ∠B, ∠D의 이등분선이 $\overline{AD}$, $\overline{BC}$와 만나는 점을 각각 E, F라 하자.
$\overline{AB}$=8 cm, $\overline{BC}$=12 cm이고 □ABCD의 넓이가 72 cm² 일 때, □EBFD의 넓이를 구하시오. [7점]

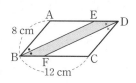

풀이과정

1단계 평행사변형 ABCD의 높이 구하기 [2점]

2단계 $\overline{ED}$의 길이 구하기 [3점]

3단계 □EBFD의 넓이 구하기 [2점]

답

3 오른쪽 그림과 같은 □ABCD가 평행사변형일 때, $\overline{AB}$의 길이를 구하시오. [6점]

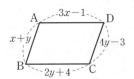

풀이과정

답

4 오른쪽 그림과 같은 평행사변형 ABCD에서 $\overline{AF}$와 $\overline{DE}$는 각각 ∠A와 ∠D의 이등분선이다. $\overline{AB}=7$ cm, $\overline{AD}=10$ cm 이고 ∠B=78°일 때, 다음을 구하시오.

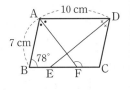

(1) ∠AFC의 크기 [3점]
(2) $\overline{EF}$의 길이 [5점]

풀이과정

답 (1)　　　　　　(2)

5 오른쪽 그림과 같이 평행사변형 ABCD의 두 꼭짓점 A, C에서 대각선 BD에 내린 수선의 발을 각각 E, F라 하자. □AECF는 어떤 사각형인지 말하고, 그 이유를 설명하시오. [7점]

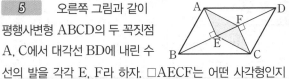

풀이과정

답

6 오른쪽 그림과 같은 평행사변형 ABCD에서 두 대각선의 교점을 O라 하자. △AOE와 △OBF의 넓이의 합이 20 cm²일 때, □ABCD의 넓이를 구하시오. [7점]

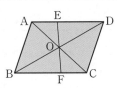

풀이과정

답

Ⅱ

사각형의 성질

01 | 여러 가지 사각형 (1)

1 직사각형에는 어떤 성질이 있는가?

(1) **직사각형**: 네 내각의 크기가 모두 같은 사각형

⇨ ∠A=∠B=∠C=∠D

▸ 직사각형은 두 쌍의 대각의 크기가 각각 같으므로 평행사변형이다.

(2) **직사각형의 성질**

직사각형의 두 대각선은 길이가 같고, 서로 다른 것을 이등분한다.

⇨ $\overline{AC}=\overline{BD}$, $\overline{AO}=\overline{BO}=\overline{CO}=\overline{DO}$

> [설명] 직사각형의 두 대각선의 길이는 같다.
>
> △ABC와 △DCB에서
>
> $\overline{AB}=\overline{DC}$, $\overline{BC}$는 공통, ∠ABC=∠DCB=90°
>
> 이므로 △ABC≡△DCB(SAS 합동) ∴ $\overline{AC}=\overline{BD}$

(3) **평행사변형이 직사각형이 되는 조건**

평행사변형이 다음 중 어느 한 조건을 만족시키면 직사각형이 된다.

① 한 내각이 직각이다.

② 두 대각선의 길이가 같다.

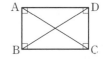

예 오른쪽 그림과 같은 직사각형 ABCD에서 두 대각선의 교점을 O라 하자.

∠DBC=32°, $\overline{AC}$=18 cm일 때, 다음을 구하시오.

(1) ∠ACB의 크기 (2) $\overline{DO}$의 길이

(1) $\overline{BO}=\overline{CO}$이므로 ∠ACB=∠DBC=32°

(2) $\overline{BD}=\overline{AC}$=18 cm이므로 $\overline{DO}=\frac{1}{2}\overline{BD}=\frac{1}{2}×18=9(cm)$

2 마름모에는 어떤 성질이 있는가?

(1) **마름모**: 네 변의 길이가 모두 같은 사각형

⇨ $\overline{AB}=\overline{BC}=\overline{CD}=\overline{DA}$

▸ 마름모는 두 쌍의 대변의 길이가 각각 같으므로 평행사변형이다.

(2) **마름모의 성질**

마름모의 두 대각선은 서로 다른 것을 수직이등분한다.

⇨ $\overline{AC}⊥\overline{BD}$, $\overline{AO}=\overline{CO}$, $\overline{BO}=\overline{DO}$

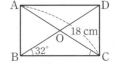

> ▸ 마름모의 두 대각선에 의해 생기는 4개의 삼각형은 모두 합동이다
>
> △ABO≡△CBO≡△CDO≡△ADO(RHS 합동)
>
> 따라서 마름모의 대각선은 한 내각의 크기를 이등분한다.

> [설명] 마름모의 두 대각선은 서로 수직이다.
>
> △ABO와 △ADO에서
>
> $\overline{AB}=\overline{AD}$, $\overline{AO}$는 공통, $\overline{BO}=\overline{DO}$ ← 평행사변형의 두 대각선은 서로 다른 것을 이등분한다.
>
> 이므로 △ABO≡△ADO(SSS 합동) ∴ ∠AOB=∠AOD
>
> 이때 ∠AOB+∠AOD=180°이므로 ∠AOB=∠AOD=90° ∴ $\overline{AC}⊥\overline{BD}$

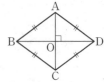

(3) **평행사변형이 마름모가 되는 조건**

평행사변형이 다음 중 어느 한 조건을 만족시키면 마름모가 된다.

① 이웃하는 두 변의 길이가 같다.

② 두 대각선이 서로 수직이다.

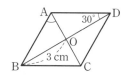

◉ 오른쪽 그림과 같은 마름모 ABCD에서 두 대각선의 교점을 O라 하자.

∠ADO=30°, $\overline{BO}$=3 cm일 때, 다음을 구하시오.

⑴ ∠BAO의 크기

⑵ $\overline{BD}$의 길이

⑴ $\overline{AB}=\overline{AD}$에서 ∠ABO=∠ADO=30°

　　$\overline{AC}\perp\overline{BD}$이므로 ∠AOB=90°

　　따라서 △ABO에서 ∠BAO=180°−(30°+90°)=60°

⑵ $\overline{DO}=\overline{BO}$=3 cm이므로 $\overline{BD}$=2×3=6(cm)

3 정사각형에는 어떤 성질이 있는가? ◉ 핵심문제 5, 6

⑴ **정사각형**: 네 변의 길이가 모두 같고, 네 내각의 크기가 모두 같은 사각형

　⇨ $\overline{AB}=\overline{BC}=\overline{CD}=\overline{DA}$, ∠A=∠B=∠C=∠D

　▶ 정사각형은 네 변의 길이가 모두 같으므로 마름모이고, 네 내각의 크기가 모두 같으므로 직사각형이다.

⑵ **정사각형의 성질**

정사각형의 두 대각선은 길이가 같고, 서로 다른 것을 수직이등분한다.

　⇨ $\overline{AC}=\overline{BD}$, $\overline{AC}\perp\overline{BD}$, $\overline{AO}=\overline{BO}=\overline{CO}=\overline{DO}$

⑶ **직사각형이 정사각형이 되는 조건**

직사각형이 다음 중 어느 한 조건을 만족시키면 정사각형이 된다.

① 이웃하는 두 변의 길이가 같다.

② 두 대각선이 서로 수직이다.

⑷ **마름모가 정사각형이 되는 조건**

마름모가 다음 중 어느 한 조건을 만족시키면 정사각형이 된다.

① 한 내각이 직각이다.

② 두 대각선의 길이가 같다.

◉ 오른쪽 그림과 같은 정사각형 ABCD에서 두 대각선의 교점을 O라 하자.

$\overline{AC}$=14 cm일 때, 다음을 구하시오.

⑴ ∠BOC의 크기

⑵ $\overline{DO}$의 길이

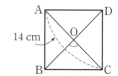

⑴ $\overline{AC}\perp\overline{BD}$이므로 ∠BOC=90°

⑵ $\overline{BD}=\overline{AC}$=14 cm이고 $\overline{BO}=\overline{DO}$이므로 $\overline{DO}=\frac{1}{2}\overline{BD}=\frac{1}{2}×14$=7(cm)

1. 평행사변형이 직사각형이 되는 조건

(1) 한 내각이 직각인 평행사변형은 직사각형이다.

⇨ $\angle A = 90°$이면 평행사변형 ABCD는 직사각형이다.

설명 평행사변형 ABCD에서 $\angle A + \angle B = 180°$

이때 $\angle A = 90°$이므로 $\angle B = 90°$

그런데 평행사변형의 두 쌍의 대각의 크기는 각각 같으므로

$\angle A = \angle C$, $\angle B = \angle D$

$\therefore \angle A = \angle B = \angle C = \angle D = 90°$

따라서 네 내각의 크기가 모두 같으므로 □ABCD는 직사각형이다.

(2) 두 대각선의 길이가 같은 평행사변형은 직사각형이다.

⇨ $\overline{AC} = \overline{BD}$이면 평행사변형 ABCD는 직사각형이다.

설명 평행사변형 ABCD에서 대각선 AC와 BD를 그으면

△ABC와 △DCB에서

$\overline{AC} = \overline{DB}$, $\overline{AB} = \overline{DC}$, $\overline{BC}$는 공통

이므로 △ABC≡△DCB(SSS 합동)

$\therefore \angle ABC = \angle DCB$, 즉 $\angle B = \angle C$ ...... ㉠

그런데 평행사변형의 두 쌍의 대각의 크기는 각각 같으므로

$\angle A = \angle C$, $\angle B = \angle D$ ...... ㉡

㉠, ㉡에서 $\angle A = \angle B = \angle C = \angle D$

따라서 네 내각의 크기가 모두 같으므로 □ABCD는 직사각형이다.

2. 평행사변형이 마름모가 되는 조건

(1) 이웃하는 두 변의 길이가 같은 평행사변형은 마름모이다.

⇨ $\overline{AB} = \overline{BC}$이면 평행사변형 ABCD는 마름모이다.

설명 평행사변형 ABCD에서 $\overline{AB} = \overline{DC}$, $\overline{AD} = \overline{BC}$

이때 $\overline{AB} = \overline{BC}$이면 $\overline{AB} = \overline{BC} = \overline{CD} = \overline{DA}$

따라서 네 변의 길이가 모두 같으므로 □ABCD는 마름모이다.

(2) 두 대각선이 서로 수직인 평행사변형은 마름모이다.

⇨ $\overline{AC} \perp \overline{BD}$이면 평행사변형 ABCD는 마름모이다.

설명 평행사변형 ABCD의 두 대각선의 교점을 O라 하면

△AOB와 △AOD에서

$\overline{BO} = \overline{DO}$, $\overline{AO}$는 공통, $\angle AOB = \angle AOD = 90°$

이므로 △AOB≡△AOD(SAS 합동)

$\therefore \overline{AB} = \overline{AD}$ ...... ㉠

또 평행사변형의 두 쌍의 대변의 길이는 각각 같으므로

$\overline{AB} = \overline{DC}$, $\overline{AD} = \overline{BC}$ ...... ㉡

㉠, ㉡에서 $\overline{AB} = \overline{BC} = \overline{CD} = \overline{DA}$

따라서 네 변의 길이가 모두 같으므로 □ABCD는 마름모이다.

개념원리 📖 확인하기

정답과 풀이 p. 26

01 직사각형의 뜻을 쓰고, 그 성질에 대하여 □ 안에 알맞은 것을 써넣으시오. (단, 점 O는 두 대각선의 교점이다.)

(1) 뜻 : _____

(2) 성질 : $\overline{AC}=$□, $\overline{AO}=$□$=$□$=$□

◎ 직사각형의 뜻과 성질은?

02 오른쪽 그림과 같은 직사각형 ABCD에서 두 대각선의 교점을 O라 하자. $\overline{AC}=10$ cm, ∠ADB=50°일 때, 다음을 구하시오.

(1) $\overline{DO}$의 길이   (2) ∠ABO의 크기

03 마름모의 뜻을 쓰고, 그 성질에 대하여 □ 안에 알맞은 것을 써넣으시오.

　　　　　　　(단, 점 O는 두 대각선의 교점이다.)

(1) 뜻 : _____

(2) 성질 : $\overline{AC}$□$\overline{BD}$, $\overline{AO}=$□, $\overline{BO}=$□

◎ 마름모의 뜻과 성질은?

04 오른쪽 그림과 같은 마름모 ABCD에서 두 대각선의 교점을 O라 하자. $\overline{AD}=5$ cm, ∠ABD=35°일 때, 다음을 구하시오.

(1) $\overline{AB}$의 길이   (2) ∠BAO의 크기

05 정사각형의 뜻을 쓰고, 그 성질에 대하여 □ 안에 알맞은 것을 써넣으시오. (단, 점 O는 두 대각선의 교점이다.)

(1) 뜻 : _____

(2) 성질 : $\overline{AC}=$□, $\overline{AC}$□$\overline{BD}$, $\overline{AO}=$□$=$□$=$□

◎ 정사각형의 뜻과 성질은?

06 오른쪽 그림과 같은 정사각형 ABCD에서 두 대각선의 교점을 O라 하자. $\overline{AO}=6$ cm일 때, 다음을 구하시오.

(1) $\overline{BD}$의 길이   (2) ∠BAO의 크기

핵심문제 🔑 익히기

정답과 풀이 p.26

01 직사각형의 뜻과 성질

더 다양한 문제는 RPM 중2-2 52쪽

오른쪽 그림과 같은 직사각형 ABCD에서 두 대각선의 교점을 O라 하자. $\overline{BC}=8$ cm, $\overline{DC}=6$ cm이고 $\angle OAD=37°$일 때, x, y의 값을 각각 구하시오.

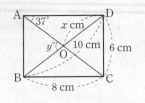

Key Point

직사각형은
① 네 내각의 크기가 모두 같다. (뜻)
② 두 대각선의 길이가 같고, 서로 다른 것을 이등분한다. (성질)

풀이 $\overline{BO}=\overline{DO}$이므로 $\overline{DO}=\dfrac{1}{2}\overline{BD}=\dfrac{1}{2}\times10=5$(cm) ∴ $\boldsymbol{x=5}$

△AOD에서 $\overline{AO}=\overline{DO}$이므로 $\angle ODA=\angle OAD=37°$

∴ $\angle AOB=\angle OAD+\angle ODA=37°+37°=74°$ ∴ $\boldsymbol{y=74}$

확인 1 다음 그림과 같은 직사각형 ABCD에서 x, y의 값을 각각 구하시오.
(단, 점 O는 두 대각선의 교점이다.)

(1)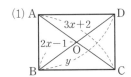

(2)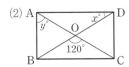

02 평행사변형이 직사각형이 되는 조건

더 다양한 문제는 RPM 중2-2 52쪽

다음 중 오른쪽 그림과 같은 평행사변형 ABCD가 직사각형이 되는 조건이 <u>아닌</u> 것은? (단, 점 O는 두 대각선의 교점이다.)

① $\angle A=90°$ ② $\angle A=\angle B$ ③ $\overline{AC}=\overline{BD}$
④ $\overline{AB}=\overline{DC}$ ⑤ $\overline{AO}=\overline{BO}=\overline{CO}=\overline{DO}$

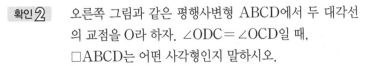

Key Point

평행사변형이 직사각형이 되는 조건
① 한 내각이 직각이다.
② 두 대각선의 길이가 같다.

풀이 ② $\angle A+\angle B=180°$이므로 $\angle A=\angle B$이면 $\angle A=\angle B=90°$
즉, 한 내각이 직각이므로 □ABCD는 직사각형이다.
⑤ $\overline{AO}=\overline{BO}=\overline{CO}=\overline{DO}$이면 $\overline{AC}=\overline{BD}$
즉, 두 대각선의 길이가 같으므로 □ABCD는 직사각형이다. ∴ ④

확인 2 오른쪽 그림과 같은 평행사변형 ABCD에서 두 대각선의 교점을 O라 하자. $\angle ODC=\angle OCD$일 때, □ABCD는 어떤 사각형인지 말하시오.

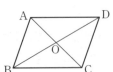

Key Point

마름모는
① 네 변의 길이가 모두 같다. (뜻)
② 두 대각선이 서로 다른 것을 수직이등분한다. (성질)

오른쪽 그림과 같은 마름모 ABCD에서 $\overline{AD}=10$ cm, ∠CDB=35°일 때, x, y의 값을 각각 구하시오.

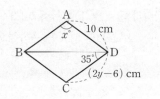

풀이 　$\overline{AB} /\!/ \overline{DC}$이므로 ∠ABD=∠CDB=35°(엇각)
　△ABD에서 $\overline{AB}=\overline{AD}$이므로 ∠ADB=∠ABD=35°
　∴ ∠A=180°−2×35°=110° 　∴ $\boldsymbol{x=110}$
　또 $\overline{CD}=\overline{AD}$이므로 $2y-6=10$ 　∴ $\boldsymbol{y=8}$

다른 풀이 　마름모 ABCD에서 대각선 BD는 ∠D를 이등분하므로 ∠ADB=∠CDB=35°
　∴ ∠A=180°−∠D=180°−2×35°=110° 　∴ $x=110$

확인 ③ 　다음 그림과 같은 마름모 ABCD에서 x, y의 값을 각각 구하시오.
　　　　　　　　　　　　　　(단, 점 O는 두 대각선의 교점이다.)

(1) 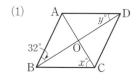　　(2)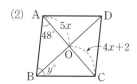

Key Point

평행사변형이 마름모가 되는 조건
① 이웃하는 두 변의 길이가 같다.
② 두 대각선이 서로 수직이다.

다음 중 오른쪽 그림과 같은 평행사변형 ABCD가 마름모가 되는 조건이 <u>아닌</u> 것은? (단, 점 O는 두 대각선의 교점이다.)

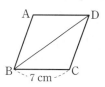

① $\overline{AC}\perp\overline{BD}$ 　　　② $\overline{AO}=\overline{DO}$
③ ∠ABD=∠ADB 　④ $\overline{AB}=\overline{AD}$
⑤ ∠AOB+∠COD=180°

풀이 　① $\overline{AC}\perp\overline{BD}$이면 두 대각선이 서로 수직이므로 □ABCD는 마름모이다.
　③ ∠ABD=∠ADB이면 $\overline{AB}=\overline{AD}$(④)
　　즉, 이웃하는 두 변의 길이가 같으므로 □ABCD는 마름모이다.
　⑤ ∠AOB=∠COD(맞꼭지각)이므로
　　∠AOB+∠COD=180°이면 ∠AOB=∠COD=90°
　　즉, 두 대각선이 서로 수직이므로 □ABCD는 마름모이다. 　∴ ②

확인 ④ 　오른쪽 그림과 같은 평행사변형 ABCD에서
　　　　∠ABD=∠CBD일 때, 다음 물음에 답하시오.

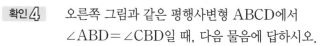

　　(1) □ABCD는 어떤 사각형인지 말하시오.
　　(2) □ABCD의 둘레의 길이를 구하시오.

05 정사각형의 뜻과 성질

더 다양한 문제는 **RPM** 중2-2 54쪽

오른쪽 그림과 같은 정사각형 ABCD에서 두 대각선의 교점을 O라 하자. $\overline{BO}=6\,cm$일 때, △ABD의 넓이를 구하시오.

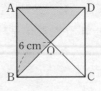

Key Point

정사각형은
① 네 변의 길이가 모두 같고,
  네 내각의 크기가 모두 같다.
                    (뜻)
② 두 대각선의 길이가 같고, 서
  로 다른 것을 수직이등분한
  다. (성질)

풀이 $\overline{BD}=2\overline{BO}=2\times6=12(cm)$, $\overline{AO}=\dfrac{1}{2}\overline{AC}=\dfrac{1}{2}\overline{BD}=6(cm)$이고 $\overline{AO}\perp\overline{BD}$이므로

$\triangle ABD=\dfrac{1}{2}\times12\times6=\mathbf{36(cm^2)}$

확인 5 오른쪽 그림과 같은 정사각형 ABCD에서 대각선 AC 위에 ∠AED=70°가 되도록 점 E를 잡을 때, ∠EBC의 크기를 구하시오.

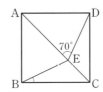

06 정사각형이 되는 조건

더 다양한 문제는 **RPM** 중2-2 55쪽

다음 중 오른쪽 그림과 같은 마름모 ABCD가 정사각형이 되는 조건은? (단, 점 O는 두 대각선의 교점이다.)

① $\overline{AB}/\!/\overline{DC}$ ② $\overline{AC}=\overline{BD}$ ③ $\overline{AO}=\overline{CO}$
④ $\overline{AC}\perp\overline{BD}$ ⑤ $\overline{AB}=\overline{AD}$

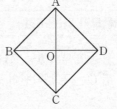

Key Point

• 직사각형이 정사각형이 되는
  조건
  ① 이웃하는 두 변의 길이가
    같다.
  ② 두 대각선이 서로 수직이다.
• 마름모가 정사각형이 되는 조건
  ① 한 내각이 직각이다.
  ② 두 대각선의 길이가 같다.

풀이 ② $\overline{AC}=\overline{BD}$이면 두 대각선의 길이가 같으므로 □ABCD는 정사각형이다.
따라서 정사각형이 되는 조건은 ②이다.

확인 6 오른쪽 그림과 같은 평행사변형 ABCD에서 두 대각선의 교점을 O라 할 때, 다음 중 □ABCD가 정사각형이 되는 조건을 모두 고르면? (정답 2개)

① $\overline{AB}=\overline{AD}$, $\overline{AO}=\overline{DO}$
② $\overline{AC}\perp\overline{BD}$
③ ∠A=90°, $\overline{AO}=\overline{CO}$
④ $\overline{AB}=\overline{DC}$, $\overline{AC}=\overline{BD}$
⑤ ∠A=90°, $\overline{AC}\perp\overline{BD}$

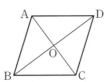

소단원 📖 핵심문제

생각해 봅시다

01 오른쪽 그림과 같은 직사각형 ABCD에서 두 대각선의 교점을 O라 하자. ∠ACB=36°일 때, ∠y − ∠x의 크기는?

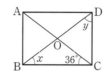

① 18°　　② 20°　　③ 22°

④ 24°　　⑤ 26°

직사각형의 성질은?

02 오른쪽 그림과 같이 직사각형 ABCD를 꼭짓점 C가 점 A에 오도록 접었다. ∠GAF=20°일 때, ∠AEF의 크기는?

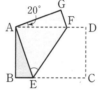

① 40°　　② 45°　　③ 50°

④ 55°　　⑤ 60°

접은 각과 엇각을 찾아본다.

03 오른쪽 그림과 같은 평행사변형 ABCD에서 두 대각선의 교점을 O라 할 때, 다음 중 □ABCD가 직사각형이 되는 조건을 모두 고르면? (정답 2개)

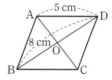

① $\overline{AB}$=5 cm　　② $\overline{AC}$=8 cm

③ $\overline{DO}$=4 cm　　④ ∠A=90°

⑤ ∠AOB=90°

평행사변형이 직사각형이 되는 조건은?

04 오른쪽 그림과 같은 마름모 ABCD에서 $\overline{AB}$=$(3x-2)$ cm, $\overline{BC}$=$(x+12)$ cm일 때, $\overline{CD}$의 길이는?

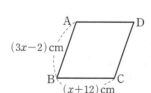

① 18 cm　　② 19 cm　　③ 20 cm

④ 21 cm　　⑤ 22 cm

마름모의 뜻은?

05 오른쪽 그림과 같은 평행사변형 ABCD에서 두 대각선의 교점을 O라 하자. $\overline{AD}=7$ cm, ∠OAD=52°, ∠OBC=38°일 때, x, y의 값을 각각 구하시오.

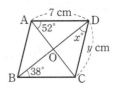

⭐ 생각해 봅시다

□ABCD는 어떤 사각형인가?

06 오른쪽 그림과 같은 정사각형 ABCD에서 $\overline{AD}=\overline{AE}$이고 ∠ADE=65°일 때, ∠ABE의 크기를 구하시오.

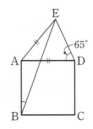

△ABE가 어떤 삼각형인지 생각해 본다.

07 오른쪽 그림과 같은 직사각형 ABCD에서 두 대각선의 교점을 O라 할 때, 다음 중 □ABCD가 정사각형이 되는 조건을 모두 고르면? (정답 2개)

① $\overline{AB}=\overline{AD}$ ② $\overline{AC}=\overline{BD}$

③ ∠ABO=∠AOD   ④ $\overline{AC}\perp\overline{BD}$

⑤ ∠DAB=90°

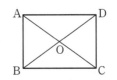

직사각형이 정사각형이 되는 조건은?

08 오른쪽 그림과 같은 사각형 ABCD에서 $\overline{AB}/\!/\overline{DC}$이고 $\overline{AD}/\!/\overline{BC}$일 때, 다음 **보기** 중 □ABCD가 정사각형이 되는 조건을 모두 고르시오.
(단, 점 O는 두 대각선의 교점이다.)

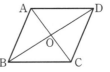

□ABCD가 어떤 사각형인지 생각해 본다.

┌──● 보기 ●─────────────────
ㄱ. $\overline{AB}=\overline{AD}$, ∠BAO=∠DAO
ㄴ. ∠ABC=∠BCD, $\overline{AC}=\overline{BD}$
ㄷ. $\overline{AO}=\overline{BO}=\overline{CO}=\overline{DO}$
ㄹ. ∠ABC=90°, ∠BOC=90°
ㅁ. ∠OBC=45°, $\overline{BO}=\overline{CO}$
└────────────────────────

개념원리
이해

1 등변사다리꼴에는 어떤 성질이 있는가? ◑ 핵심문제 1, 2

(1) **사다리꼴** : 한 쌍의 대변이 평행한 사각형
⇨ $\overline{AD} /\!\!/ \overline{BC}$

(2) **등변사다리꼴** : 아랫변의 양 끝 각의 크기가 같은 사다리꼴
⇨ $\overline{AD} /\!\!/ \overline{BC}$, $\angle B = \angle C$
▶ 정사각형, 직사각형은 모두 등변사다리꼴이다.

(3) **등변사다리꼴의 성질**
① 평행하지 않은 한 쌍의 대변의 길이가 같다.
⇨ $\overline{AB} = \overline{DC}$

② 두 대각선의 길이가 같다.
⇨ $\overline{AC} = \overline{BD}$

▶ 오른쪽 그림과 같은 등변사다리꼴 ABCD에서
① $\angle A = \angle D$, $\angle B = \angle C$
② $\overline{AO} = \overline{DO}$, $\overline{BO} = \overline{CO}$
[주의] $\overline{AO} = \overline{CO}$ (×), $\overline{BO} = \overline{DO}$ (×)

설명 • 등변사다리꼴에서 평행하지 않은 한 쌍의 대변의 길이가 같다.
$\overline{AB}$에 평행하게 $\overline{DE}$를 그으면
$\angle DEC = \angle B$ (동위각)
즉, $\angle DEC = \angle B = \angle C$이므로 $\triangle DEC$는 이등변삼각형이다.
∴ $\overline{DE} = \overline{DC}$ ······ ㉠
또 $\square ABED$는 평행사변형이므로 $\overline{AB} = \overline{DE}$ ······ ㉡
㉠, ㉡에서 $\overline{AB} = \overline{DC}$

• 등변사다리꼴에서 두 대각선의 길이가 같다.
$\triangle ABC$와 $\triangle DCB$에서
$\overline{AB} = \overline{DC}$, $\overline{BC}$는 공통, $\angle B = \angle C$
이므로 $\triangle ABC \equiv \triangle DCB$ (SAS 합동) ∴ $\overline{AC} = \overline{DB}$

예 다음 그림과 같이 $\overline{AD} /\!\!/ \overline{BC}$인 등변사다리꼴 ABCD에서 x의 값을 구하시오.

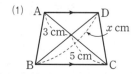

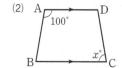

(1) $\overline{BD} = \overline{AC} = 3 + 5 = 8 \, (\text{cm})$ ∴ $x = 8$

(2) $\overline{AD} /\!\!/ \overline{BC}$에서 $\angle A + \angle B = 180°$이므로
$\angle B = 180° - \angle A = 180° - 100° = 80°$
∴ $\angle C = \angle B = 80°$ ∴ $x = 80$

2 여러 가지 사각형 사이에는 어떤 관계가 있는가? ⊙ 핵심문제 3~5

(1) 여러 가지 사각형 사이의 관계

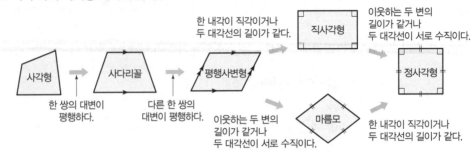

▶ (평행사변형이 직사각형이 되는 조건)=(마름모가 정사각형이 되는 조건)
　(평행사변형이 마름모가 되는 조건)=(직사각형이 정사각형이 되는 조건)

(2) 여러 가지 사각형의 대각선의 성질

평행사변형	직사각형	마름모	정사각형	등변사다리꼴
두 대각선이 서로 다른 것을 이등분한다.	두 대각선의 길이가 같고, 서로 다른 것을 이등분한다.	두 대각선이 서로 다른 것을 수직이등분한다.	두 대각선의 길이가 같고, 서로 다른 것을 수직이등분한다.	두 대각선의 길이가 같다.

3 사각형의 각 변의 중점을 연결하여 만든 사각형은 어떤 사각형이 되는가? ⊙ 핵심문제 6

주어진 사각형의 각 변의 중점을 연결하면 다음과 같은 사각형이 만들어진다.
(1) 사각형 ⇨ 평행사변형　　(2) 평행사변형 ⇨ 평행사변형　(3) 직사각형 ⇨ 마름모

(4) 마름모 ⇨ 직사각형　　(5) 정사각형 ⇨ 정사각형　(6) 등변사다리꼴 ⇨ 마름모

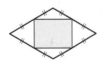

개념원리 📖 확인하기

정답과 풀이 **p.28**

01 등변사다리꼴의 뜻을 쓰고, 그 성질에 대하여 □ 안에 알맞은 것을 써넣으시오.

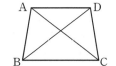

(1) 뜻: _____

(2) 성질 : $\overline{AB}=$ □ , $\overline{AC}=$ □

○ 등변사다리꼴의 뜻과 성질은?

02 아래 그림과 같이 $\overline{AD} /\!/ \overline{BC}$인 등변사다리꼴 ABCD에서 다음을 구하시오.
(단, 점 O는 두 대각선의 교점이다.)

(1)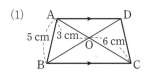

① $\overline{BD}$의 길이
② $\overline{DC}$의 길이

(2)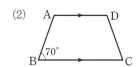

① ∠A의 크기
② ∠C의 크기

03 다음은 여러 가지 사각형과 대각선의 성질을 나타낸 것이다. 옳은 것은 ○표, 옳지 않은 것은 ×표를 하시오.

사각형의 종류 / 대각선의 성질	직사각형	마름모	정사각형	평행사변형	등변사다리꼴
(1) 서로 다른 것을 이등분한다.					
(2) 길이가 같다.					
(3) 서로 수직이다.					

○ 여러 가지 사각형의 두 대각선의 성질
① □ : 서로 다른 것을 이등분한다.
② □ : 길이가 같고, 서로 다른 것을 이등분한다.
③ □ : 서로 다른 것을 수직이등분한다.
④ □ : 길이가 같고, 서로 다른 것을 수직이등분한다.
⑤ □ : 길이가 같다.

04 다음 사각형의 각 변의 중점을 연결하여 만든 □ABCD가 어떤 사각형인지 말하시오.

(1) 평행사변형 ⇨ _____   (2) 마름모 ⇨ _____

○ 사각형의 각 변의 중점을 연결하여 만든 사각형은?

2. 여러 가지 사각형 **85**

핵심문제 🔑 익히기

정답과 풀이 p.29

01 등변사다리꼴의 뜻과 성질

● 더 다양한 문제는 RPM 중2-2 55쪽

오른쪽 그림과 같이 $\overline{AD} /\!/ \overline{BC}$인 등변사다리꼴 ABCD에서
∠ABD=35°, ∠C=76°일 때, ∠x의 크기를 구하시오.

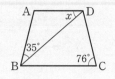

Key Point

$\overline{AD} /\!/ \overline{BC}$인 등변사다리꼴
ABCD에서
∠A=∠D, ∠B=∠C

풀이 □ABCD가 등변사다리꼴이므로 ∠ABC=∠C=76°
∴ ∠DBC=∠ABC−∠ABD=76°−35°=41°
이때 $\overline{AD} /\!/ \overline{BC}$이므로 ∠$x$=∠DBC=**41°**(엇각)

확인 1 오른쪽 그림과 같이 $\overline{AD} /\!/ \overline{BC}$인 등변사다리꼴 ABCD에
서 $\overline{AB}=\overline{AD}$이고 ∠C=80°일 때, ∠$x$의 크기를 구하시오.

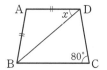

02 등변사다리꼴의 성질의 응용

● 더 다양한 문제는 RPM 중2-2 56쪽

오른쪽 그림과 같이 $\overline{AD} /\!/ \overline{BC}$인 등변사다리꼴 ABCD에서
$\overline{AB}=10$ cm, $\overline{AD}=6$ cm, ∠A=120°일 때, $\overline{BC}$의 길이를
구하시오.

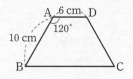

Key Point

보조선을 그어 본다.

풀이 점 D를 지나고 $\overline{AB}$와 평행한 직선을 그어 $\overline{BC}$와 만나는 점을 E라
하면 □ABED는 평행사변형이므로 $\overline{BE}=\overline{AD}=6$ cm
또 ∠C=∠B=180°−∠A=180°−120°=60°이고,
$\overline{AB} /\!/ \overline{DE}$이므로 ∠DEC=∠B=60°(동위각)
따라서 △DEC는 정삼각형이므로
$\overline{EC}=\overline{DC}=\overline{AB}=10$ cm
∴ $\overline{BC}=\overline{BE}+\overline{EC}=6+10=$**16(cm)**

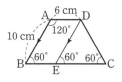

확인 2 오른쪽 그림과 같이 $\overline{AD} /\!/ \overline{BC}$인 등변사다리꼴 ABCD
의 꼭짓점 A에서 $\overline{BC}$에 내린 수선의 발을 E라 하자.
$\overline{AD}=9$ cm, $\overline{BC}=15$ cm일 때, $\overline{BE}$의 길이를 구하시오.

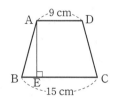

03 여러 가지 사각형의 판별

더 다양한 문제는 RPM 중2-2 56쪽

오른쪽 그림과 같은 평행사변형 ABCD의 네 내각의 이등분선의 교점을 E, F, G, H라 할 때, 다음 물음에 답하시오.

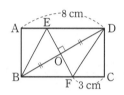

(1) □EFGH는 어떤 사각형인지 말하시오.
(2) $\overline{EG}=7$ cm일 때, $\overline{HF}$의 길이를 구하시오.

풀이 (1) $\angle EAB=\dfrac{1}{2}\angle BAD$, $\angle EBA=\dfrac{1}{2}\angle ABC$이고 $\angle BAD+\angle ABC=180°$이므로

$\angle EAB+\angle EBA=\dfrac{1}{2}\times(\angle BAD+\angle ABC)=\dfrac{1}{2}\times 180°=90°$

따라서 △ABE에서 $\angle AEB=90°$ ∴ $\angle HEF=\angle AEB=90°$(맞꼭지각)

같은 방법으로 $\angle EFG=\angle FGH=\angle GHE=90°$

따라서 □EFGH는 네 내각의 크기가 모두 같으므로 **직사각형**이다.

(2) 직사각형의 두 대각선의 길이는 같으므로 $\overline{HF}=\overline{EG}=$ **7 cm**

확인③ 오른쪽 그림과 같은 직사각형 ABCD에서 대각선 BD의 중점을 O라 하고, 점 O를 지나고 $\overline{BD}$에 수직인 직선과 $\overline{AD}$, $\overline{BC}$의 교점을 각각 E, F라 하자. $\overline{AD}=8$ cm, $\overline{FC}=3$ cm일 때, □BFDE는 어떤 사각형인지 말하고, 그 둘레의 길이를 구하시오.

04 여러 가지 사각형 사이의 관계

더 다양한 문제는 RPM 중2-2 57쪽

오른쪽 그림과 같은 평행사변형 ABCD가 다음 조건을 만족시키면 어떤 사각형이 되는지 말하시오.

(1) $\angle A=90°$ (2) $\overline{AB}=\overline{BC}$
(3) $\overline{AC}=\overline{BD}$ (4) $\overline{AC}\perp\overline{BD}$

풀이 (1) 한 내각의 크기가 $90°$인 평행사변형은 **직사각형**이다.
(2) 이웃하는 두 변의 길이가 같은 평행사변형은 **마름모**이다.
(3) 두 대각선의 길이가 같은 평행사변형은 **직사각형**이다.
(4) 두 대각선이 서로 수직인 평행사변형은 **마름모**이다.

확인④ 다음 중 옳지 <u>않은</u> 것은?

① 마름모는 평행사변형이다. ② 마름모는 정사각형이다.
③ 정사각형은 직사각형이다. ④ 정사각형은 마름모이다.
⑤ 평행사변형은 사다리꼴이다.

05 여러 가지 사각형의 대각선의 성질　　　　🔵 더 다양한 문제는 RPM 중2-2 57쪽

다음 **보기**의 사각형 중에서 두 대각선이 서로 다른 것을 수직이등분하는 것을 모두 고르시오.

> ●보기●
> ㄱ. 직사각형　　　　ㄴ. 사다리꼴　　　　ㄷ. 평행사변형
> ㄹ. 등변사다리꼴　　　ㅁ. 정사각형　　　　ㅂ. 마름모

풀이　두 대각선이 서로 다른 것을 수직이등분하는 사각형은 ㅁ, ㅂ이다.

확인 5　다음 사각형 중에서 두 대각선의 길이가 같은 것을 모두 고르면? (정답 2개)

　① 평행사변형　　　② 직사각형　　　③ 정사각형
　④ 마름모　　　　　⑤ 사다리꼴

Key Point
- 두 대각선이 서로 다른 것을 이등분한다.
  ⇨ 평행사변형, 직사각형, 마름모, 정사각형
- 두 대각선의 길이가 같다.
  ⇨ 직사각형, 정사각형, 등변사다리꼴
- 두 대각선이 서로 수직이다.
  ⇨ 마름모, 정사각형

06 사각형의 각 변의 중점을 연결하여 만든 사각형　　　🔵 더 다양한 문제는 RPM 중2-2 57쪽

오른쪽 그림과 같이 직사각형 ABCD의 네 변의 중점을 각각 E, F, G, H라 할 때, 다음 중 □EFGH에 대한 설명으로 옳지 <u>않</u>은 것을 모두 고르면? (정답 2개)

① 네 변의 길이가 모두 같다.
② 네 내각의 크기가 모두 같다.
③ 두 쌍의 대각의 크기가 각각 같다.
④ 두 대각선의 길이가 같다.
⑤ 두 대각선이 서로 다른 것을 수직이등분한다.

풀이　△AFE≡△BFG≡△CHG≡△DHE(SAS 합동)
∴ $\overline{EF}=\overline{GF}=\overline{GH}=\overline{EH}$
즉, □EFGH는 네 변의 길이가 모두 같으므로 마름모이다.
따라서 마름모에 대한 설명으로 옳지 않은 것은 ②, ④이다.

Key Point

사각형의 각 변의 중점을 연결하여 만든 사각형은 다음과 같다.
① 사각형, 평행사변형
　⇨ 평행사변형
② 직사각형, 등변사다리꼴
　⇨ 마름모
③ 마름모 ⇨ 직사각형
④ 정사각형 ⇨ 정사각형

확인 6　오른쪽 그림과 같이 사각형 ABCD의 네 변의 중점을 각각 E, F, G, H라 하자. $\overline{EF}=7$ cm, $\overline{FG}=9$ cm 이고 ∠EFG=70°일 때, 다음을 구하시오.

(1) □EFGH의 둘레의 길이
(2) ∠FGH의 크기

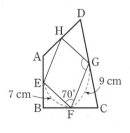

소단원 📖 핵심문제

01 다음 그림과 같이 $\overline{AD} /\!/ \overline{BC}$인 등변사다리꼴 ABCD에서 x의 값을 구하시오.

(1)

(2)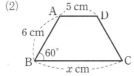

🌟 생각해 봅시다

⑵ 점 A에서 $\overline{DC}$에 평행한 직선을 긋는다.

02 오른쪽 그림과 같은 평행사변형 ABCD에서 ∠A와 ∠B의 이등분선이 $\overline{BC}$, $\overline{AD}$와 만나는 점을 각각 E, F라 할 때, □ABEF는 어떤 사각형인지 말하시오.

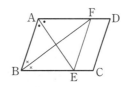

03 다음 조건을 만족시키는 □ABCD는 어떤 사각형인지 말하시오.

$$\overline{AB}=\overline{DC}, \quad \overline{AB}/\!/\overline{DC}, \quad \overline{AC}\perp\overline{BD}, \quad \overline{AC}=\overline{BD}$$

□ABCD에서 $\overline{AB}$, $\overline{DC}$는 대변이고 $\overline{AC}$, $\overline{BD}$는 두 대각선임을 이용하여 어떤 사각형이 되는 조건인지 생각해 본다.

04 다음 **보기**의 사각형 중에서 두 대각선이 서로 다른 것을 이등분하는 것은 x개, 두 대각선의 길이가 같은 것은 y개, 두 대각선이 서로 수직인 것은 z개라 할 때, $x+y+z$의 값을 구하시오.

```
─◆ 보기 ◆─
ㄱ. 직사각형        ㄴ. 마름모        ㄷ. 정사각형
ㄹ. 평행사변형      ㅁ. 사다리꼴      ㅂ. 등변사다리꼴
```

05 오른쪽 그림과 같은 정사각형 ABCD의 네 변의 중점을 각각 P, Q, R, S라 하자. $\overline{PS}=4$ cm일 때, □PQRS의 넓이를 구하시오.

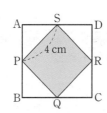

□PQRS가 어떤 사각형인지 생각해 본다.

1 평행선과 삼각형의 넓이 사이에는 어떤 관계가 있는가? ◐ 핵심문제 1

두 직선 l과 m이 평행할 때, $\triangle ABC$와 $\triangle DBC$는 밑변 BC가 공통이고 높이는 h로 같으므로 두 삼각형의 넓이는 서로 같다.

$\Rightarrow$ $l /\!/ m$이면 $\triangle ABC = \triangle DBC = \dfrac{1}{2}ah$

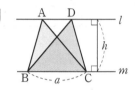

▶ 평행한 두 직선 사이의 거리는 일정하다.
즉, $l /\!/ m$이면 $\overline{AB} = \overline{CD} = \overline{EF} = \cdots = h$

참고 평행선을 이용하여 넓이가 같은 도형 찾기

(1) $\overline{AD} /\!/ \overline{BC}$인 사다리꼴 ABCD의 두 대각선의 교점을 O라 하면

  ① $\triangle ABC = \triangle DBC$

  ② $\triangle ABO = \triangle ABC - \triangle OBC$

        $= \triangle DBC - \triangle OBC = \triangle DOC$

(2) □ABCD에서 꼭짓점 D를 지나고 대각선 AC와 평행한 직선이 변 BC의 연장선과 만나는 점을 E라 하면

  ① $\triangle ACD = \triangle ACE$

  ② $\square ABCD = \triangle ABC + \triangle ACD$

        $= \triangle ABC + \triangle ACE = \triangle ABE$

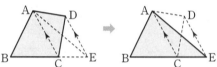

2 높이가 같은 두 삼각형의 넓이의 비는 어떻게 되는가? ◐ 핵심문제 2~4

높이가 같은 두 삼각형의 넓이의 비는 밑변의 길이의 비와 같다.

$\Rightarrow$ $\overline{BC} : \overline{CD} = m : n$이면

       $\triangle ABC : \triangle ACD = m : n$

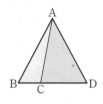

▶ 오른쪽 그림과 같이 점 C가 $\overline{BD}$의 중점이면
$\triangle ABC = \triangle ACD$

예 오른쪽 그림과 같은 $\triangle ABC$에서 $\overline{BP} : \overline{PC} = 3 : 1$이고 $\triangle ABP$의 넓이가 $21\ \text{cm}^2$일 때, $\triangle APC$의 넓이를 구하시오.

$\overline{BP} : \overline{PC} = 3 : 1$이므로 $\triangle ABP : \triangle APC = 3 : 1$

$\therefore \triangle APC = \dfrac{1}{3}\triangle ABP = \dfrac{1}{3} \times 21 = 7\,(\text{cm}^2)$

개념원리 📖 확인하기

정답과 풀이 p. 30

01 오른쪽 그림과 같이 $\overline{AD} /\!/ \overline{BC}$인 사다리꼴 ABCD에서 두 대각선의 교점을 O라 할 때, 다음 삼각형과 넓이가 같은 삼각형을 찾으시오.

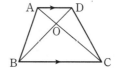

◐ 밑변이 공통이고 높이가 같은 두 삼각형의 넓이는 [   ].

(1) △ABC = _____

(2) △ABD = _____

(3) △ABO = [   ] − △OBC

　　　　 = [   ] − △OBC = [   ]

02 오른쪽 그림에서 $\overline{AC} /\!/ \overline{DE}$일 때, 다음 도형과 넓이가 같은 도형을 찾으시오.

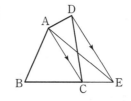

(1) △ACD = _____

(2) □ABCD = △ABC + [   ]

　　　　　 = △ABC + [   ] = [   ]

03 오른쪽 그림과 같은 △ABC에서 $\overline{AH} \perp \overline{BC}$이고 $\overline{AH} = 7\,cm$, $\overline{BD} = 8\,cm$, $\overline{DC} = 6\,cm$일 때, 다음 물음에 답하시오.

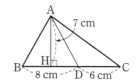

◐ 높이가 같은 두 삼각형의 넓이의 비는 [   ]와 같다.

(1) $\overline{BD} : \overline{DC}$를 가장 간단한 자연수의 비로 나타내시오.

(2) △ABD의 넓이를 구하시오.

(3) △ADC의 넓이를 구하시오.

(4) △ABD : △ADC를 가장 간단한 자연수의 비로 나타내시오.

04 오른쪽 그림과 같은 △ABC에서 $\overline{BP} = 3\,cm$, $\overline{PC} = 6\,cm$이고 △ABC = $36\,cm^2$일 때, 다음 물음에 답하시오.

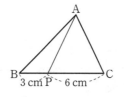

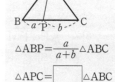

$\triangle ABP = \dfrac{a}{a+b} \triangle ABC$

$\triangle APC = [\quad] \triangle ABC$

(1) △ABP : △APC를 가장 간단한 자연수의 비로 나타내시오.

(2) △ABP의 넓이를 구하시오.

(3) △APC의 넓이를 구하시오.

2. 여러 가지 사각형 **91**

01 평행선과 삼각형의 넓이

⊙ 더 다양한 문제는 RPM 중2-2 58쪽

오른쪽 그림에서 $\overline{AC} /\!/ \overline{DE}$이고 $\triangle ABC = 18 \text{ cm}^2$,
$\triangle ACD = 16 \text{ cm}^2$일 때, $\triangle ABE$의 넓이를 구하시오.

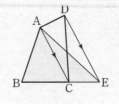

Key Point

· 평행선 사이에 있는 삼각형은 높이가 같으므로 밑변의 길이가 같으면 그 넓이가 같다.
·

① $\triangle ACD = \triangle ACE$
② $\square ABCD = \triangle ABE$
③ $\triangle AED = \triangle CED$

풀이 $\overline{AC} /\!/ \overline{DE}$이므로 $\triangle ACD = \triangle ACE$
$$\therefore \triangle ABE = \triangle ABC + \triangle ACE$$
$$= \triangle ABC + \triangle ACD$$
$$= 18 + 16 = \mathbf{34(cm^2)}$$

확인 1 오른쪽 그림에서 $\overline{AC} /\!/ \overline{DE}$, $\overline{AH} \perp \overline{BC}$이고
$\overline{AH} = 6 \text{ cm}$, $\overline{BC} = 8 \text{ cm}$, $\overline{CE} = 4 \text{ cm}$일 때,
$\square ABCD$의 넓이를 구하시오.

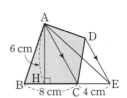

02 높이가 같은 두 삼각형의 넓이

⊙ 더 다양한 문제는 RPM 중2-2 58쪽

오른쪽 그림과 같은 $\triangle ABC$에서 $\overline{BP} : \overline{PC} = 2 : 3$이고
$\triangle ABC = 50 \text{ cm}^2$일 때, $\triangle APC$의 넓이를 구하시오.

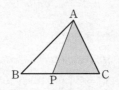

Key Point

· 높이가 같은 두 삼각형의 넓이의 비는 밑변의 길이의 비와 같다.
·

$\triangle ABP = \dfrac{a}{a+b} \triangle ABC$

$\triangle APC = \dfrac{b}{a+b} \triangle ABC$

풀이 $\overline{BP} : \overline{PC} = 2 : 3$이므로 $\triangle ABP : \triangle APC = 2 : 3$
$$\therefore \triangle APC = \frac{3}{2+3} \triangle ABC = \frac{3}{5} \times 50 = \mathbf{30(cm^2)}$$

확인 2 오른쪽 그림과 같은 $\triangle ABC$에서 $\overline{BC}$의 중점을 M이라
하자. $\overline{AP} : \overline{PM} = 3 : 5$이고 $\triangle ABC = 64 \text{ cm}^2$일 때,
$\triangle PMC$의 넓이를 구하시오.

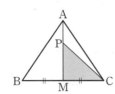

03 평행사변형에서 높이가 같은 두 삼각형의 넓이

⟡ 더 다양한 문제는 RPM 중2-2 59쪽

⟡ 더 다양한 문제는 RPM 중2-2 59쪽

Key Point

오른쪽 그림과 같은 평행사변형 ABCD에서 $\overline{AP}:\overline{PC}=1:3$ 이고 □ABCD=40 cm²일 때, △DPC의 넓이를 구하시오.

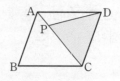

□ABCD가 평행사변형일 때

① △ABC=△EBC=△DBC
② △ABC=△BCD
   =△CDA=△DAB

풀이 $\overline{AP}:\overline{PC}=1:3$이므로 △DAP : △DPC=1 : 3

$\therefore \triangle DPC = \dfrac{3}{1+3}\triangle ACD = \dfrac{3}{4}\times\dfrac{1}{2}\square ABCD$

$\qquad = \dfrac{3}{4}\times\dfrac{1}{2}\times 40 = \mathbf{15(cm^2)}$

확인③ 오른쪽 그림과 같은 평행사변형 ABCD에서 $\overline{BE}:\overline{EC}=1:2$이고 □ABCD=60 cm²일 때, △ABE의 넓이를 구하시오.

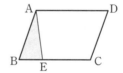

---

04 사다리꼴에서 높이가 같은 두 삼각형의 넓이

⟡ 더 다양한 문제는 RPM 중2-2 59쪽

⟡ 더 다양한 문제는 RPM 중2-2 59쪽

Key Point

오른쪽 그림과 같이 $\overline{AD} /\!/ \overline{BC}$인 사다리꼴 ABCD에서 두 대각선의 교점을 O라 하자. $\overline{BO}:\overline{OD}=3:1$이고 △AOD=6 cm²일 때, 다음을 구하시오.

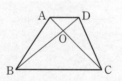

□ABCD가 $\overline{AD}/\!/\overline{BC}$인 사다리꼴일 때

① △ABC=△DBC
② △OAB=△OCD
③ △OAB : △OBC
   =$\overline{AO}:\overline{OC}$

(1) △ABO의 넓이   (2) △OBC의 넓이

풀이 (1) $\overline{BO}:\overline{OD}=3:1$이므로 △ABO : △AOD=3 : 1
즉, △ABO : 6=3 : 1   ∴ △ABO=6×3=**18(cm²)**

(2) $\overline{BO}:\overline{OD}=3:1$이므로 △OBC : △OCD=3 : 1
이때 △OCD=△ABO=18 cm²이므로
△OBC : 18=3 : 1   ∴ △OBC=18×3=**54(cm²)**

확인④ 오른쪽 그림과 같이 $\overline{AD}/\!/\overline{BC}$인 사다리꼴 ABCD에서 두 대각선의 교점을 O라 하자. $\overline{AO}:\overline{OC}=2:3$이고 △ABO=28 cm²일 때, △DBC의 넓이를 구하시오.

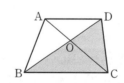

소단원 📖 핵심문제

01 오른쪽 그림에서 $\overline{AC}/\!/\overline{DE}$이고 □ABCD$=30\ cm^2$일 때, △ABE의 넓이를 구하시오.

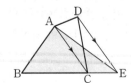

⭐ **생각해 봅시다**
△ACE와 넓이가 같은 삼각형을 찾아본다.

02 오른쪽 그림과 같은 △ABC에서 $\overline{AP}:\overline{PC}=2:1$, $\overline{BQ}:\overline{QC}=1:2$이다. △ABC$=36\ cm^2$일 때, △PQC의 넓이를 구하시오.

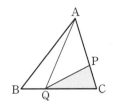

높이가 같은 두 삼각형의 밑변의 길이의 비가 $m:n$이면 두 삼각형의 넓이의 비도 $m:n$이다.

03 오른쪽 그림과 같은 평행사변형 ABCD에서 △AED$=17\ cm^2$, △DEC$=8\ cm^2$일 때, △ABE의 넓이를 구하시오.

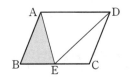

보조선을 긋고, 넓이가 같은 삼각형을 찾아본다.

04 오른쪽 그림과 같은 평행사변형 ABCD에서 $\overline{BD}/\!/\overline{EF}$일 때, 다음 물음에 답하시오.

(1) △ABE와 넓이가 같은 삼각형을 모두 말하시오.
(2) △DAF$=16\ cm^2$, △ECF$=8\ cm^2$일 때, △ABE의 넓이를 구하시오.

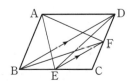

05 오른쪽 그림과 같이 $\overline{AD}/\!/\overline{BC}$인 사다리꼴 ABCD에서 두 대각선의 교점을 O라 하자. △DBC$=60\ cm^2$, △OAB$=20\ cm^2$일 때, △AOD의 넓이를 구하시오.

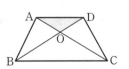

$\overline{AD}/\!/\overline{BC}$인 사다리꼴 ABCD에서
△ABC=△DBC
△OAB=△ABC−△OBC
　　　=△DBC−△OBC
　　　=△OCD

01 오른쪽 그림과 같은 직사각형 ABCD에서 두 대각선의 교점을 O라 하자. $\overline{AO}=4x+3$, $\overline{BO}=5x-1$일 때, $\overline{AC}$의 길이를 구하시오.

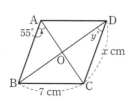

02 오른쪽 그림과 같은 마름모 ABCD에서 두 대각선의 교점을 O라 하자. ∠BAC=55°, $\overline{BC}=7$ cm일 때, x, y의 값을 각각 구하시오.

03 오른쪽 그림과 같은 정사각형 ABCD에서 $\overline{BE}=\overline{CF}$, ∠GEC=118°일 때, ∠GBE의 크기를 구하시오.

꼭 나와

04 다음 중 오른쪽 그림과 같은 평행사변형 ABCD에서 두 대각선의 교점을 O라 할 때, □ABCD가 정사각형이 되는 조건이 <u>아닌</u> 것을 모두 고르면? (정답 2개)

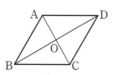

① $\overline{AB}=\overline{BC}$, $\overline{AC}=\overline{BD}$
② $\overline{AO}=\overline{BO}$, $\overline{CO}=\overline{DO}$
③ ∠A=90°, $\overline{AB}=\overline{BC}$
④ ∠A=90°, $\overline{AB}\perp\overline{BC}$
⑤ $\overline{AC}=\overline{BD}$, $\overline{AC}\perp\overline{BD}$

05 오른쪽 그림과 같이 $\overline{AD}\,/\!/\,\overline{BC}$인 등변사다리꼴 ABCD의 꼭짓점 A에서 $\overline{BC}$에 내린 수선의 발을 E라 하자. $\overline{AD}=7$ cm, $\overline{BE}=2$ cm일 때, $\overline{BC}$의 길이를 구하시오.

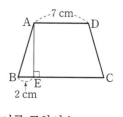

꼭 나와

06 다음 그림은 사다리꼴에 조건이 하나씩 추가되어 여러 가지 사각형이 되는 과정을 나타낸 것이다. ①~⑤에 각각 알맞은 조건으로 옳은 것은?

① 한 쌍의 대변의 길이가 같다.
② 이웃하는 두 변의 길이가 같다.
③ 두 대각선이 서로 수직이다.
④ 두 대각선이 서로 다른 것을 수직이등분한다.
⑤ 두 대각선의 길이가 같다.

07 다음 성질을 갖는 사각형을 **보기**에서 모두 고르시오.

```
───● 보기 ●───
ㄱ. 정사각형      ㄴ. 마름모
ㄷ. 직사각형      ㄹ. 평행사변형
ㅁ. 사다리꼴      ㅂ. 등변사다리꼴
```

(1) 두 대각선의 길이가 같다.
(2) 두 대각선이 서로 다른 것을 수직이등분한다.

08 다음은 사각형과 그 사각형의 각 변의 중점을 연결하여 만든 사각형을 짝 지은 것이다. 옳게 짝 지은 것을 모두 고르면? (정답 2개)

① 평행사변형 — 마름모
② 정사각형 — 정사각형
③ 직사각형 — 직사각형
④ 마름모 — 직사각형
⑤ 등변사다리꼴 — 직사각형

09 오른쪽 그림에서 $\overline{AE}\,/\!/\,\overline{DB}$, $\overline{DH}\perp\overline{BC}$ 이고 $\overline{DH}=6$ cm, $\overline{EB}=3$ cm, $\overline{BC}=9$ cm일 때, □ABCD의 넓이를 구하시오.

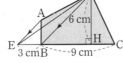

10 오른쪽 그림과 같은 평행사변형 ABCD에서 $\overline{BD}\,/\!/\,\overline{EF}$일 때, 다음 삼각형 중 그 넓이가 나머지 넷과 다른 하나는?

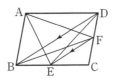

① △ABE   ② △DAF   ③ △AEF
④ △DBF   ⑤ △DBE

11 오른쪽 그림과 같이 $\overline{AD}\,/\!/\,\overline{BC}$인 사다리꼴 □ABCD에서 두 대각선의 교점을 O라 하자. △ABC=52 cm², △OBC=36 cm²일 때, △DOC의 넓이를 구하시오.

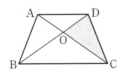

Step 2 발전문제

12 오른쪽 그림과 같은 마름모 ABCD에서 $\overline{AE}\perp\overline{CD}$이고 ∠BCD=116°일 때, ∠$x$의 크기를 구하시오.

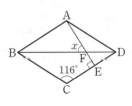

13 오른쪽 그림과 같은 마름모 ABCD에서 두 대각선의 교점을 O라 하자. $\overline{BD}=13$ cm, $\overline{BE}=\overline{BF}=5$ cm일 때, $\overline{AE}$의 길이를 구하시오.

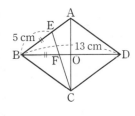

14 오른쪽 그림과 같은 정사각형 ABCD의 내부의 한 점 P에 대하여 $\overline{PB}=\overline{BC}=\overline{PC}$일 때, ∠APD의 크기를 구하시오.

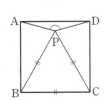

15 오른쪽 그림과 같이 대각선의 길이가 8 cm인 정사각형 ABCD의 두 대각선의 교점 O를 한 꼭짓점으로 하는 정사각형 OPQR를 그렸을 때, 색칠한 부분의 넓이를 구하시오.

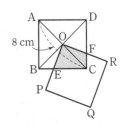

16 오른쪽 그림과 같이 $\overline{AD} /\!/ \overline{BC}$인 사다리꼴 ABCD에서 $\overline{AB}=\overline{DC}=\overline{AD}$, $\overline{BC}=2\overline{AD}$일 때, ∠B의 크기를 구하시오.

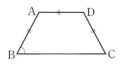

17 오른쪽 그림과 같은 직사각형 ABCD에서 $\overline{AD}=2\overline{AB}$이다. 두 점 M, N은 각각 $\overline{AD}$, $\overline{BC}$의 중점이고 $\overline{AB}=2$ cm일 때, □PNQM의 넓이를 구하시오.

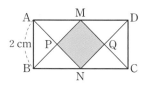

18 오른쪽 그림과 같은 평행사변형 ABCD에서 $\overline{AD}=2\overline{AB}$이고 $\overline{CD}$의 연장선 위에 $\overline{EC}=\overline{CD}=\overline{DF}$가 되도록 두 점 E, F를 잡아 $\overline{AE}$와 $\overline{BF}$의 교점을 P라 할 때, 다음 물음에 답하시오.

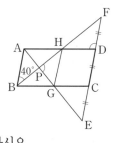

(1) □ABGH는 어떤 사각형인지 말하시오.

(2) ∠FPE의 크기를 구하시오.

(3) ∠ABP=40°일 때, ∠HDF의 크기를 구하시오.

19 오른쪽 그림과 같이 △ABC에서 변 AB 위의 한 점 P에 대하여 $\overline{PC} /\!/ \overline{AQ}$이고 $\overline{BM} : \overline{MQ}=2 : 3$이다. △PBM=6 cm²일 때, □APMC의 넓이를 구하시오.

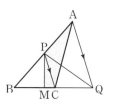

20 오른쪽 그림과 같은 평행사변형 ABCD에서 $\overline{AP} : \overline{PC}=2 : 1$, $\overline{DQ} : \overline{QP}=3 : 2$이다. □ABCD=60 cm²일 때, △CQP의 넓이를 구하시오.

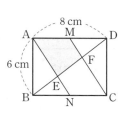

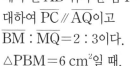
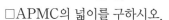

21 오른쪽 그림과 같은 직사각형 ABCD에서 점 M, N은 각각 $\overline{AD}$, $\overline{BC}$의 중점이다. $\overline{AD}=8$ cm, $\overline{AB}=6$ cm일 때, □AEFM의 넓이를 구하시오.

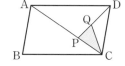

22 오른쪽 그림과 같이 $\overline{AD} /\!/ \overline{BC}$인 사다리꼴 ABCD에서 두 대각선의 교점을 O라 하자. △ABO=6 cm², △OBC=12 cm²일 때, □ABCD의 넓이를 구하시오.

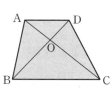

✏️ 서술형 대비 문제

1

오른쪽 그림과 같은 정사각형 ABCD에서 대각선 BD 위의 점 E에 대하여 ∠DAE=25°일 때, ∠x의 크기를 구하시오. [6점]

풀이과정

1단계 △AED≡△CED임을 알기 [3점]

△AED와 △CED에서

$\overline{AD}=\overline{CD}$, $\overline{DE}$는 공통, ∠ADE=∠CDE=45°

이므로 △AED≡△CED(SAS 합동)

2단계 ∠DCE의 크기 구하기 [1점]

∴ ∠DCE=∠DAE=25°

3단계 ∠x의 크기 구하기 [2점]

△DEC에서 삼각형의 외각의 성질에 의해

∠x=∠EDC+∠DCE=45°+25°=70°

답 70°

1-1 오른쪽 그림과 같은 정사각형 ABCD에서 대각선 AC 위의 점 P에 대하여 ∠DPC=68°일 때, ∠x의 크기를 구하시오. [6점]

풀이과정

1단계 △ABP≡△ADP임을 알기 [3점]

2단계 ∠ABP와 크기가 같은 각 찾기 [1점]

3단계 ∠x의 크기 구하기 [2점]

답

2

오른쪽 그림과 같은 평행사변형 ABCD에서 $\overline{DE}=\overline{EC}$, $\overline{AF}:\overline{FE}=2:1$이다. □ABCD=72 cm²일 때, △AOF의 넓이를 구하시오. [7점]

풀이과정

1단계 △AED의 넓이 구하기 [2점]

$\triangle ACD = \dfrac{1}{2}\square ABCD = \dfrac{1}{2} \times 72 = 36(\text{cm}^2)$

∴ $\triangle AED = \dfrac{1}{2}\triangle ACD = \dfrac{1}{2} \times 36 = 18(\text{cm}^2)$

2단계 △AFD의 넓이 구하기 [2점]

$\triangle AFD = \dfrac{2}{2+1}\triangle AED = \dfrac{2}{3} \times 18 = 12(\text{cm}^2)$

3단계 △AOD의 넓이 구하기 [2점]

$\triangle AOD = \dfrac{1}{4}\square ABCD = \dfrac{1}{4} \times 72 = 18(\text{cm}^2)$

4단계 △AOF의 넓이 구하기 [1점]

∴ $\triangle AOF = \triangle AOD - \triangle AFD = 18-12 = 6(\text{cm}^2)$

답 6 cm²

2-1 오른쪽 그림과 같은 평행사변형 ABCD에서 $\overline{DE}:\overline{EC}=2:1$, $\overline{AF}:\overline{FE}=3:2$이다. □ABCD=60 cm²일 때, △AOF의 넓이를 구하시오. [7점]

풀이과정

1단계 △AED의 넓이 구하기 [2점]

2단계 △AFD의 넓이 구하기 [2점]

3단계 △AOD의 넓이 구하기 [2점]

4단계 △AOF의 넓이 구하기 [1점]

답

3 오른쪽 그림과 같이 $\overline{AD} \parallel \overline{BC}$인 등변사다리꼴 ABCD에서 $\overline{AB}=8$ cm, $\overline{AD}=5$ cm이고 ∠A=120°일 때, □ABCD의 둘레의 길이를 구하시오. [7점]

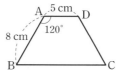

풀이과정

답

4 오른쪽 그림과 같은 평행사변형 ABCD의 꼭짓점 A에서 $\overline{BC}$, $\overline{CD}$에 내린 수선의 발을 각각 P, Q라 하자. $\overline{AP}=\overline{AQ}$일 때, □ABCD는 어떤 사각형인지 말하시오. [7점]

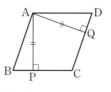

풀이과정

답

5 오른쪽 그림과 같이 $\overline{AD} \parallel \overline{BC}$인 등변사다리꼴 ABCD의 각 변의 중점을 E, F, G, H라 하자. $\overline{AD}=7$ cm, $\overline{BC}=16$ cm, $\overline{EH}=8$ cm일 때, □EFGH의 둘레의 길이를 구하시오. [6점]

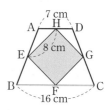

풀이과정

답

6 오른쪽 그림에서 $\overline{BD} \parallel \overline{AE}$이고 △BCE=50 cm², △BDO=11 cm²이다. $\overline{BD}$가 □ABCD의 넓이를 이등분할 때, △ODE의 넓이를 구하시오. [7점]

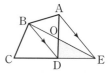

풀이과정

답

대단원 핵심 한눈에 보기

01 평행사변형의 뜻과 성질

평행사변형: 두 쌍의 대변이 각각 [ ] 한 사각형
⇨ 두 쌍의 대변의 길이는 각각 같다.
두 쌍의 대각의 크기는 각각 같다.
두 대각선은 서로 다른 것을 [ ] 한다.

02 평행사변형이 되는 조건

(1) 두 쌍의 대변이 각각 [ ].
(2) 두 쌍의 [ ]가 각각 같다.
(3) 두 쌍의 대각의 크기가 각각 같다.
(4) 두 대각선이 서로 다른 것을 이등분한다.
(5) 한 쌍의 대변이 [ ]하고 그 [ ]가 같다.

03 직사각형의 뜻과 성질

직사각형: 네 내각의 크기가 모두 같은 사각형
⇨ 두 대각선은 길이가 같고, 서로 다른 것을
[ ] 한다.

04 마름모의 뜻과 성질

마름모: 네 변의 길이가 모두 [ ] 사각형
⇨ 두 대각선은 서로 다른 것을 수직이등분한다.

05 정사각형의 뜻과 성질

정사각형: 네 변의 길이가 모두 같고, 네 내각의 크기가 모두 같은 사각형
⇨ 두 대각선은 길이가 같고, 서로 다른 것을
[ ] 한다.

06 등변사다리꼴의 뜻과 성질

사다리꼴: 한 쌍의 대변이 [ ]한 사각형
등변사다리꼴: 아랫변의 양 끝 각의 크기가 같은 사다리꼴
⇨ 평행하지 않은 한 쌍의 대변의 길이가 같다.
두 대각선의 길이가 같다.

07 여러 가지 사각형 사이의 관계

사각형 $\overset{(1)}{\Rightarrow}$ 사다리꼴 $\overset{(2)}{\Rightarrow}$ 평행사변형 $\overset{(3)}{\Rightarrow}$ 직사각형 $\overset{(4)}{\Rightarrow}$ 정사각형
$\overset{(4)}{\Rightarrow}$ 마름모 $\overset{(3)}{\Rightarrow}$

(1) 한 쌍의 대변이 [ ].
(2) 다른 한 쌍의 대변이 [ ].
(3) ① 한 내각이 [ ]이다. ② 두 대각선의 길이가 같다.
(4) ① 이웃하는 두 변의 길이가 같다. ② 두 대각선이 서로 [ ].

08 평행선과 넓이

(1) 밑변이 공통이고 밑변과 평행한 직선 위에 꼭짓점을 갖는 삼각형의 [ ]는 모두 같다.
(2) 높이가 같은 두 삼각형의 넓이의 비는 [ ]의 비와 같다.

답 **01** 평행, 이등분 **02** (1) 평행하다 (2) 대변의 길이 (5) 평행, 길이 **03** 이등분 **04** 같은 **05** 수직이등분 **06** 평행
07 (1) 평행하다 (2) 평행하다 (3) ① 직각 (4) ② 수직이다 **08** (1) 넓이 (2) 밑변의 길이

Ⅲ

도형의 닮음과
피타고라스 정리

01 | 닮은 도형

**개념원리
이해**

1 닮은 도형이란 무엇인가? ◑ 핵심문제 1

(1) 닮음

한 도형을 일정한 비율로 확대 또는 축소한 도형이 다른 도형과 합동일 때, 이 두 도형은 서로 닮음인 관계에 있다고 한다. 또 서로 닮음인 관계에 있는 두 도형을 닮은 도형이라 한다.

▶ 닮은 도형은 크기에 관계없이 모양이 같다.

(2) 닮음의 기호

△ABC와 △DEF가 서로 닮은 도형일 때, 기호 $\backsim$를 사용하여 다음과 같이 나타낸다.

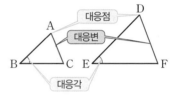

$$\triangle ABC \backsim \triangle DEF$$

두 도형의 꼭짓점은 대응하는 순서대로 쓴다.

▶ ① 기호 $\backsim$는 Similar(닮은)의 첫 글자 S를 옆으로 뉘어 놓은 모양으로 만든 것이다.
② • 대응점: 점 A와 점 D, 점 B와 점 E, 점 C와 점 F
  • 대응변: $\overline{AB}$와 $\overline{DE}$, $\overline{BC}$와 $\overline{EF}$, $\overline{AC}$와 $\overline{DF}$
  • 대응각: ∠A와 ∠D, ∠B와 ∠E, ∠C와 ∠F

참고 **기호의 구별**

△ABC와 △DEF에서

① 닮음일 때 ⇨ $\triangle ABC \backsim \triangle DEF$

② 합동일 때 ⇨ $\triangle ABC \equiv \triangle DEF$

③ 넓이가 같을 때 ⇨ $\triangle ABC = \triangle DEF$

2 평면도형에서 닮은 도형은 어떤 성질이 있는가? ◑ 핵심문제 2

(1) 평면도형에서 닮음의 성질

서로 닮은 두 평면도형에서

① 대응변의 길이의 비는 일정하다.

  ⇨ $\overline{AB} : \overline{DE} = \overline{BC} : \overline{EF} = \overline{AC} : \overline{DF}$

② 대응각의 크기는 각각 같다.

  ⇨ ∠A=∠D, ∠B=∠E, ∠C=∠F

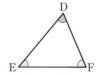

(2) 평면도형에서의 닮음비

서로 닮은 두 평면도형에서 대응변의 길이의 비를 닮음비라 한다.

▶ ① 닮음비는 가장 간단한 자연수의 비로 나타낸다.
② 닮음비가 1 : 1인 두 도형은 합동이다.
③ 원에서의 닮음비는 반지름의 길이의 비와 같다.

참고 **항상 닮음인 평면도형**
① 변의 개수가 같은 두 정다각형
② 두 원
③ 중심각의 크기가 같은 두 부채꼴
④ 두 직각이등변삼각형

3 입체도형에서 닮은 도형은 어떤 성질이 있는가? ◦ 핵심문제 3, 4

(1) 입체도형에서 닮음의 성질

서로 닮은 두 입체도형에서
① 대응하는 모서리의 길이의 비는 일정하다.
$$\Rightarrow \overline{AB} : \overline{A'B'} = \overline{BC} : \overline{B'C'} = \overline{CD} : \overline{C'D'} = \cdots$$
② 대응하는 면은 서로 닮은 도형이다.

$$\Rightarrow \square ABCD \backsim \square A'B'C'D', \ \square BFGC \backsim \square B'F'G'C', \cdots$$

(2) 입체도형에서의 닮음비

서로 닮은 두 입체도형에서 대응하는 모서리의 길이의 비를 닮음비라 한다.

참고 **항상 닮음인 입체도형**
① 면의 개수가 같은 두 정다면체
② 두 구

4 닮음비와 넓이의 비, 부피의 비 사이에는 어떤 관계가 있는가? ◦ 핵심문제 5, 6

(1) 서로 닮은 두 평면도형의 둘레의 길이와 넓이의 비

서로 닮은 두 평면도형의 닮음비가 $m : n$이면
① 둘레의 길이의 비는 $m : n$
② 넓이의 비는 $m^2 : n^2$

넓이의 비 $\Rightarrow 1^2 : 2^2$

(2) 서로 닮은 두 입체도형의 겉넓이와 부피의 비

서로 닮은 두 입체도형의 닮음비가 $m : n$이면
① 겉넓이의 비는 $m^2 : n^2$
② 부피의 비는 $m^3 : n^3$

부피의 비 $\Rightarrow 1^3 : 2^3$

01 오른쪽 그림에서 □ABCD∽□EFGH
일 때, 다음을 구하시오.

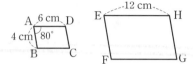

(1) 점 A의 대응점
(2) $\overline{BC}$의 대응변
(3) ∠F의 대응각
(4) □ABCD와 □EFGH의 닮음비
(5) $\overline{EF}$의 길이
(6) ∠E의 크기

○ 서로 닮은 두 평면도형에서
　① 대응변의 길이의 비는 [　　].
　② 대응각의 크기는 각각 [　　].

02 오른쪽 그림에서 두 삼각기둥은 서로 닮은
도형이고 $\overline{AB}$에 대응하는 모서리가 $\overline{PQ}$일
때, 다음을 구하시오.

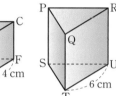

(1) $\overline{CF}$에 대응하는 모서리
(2) 면 ADEB에 대응하는 면
(3) $\overline{ST}$의 길이

○ 서로 닮은 두 입체도형에서
　① 대응하는 모서리의 길이의 비는
　[　　].
　② 대응하는 면은 서로 [　　]
　이다.

03 오른쪽 그림에서
△ABC∽△DEF일 때, △ABC
와 △DEF에 대하여 다음을 구하
시오.

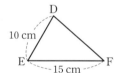

(1) 닮음비
(2) 둘레의 길이의 비
(3) 넓이의 비

○ 평면도형의 닮음비가 $m : n$이면
　① 둘레의 길이의 비는 [　] : [　]
　② 넓이의 비는 [　] : [　]

04 오른쪽 그림에서 두 직육면체 A, B는 서로 닮은
도형일 때, 두 직육면체 A, B에 대하여 다음을
구하시오.

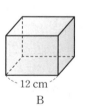

(1) 닮음비
(2) 겉넓이의 비
(3) 부피의 비

○ 입체도형의 닮음비가 $m : n$이면
　① 겉넓이의 비는 [　] : [　]
　② 부피의 비는 [　] : [　]

핵심문제 🔑 익히기

01 **닮은 도형**

더 다양한 문제는 **RPM** 중2-2 70쪽

Key Point

오른쪽 그림에서 △ABC∽△DEF일 때, $\overline{AC}$의 대응변과
∠B의 대응각을 차례로 구하시오.

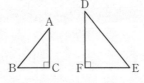

Key Point
△ABC∽△DEF
대응하는 순서대로

풀이 △ABC∽△DEF이므로 $\overline{AC}$의 대응변은 **$\overline{DF}$**이고, ∠B의 대응각은 **∠E**이다.

확인 1 오른쪽 그림에서 두 사면체 A−BCD와
E−FGH는 서로 닮은 도형이고 $\overline{BD}$에 대
응하는 모서리가 $\overline{FH}$일 때, $\overline{CD}$에 대응하는
모서리와 면 FGH에 대응하는 면을 차례로
구하시오.

02 **평면도형에서 닮음의 성질**

더 다양한 문제는 **RPM** 중2-2 70쪽

Key Point

오른쪽 그림에서 △ABC∽△A′B′C′일 때,
다음을 구하시오.

(1) △ABC와 △A′B′C′의 닮음비
(2) ∠B′의 크기
(3) $\overline{AC}$의 길이

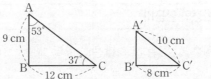

• 닮은 도형에서 대응각의 크기
는 각각 같다.
• 비례식의 계산
$a:b=c:d \Rightarrow bc=ad$

풀이 (1) 닮음비는 대응변의 길이의 비와 같으므로
$\overline{BC}:\overline{B'C'}=12:8=$ **3 : 2**
(2) △ABC에서 ∠B$=180°-(53°+37°)=90°$
∴ ∠B′=∠B=**90°**
(3) 닮음비가 3 : 2이므로 $\overline{AC}:\overline{A'C'}=3:2$에서
$\overline{AC}:10=3:2$, $2\overline{AC}=30$ ∴ $\overline{AC}=$**15(cm)**

확인 2 오른쪽 그림에서 □ABCD∽□EFGH일
때, 다음을 구하시오.

(1) □ABCD와 □EFGH의 닮음비
(2) $\overline{AD}$, $\overline{EF}$의 길이
(3) ∠C, ∠E의 크기

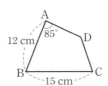

03 **입체도형에서 닮음의 성질**

● 더 다양한 문제는 RPM 중2-2 71쪽

Key Point

닮은 두 입체도형의 닮음비
⇨ 대응하는 모서리의 길이의 비

오른쪽 그림에서 두 직육면체는 서로 닮은 도형
이고 $\overline{AD}$에 대응하는 모서리가 $\overline{A'D'}$일 때, 다음
을 구하시오.

(1) 두 직육면체의 닮음비
(2) x, y의 값

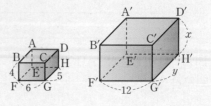

풀이 (1) 닮은 두 입체도형에서 닮음비는 대응하는 모서리의 길이의 비와 같으므로
$\overline{FG} : \overline{F'G'} = 6 : 12 = \mathbf{1 : 2}$

(2) 닮음비가 1 : 2이므로
$\overline{DH} : \overline{D'H'} = 1 : 2$에서 $4 : x = 1 : 2$ ∴ $\boldsymbol{x=8}$
$\overline{GH} : \overline{G'H'} = 1 : 2$에서 $5 : y = 1 : 2$ ∴ $\boldsymbol{y=10}$

확인❸ 오른쪽 그림에서 두 삼각기둥은 서로 닮은
도형이고 $\overline{AB}$에 대응하는 모서리가 $\overline{A'B'}$
일 때, $x+y$의 값을 구하시오.

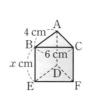
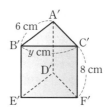

04 **원뿔 또는 원기둥의 닮음비**

● 더 다양한 문제는 RPM 중2-2 71쪽

Key Point

닮은 두 원뿔에서
(닮음비)
=(높이의 비)
=(밑면의 반지름의 길이의 비)
=(밑면의 둘레의 길이의 비)
=(모선의 길이의 비)

오른쪽 그림에서 두 원뿔 A, B는 서로 닮은 도형일 때,
다음을 구하시오.

(1) 두 원뿔 A와 B의 닮음비
(2) 원뿔 A의 높이
(3) 두 원뿔 A와 B의 밑면의 둘레의 길이의 비

풀이 (1) 두 원뿔 A와 B의 밑면의 반지름의 길이의 비가 3 : 4이므로 닮음비는 **3 : 4**이다.

(2) 원뿔 A의 높이를 x cm라 하면 닮음비가 3 : 4이므로
$x : 8 = 3 : 4$에서 $4x = 24$ ∴ $x=6$
따라서 원뿔 A의 높이는 **6 cm**이다.

(3) 두 원뿔 A와 B의 밑면의 둘레의 길이의 비는 닮음비와 같으므로 **3 : 4**이다.

확인❹ 오른쪽 그림에서 두 원기둥 A, B는 서로 닮은
도형일 때, 다음을 구하시오.

(1) 두 원기둥 A와 B의 밑면의 둘레의 길이의 비
(2) 원기둥 B의 밑면의 둘레의 길이

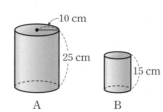

05 닮은 두 평면도형의 넓이의 비

더 다양한 문제는 RPM 중2-2 72쪽

Key Point

닮음비가 $m : n$이면
넓이의 비는 $m^2 : n^2$

오른쪽 그림에서 △ABC∽△DEF일 때, 다음을
구하시오.

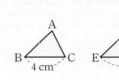

(1) △ABC와 △DEF의 닮음비
(2) △ABC＝5 cm²일 때, △DEF의 넓이

풀이 (1) 닮음비는 대응변의 길이의 비와 같으므로
$\overline{BC} : \overline{EF} = 4 : 8 = \mathbf{1 : 2}$
(2) 닮음비가 1 : 2이므로 △ABC : △DEF＝$1^2 : 2^2$＝1 : 4
즉, 5 : △DEF＝1 : 4이므로 △DEF＝**20(cm²)**

확인5 오른쪽 그림에서 □ABCD∽□A'BC'D'이고
□A'BC'D'＝24 cm²일 때, 색칠한 부분의 넓이를 구
하시오.

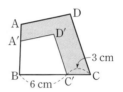

06 닮은 두 입체도형의 겉넓이의 비와 부피의 비

더 다양한 문제는 RPM 중2-2 72쪽

Key Point

닮음비가 $m : n$이면
겉넓이의 비는 $m^2 : n^2$,
부피의 비는 $m^3 : n^3$

서로 닮은 두 입체도형 A와 B의 겉넓이의 비가 4 : 25이고 B의 부피가 250 cm³일 때,
A의 부피를 구하시오.

풀이 두 입체도형 A와 B의 겉넓이의 비가 4 : 25＝$2^2 : 5^2$이므로 닮음비는 2 : 5이고,
부피의 비는 $2^3 : 5^3$＝8 : 125이다.
A의 부피를 x cm³라 하면 $x : 250 = 8 : 125$에서
$125x = 2000$ ∴ $x = 16$
따라서 A의 부피는 **16 cm³**이다.

확인6 오른쪽 그림에서 두 원뿔 A, B는 서로 닮은 도형이다.
A의 부피는 27π cm³이고 B의 부피는 64π cm³일 때,
두 원뿔 A와 B의 겉넓이의 비를 구하시오.

A   B

소단원 🗓 핵심문제

생각해 봅시다

01 다음 **보기** 중에서 항상 닮음인 도형을 모두 고르시오.

> ● 보기 ●
>
> ㄱ. 두 마름모   ㄴ. 두 정오각형   ㄷ. 두 삼각기둥
> ㄹ. 두 원뿔   ㅁ. 두 정육면체   ㅂ. 두 구

02 오른쪽 그림에서 두 오각형 ABCDE, FGHIJ가 서로 닮은 도형이고 $\overline{AB}$의 대응 변이 $\overline{FG}$일 때, 다음 중 옳지 않은 것은?

① $\angle B = \angle G$ ② $\angle F = 85°$
③ $2\overline{BC} = 3\overline{GH}$ ④ $\overline{DE} = 8$ cm
⑤ 닮음비는 4 : 3이다.

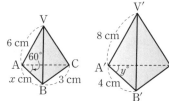

닮은 두 평면도형에서 닮음비는 대응변의 길이의 비와 같다.

03 오른쪽 그림에서 두 삼각뿔 V−ABC, V′−A′B′C′은 서로 닮은 도형이고 $\overline{AB}$에 대응하는 모서리가 $\overline{A'B'}$일 때, x, y의 값을 각각 구하시오.

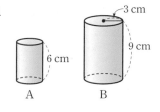

닮은 두 입체도형에서 닮음비는 대응하는 모서리의 길이의 비와 같다.

04 오른쪽 그림에서 두 원기둥 A, B가 서로 닮은 도형일 때, 원기둥 A의 밑면의 넓이를 구하시오.

05 다음 물음에 답하시오.

(1) 반지름의 길이의 비가 3 : 2인 두 원의 넓이의 합이 52π cm²일 때, 큰 원의 반지름의 길이를 구하시오.
(2) 서로 닮은 두 직육면체 A, B의 부피가 각각 54 cm³, 128 cm³이고 직육면체 A의 겉넓이가 90 cm²일 때, 직육면체 B의 겉넓이를 구하시오.

(1) 두 원의 반지름의 길이가 m, n
  ⇨ 넓이의 비는 $m^2 : n^2$
(2) 두 입체도형의 부피의 비가
  $m^3 : n^3$
  ⇨ 닮음비는 $m : n$
  ⇨ 겉넓이의 비는 $m^2 : n^2$

06 지름의 길이가 1 m인 속이 꽉 찬 쇠공을 녹여 반지름의 길이가 2.5 cm인 속이 꽉 찬 쇠공을 만들려고 할 때, 작은 쇠공을 몇 개 만들 수 있는지 구하시오.
(단, 쇠공은 구 모양이다.)

개념원리
이해

1 삼각형의 닮음 조건에는 어떤 것이 있는가? ◎ 핵심문제 1

두 삼각형이 다음 세 조건 중 어느 하나를 만족시키면 서로 닮음이다.

(1) 세 쌍의 대응변의 길이의 비가 같다.(SSS 닮음)
⇨ $a : a' = b : b' = c : c'$

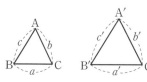

(2) 두 쌍의 대응변의 길이의 비가 같고, 그 끼인각의 크기
가 같다.(SAS 닮음)
⇨ $a : a' = c : c'$이고 $\angle B = \angle B'$

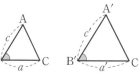

(3) 두 쌍의 대응각의 크기가 각각 같다.(AA 닮음)
⇨ $\angle B = \angle B'$이고 $\angle C = \angle C'$

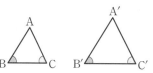

▶ 삼각형의 합동 조건(닮음 조건에서 닮음비가 1 : 1일 때)
• 세 쌍의 대응변의 길이가 각각 같다.(SSS 합동)
• 두 쌍의 대응변의 길이가 각각 같고, 그 끼인각의 크기가 같다.(SAS 합동)
• 한 쌍의 대응변의 길이가 같고, 그 양 끝 각의 크기가 각각 같다.(ASA 합동)

예 (1)

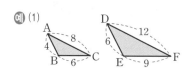

$\overline{AB} : \overline{DE} = 4 : 6 = 2 : 3$
$\overline{BC} : \overline{EF} = 6 : 9 = 2 : 3$
$\overline{AC} : \overline{DF} = 8 : 12 = 2 : 3$
즉, 세 쌍의 대응변의 길이의 비가 같으므로
$\triangle ABC \backsim \triangle DEF$(SSS 닮음)

(2)

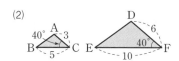

$\overline{BC} : \overline{EF} = 5 : 10 = 1 : 2$
$\overline{AC} : \overline{DF} = 3 : 6 = 1 : 2$
$\angle C = \angle F = 40°$
즉, 두 쌍의 대응변의 길이의 비가 같고, 그 끼인각의 크기가 같으
므로
$\triangle ABC \backsim \triangle DEF$(SAS 닮음)

(3)

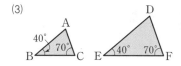

$\angle B = \angle E = 40°$, $\angle C = \angle F = 70°$
즉, 두 쌍의 대응각의 크기가 각각 같으므로
$\triangle ABC \backsim \triangle DEF$(AA 닮음)

2 삼각형의 닮음 조건을 응용하여 닮음인 삼각형을 어떻게 찾을까? ◑ 핵심문제 2, 3

두 삼각형이 겹쳐진 도형에서 닮음인 삼각형은 다음과 같은 방법으로 찾는다.

(1) **SAS 닮음의 응용**

공통인 각을 끼인각으로 하는 두 쌍의 대응변의 길이의 비가 같은 두 삼각형을 찾는다.

예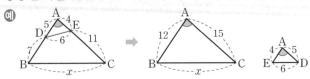

△ABC와 △AED에서 ∠A는 공통, $\overline{AB} : \overline{AE} = \overline{AC} : \overline{AD} = 3 : 1$이므로

△ABC ∽ △AED(SAS 닮음)

따라서 $\overline{BC} : \overline{ED} = 3 : 1$에서 $x : 6 = 3 : 1$　∴ $x = 18$

(2) **AA 닮음의 응용**

공통인 각이 있고 다른 한 내각의 크기가 같은 두 삼각형을 찾는다.

예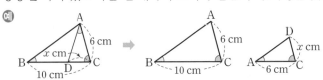

△ABC와 △DAC에서 ∠C는 공통, ∠ABC = ∠DAC이므로

△ABC ∽ △DAC(AA 닮음)

따라서 $\overline{BC} : \overline{AC} = \overline{AC} : \overline{DC}$이므로 $10 : 6 = 6 : x$　∴ $x = \dfrac{18}{5}$

3 직각삼각형의 닮음을 이용한 성질에는 어떤 것이 있는가? ◑ 핵심문제 4, 5

∠A = 90°인 직각삼각형 ABC의 꼭짓점 A에서 빗변 BC에 내린 수선의 발을 H라 하면

(1)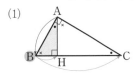

(2)

(3)

△ABC ∽ △HBA 　　　　△ABC ∽ △HAC 　　　　△HBA ∽ △HAC
　　(AA 닮음) 　　　　　　　(AA 닮음) 　　　　　　　(AA 닮음)

$\overline{AB} : \overline{HB} = \overline{BC} : \overline{BA}$ 　$\overline{BC} : \overline{AC} = \overline{AC} : \overline{HC}$ 　$\overline{HA} : \overline{HC} = \overline{HB} : \overline{HA}$

∴ $\overline{AB}^2 = \overline{BH} \times \overline{BC}$ 　∴ $\overline{AC}^2 = \overline{CH} \times \overline{CB}$ 　∴ $\overline{AH}^2 = \overline{HB} \times \overline{HC}$

▶ 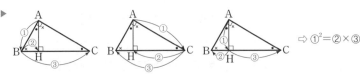 ⇨ ①² = ② × ③

참고 직각삼각형 ABC의 넓이에서 $\dfrac{1}{2} \times \overline{AH} \times \overline{BC} = \dfrac{1}{2} \times \overline{AB} \times \overline{AC}$이므로 $\overline{AH} \times \overline{BC} = \overline{AB} \times \overline{AC}$가

성립한다.

개념원리 📖 확인하기

정답과 풀이 p.38

01 다음 그림의 삼각형에 대하여 ☐ 안에 알맞은 것을 써넣으시오.

(1)
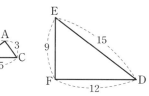

(2)
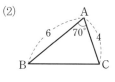

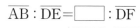

$\overline{AB} : \overline{FD} = \overline{BC} : \boxed{}$

$= \boxed{} : \overline{EF}$

$= \boxed{} : \boxed{}$

$\therefore \triangle ABC \backsim \boxed{} (\boxed{} \text{ 닮음})$

$\overline{AB} : \overline{DE} = \boxed{} : \overline{DF}$

$= \boxed{} : \boxed{}$

$\angle A = \boxed{} = 70°$

$\therefore \triangle ABC \backsim \boxed{} (\boxed{} \text{ 닮음})$

◆ SSS 닮음이란?
SAS 닮음이란?
AA 닮음이란?

02 다음 그림에서 닮음인 삼각형을 찾아 기호로 나타내고, 그 닮음 조건을 말하시오.

(1)

(2)
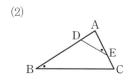

(3)

◆ 삼각형의 닮음 조건
⇨ SSS 닮음
SAS 닮음
AA 닮음

03 오른쪽 그림과 같이 ∠A=90°인 직각삼각형 ABC에서 $\overline{AH} \perp \overline{BC}$일 때, ☐ 안에 알맞은 것을 써넣으시오.

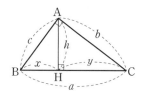

(1) △ABC∽△HBA이므로

$a : c = \boxed{} : \boxed{}$ $\therefore c^2 = \boxed{}$

(2) △ABC∽△HAC이므로

$a : b = \boxed{} : \boxed{}$ $\therefore b^2 = \boxed{}$

(3) △HBA∽△HAC이므로

$x : h = \boxed{} : \boxed{}$ $\therefore h^2 = \boxed{}$

04 다음 그림과 같이 ∠A=90°인 직각삼각형 ABC에서 $\overline{AH} \perp \overline{BC}$일 때, x의 값을 구하시오.

(1)
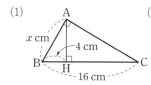

(2)
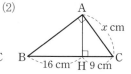

(3)
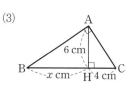

더 다양한 문제는 RPM 중2-2 73쪽

01 삼각형의 닮음 조건

Key Point

• 닮은 삼각형을 찾을 때
  [변의 길이의 비
  [각의 크기
를 비교해 본다.

다음 **보기** 중에서 서로 닮은 삼각형을 찾고, 그 닮음 조선을 말하시오.

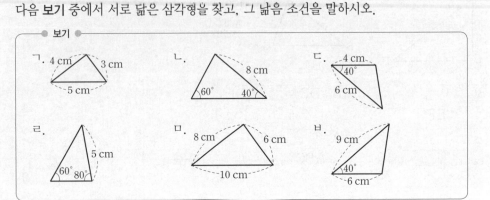

풀이 **ㄱ과 ㅁ:** 세 쌍의 대응변의 길이의 비가

$$4 : 8 = 3 : 6 = 5 : 10 = 1 : 2$$

로 같으므로 두 삼각형은 **SSS 닮음**이다.

ㄴ과 ㄹ: ㄴ에서 나머지 한 내각의 크기는

$$180° - (60° + 40°) = 80°$$

즉, 두 쌍의 대응각의 크기가 각각 60°, 80°로 같으므로 두 삼각형은 **AA 닮음**이다.

ㄷ과 ㅂ: 두 쌍의 대응변의 길이의 비가

$$4 : 6 = 6 : 9 = 2 : 3$$

으로 같고 그 끼인각의 크기가 40°로 같으므로 두 삼각형은 **SAS 닮음**이다.

확인 1 다음 **보기** 중에서 서로 닮은 삼각형을 찾고, 그 닮음 조건을 말하시오.

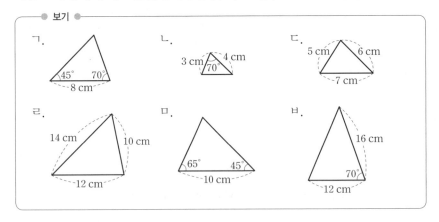

02 삼각형의 닮음을 이용하여 변의 길이 구하기 – SAS 닮음

더 다양한 문제는 RPM 중2-2 74쪽

다음 그림에서 x의 값을 구하시오.

(1)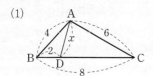

(2)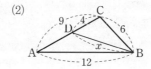

풀이 (1) △ABC와 △DBA에서 ∠B는 공통, $\overline{AB} : \overline{DB} = \overline{BC} : \overline{BA} = 2 : 1$

∴ △ABC∽△DBA(SAS 닮음)

따라서 닮음비가 $2 : 1$이므로 $\overline{AC} : \overline{DA} = 2 : 1$에서 $6 : x = 2 : 1$, $2x = 6$ ∴ $x = 3$

(2) △ABC와 △BDC에서 ∠C는 공통, $\overline{AC} : \overline{BC} = \overline{BC} : \overline{DC} = 3 : 2$

∴ △ABC∽△BDC(SAS 닮음)

따라서 닮음비가 $3 : 2$이므로 $\overline{AB} : \overline{BD} = 3 : 2$에서 $12 : x = 3 : 2$, $3x = 24$ ∴ $x = 8$

확인② 다음 그림에서 x의 값을 구하시오.

(1)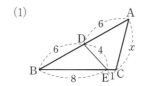

(2)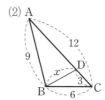

03 삼각형의 닮음을 이용하여 변의 길이 구하기 – AA 닮음

더 다양한 문제는 RPM 중2-2 74쪽

다음 그림에서 x의 값을 구하시오.

(1)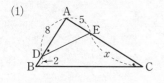

(2)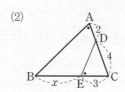

풀이 (1) △ADE와 △ACB에서 ∠A는 공통, ∠ADE = ∠ACB

∴ △ADE∽△ACB(AA 닮음)

따라서 $\overline{AD} : \overline{AC} = \overline{AE} : \overline{AB}$이므로 $8 : (5+x) = 5 : 10$, $5(5+x) = 80$ ∴ $x = 11$

(2) △ABC와 △EDC에서 ∠C는 공통, ∠CAB = ∠CED

∴ △ABC∽△EDC(AA 닮음)

따라서 $\overline{AC} : \overline{EC} = \overline{BC} : \overline{DC}$이므로 $6 : 3 = (x+3) : 4$, $3(x+3) = 24$ ∴ $x = 5$

확인③ 다음 그림에서 x의 값을 구하시오.

(1)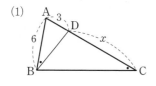

(2)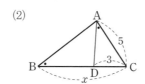

---

04 **직각삼각형의 닮음**   ◉ 더 다양한 문제는 **RPM** 중2-2 75쪽

오른쪽 그림과 같이 △ABC의 꼭짓점 A, C에서 $\overline{BC}$, $\overline{AB}$에 내린
수선의 발을 각각 D, E라 하자. $\overline{AE}=15$ cm,
$\overline{BE}=15$ cm, $\overline{BC}=25$ cm일 때, $\overline{BD}$의 길이를 구하시오.

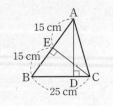

Key Point

두 직각삼각형에서 직각을 제외한 한 내각의 크기가 같으면 항상 닮음이다.

풀이   △BEC와 △BDA에서 ∠B는 공통, ∠BEC=∠BDA=90°
     ∴ △BEC∽△BDA(AA 닮음)
     따라서 $\overline{BE}:\overline{BD}=\overline{BC}:\overline{BA}$이므로 15 : $\overline{BD}$=25 : (15+15)   ∴ $\overline{BD}=$**18(cm)**

확인4   오른쪽 그림과 같이 △ABC의 꼭짓점 B, C에서 $\overline{AC}$,
     $\overline{AB}$에 내린 수선의 발을 각각 D, E라 하자. $\overline{AB}=8$ cm,
     $\overline{AC}=7$ cm, $\overline{AD}=4$ cm일 때, $\overline{AE}$의 길이를 구하시오.

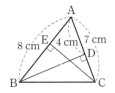

---

05 **직각삼각형의 닮음의 응용**   ◉ 더 다양한 문제는 **RPM** 중2-2 75쪽

다음 그림과 같이 ∠A=90°인 직각삼각형 ABC에서 $\overline{AH}\perp\overline{BC}$일 때, x의 값을 구하
시오.

Key Point

∠A=90°인 직각삼각형 ABC
에서 $\overline{AH}\perp\overline{BC}$일 때

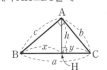

① $c^2=ax$
② $b^2=ay$
③ $h^2=xy$

(1) 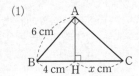   (2) 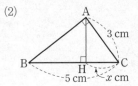   (3)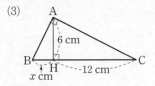

풀이   (1) $6^2=4(4+x)$, $36=16+4x$ ∴ $x=$**5**

     (2) $3^2=x\times5$, $9=5x$ ∴ $x=\dfrac{9}{5}$

     (3) $6^2=x\times12$, $36=12x$ ∴ $x=$**3**

확인5   다음 그림과 같이 ∠A=90°인 직각삼각형 ABC에서 $\overline{AH}\perp\overline{BC}$일 때, x의 값
     을 구하시오.

(1) 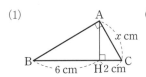   (2) 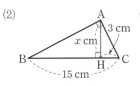   (3)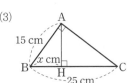

계산력 ⏱ 강화하기

01 다음 그림에서 닮음인 삼각형을 찾아 기호로 나타내고, 그 닮음 조건을 말하시오.

(1)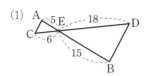

(2)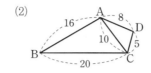

(3)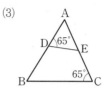

02 다음 그림에서 △ABC와 닮음인 삼각형을 찾아 기호로 나타내고, 그 닮음 조건을 말하시오. 또 x의 값을 구하시오.

(1)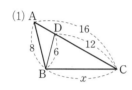

(2)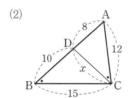

(3)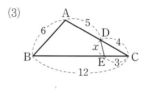

(4)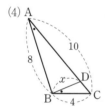

(5)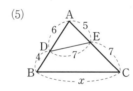

(6)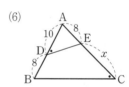

03 다음 그림과 같이 ∠A＝90°인 직각삼각형 ABC에서 $\overline{AH} \perp \overline{BC}$일 때, x의 값을 구하시오.

(1)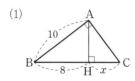

(2)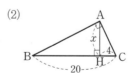

(3)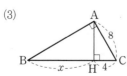

(4)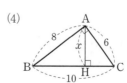

01 오른쪽 그림에서 △ABC와 △DEF가 서로 닮은 도형이 되려면 다음 중 어느 조건을 추가해야 하는가?

① $\overline{AB}=8$ cm, $\overline{DF}=6$ cm

② $\overline{AC}=16$ cm, $\overline{DE}=12$ cm

③ $\overline{AB}=16$ cm, $\overline{DE}=12$ cm, $\angle E=45°$

④ $\angle A=75°$, $\angle D=65°$

⑤ $\angle C=80°$, $\angle E=55°$

⭐ 생각해 봅시다

02 다음 그림에서 x의 값을 구하시오.

(1)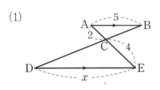

(2)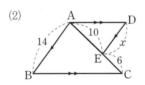

(3)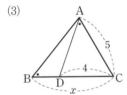

(4)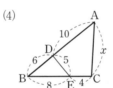

닮음인 삼각형을 찾아본다.

03 오른쪽 그림과 같은 평행사변형 ABCD에서 점 D를 지나는 직선이 변 BC와 만나는 점을 F, 변 AB의 연장선과 만나는 점을 E라 할 때, 다음 물음에 답하시오.

(1) △BEF와 닮음인 삼각형을 모두 구하시오.

(2) $\overline{BC}=8$ cm, $\overline{CF}=3$ cm, $\overline{CD}=4$ cm일 때, $\overline{AE}$의 길이를 구하시오.

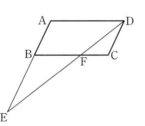

□ABCD는 평행사변형이므로 $\overline{AB}/\!/\overline{DC}$, $\overline{AD}/\!/\overline{BC}$임을 이용하여 크기가 같은 각을 찾아본다.

04 오른쪽 그림과 같이 $\angle A=90°$인 직각삼각형 ABC에서 점 M은 $\overline{BC}$의 중점이고 $\overline{DM}\perp\overline{BC}$이다. $\overline{AB}=16$ cm, $\overline{AC}=12$ cm, $\overline{BC}=20$ cm일 때, $\overline{DM}$의 길이를 구하시오.

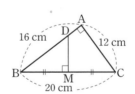

05 오른쪽 그림과 같은 평행사변형 ABCD에서
$\overline{AE} \perp \overline{BC}$, $\overline{AF} \perp \overline{CD}$이다. $\overline{AB} = 8$ cm,
$\overline{AD} = 12$ cm, $\overline{AF} = 11$ cm일 때, $\overline{AE}$의 길이를 구
하시오.

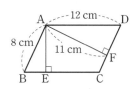

⭐ 생각해 봅시다

□ABCD는 평행사변형이므로 두 쌍의 대각의 크기는 각각 같다.

06 오른쪽 그림에서 $\overline{BA} \perp \overline{CE}$, $\overline{EF} \perp \overline{BC}$일 때, 다음 물음에
답하시오.

(1) △EFC와 닮음인 삼각형을 모두 구하시오.
(2) $\overline{BC} = 15$ cm, $\overline{CE} = 20$ cm, $\overline{AC} = 6$ cm일 때, $\overline{CF}$의
길이를 구하시오.

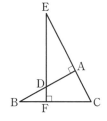

크기가 같은 각을 찾고, $\overline{BA} \perp \overline{CE}$, $\overline{EF} \perp \overline{BC}$임을 이용하여 닮음인 삼각형을 찾아본다.

07 다음 그림과 같이 ∠A=90°인 직각삼각형 ABC에서 $\overline{AH} \perp \overline{BC}$일 때, $x + y$
의 값을 구하시오.

(1)
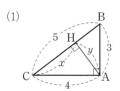

(2)
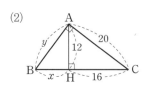

08 오른쪽 그림과 같이 ∠A=90°인 직각삼각형 ABC
에서 $\overline{AH} \perp \overline{BC}$이다. $\overline{BH} = 6$ cm, $\overline{CH} = 24$ cm일
때, △ABC의 넓이를 구하시오.

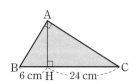

중단원 마무리

정답과 풀이 p.42

Step 1 기본문제

01 다음 **보기** 중 항상 닮은 도형이라 할 수 <u>없는</u> 것을 모두 고르시오.

● 보기 ●

ㄱ. 한 내각의 크기가 같은 두 마름모
ㄴ. 꼭지각의 크기가 같은 두 이등변삼각형
ㄷ. 세 내각의 크기가 각각 같은 두 삼각형
ㄹ. 한 내각의 크기가 같은 두 평행사변형

02 아래 그림에서 □ABCD∽□EFGH일 때, 다음 중 옳지 <u>않은</u> 것은?

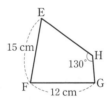

① 닮음비는 2 : 3이다.
② $\overline{AB}=10$ cm
③ ∠F=80°
④ ∠D=130°
⑤ ∠G=65°

03 다음 그림에서 두 삼각기둥은 서로 닮은 도형이고 $\overline{AB}$에 대응하는 모서리가 $\overline{A'B'}$일 때, $x+y$의 값을 구하시오.

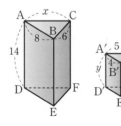

04 △ABC와 △DEF는 서로 닮은 도형이고 높이의 비가 4 : 3이다. △ABC의 넓이가 48 cm²일 때, △DEF의 넓이를 구하시오.

05 서로 닮은 두 원뿔의 밑넓이의 비가 4 : 9이고, 큰 원뿔의 부피가 162 cm³일 때, 작은 원뿔의 부피는?

① 48 cm³   ② 56 cm³   ③ 64 cm³
④ 68 cm³   ⑤ 72 cm³

06 다음 **보기** 중에서 서로 닮은 삼각형을 찾고, 그 닮음 조건을 말하시오.

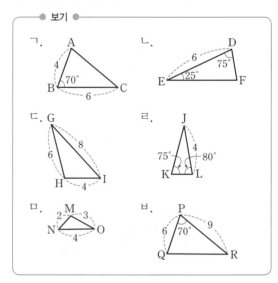

07 다음 중 △ABC와 △DEF가 서로 닮은 도형이라 할 수 <u>없는</u> 것은?

① $\overline{AB}:\overline{DE}=\overline{BC}:\overline{EF}=\overline{CA}:\overline{FD}$

② $\overline{AB}:\overline{DE}=\overline{AC}:\overline{DF}$, $\angle B=\angle E$

③ $\overline{AC}:\overline{DF}=\overline{BC}:\overline{EF}$, $\angle C=\angle F$

④ $\angle A=\angle D$, $\angle B=\angle E$

⑤ $\angle B=\angle E=90°$, $\angle C=\angle F$

08 오른쪽 그림에서
$\angle BAC=\angle DBC$이고
$\overline{AB}=12$ cm,
$\overline{AC}=16$ cm,
$\overline{BC}=20$ cm,
$\overline{BD}=15$ cm일 때, x의 값을 구하시오.

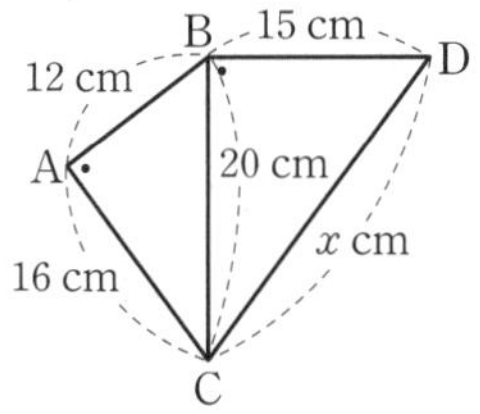

09 오른쪽 그림에서
$\overline{AD}=7$, $\overline{DB}=9$,
$\overline{BC}=12$, $\overline{AC}=8$일 때,
다음 중 옳지 <u>않은</u> 것을 모두 고르면? (정답 2개)

① $\overline{AC}:\overline{CD}=4:3$

② $\overline{CD}=5$

③ $\angle ACB=\angle CDB$

④ $\angle ABC=\angle ACD$

⑤ △ABC∽△CBD이고 닮음비는 4 : 3이다.

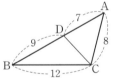

10 오른쪽 그림에서
$\angle AED=\angle B=70°$이고
$\overline{AD}=4$ cm,
$\overline{AE}=3$ cm, $\overline{EC}=5$ cm
일 때, $\overline{DB}$의 길이를 구하시오.

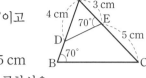

11 강의 폭을 구하기 위해 다음 그림과 같이 거리를 재었더니 $\overline{BC}=63$ m, $\overline{CE}=14$ m, $\overline{DE}=6$ m일 때, 강의 폭 $\overline{AB}$의 길이를 구하시오.

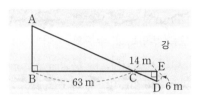

12 오른쪽 그림과 같이
$\angle A=90°$인 직각삼각형
ABC에서 $\overline{AH}\perp\overline{BC}$일
때, 다음 중 옳지 <u>않은</u> 것은?

① $\angle B=\angle CAH$

② △ABC∽△HAC

③ △HBA∽△HAC

④ $\overline{AC}^2=\overline{AH}\times\overline{HC}$

⑤ $\overline{AB}\times\overline{AC}=\overline{AH}\times\overline{BC}$

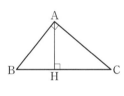

13 오른쪽 그림과 같이
$\angle A=90°$인 직각삼각
형 ABC에서 $\overline{AH}\perp\overline{BC}$
이고 $\overline{AB}=20$,
$\overline{AH}=12$, $\overline{CH}=9$일 때, $x+y$의 값을 구하시오.

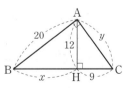

Step 2 발전문제

14 오른쪽 그림과 같이 중심이 같은 두 원에서 $\overline{AB}=\overline{BC}=\overline{CD}$이고 작은 원의 넓이가 6π일 때, 큰 원의 넓이를 구하시오.

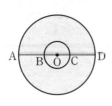

15 오른쪽 그림과 같이 높이가 18 cm인 원뿔 모양의 그릇에 물을 부었더니 수면의 높이가 6 cm가 되었다. 이 그릇의 부피가 648 cm³일 때, 그릇을 가득 채우기 위해 더 필요한 물의 부피를 구하시오.
(단, 그릇의 두께는 생각하지 않는다.)

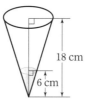

16 다음 그림과 같은 △ABC에서 $\overline{AC}=10$ cm, $\overline{BD}=21$ cm, $\overline{CD}=4$ cm이고 ∠C=65°, ∠ADB=90°일 때, ∠B의 크기를 구하시오.

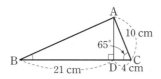

17 오른쪽 그림에서 $\overline{AB}/\!/\overline{ED}$, $\overline{AE}/\!/\overline{BC}$이고 $\overline{BC}=14$ cm, $\overline{AE}=4$ cm, $\overline{AC}=21$ cm일 때, $\overline{CD}$의 길이를 구하시오.

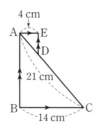

18 오른쪽 그림과 같은 평행사변형 ABCD에서 $\overline{AD}=18$ cm, $\overline{DC}=9$ cm, $\overline{CF}=6$ cm일 때, $\overline{BE}$의 길이를 구하시오.

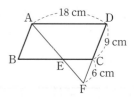

19 오른쪽 그림에서 $\overline{AD}/\!/\overline{BC}/\!/\overline{MN}$이고, $\overline{AN}=\overline{CN}$, $\overline{DM}=\overline{BM}$이다. $\overline{AD}=6$ cm, $\overline{MN}=4$ cm일 때, $\overline{BC}$의 길이는?

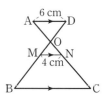

① 12 cm ② 14 cm ③ 16 cm
④ 18 cm ⑤ 20 cm

20 오른쪽 그림은 정삼각형 모양의 종이 ABC를 $\overline{DF}$를 접는 선으로 하여 꼭짓점 A가 $\overline{BC}$ 위의 점 E에 오도록 접은 것이다. 이때 $\overline{AD}$의 길이를 구하시오.

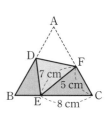

21 오른쪽 그림과 같은 △ABC에서 ∠ABD=∠BCE=∠CAF, $\overline{AB}=8$ cm, $\overline{BC}=7$ cm, $\overline{CA}=6$ cm, $\overline{DE}=4$ cm일 때, $\overline{DF}$의 길이를 구하시오.

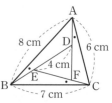

22 등대의 높이를 재기 위해 다음 그림과 같이 등대의 그림자의 끝지점 A에서 2 m 떨어진 지점 B에 길이가 1 m인 막대기를 세웠더니 그 그림자의 끝이 등대의 그림자의 끝과 일치하였다. 막대기와 등대 사이의 거리가 30 m일 때, 등대의 높이는 몇 m인지 구하시오.

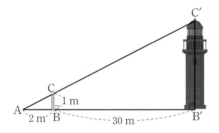

23 오른쪽 그림과 같은 △ABC에서 $\overline{AB}\perp\overline{CE}$, $\overline{AC}\perp\overline{BD}$이다. $\overline{AB}=10$ cm, $\overline{AC}=8$ cm이고 $\overline{AD}:\overline{DC}=3:1$일 때, $\overline{AE}$의 길이는?

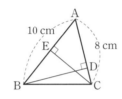

① $\dfrac{24}{5}$ cm   ② 5 cm   ③ $\dfrac{28}{5}$ cm

④ 6 cm   ⑤ $\dfrac{32}{5}$ cm

24 오른쪽 그림과 같은 직사각형 ABCD에서 $\overline{PQ}$가 대각선 BD를 수직이등분할 때, 다음을 구하시오.

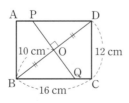

(1) $\overline{PD}$의 길이
(2) $\overline{PQ}$의 길이

25 오른쪽 그림과 같은 직각삼각형 ABC에서 ∠A의 이등분선이 $\overline{BC}$와 만나는 점을 E, 점 E에서 $\overline{AB}$에 내린 수선의 발을 D라 하자. $\overline{AC}=6$ cm, $\overline{BD}=4$ cm, $\overline{BE}=5$ cm일 때, x의 값을 구하시오.

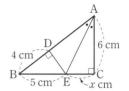

26 오른쪽 그림과 같이 ∠A=90°인 직각삼각형 ABC에서 $\overline{AD}\perp\overline{BC}$이고 $\overline{AB}=10$ cm, $\overline{BD}=8$ cm일 때, $\overline{AD}$의 길이를 구하시오.

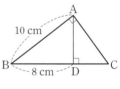

27 다음 그림과 같이 ∠A=90°인 직각삼각형 ABC에서 $\overline{BM}=\overline{MC}$, $\overline{AH}\perp\overline{BC}$이다. $\overline{AH}=8$ cm, $\overline{CH}=4$ cm일 때, △AMH의 넓이를 구하시오.

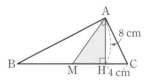

28 오른쪽 그림과 같은 직사각형 ABCD에서 $\overline{AH}\perp\overline{BD}$이다. $\overline{BC}=20$ cm, $\overline{DH}=16$ cm일 때, △ABD의 넓이를 구하시오.

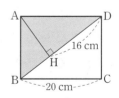

📝 서술형 대비 문제 ··

1

오른쪽 그림과 같은 △ABC에서
∠B=∠ACD이고 $\overline{AD}$=4 cm,
$\overline{AC}$=6 cm일 때, $\overline{BD}$의 길이를
구하시오. [7점]

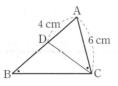

풀이과정

1단계 △ABC∽△ACD임을 알기 [3점]

△ABC와 △ACD에서

∠A는 공통, ∠ABC=∠ACD

∴ △ABC∽△ACD(AA 닮음)

2단계 $\overline{AB}$의 길이 구하기 [3점]

$\overline{AB}:\overline{AC}=\overline{AC}:\overline{AD}$이므로

$\overline{AB}:6=6:4$, $4\overline{AB}=36$

∴ $\overline{AB}=9$(cm)

3단계 $\overline{BD}$의 길이 구하기 [1점]

∴ $\overline{BD}=\overline{AB}-\overline{AD}=9-4=5$(cm)

답 5 cm

1-1 오른쪽 그림과 같은
△ABC에서 ∠A=∠DEC이
고 $\overline{AD}$=2 cm, $\overline{CD}$=6 cm,
$\overline{CE}$=4 cm일 때, $\overline{BE}$의 길이를
구하시오. [7점]

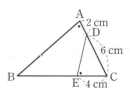

풀이과정

1단계 △ABC∽△EDC임을 알기 [3점]

2단계 $\overline{BC}$의 길이 구하기 [3점]

3단계 $\overline{BE}$의 길이 구하기 [1점]

답

2

오른쪽 그림은 직사각형 모양의 종
이 ABCD를 $\overline{BD}$를 접는 선으로
하여 접은 것이다. $\overline{PQ}\perp\overline{BD}$일 때,
$\overline{PQ}$의 길이를 구하시오. [7점]

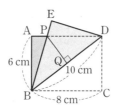

풀이과정

1단계 $\overline{BQ}$의 길이 구하기 [2점]

∠PBD=∠DBC(접은 각), ∠PDB=∠DBC(엇각)이므로
∠PBD=∠PDB

즉, △PBD는 이등변삼각형이므로 $\overline{BQ}=\frac{1}{2}\overline{BD}=5$(cm)

2단계 △PBQ∽△DBC임을 알기 [3점]

△PBQ와 △DBC에서 ∠BQP=∠BCD=90°,

∠PBQ=∠DBC   ∴ △PBQ∽△DBC(AA 닮음)

3단계 $\overline{PQ}$의 길이 구하기 [2점]

$\overline{BQ}:\overline{BC}=\overline{PQ}:\overline{DC}$이므로

$5:8=\overline{PQ}:6$, $8\overline{PQ}=30$ ∴ $\overline{PQ}=\frac{15}{4}$(cm)

답 $\frac{15}{4}$ cm

2-1 오른쪽 그림은 직
사각형 모양의 종이 ABCD
를 $\overline{BE}$를 접는 선으로 하여
접은 것일 때, $\overline{AF}$의 길이를
구하시오. [7점]

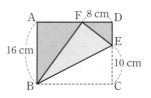

풀이과정

1단계 $\overline{DE}$의 길이 구하기 [1점]

2단계 △ABF∽△DFE임을 알기 [3점]

3단계 $\overline{AF}$의 길이 구하기 [3점]

답

3 다음 그림에서 두 원기둥 A, B가 서로 닮은 도형일 때, 원기둥 B의 밑면의 둘레의 길이를 구하시오. [6점]

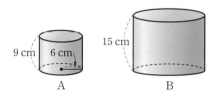

［풀이과정］

［답］

4 다음 그림에서 직육면체 모양의 떡 케이크 A, B는 서로 닮은 도형이다. A의 가격은 12000원, B의 가격은 36000원이라 할 때, 36000원으로 떡 케이크 A를 3개 사는 것과 떡 케이크 B를 1개 사는 것 중 어느 것이 더 유리한지 말하시오. [7점]

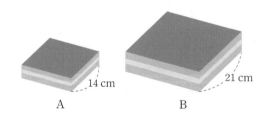

［풀이과정］

［답］

5 오른쪽 그림과 같은 △ABC에서 $\overline{AE}=\overline{BE}=\overline{DE}$이고 $\overline{AB}=12$ cm, $\overline{BD}=8$ cm, $\overline{CD}=1$ cm일 때, $\overline{AC}$의 길이를 구하시오. [7점]

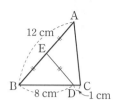

［풀이과정］

［답］

6 오른쪽 그림과 같이 $\angle A=90°$인 직각삼각형 ABC에서 점 M은 $\overline{BC}$의 중점이고 $\overline{AD}\perp\overline{BC}$, $\overline{DH}\perp\overline{AM}$이다. $\overline{BD}=8$ cm, $\overline{CD}=2$ cm일 때, $\overline{AH}$의 길이를 구하시오. [8점]

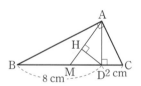

［풀이과정］

［답］

똑같은 생각

네 형제가 모여서 새 사업체를 만들고 개업 축하 파티를 열기로 했습니다. 파티를 위해 포도주가 필요했던 그들은 포도주 값이 비쌌기 때문에 각자 집에 있는 똑같은 품질의 포도주를 가져다가 커다란 그릇에 모으기로 했습니다.

집으로 돌아간 그들은 각자 같은 품질의 포도주를 골랐습니다. 그런데 막내는 포도주 대신 물을 가져가서 살짝 부어도 된다고 생각했습니다.

"포도주가 섞이면 내가 물을 넣는다고 해도 아무도 모를 거야."

드디어 파티가 열리는 날, 네 형제는 각자 가져 온 포도주를 큰 그릇에 담았습니다. 그런데 그릇에 모인 것은 포도주가 아니라 맹물이었습니다. 알고 보니 네 형제 모두 물을 가져다 부었던 것입니다. 그들은 하나같이 이런 생각을 했던 것입니다.

"나 혼자 물 좀 붓는다고 해도 아무도 눈치채지 못하겠지."

- 세상에서 가장 쉬운 일 중에서 -

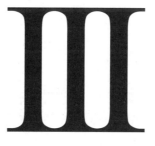

III

도형의 닮음과
피타고라스 정리

개념원리 이해

1 삼각형에서 평행선과 선분의 길이의 비는 어떻게 되는가? ◎ 핵심문제 1~3

(1) △ABC에서 두 변 AB, AC 또는 그 연장선 위에 각각 점 D, E가 있을 때

①

$\overline{BC} /\!/ \overline{DE}$이면 $\boxed{\overline{AB} : \overline{AD} = \overline{AC} : \overline{AE} = \overline{BC} : \overline{DE}}$

②

$\overline{BC} /\!/ \overline{DE}$이면 $\boxed{\overline{AD} : \overline{DB} = \overline{AE} : \overline{EC}}$

(2) △ABC에서 두 변 AB, AC 또는 그 연장선 위에 각각 점 D, E가 있을 때

①

$\overline{AB} : \overline{AD} = \overline{AC} : \overline{AE} = \overline{BC} : \overline{DE}$이면 $\overline{BC} /\!/ \overline{DE}$

②

$\overline{AD} : \overline{DB} = \overline{AE} : \overline{EC}$이면 $\overline{BC} /\!/ \overline{DE}$

주의 $\overline{AD} : \overline{DB} \neq \overline{DE} : \overline{BC}$임에 주의한다.

설명 (1) ① $\overline{BC} /\!/ \overline{DE}$이면 △ABC와 △ADE에서

∠ABC＝∠ADE(동위각), ∠A는 공통

이므로 △ABC∽△ADE(AA 닮음)

∴ $\overline{AB} : \overline{AD} = \overline{AC} : \overline{AE} = \overline{BC} : \overline{DE}$

② $\overline{AB} /\!/ \overline{EF}$가 되도록 $\overline{BC}$ 위에 점 F를 잡으면 △ADE와 △EFC에서

∠DAE＝∠FEC(동위각), ∠AED＝∠ECF(동위각)

이므로 △ADE∽△EFC(AA 닮음)

따라서 $\overline{AD} : \overline{EF} = \overline{AE} : \overline{EC}$이고 $\overline{DB} = \overline{EF}$이므로

$\overline{AD} : \overline{DB} = \overline{AE} : \overline{EC}$

(2) △ABC와 △ADE에서

$\overline{AB} : \overline{AD} = \overline{AC} : \overline{AE}$, ∠A는 공통

이므로 △ABC∽△ADE(SAS 닮음)

따라서 ∠ABC＝∠ADE에서 동위각의 크기가 같으므로 $\overline{BC} /\!/ \overline{DE}$

01 다음 그림에서 $\overline{BC} /\!/ \overline{DE}$일 때, x의 값을 구하시오.

(1)
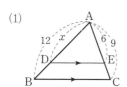

$\overline{AB} : \boxed{} = \boxed{} : \overline{AE}$

$12 : \boxed{} = \boxed{} : 6$

$\therefore x = \boxed{}$

(2)
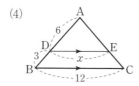

(3)
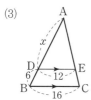

$\boxed{} : \overline{AD} = \boxed{} : \overline{DE}$

$(\boxed{}) : x = \boxed{} : 12$

$\therefore x = \boxed{}$

(4)

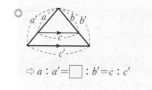

$\Rightarrow a : a' = \boxed{} : b' = c : c'$

02 다음 그림에서 $\overline{BC} /\!/ \overline{DE}$일 때, x의 값을 구하시오.

(1)
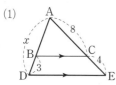

$\overline{AD} : \overline{DB} = \boxed{} : \boxed{}$

$x : 3 = \boxed{} : \boxed{}$

$\therefore x = \boxed{}$

(2)

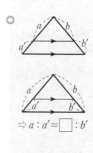

$\Rightarrow a : a' = \boxed{} : b'$

03 다음 그림에서 $\overline{BC} /\!/ \overline{DE}$일 때, x의 값을 구하시오.

(1)
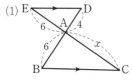

$\overline{AB} : \overline{AD} = \overline{AC} : \boxed{}$

$6 : 4 = x : \boxed{}$

$\therefore x = \boxed{}$

(2)
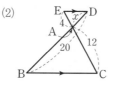

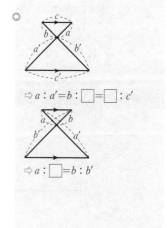

$\Rightarrow a : a' = b : \boxed{} = \boxed{} : c'$

$\Rightarrow a : \boxed{} = b : b'$

---

01 삼각형에서 평행선과 선분의 길이의 비 〉 더 다양한 문제는 **RPM** 중2-2 82쪽

〉 더 다양한 문제는 **RPM** 중2-2 82쪽

다음 그림에서 $\overline{BC}\,/\!/\,\overline{DE}$일 때, x, y의 값을 각각 구하시오.

(1)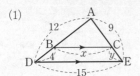

(2)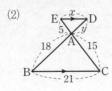

풀이 (1) $\overline{AB}:\overline{AD}=\overline{BC}:\overline{DE}$이므로 $(12-4):12=x:15$ ∴ $\boldsymbol{x=10}$

$\overline{AD}:\overline{DB}=\overline{AE}:\overline{EC}$이므로 $12:4=9:y$ ∴ $\boldsymbol{y=3}$

(2) $\overline{AC}:\overline{AE}=\overline{BC}:\overline{DE}$이므로 $15:5=21:x$ ∴ $\boldsymbol{x=7}$

$\overline{AC}:\overline{AE}=\overline{AB}:\overline{AD}$이므로 $15:5=18:y$ ∴ $\boldsymbol{y=6}$

확인 1 다음 그림에서 $\overline{BC}\,/\!/\,\overline{DE}$일 때, x, y의 값을 각각 구하시오.

(1)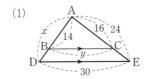

(2)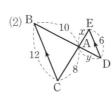

Key Point

(1)

⇨ ①:②=③:④=⑤:⑥
②:(②−①)
=④:(④−③)

(2)

⇨ ①:②=③:④=⑤:⑥

---

02 삼각형에서 평행선과 선분의 길이의 비의 응용 〉 더 다양한 문제는 **RPM** 중2-2 83쪽

〉 더 다양한 문제는 **RPM** 중2-2 83쪽

다음 그림에서 x의 값을 구하시오.

(1)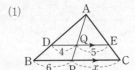

(2)

풀이 (1) $\overline{DQ}:\overline{BP}=\overline{AQ}:\overline{AP}=\overline{QE}:\overline{PC}$이므로 $4:6=5:x$ ∴ $\boldsymbol{x=\dfrac{15}{2}}$

(2) $\overline{BF}\,/\!/\,\overline{DC}$이므로 $\overline{AB}:\overline{BD}=\overline{AF}:\overline{FC}=5:3$

$\overline{BC}\,/\!/\,\overline{DE}$이므로 $\overline{AC}:\overline{CE}=\overline{AB}:\overline{BD}=5:3$

즉, $(5+3):x=5:3$ ∴ $\boldsymbol{x=\dfrac{24}{5}}$

확인 2 다음 그림에서 x의 값을 구하시오.

(1)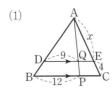

(2)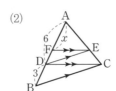

Key Point

(1)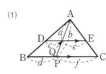

⇨ $a:b=c:d=e:f$

(2)

⇨ $a:b=c:d=e:f$

03 **삼각형에서 평행한 선분 찾기**

더 다양한 문제는 **RPM 중2-2 83쪽**

Key Point

(1) $\overline{AB} : \overline{AD} = \overline{AC} : \overline{AE}$
$= \overline{BC} : \overline{DE}$
이면 $\overline{BC} /\!/ \overline{DE}$

(2) $\overline{AD} : \overline{DB} = \overline{AE} : \overline{EC}$이면
$\overline{BC} /\!/ \overline{DE}$

다음 중 $\overline{BC} /\!/ \overline{DE}$가 <u>아닌</u> 것을 모두 고르면? (정답 2개)

①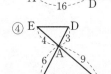
②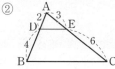
③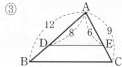
④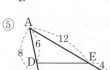
⑤

풀이 ① $15 : 5 \neq 16 : 6$ ② $2 : 4 = 3 : 6$ ③ $8 : 12 = 6 : 9$

④ $3 : 6 \neq 4 : 9$ ⑤ $6 : 2 = 12 : 4$

따라서 $\overline{BC} /\!/ \overline{DE}$가 아닌 것은 ①, ④이다.

확인③ 다음 중 $\overline{BC} /\!/ \overline{DE}$인 것은?

①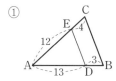
②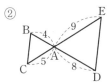
③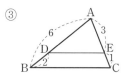
④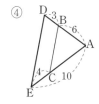
⑤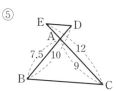

확인④ 오른쪽 그림과 같은 △ABC에서 다음 **보기** 중 옳은 것을 모두 고르시오.

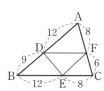

 보기

ㄱ. $\overline{AB} /\!/ \overline{FE}$ ㄴ. $\overline{DF} /\!/ \overline{BC}$

ㄷ. $\overline{DE} /\!/ \overline{AC}$ ㄹ. $\angle ADF = \angle ABC$

ㅁ. $\angle BDE = \angle BAC$

소단원 📖 핵심문제

01 다음 그림에서 $\overline{BC} /\!/ \overline{DE}$일 때, x, y의 값을 각각 구하시오.

(1)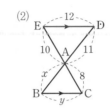

(2)

⭐ 생각해 봅시다

$\overline{AB} : \overline{AD} = \overline{AC} : \overline{AE}$
$= \overline{BC} : \overline{DE}$

02 오른쪽 그림에서 $\overline{FE} /\!/ \overline{BC}$, $\overline{AB} /\!/ \overline{ED}$이고 $\overline{AE} : \overline{EC} = 1 : 2$이다. $\overline{CD} = 8$, $\overline{DE} = 6$일 때, $x + y$의 값을 구하시오.

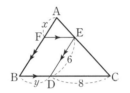

$\overline{FE} /\!/ \overline{BC}$이므로
$\overline{AF} : \overline{FB} = \overline{AE} : \overline{EC}$
$\overline{AB} /\!/ \overline{ED}$이므로
$\overline{CE} : \overline{EA} = \overline{CD} : \overline{DB}$

03 오른쪽 그림에서 $\overline{AB} /\!/ \overline{CD}$, $\overline{EF} /\!/ \overline{GC}$이다. $\overline{AB} = 8$, $\overline{BG} = 5$, $\overline{CF} = 4$, $\overline{DF} = 12$일 때, $x + 2y$의 값을 구하시오.

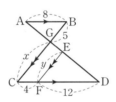

04 다음 그림에서 x의 값을 구하시오.

(1)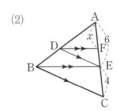

(2)

(1) $\overline{AD} : \overline{AB} = \overline{AF} : \overline{AG}$
$= \overline{FE} : \overline{GC}$
(2) $\overline{AF} : \overline{FE} = \overline{AD} : \overline{DB}$
$= \overline{AE} : \overline{EC}$

05 오른쪽 그림과 같은 △ABC에서 $\overline{AD} : \overline{DB} = \overline{AE} : \overline{EC}$이다. $\overline{AD} = 6$ cm, $\overline{BC} = 12$ cm, $\overline{DE} = 9$ cm일 때, 다음 중 옳지 않은 것은?

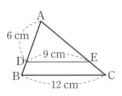

① $\overline{BC} /\!/ \overline{DE}$　　② △ABC ∽ △ADE
③ $\overline{AB} : \overline{AD} = 4 : 3$　　④ $\overline{DB} = 2$ cm
⑤ $\overline{AC} : \overline{EC} = 3 : 1$

개념원리
이해

1 삼각형의 내각의 이등분선에는 어떤 성질이 있는가? ● 핵심문제 1

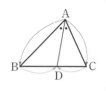

△ABC에서 ∠A의 이등분선이 $\overline{BC}$와 만나는 점을 D라 하면
$$\overline{AB} : \overline{AC} = \overline{BD} : \overline{CD}$$

▶ △ABD와 △ADC의 높이가 같으므로 넓이의 비는 밑변의 길이의 비와 같다.
⇨ △ABD : △ADC = $\overline{BD}$: $\overline{CD}$ = $\overline{AB}$: $\overline{AC}$

설명 오른쪽 그림과 같이 점 C를 지나고 $\overline{AD}$에 평행한 직선을 그어 $\overline{BA}$의 연장
선과의 교점을 E라 하자.
$\overline{DA} /\!/ \overline{CE}$이므로 ∠BAD = ∠AEC(동위각), ∠DAC = ∠ACE(엇각)
그런데 ∠BAD = ∠DAC이므로 ∠AEC = ∠ACE
즉, △ACE는 이등변삼각형이므로
$\overline{AE} = \overline{AC}$ ⋯⋯ ㉠
또 $\overline{DA} /\!/ \overline{CE}$이므로
$\overline{BA} : \overline{AE} = \overline{BD} : \overline{DC}$ ⋯⋯ ㉡
㉠, ㉡에 의해 $\overline{AB} : \overline{AC} = \overline{BD} : \overline{CD}$

2 삼각형의 외각의 이등분선에는 어떤 성질이 있는가? ● 핵심문제 2

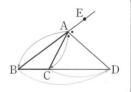

△ABC에서 ∠A의 외각의 이등분선이 $\overline{BC}$의 연장선과 만나는
점을 D라 하면
$$\overline{AB} : \overline{AC} = \overline{BD} : \overline{CD}$$

설명 오른쪽 그림과 같이 점 C를 지나고 $\overline{AD}$에 평행한 직선을 그어 $\overline{AB}$와의
교점을 F라 하자.
$\overline{AD} /\!/ \overline{FC}$이므로 ∠EAD = ∠AFC(동위각), ∠DAC = ∠ACF(엇각)
그런데 ∠EAD = ∠DAC이므로 ∠AFC = ∠ACF
즉, △AFC는 이등변삼각형이므로
$\overline{AF} = \overline{AC}$ ⋯⋯ ㉠
또 $\overline{AD} /\!/ \overline{FC}$이므로
$\overline{AB} : \overline{AF} = \overline{DB} : \overline{DC}$ ⋯⋯ ㉡
㉠, ㉡에 의해 $\overline{AB} : \overline{AC} = \overline{BD} : \overline{CD}$

01 다음 그림과 같은 △ABC에서 ∠A의 이등분선이 $\overline{BC}$와 만나는 점을 D라 할 때, x의 값을 구하시오.

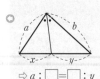

$\Rightarrow a : \boxed{} = \boxed{} : y$

(1)

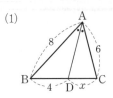

$\overline{AB} : \overline{AC} = \boxed{} : \overline{CD}$

$8 : 6 = \boxed{} : x$

$\therefore x = \boxed{}$

(2)

(3)

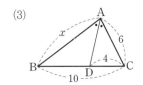

(4)

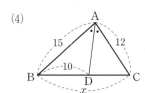

02 다음 그림과 같은 △ABC에서 ∠A의 외각의 이등분선이 $\overline{BC}$의 연장선과 만나는 점을 D라 할 때, x의 값을 구하시오.

$\Rightarrow a : b = \boxed{} : \boxed{}$

(1)

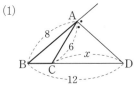

$\overline{AB} : \overline{AC} = \boxed{} : \overline{CD}$

$8 : 6 = \boxed{} : x$

$\therefore x = \boxed{}$

(2)

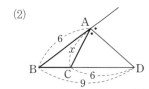

(3)

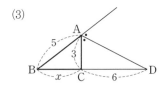

(4)

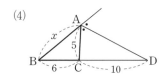

핵심문제 🔑 익히기

---

01 삼각형의 내각의 이등분선의 성질   더 다양한 문제는 **RPM** 중2-2 84쪽

오른쪽 그림과 같은 △ABC에서 $\overline{AD}$는 ∠A의 이등분선이다. $\overline{AB}=10\,cm$, $\overline{AC}=6\,cm$, $\overline{BC}=12\,cm$일 때, $\overline{BD}$의 길이를 구하시오.

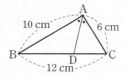

Key Point

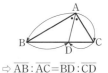

⇨ $\overline{AB}:\overline{AC}=\overline{BD}:\overline{CD}$

풀이 $\overline{AB}:\overline{AC}=\overline{BD}:\overline{CD}$이므로
$10:6=\overline{BD}:(12-\overline{BD})$, $6\overline{BD}=10(12-\overline{BD})$
$16\overline{BD}=120$ ∴ $\overline{BD}=\dfrac{15}{2}\textbf{(cm)}$

확인 1   오른쪽 그림과 같은 △ABC에서 $\overline{AD}$는 ∠A의 이등분선이다. $\overline{AB}=6\,cm$, $\overline{AC}=8\,cm$, $\overline{BC}=7\,cm$일 때, $\overline{CD}$의 길이를 구하시오.

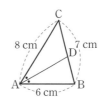

---

02 삼각형의 외각의 이등분선의 성질   더 다양한 문제는 **RPM** 중2-2 85쪽

오른쪽 그림과 같은 △ABC에서 $\overline{AD}$는 ∠A의 외각의 이등분선이다. $\overline{AB}=6\,cm$, $\overline{AC}=4\,cm$, $\overline{BC}=3\,cm$일 때, $\overline{CD}$의 길이를 구하시오.

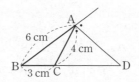

Key Point

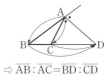

⇨ $\overline{AB}:\overline{AC}=\overline{BD}:\overline{CD}$

풀이 $\overline{AB}:\overline{AC}=\overline{BD}:\overline{CD}$이므로
$6:4=(3+\overline{CD}):\overline{CD}$, $6\overline{CD}=4(3+\overline{CD})$
$2\overline{CD}=12$ ∴ $\overline{CD}=\textbf{6(cm)}$

확인 2   오른쪽 그림과 같은 △ABC에서 $\overline{AD}$는 ∠A의 외각의 이등분선이다. $\overline{AB}=4\,cm$, $\overline{BC}=4\,cm$, $\overline{CD}=12\,cm$일 때, $\overline{AC}$의 길이를 구하시오.

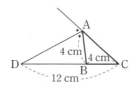

소단원 📖 핵심문제

☆ 생각해 봅시다

01 오른쪽 그림과 같은 △ABC에서 ∠BAD=∠CAD이고, $\overline{AC}$=8 cm, $\overline{BD}$=6 cm, $\overline{BC}$=10 cm일 때, $\overline{AB}$의 길이를 구히시오.

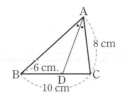

02 오른쪽 그림과 같은 △ABC에서 ∠BAD=∠CAD이고, $\overline{AB}$=8 cm, $\overline{AC}$=6 cm이다. △ABC=21 cm²일 때, △ABD의 넓이를 구하시오.

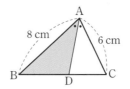

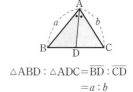

△ABD : △ADC=$\overline{BD}$: $\overline{CD}$
=a : b

03 오른쪽 그림과 같은 △ABC에서 $\overline{AD}$는 ∠A의 이등분선이고 $\overline{AC}$∥$\overline{ED}$이다. $\overline{AB}$=8 cm, $\overline{AC}$=4 cm일 때, $\overline{ED}$의 길이를 구하시오.

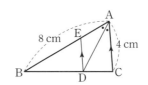

$\overline{AD}$는 ∠A의 이등분선이므로
$\overline{AB}$: $\overline{AC}$=$\overline{BD}$: $\overline{CD}$
$\overline{AC}$∥$\overline{ED}$이므로
$\overline{BD}$: $\overline{BC}$=$\overline{ED}$: $\overline{AC}$

04 오른쪽 그림과 같은 △ABC에서 $\overline{AD}$는 ∠A의 외각의 이등분선이다. $\overline{BC}$=8 cm, $\overline{AC}$=6 cm, $\overline{CD}$=12 cm일 때, △ABC의 둘레의 길이를 구하시오.

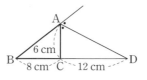

05 오른쪽 그림과 같은 △ABC에서 $\overline{AD}$는 ∠A의 이등분선이고 $\overline{AE}$는 ∠A의 외각의 이등분선이다. $\overline{AB}$=8 cm, $\overline{AC}$=4 cm, $\overline{BD}$=4 cm일 때, $\overline{CE}$의 길이를 구하시오.

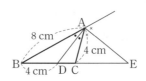

03 | 평행선과 선분의 길이의 비

개념원리
이해

1 평행선 사이에 있는 선분의 길이의 비는 어떻게 되는가? ◎ 핵심문제 1

세 개 이상의 평행선이 다른 두 직선과 만날 때, 평행선
사이에 생기는 선분의 길이의 비는 같다.

➡ $l /\!/ m /\!/ n$이면

$$a : b = c : d \text{ (또는 } a : c = b : d\text{)}$$

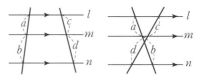

참고 주어진 직선과 평행한 직선을 그어 삼각형을 만들면 삼각형에
서 평행선과 선분의 길이의 비를 이용할 수 있다.

∴ $a : b = c : d$

2 사다리꼴에서 평행선과 선분의 길이의 비는 어떻게 되는가? ◎ 핵심문제 2, 3

$\overline{AD} /\!/ \overline{BC}$인 사다리꼴 ABCD에서 $\overline{EF} /\!/ \overline{BC}$일 때, $\overline{EF}$의 길이를 구하는 방법은 다음과 같다.

[방법 1] 평행선 이용

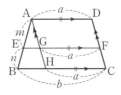

△ABH에서 $\overline{EG} : \overline{BH} = m : (m+n)$
평행사변형 AHCD에서 $\overline{GF} = \overline{HC} = \overline{AD} = a$
➡ $\overline{EF} = \overline{EG} + \overline{GF} \rightarrow \overline{EF} = \dfrac{an+bm}{m+n}$

[방법 2] 대각선 이용

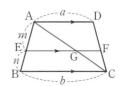

△ABC에서 $\overline{EG} : \overline{BC} = m : (m+n)$
△ACD에서 $\overline{GF} : \overline{AD} = n : (m+n)$
➡ $\overline{EF} = \overline{EG} + \overline{GF} \rightarrow \overline{EF} = \dfrac{an+bm}{m+n}$

3 평행선과 선분의 길이의 비는 어떻게 응용되는가? ◎ 핵심문제 4

$\overline{AB} /\!/ \overline{EF} /\!/ \overline{DC}$일 때, $\overline{EF}$의 길이를 구하는 방법은 다음과 같다.

[방법 1]

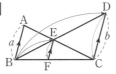

$\overline{BE} : \overline{BD} = \overline{EF} : \overline{DC}$
$a : (a+b) = \overline{EF} : b \rightarrow \overline{EF} = \dfrac{ab}{a+b}$

[방법 2]

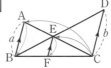

$\overline{CE} : \overline{CA} = \overline{EF} : \overline{AB}$
$b : (b+a) = \overline{EF} : a \rightarrow \overline{EF} = \dfrac{ab}{a+b}$

01 다음 그림에서 $l /\!/ m /\!/ n$일 때, x의 값을 구하시오.

(1)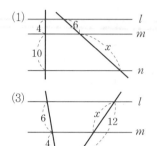

(2)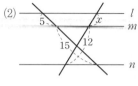

(3)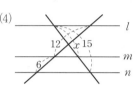

(4)

$\Rightarrow a : b = \boxed{} : \boxed{}$

02 오른쪽 그림과 같은 사다리꼴 ABCD에서 $\overline{AD} /\!/ \overline{EF} /\!/ \overline{BC}$이고 $\overline{AH} /\!/ \overline{DC}$이다. $\overline{AD}=4$, $\overline{AE}=6$, $\overline{BC}=10$, $\overline{BE}=3$일 때, 다음을 구하시오.

(1) $\overline{GF}$의 길이
(2) $\overline{EG}$의 길이
(3) $\overline{EF}$의 길이

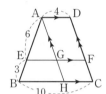

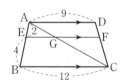

$\Rightarrow \overline{EG} : \overline{BH} = m : (\boxed{})$

03 오른쪽 그림과 같은 사다리꼴 ABCD에서 $\overline{AD} /\!/ \overline{EF} /\!/ \overline{BC}$이다. $\overline{AD}=9$, $\overline{AE}=2$, $\overline{BC}=12$, $\overline{BE}=4$일 때, 다음을 구하시오.

(1) $\overline{EG}$의 길이
(2) $\overline{GF}$의 길이
(3) $\overline{EF}$의 길이

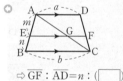

$\Rightarrow \overline{GF} : \overline{AD} = n : (\boxed{})$

04 오른쪽 그림에서 $\overline{AB} /\!/ \overline{EF} /\!/ \overline{DC}$일 때, 다음 물음에 답하시오.

(1) $\overline{BE} : \overline{DE}$를 가장 간단한 자연수의 비로 나타내시오.
(2) $\overline{BF} : \overline{BC}$를 가장 간단한 자연수의 비로 나타내시오.
(3) $\overline{EF}$의 길이를 구하시오.

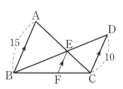

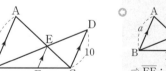

$\Rightarrow \overline{EF} : \overline{DC} = a : (\boxed{})$

01 평행선 사이의 선분의 길이의 비

더 다양한 문제는 RPM 중2-2 86쪽

다음 그림에서 $l /\!/ m /\!/ n /\!/ k$일 때, x, y의 값을 각각 구하시오.

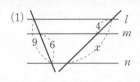
(1)

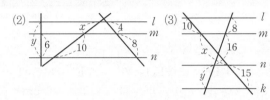
(2)

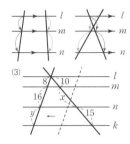
(3)

Key Point

풀이

(1) $(9-6):9=4:x$, $3x=36$ $\therefore x=\mathbf{12}$

(2) $x:10=4:8$, $8x=40$ $\therefore \pmb{x=5}$

  $y:6=(4+8):8$, $8y=72$ $\therefore \pmb{y=9}$

(3) $10:x=8:16$, $8x=160$ $\therefore \pmb{x=20}$

  $20:15=16:y$, $20y=240$ $\therefore \pmb{y=12}$

확인 **1** 다음 그림에서 $l /\!/ m /\!/ n$일 때, x, y의 값을 각각 구하시오.

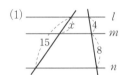
(1)

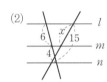
(2)

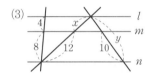
(3)

02 사다리꼴에서 평행선과 선분의 길이의 비

더 다양한 문제는 RPM 중2-2 86쪽

오른쪽 그림과 같은 사다리꼴 ABCD에서 $\overline{\mathrm{AD}} /\!/ \overline{\mathrm{EF}} /\!/ \overline{\mathrm{BC}}$이고 점 G는 $\overline{\mathrm{EF}}$와 $\overline{\mathrm{AC}}$의 교점이다. $\overline{\mathrm{AD}}=10$ cm, $\overline{\mathrm{AE}}=4$ cm, $\overline{\mathrm{BE}}=6$ cm, $\overline{\mathrm{BC}}=20$ cm일 때, $\overline{\mathrm{EF}}$의 길이를 구하시오.

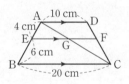

Key Point

⇨ △ABC에서
$\overline{\mathrm{EG}}:\overline{\mathrm{BC}}=m:(m+n)$
△ACD에서
$\overline{\mathrm{GF}}:\overline{\mathrm{AD}}=n:(m+n)$

풀이

△ABC에서 $4:(4+6)=\overline{\mathrm{EG}}:20$, $10\overline{\mathrm{EG}}=80$ $\therefore \overline{\mathrm{EG}}=8(\mathrm{cm})$

△ACD에서 $6:(6+4)=\overline{\mathrm{GF}}:10$, $10\overline{\mathrm{GF}}=60$ $\therefore \overline{\mathrm{GF}}=6(\mathrm{cm})$

$\therefore \overline{\mathrm{EF}}=\overline{\mathrm{EG}}+\overline{\mathrm{GF}}=8+6=\mathbf{14(cm)}$

다른 풀이

$\overline{\mathrm{RF}}=\overline{\mathrm{QC}}=\overline{\mathrm{AD}}=10$ cm이므로 $\overline{\mathrm{BQ}}=20-10=10(\mathrm{cm})$

△ABQ에서 $\overline{\mathrm{ER}} /\!/ \overline{\mathrm{BQ}}$이므로 $4:(4+6)=\overline{\mathrm{ER}}:10$

$10\overline{\mathrm{ER}}=40$ $\therefore \overline{\mathrm{ER}}=4(\mathrm{cm})$

$\therefore \overline{\mathrm{EF}}=\overline{\mathrm{ER}}+\overline{\mathrm{RF}}=4+10=14(\mathrm{cm})$

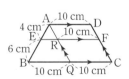

확인 **2** 오른쪽 그림과 같은 사다리꼴 ABCD에서 $\overline{\mathrm{AD}} /\!/ \overline{\mathrm{EF}} /\!/ \overline{\mathrm{BC}}$이다. $\overline{\mathrm{AD}}=9$, $\overline{\mathrm{AE}}=3$, $\overline{\mathrm{BC}}=12$, $\overline{\mathrm{BE}}=6$일 때, x의 값을 구하시오.

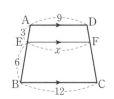

03 | 사다리꼴에서 평행선과 선분의 길이의 비의 응용 ⊙ 더 다양한 문제는 RPM 중2-2 87쪽

오른쪽 그림과 같이 $\overline{AD} \# \overline{BC}$인 사다리꼴 ABCD에서 점 O는
두 대각선의 교점이고, $\overline{EF}$는 점 O를 지난다. $\overline{EF} \# \overline{BC}$이고
$\overline{AD}=10$ cm, $\overline{BC}=15$ cm일 때, $\overline{EF}$의 길이를 구하시오.

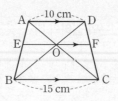

Key Point

$\triangle AOD \backsim \triangle COB$ (AA 닮음)
$\Rightarrow \overline{AO} : \overline{CO} = \overline{DO} : \overline{BO}$
$= a : b$

풀이 $\triangle AOD \backsim \triangle COB$ (AA 닮음)이므로 $\overline{AO} : \overline{CO} = \overline{AD} : \overline{CB} = 10 : 15 = 2 : 3$
$\triangle ABC$에서 $\overline{EO} \# \overline{BC}$이므로 $2 : (2+3) = \overline{EO} : 15$, $5\overline{EO} = 30$ ∴ $\overline{EO} = 6$(cm)
$\triangle ACD$에서 $\overline{OF} \# \overline{AD}$이므로 $3 : (3+2) = \overline{OF} : 10$, $5\overline{OF} = 30$ ∴ $\overline{OF} = 6$(cm)
∴ $\overline{EF} = \overline{EO} + \overline{OF} = 6 + 6 = $**12(cm)**

확인③ 오른쪽 그림과 같이 $\overline{AD} \# \overline{BC}$인 사다리꼴 ABCD에서
점 O는 두 대각선의 교점이고 $\overline{EF}$는 점 O를 지난다.
$\overline{EF} \# \overline{AD}$이고 $\overline{AD}=4$ cm, $\overline{BC}=10$ cm일 때, $\overline{EF}$의
길이를 구하시오.

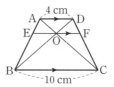

04 | 평행선과 선분의 길이의 비의 응용 ⊙ 더 다양한 문제는 RPM 중2-2 87쪽

오른쪽 그림에서 $\overline{AB} \# \overline{EF} \# \overline{DC}$이고 $\overline{AB}=15$ cm,
$\overline{CD}=30$ cm, $\overline{BC}=33$ cm일 때, 다음 물음에 답하시오.

(1) $\overline{BE} : \overline{DE}$를 가장 간단한 자연수의 비로 나타내시오.
(2) x의 값을 구하시오.
(3) y의 값을 구하시오.

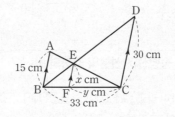

Key Point

$\Rightarrow \overline{BE} : \overline{DE} = a : b$
$\overline{BF} : \overline{FC} = a : b$

풀이 (1) $\triangle ABE \backsim \triangle CDE$ (AA 닮음)이므로
$\overline{BE} : \overline{DE} = \overline{AB} : \overline{CD} = 15 : 30 = $**1 : 2**
(2) $\triangle BCD$에서 $\overline{EF} \# \overline{DC}$이므로
$1 : (1+2) = x : 30$, $3x = 30$ ∴ $x = $**10**
(3) $\triangle ABC$에서 $\overline{EF} \# \overline{AB}$이므로
$10 : 15 = y : 33$, $15y = 330$ ∴ $y = $**22**

확인④ 다음 그림에서 $\overline{AB} \# \overline{EF} \# \overline{DC}$일 때, x의 값을 구하시오.

(1)
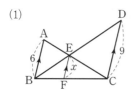

(2)
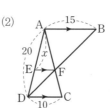

소단원 📖 핵심문제

☆ 생각해 봅시다

01 다음 그림에서 $l \, / \! / \, m \, / \! / \, n \, / \! / \, k$일 때, x, y의 값을 각각 구하시오.

(1)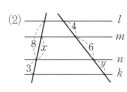

(2)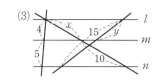

(3)

02 다음 그림과 같은 사다리꼴 ABCD에서 $\overline{AD} \, / \! / \, \overline{EF} \, / \! / \, \overline{BC}$일 때, x, y의 값을 각각 구하시오.

(1)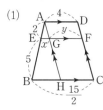

(단, $\overline{AH} \, / \! / \, \overline{DC}$)

(2)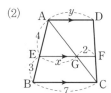

(3)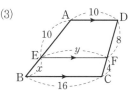

03 오른쪽 그림과 같은 사다리꼴 ABCD에서 $\overline{AD} \, / \! / \, \overline{EF} \, / \! / \, \overline{BC}$이고 $\overline{AE} = 2\overline{EB}$이다. $\overline{AD} = 24$ cm, $\overline{BC} = 27$ cm일 때, $\overline{MN}$의 길이를 구하시오.

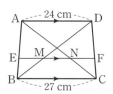

$\overline{MN} = \overline{EN} - \overline{EM}$
$= \overline{MF} - \overline{NF}$

04 오른쪽 그림에서 $\overline{AB}$, $\overline{PH}$, $\overline{DC}$가 모두 $\overline{BC}$에 수직이고 $\overline{AB} = 3$ cm, $\overline{BC} = 9$ cm, $\overline{CD} = 6$ cm일 때, 다음을 구하시오.

(1) $\overline{PH}$의 길이

(2) $\overline{BH}$의 길이

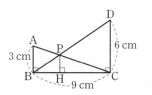

$\overline{AB} \, / \! / \, \overline{PH} \, / \! / \, \overline{DC}$이므로
$\overline{CP} : \overline{CA} = \overline{PH} : \overline{AB}$
$\overline{BH} : \overline{BC} = \overline{PH} : \overline{DC}$

중단원 마무리

정답과 풀이 **p.50**

Step 1 기본문제

01 오른쪽 그림과 같은 △ABC에서 $\overline{DE} \parallel \overline{BC}$일 때, 다음 중 옳지 <u>않은</u> 것은?

① $\overline{AD} : \overline{AB} = \overline{AE} : \overline{AC}$
② $\overline{AB} : \overline{BD} = \overline{AC} : \overline{CE}$
③ $\overline{AD} : \overline{DB} = \overline{AE} : \overline{EC}$
④ $\overline{AD} : \overline{DB} = \overline{DE} : \overline{BC}$
⑤ $\overline{AC} : \overline{AE} = \overline{BC} : \overline{DE}$

02 오른쪽 그림과 같은 △ABC에서 $\overline{AB} \parallel \overline{DE}$이다. $\overline{AB}=20$, $\overline{BC}=15$, $\overline{AC}=20$, $\overline{DE}=16$일 때, x, y의 값을 각각 구하시오.

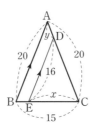

03 오른쪽 그림에서 $\overline{AB} \parallel \overline{CD} \parallel \overline{EF}$이고 $\overline{AD}=12$ cm, $\overline{CE}=3$ cm, $\overline{DF}=4$ cm일 때, $\overline{BE}$의 길이를 구하시오.

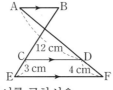

04 오른쪽 그림과 같은 △ABC에서 $\overline{DE} \parallel \overline{BC}$이고 $\overline{AD}=9$, $\overline{BM}=6$, $\overline{DP}=4$, $\overline{PE}=8$일 때, $x+y$의 값을 구하시오.

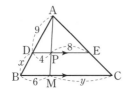

05 다음 보기 중 $\overline{BC} \parallel \overline{DE}$인 것은 모두 몇 개인지 구하시오.

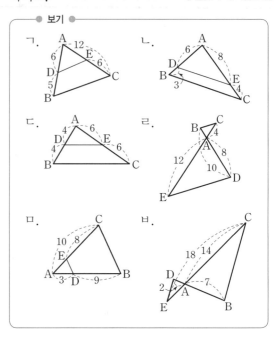

꼭 나와

06 오른쪽 그림과 같은 △ABC에서 $\overline{AD}$는 ∠A의 이등분선이다. $\overline{AB}=8$ cm, $\overline{BC}=9$ cm, $\overline{AC}=10$ cm일 때, $\overline{BD}$의 길이는?

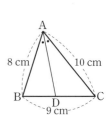

① 3 cm ② 4 cm ③ 5 cm
④ 5.5 cm ⑤ 6 cm

07 오른쪽 그림과 같은 △ABC에서 $\overline{AD}$는 ∠A의 외각의 이등분선이다. $\overline{AB}=4$ cm, $\overline{AC}=6$ cm, $\overline{DB}=6$ cm일 때, $\overline{BC}$의 길이를 구하시오.

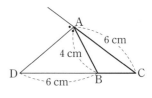

08 다음 그림에서 $l /\!/ m /\!/ n$일 때, 회전목마에서 매점까지의 거리를 구하시오.

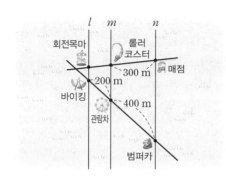

꼭 나와
09 오른쪽 그림과 같은 사다리꼴 ABCD에서 $\overline{AD} /\!/ \overline{EF} /\!/ \overline{BC}$이다. $\overline{AE}=6\,cm$, $\overline{EB}=2\,cm$, $\overline{BC}=8\,cm$, $\overline{EF}=7\,cm$일 때, $\overline{AD}$의 길이는?

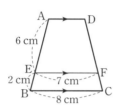

① 2 cm   ② 3 cm   ③ 4 cm
④ 5 cm   ⑤ 6 cm

10 오른쪽 그림과 같이 $\overline{AD} /\!/ \overline{BC}$인 사다리꼴 ABCD에서 점 O는 두 대각선의 교점이고 $\overline{EF}$는 점 O를 지난다. $\overline{EF} /\!/ \overline{BC}$이고 $\overline{EO}=6\,cm$, $\overline{BC}=24\,cm$일 때, $\overline{AD}$의 길이를 구하시오.

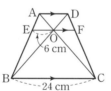

11 오른쪽 그림에서 $\overline{AB} /\!/ \overline{EF} /\!/ \overline{DC}$이고 $\overline{AB}=12\,cm$, $\overline{BF}=12\,cm$, $\overline{CD}=15\,cm$일 때, $3x-y$의 값은?

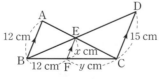

① 1   ② 2   ③ 3
④ 4   ⑤ 5

12 오른쪽 그림과 같은 평행사변형 ABCD에서 $\overline{AD}$ 위의 점 E에 대하여 $\overline{BE}$와 $\overline{AC}$의 교점을 F라 하자. $\overline{AF}=6\,cm$, $\overline{BC}=15\,cm$, $\overline{CF}=12\,cm$일 때, $\overline{AE}$의 길이를 구하시오.

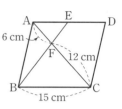

13 오른쪽 그림에서 □DBEF는 마름모이다. $\overline{AB}=9\,cm$, $\overline{BC}=6\,cm$일 때, □DBEF의 둘레의 길이를 구하시오.

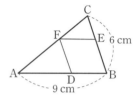

14 오른쪽 그림과 같이 $\angle B=90°$인 직각삼각형 ABC에서 $\overline{AM}=\overline{CM}$, $\overline{DE} /\!/ \overline{MB}$이고, $\overline{CD}:\overline{CM}=1:2$이다. $\overline{DE}=2\,cm$일 때, $\overline{AC}$의 길이를 구하시오.

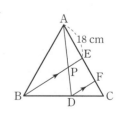

15 오른쪽 그림에서 $\overline{BE} /\!/ \overline{DF}$이고 $\overline{AP}:\overline{PD}=3:2$, $\overline{BD}:\overline{DC}=3:2$이다. $\overline{AE}=18\,cm$일 때, $\overline{CF}$의 길이를 구하시오.

⬆UP
16 오른쪽 그림에서
$\overline{AB}$∥$\overline{CD}$∥$\overline{EF}$,
$\overline{BC}$∥$\overline{DE}$이다.
$\overline{AB}$=3 cm,
$\overline{EF}$=12 cm일 때, $\overline{CD}$의 길이를 구하시오.

17 오른쪽 그림과 같은
△ABC에서 $\overline{AD}$가 ∠A
의 이등분선이고
∠ACB=∠EDB이다.
$\overline{AB}$=18 cm,
$\overline{BC}$=10 cm, $\overline{AC}$=12 cm일 때, $\overline{DE}$의 길이를
구하시오.

18 오른쪽 그림에서 점 I가
△ABC의 내심일 때,
$\overline{CE}$의 길이를 구하시오.

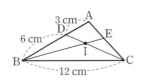

19 오른쪽 그림과 같은
△ABC에서 ∠A의 이등
분선과 $\overline{BC}$의 교점을 D라
하고, 점 B, C에서 $\overline{AD}$ 또
는 그 연장선에 내린 수선
의 발을 각각 E, F라 하자. $\overline{AB}$=6 cm,
$\overline{AC}$=4 cm, $\overline{DE}$=1 cm일 때, $\overline{DF}$의 길이를
구하시오.

⬆UP
20 오른쪽 그림과 같은
△ABC에서
∠DAB=∠ACB,
∠DAE=∠CAE
이고 $\overline{AB}$=10 cm,
$\overline{BC}$=20 cm, $\overline{AC}$=18 cm일 때, $\overline{DE}$의 길이를
구하시오.

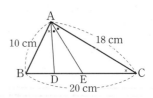

21 다음 그림에서 l∥m∥n일 때, x의 값을 구하시오.

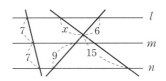

꼭 나와
22 오른쪽 그림과 같은 사다리
꼴 ABCD에서
$\overline{AD}$∥$\overline{EF}$∥$\overline{BC}$이고
$\overline{AE}$: $\overline{EB}$=3 : 1이다.
$\overline{AD}$=8 cm, $\overline{BC}$=12 cm
일 때, $\overline{GH}$의 길이를 구하시오.

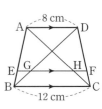

23 오른쪽 그림에서
$\overline{AB}$, $\overline{EF}$, $\overline{DC}$가 모
두 $\overline{BC}$에 수직이다.
$\overline{AB}$=12 cm,
$\overline{CD}$=24 cm일 때,
다음 중 옳지 <u>않은</u> 것은?

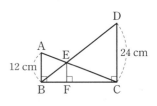

① $\overline{BE}$: $\overline{BD}$=1 : 3   ② $\overline{EF}$=8 cm
③ △ABE∽△CDE   ④ △CAB∽△CEF
⑤ △ABC∽△EFB

📋 서술형 대비 문제

1

오른쪽 그림과 같은 △ABC에서 $\overline{DE}/\!/\overline{BF}$, $\overline{DF}/\!/\overline{BC}$이다.
$\overline{AD}:\overline{DB}=5:2$이고 $\overline{AC}=21$ cm일 때, $\overline{EF}$의 길이를 구하시오. [7점]

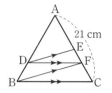

풀이과정

1단계 $\overline{AF}$의 길이 구하기 [3점]

△ABC에서 $\overline{DF}/\!/\overline{BC}$이므로
$\overline{AF}:21=5:(5+2)$, $7\overline{AF}=105$
$\therefore \overline{AF}=15(\text{cm})$

2단계 $\overline{EF}$의 길이 구하기 [4점]

△ABF에서 $\overline{DE}/\!/\overline{BF}$이므로
$\overline{AE}:\overline{EF}=\overline{AD}:\overline{DB}=5:2$에서
$\overline{EF}=\dfrac{2}{5+2}\times15=\dfrac{30}{7}(\text{cm})$

답 $\dfrac{30}{7}$ cm

1-1

오른쪽 그림과 같은 △ABC에서 $\overline{AC}/\!/\overline{DE}$, $\overline{DC}/\!/\overline{FE}$이다. $2\overline{BE}=3\overline{EC}$이고 $\overline{AD}=8$ cm일 때, $\overline{DF}$의 길이를 구하시오. [7점]

풀이과정

1단계 $\overline{BD}$의 길이 구하기 [3점]

2단계 $\overline{DF}$의 길이 구하기 [4점]

답

2

오른쪽 그림과 같은 △ABC에서 $\overline{AD}$는 ∠A의 이등분선이고 $\overline{AE}$는 ∠A의 외각의 이등분선이다. $\overline{AB}=10$ cm, $\overline{BC}=8$ cm, $\overline{AC}=6$ cm일 때, $\overline{DE}$의 길이를 구하시오. [7점]

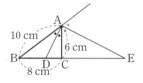

풀이과정

1단계 $\overline{CD}$의 길이 구하기 [3점]

$\overline{AD}$는 ∠A의 이등분선이므로
$\overline{BD}:\overline{CD}=\overline{AB}:\overline{AC}=10:6=5:3$
$\therefore \overline{CD}=\dfrac{3}{5+3}\times8=3(\text{cm})$

2단계 $\overline{CE}$의 길이 구하기 [3점]

$\overline{AE}$는 ∠A의 외각의 이등분선이므로
$\overline{BE}:\overline{CE}=\overline{AB}:\overline{AC}$에서 $(8+\overline{CE}):\overline{CE}=10:6$
$10\overline{CE}=6(8+\overline{CE})$, $4\overline{CE}=48$ $\therefore \overline{CE}=12(\text{cm})$

3단계 $\overline{DE}$의 길이 구하기 [1점]

$\therefore \overline{DE}=\overline{CD}+\overline{CE}=3+12=15(\text{cm})$

답 15 cm

2-1

오른쪽 그림과 같은 △ABC에서 $\overline{BD}$는 ∠B의 이등분선이고 $\overline{BE}$는 ∠B의 외각의 이등분선이다. $\overline{AB}=4$ cm, $\overline{AD}=2$ cm, $\overline{BC}=8$ cm일 때, $\overline{CE}$의 길이를 구하시오. [7점]

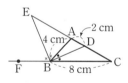

풀이과정

1단계 $\overline{CD}$의 길이 구하기 [3점]

2단계 $\overline{AE}$의 길이 구하기 [3점]

3단계 $\overline{CE}$의 길이 구하기 [1점]

답

3 다음 그림과 같은 △ABC에서
∠BAD=∠CAD=45°이고 $\overline{AB}$=12 cm, $\overline{AC}$=4 cm일
때, △ADC의 넓이를 구하시오. [7점]

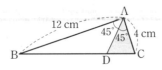

풀이과정 ─────────────────

답

---

5 오른쪽 그림과 같은 사다
리꼴 ABCD에서 $\overline{AD}$∥$\overline{EF}$∥$\overline{BC}$이
고 $\overline{AE}$:$\overline{EB}$=2:1이다.
$\overline{AD}$=6 cm, $\overline{PQ}$=6 cm일 때, $\overline{BC}$
의 길이를 구하시오. [7점]

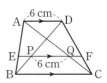

풀이과정 ─────────────────

답

---

4 다음 그림에서 l∥m∥n일 때, xy의 값을 구하시
오. [6점]

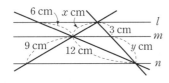

풀이과정 ─────────────────

답

---

6 오른쪽 그림에서
△ABC와 △DBC는 직각
삼각형이고 $\overline{AB}$=8 cm,
$\overline{BC}$=12 cm, $\overline{CD}$=4 cm
일 때, △EBC의 넓이를 구하시오. [8점]

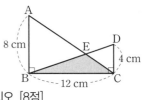

풀이과정 ─────────────────

답

III

도형의 닮음과
피타고라스 정리

개념원리 이해

1 삼각형의 두 변의 중점을 연결한 선분에는 어떤 성질이 있는가? ⚙ 핵심문제 1~4

(1) 삼각형의 두 변의 중점을 연결한 선분은 나머지 한 변과 평행하고, 그 길이는 나머지 한 변의 길이의 $\frac{1}{2}$이다.

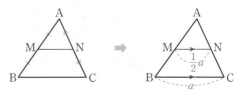

⇨ △ABC에서 $\overline{AM}=\overline{MB}$, $\overline{AN}=\overline{NC}$이면 $\overline{MN}/\!\!/\overline{BC}$, $\overline{MN}=\frac{1}{2}\overline{BC}$

(2) 삼각형의 한 변의 중점을 지나고 다른 한 변에 평행한 직선은 나머지 한 변의 중점을 지난다.

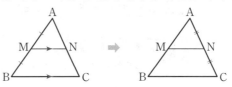

⇨ △ABC에서 $\overline{AM}=\overline{MB}$, $\overline{MN}/\!\!/\overline{BC}$이면 $\overline{AN}=\overline{NC}$

▶ $\overline{AM}=\overline{MB}$, $\overline{AN}=\overline{NC}$이므로 (1)에 의해 $\overline{MN}=\frac{1}{2}\overline{BC}$

설명 (1) △ABC에서 $\overline{AB}$, $\overline{AC}$의 중점을 각각 M, N이라 하면

$$\overline{AM}:\overline{AB}=\overline{AN}:\overline{AC}=1:2$$

이므로 $\overline{MN}/\!\!/\overline{BC}$

따라서 $\overline{MN}:\overline{BC}=\overline{AM}:\overline{AB}=1:2$이므로

$$\overline{MN}=\frac{1}{2}\overline{BC}$$

(2) △ABC에서 점 M이 $\overline{AB}$의 중점이고 $\overline{MN}/\!\!/\overline{BC}$이면

$$\overline{AN}:\overline{NC}=\overline{AM}:\overline{MB}=1:1$$

$$\therefore \overline{AN}=\overline{NC}$$

⚙ **예** 오른쪽 그림과 같은 △ABC에서 점 M은 $\overline{AB}$의 중점이고 $\overline{MN}/\!\!/\overline{BC}$이다. $\overline{AC}=12\text{ cm}$, $\overline{BC}=16\text{ cm}$일 때, $x+y$의 값을 구하시오.

$\overline{AM}=\overline{MB}$, $\overline{MN}/\!\!/\overline{BC}$이므로

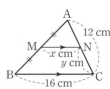

$$\overline{NC}=\overline{AN}=\frac{1}{2}\overline{AC}=\frac{1}{2}\times12=6(\text{cm}) \qquad \therefore y=6$$

$$\overline{MN}=\frac{1}{2}\overline{BC}=\frac{1}{2}\times16=8(\text{cm}) \qquad \therefore x=8$$

$$\therefore x+y=8+6=14$$

2 사각형의 네 변의 중점을 연결한 선분에는 어떤 성질이 있는가? ◑ 핵심문제 5

□ABCD의 네 변의 중점을 각각 P, Q, R, S라 하면

(1) $\overline{PS}/\!/\overline{BD}/\!/\overline{QR}$, $\overline{PQ}/\!/\overline{AC}/\!/\overline{SR}$

(2) $\overline{PS}=\overline{QR}=\dfrac{1}{2}\overline{BD}$, $\overline{PQ}=\overline{SR}=\dfrac{1}{2}\overline{AC}$

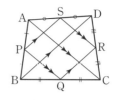

(3) (□PQRS의 둘레의 길이)$=\overline{AC}+\overline{BD}$

$\quad\longrightarrow\overline{PQ}+\overline{QR}+\overline{RS}+\overline{SP}=\dfrac{1}{2}\overline{AC}+\dfrac{1}{2}\overline{BD}+\dfrac{1}{2}\overline{AC}+\dfrac{1}{2}\overline{BD}=\overline{AC}+\overline{BD}$

▶ (1) 모든 사각형의 네 변의 중점을 연결하면 두 쌍의 대변이 각각 평행하므로 평행사변형이 된다.

참고 사각형의 각 변의 중점을 연결하여 만든 사각형

① 사각형 ⇨ 평행사변형　　② 평행사변형 ⇨ 평행사변형　　③ 직사각형 ⇨ 마름모

④ 마름모 ⇨ 직사각형　　⑤ 정사각형 ⇨ 정사각형　　⑥ 등변사다리꼴 ⇨ 마름모

3 사다리꼴의 두 변의 중점을 연결한 선분에는 어떤 성질이 있는가? ◑ 핵심문제 6

$\overline{AD}/\!/\overline{BC}$인 사다리꼴 ABCD에서 $\overline{AB}$, $\overline{DC}$의 중점을 각각 M, N이라 하면

(1) $\overline{AD}/\!/\overline{MN}/\!/\overline{BC}$

(2) $\overline{MQ}=\overline{NP}=\dfrac{1}{2}\overline{BC}$, $\overline{MP}=\overline{NQ}=\dfrac{1}{2}\overline{AD}$

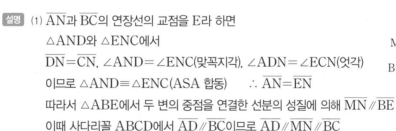

(3) $\overline{MN}=\overline{MQ}+\overline{QN}=\dfrac{1}{2}(\overline{AD}+\overline{BC})$

(4) $\overline{PQ}=\overline{MQ}-\overline{MP}=\dfrac{1}{2}(\overline{BC}-\overline{AD})$ (단, $\overline{BC}>\overline{AD}$)

설명 (1) $\overline{AN}$과 $\overline{BC}$의 연장선의 교점을 E라 하면

△AND와 △ENC에서

$\overline{DN}=\overline{CN}$, ∠AND=∠ENC(맞꼭지각), ∠ADN=∠ECN(엇각)

이므로 △AND≡△ENC(ASA 합동)　∴ $\overline{AN}=\overline{EN}$

따라서 △ABE에서 두 변의 중점을 연결한 선분의 성질에 의해 $\overline{MN}/\!/\overline{BE}$

이때 사다리꼴 ABCD에서 $\overline{AD}/\!/\overline{BC}$이므로 $\overline{AD}/\!/\overline{MN}/\!/\overline{BC}$

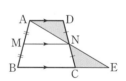

예 오른쪽 그림과 같이 $\overline{AD}/\!/\overline{BC}$인 사다리꼴 ABCD에서 점 M, N은 각각 $\overline{AB}$, $\overline{DC}$의 중점이다. $\overline{AD}=6$ cm, $\overline{BC}=10$ cm일 때, $\overline{MN}$의 길이를 구하시오.

$\overline{AD}/\!/\overline{MN}/\!/\overline{BC}$이므로

$\overline{MQ}=\dfrac{1}{2}\overline{BC}=\dfrac{1}{2}\times10=5(\text{cm})$

$\overline{QN}=\dfrac{1}{2}\overline{AD}=\dfrac{1}{2}\times6=3(\text{cm})$

∴ $\overline{MN}=\overline{MQ}+\overline{QN}=5+3=8(\text{cm})$

01 오른쪽 그림과 같은 △ABC에서 점 M, N은 각각 $\overline{AB}$, $\overline{AC}$의 중점이다. ∠B=40°, ∠C=60°, $\overline{BC}$=8 cm일 때, 다음을 구하시오.

(1) ∠AMN의 크기
(2) $\overline{MN}$의 길이

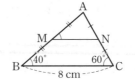

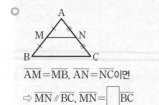

$\overline{AM}=\overline{MB}$, $\overline{AN}=\overline{NC}$이면
⇨ $\overline{MN}/\!/\overline{BC}$, $\overline{MN}=\boxed{}\overline{BC}$

02 오른쪽 그림과 같은 △ABC에서 점 M은 $\overline{AB}$의 중점이고 $\overline{MN}/\!/\overline{BC}$이다. $\overline{AN}$=5 cm, $\overline{MN}$=6 cm일 때, 다음을 구하시오.

(1) $\overline{CN}$의 길이
(2) $\overline{BC}$의 길이

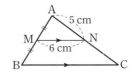

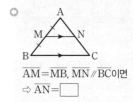

$\overline{AM}=\overline{MB}$, $\overline{MN}/\!/\overline{BC}$이면
⇨ $\overline{AN}=\boxed{}$

03 오른쪽 그림과 같은 □ABCD에서 네 변의 중점을 각각 P, Q, R, S라 하자. $\overline{AC}$=8 cm, $\overline{BD}$=10 cm일 때, 다음을 구하시오.

(1) $\overline{PQ}$, $\overline{SR}$의 길이
(2) $\overline{PS}$, $\overline{QR}$의 길이
(3) □PQRS의 둘레의 길이

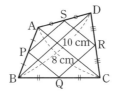

04 오른쪽 그림과 같이 $\overline{AD}/\!/\overline{BC}$인 사다리꼴 ABCD에서 $\overline{AB}$, $\overline{DC}$의 중점을 각각 M, N이라 하자. $\overline{AD}$=4 cm, $\overline{BC}$=10 cm일 때, 다음을 구하시오.

(1) $\overline{MP}$의 길이
(2) $\overline{PN}$의 길이
(3) $\overline{MN}$의 길이

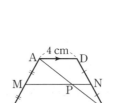

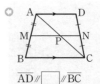

$\overline{AD}/\!/\boxed{}/\!/\overline{BC}$
$\overline{MN}=\overline{MP}+\overline{PN}$
$\qquad=\boxed{}(\overline{AD}+\overline{BC})$

01 삼각형의 두 변의 중점을 연결한 선분의 성질 (1) ↳ 더 다양한 문제는 **RPM** 중2-2 92, 93쪽

Key Point

오른쪽 그림과 같은 △ABC에서 점 D, E는 각각 $\overline{AB}$, $\overline{AC}$ 의 중점이다. $\overline{AB}=10$ cm, $\overline{BC}=12$ cm, $\overline{EC}=7$ cm일 때, △ADE의 둘레의 길이를 구하시오.

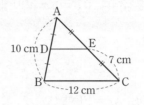

$\overline{AM}=\overline{MB}$, $\overline{AN}=\overline{NC}$이면
⇨ $\overline{MN}/\!/\overline{BC}$, $\overline{MN}=\dfrac{1}{2}\overline{BC}$

풀이 $\overline{AD}=\overline{DB}$, $\overline{AE}=\overline{EC}$이므로

$\overline{AD}=\dfrac{1}{2}\overline{AB}=\dfrac{1}{2}\times10=5$ (cm), $\overline{DE}=\dfrac{1}{2}\overline{BC}=\dfrac{1}{2}\times12=6$ (cm), $\overline{AE}=\overline{EC}=7$ cm

∴ (△ADE의 둘레의 길이)$=\overline{AD}+\overline{DE}+\overline{EA}=5+6+7=$**18(cm)**

확인 1 오른쪽 그림과 같은 △ABC에서 세 변의 중점을 각각 D, E, F라 하자. $\overline{AB}=10$ cm, $\overline{BC}=12$ cm, $\overline{CA}=8$ cm일 때, △DEF의 둘레의 길이를 구하시오.

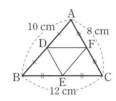

---

02 삼각형의 두 변의 중점을 연결한 선분의 성질 (2) ↳ 더 다양한 문제는 **RPM** 중2-2 92쪽

Key Point

오른쪽 그림과 같은 △ABC에서 $\overline{BM}=\overline{MC}$, $\overline{MN}/\!/\overline{CA}$ 이다. $\overline{BN}=4$ cm, $\overline{AC}=10$ cm일 때, $x+y$의 값을 구하시오.

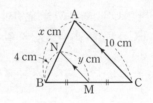

$\overline{AM}=\overline{MB}$, $\overline{MN}/\!/\overline{BC}$이면
⇨ $\overline{AN}=\overline{NC}$

풀이 $\overline{BM}=\overline{MC}$, $\overline{MN}/\!/\overline{CA}$에서

$\overline{BN}=\overline{NA}$이므로 $\overline{AB}=2\overline{BN}=2\times4=8$ (cm)　∴ $x=8$

$\overline{MN}=\dfrac{1}{2}\overline{AC}=\dfrac{1}{2}\times10=5$ (cm)　∴ $y=5$

∴ $x+y=8+5=$**13**

확인 2 오른쪽 그림과 같은 △ABC에서 점 D는 $\overline{AB}$의 중점이고, $\overline{DE}/\!/\overline{BC}$, $\overline{AB}/\!/\overline{EF}$이다. $\overline{AB}=16$ cm, $\overline{BF}=6$ cm일 때, $\overline{CF}$의 길이를 구하시오.

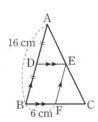

03 삼각형의 두 변의 중점을 연결한 선분의 성질의 응용
– 삼등분점이 주어진 경우

더 다양한 문제는 RPM 중2-2 97쪽

오른쪽 그림과 같은 △ABC에서 점 D는 $\overline{AB}$의 중점이고, 점 E, F는 각각 $\overline{AC}$의 삼등분점이다. $\overline{GF}=5$ cm일 때, $\overline{BG}$의 길이를 구하시오.

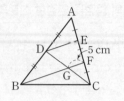

Key Point

△ABC에서
$\overline{AE}=\overline{EF}=\overline{FB}$, $\overline{BD}=\overline{DC}$
이면
⇨ △AFD에서 $\overline{FD}=2\overline{EP}$
△EBC에서 $\overline{EC}=2\overline{FD}$

풀이 △ABF에서 $\overline{AD}=\overline{DB}$, $\overline{AE}=\overline{EF}$이므로 $\overline{DE}/\!/\overline{BF}$
△CED에서 $\overline{CF}=\overline{FE}$, $\overline{GF}/\!/\overline{DE}$이므로 $\overline{DE}=2\overline{GF}=2\times5=10$(cm)
△ABF에서 $\overline{BF}=2\overline{DE}=2\times10=20$(cm)
∴ $\overline{BG}=\overline{BF}-\overline{GF}=20-5=\mathbf{15(cm)}$

확인❸ 오른쪽 그림과 같은 △ABC에서 점 D, E는 각각 $\overline{AB}$의 삼등분점이고 점 F는 $\overline{AC}$의 중점이다. 점 G는 $\overline{DF}$와 $\overline{BC}$의 연장선의 교점이고 $\overline{DF}=2$ cm일 때, $\overline{FG}$의 길이를 구하시오.

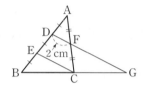

04 삼각형의 두 변의 중점을 연결한 선분의 성질의 응용
– 평행한 보조선을 이용하는 경우

더 다양한 문제는 RPM 중2-2 97쪽

오른쪽 그림과 같은 △ABC에서 $\overline{AB}$의 연장선 위에 $\overline{BA}=\overline{AD}$인 점 D를 잡고, 점 D와 $\overline{AC}$의 중점 M을 연결한 직선이 $\overline{BC}$와 만나는 점을 E라 하자. $\overline{EC}=6$ cm일 때, $\overline{BC}$의 길이를 구하시오.

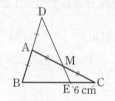

Key Point

$\overline{DA}=\overline{AB}$, $\overline{AM}=\overline{MC}$,
$\overline{AF}/\!/\overline{BC}$이면
⇨ $\overline{BE}=2\overline{AF}$, $\overline{DF}=\overline{FE}$
△AMF≡△CME
(ASA 합동)이므로
$\overline{AF}=\overline{CE}$, $\overline{MF}=\overline{ME}$

풀이 점 A를 지나고 $\overline{BC}$에 평행한 직선을 그어 $\overline{DE}$와의 교점을 F라 하자.
△AMF와 △CME에서
$\overline{AM}=\overline{CM}$, ∠MAF=∠MCE(엇각), ∠AMF=∠CME(맞꼭지각)
이므로 △AMF≡△CME(ASA 합동)   ∴ $\overline{AF}=\overline{CE}=6$ cm
△DBE에서 $\overline{DA}=\overline{AB}$, $\overline{AF}/\!/\overline{BE}$이므로
$\overline{BE}=2\overline{AF}=2\times6=12$(cm)
∴ $\overline{BC}=\overline{BE}+\overline{EC}=12+6=\mathbf{18(cm)}$

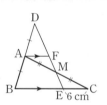

확인❹ 오른쪽 그림과 같은 △ABC와 △DBE에서 점 D, M은 각각 $\overline{AB}$, $\overline{DE}$의 중점이다. $\overline{BC}=10$ cm일 때, $\overline{CE}$의 길이를 구하시오.

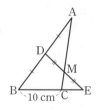

05 사각형의 네 변의 중점을 연결하여 만든 사각형

더 다양한 문제는 RPM 중2-2 93쪽

더 다양한 문제는 RPM 중2-2 93쪽

오른쪽 그림과 같은 □ABCD에서 네 변의 중점을 각각 P, Q, R, S라 하자. $\overline{AC}$=10 cm, $\overline{BD}$=12 cm일 때, □PQRS의 둘레의 길이를 구하시오.

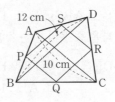

풀이 (□PQRS의 둘레의 길이)$=\overline{PQ}+\overline{QR}+\overline{RS}+\overline{SP}=\dfrac{1}{2}\overline{AC}+\dfrac{1}{2}\overline{BD}+\dfrac{1}{2}\overline{AC}+\dfrac{1}{2}\overline{BD}$

$\qquad\qquad\qquad\qquad\qquad\quad\ =\overline{AC}+\overline{BD}=10+12=\mathbf{22(cm)}$

Key Point

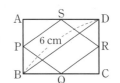

□ABCD에서
$\overline{AP}=\overline{PB}$, $\overline{BQ}=\overline{QC}$,
$\overline{CR}=\overline{RD}$, $\overline{DS}=\overline{SA}$이면
⇨ $\overline{PS}\,/\!/\,\overline{BD}\,/\!/\,\overline{QR}$
$\quad\overline{PQ}\,/\!/\,\overline{AC}\,/\!/\,\overline{SR}$
$\quad\overline{PS}=\overline{QR}=\dfrac{1}{2}\overline{BD}$
$\quad\overline{PQ}=\overline{SR}=\dfrac{1}{2}\overline{AC}$

확인 5 오른쪽 그림과 같은 직사각형 ABCD에서 네 변의 중점을 각각 P, Q, R, S라 하자. $\overline{BD}$=6 cm일 때, □PQRS의 둘레의 길이를 구하시오.

06 사다리꼴의 두 변의 중점을 연결한 선분의 성질

더 다양한 문제는 RPM 중2-2 93쪽

더 다양한 문제는 RPM 중2-2 93쪽

오른쪽 그림과 같이 $\overline{AD}\,/\!/\,\overline{BC}$인 사다리꼴 ABCD에서 $\overline{AB}$, $\overline{DC}$의 중점을 각각 M, N이라 하자. $\overline{AD}$=8 cm, $\overline{BC}$=12 cm일 때, x의 값을 구하시오.

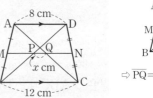

Key Point

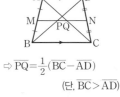

⇨ $\overline{PQ}=\dfrac{1}{2}(\overline{BC}-\overline{AD})$

$\qquad$(단, $\overline{BC}>\overline{AD}$)

풀이 △ABC에서 $\overline{AM}=\overline{MB}$, $\overline{MQ}\,/\!/\,\overline{BC}$이므로 $\overline{MQ}=\dfrac{1}{2}\overline{BC}=\dfrac{1}{2}\times12=6(cm)$

$\qquad$△ABD에서 $\overline{BM}=\overline{MA}$, $\overline{MP}\,/\!/\,\overline{AD}$이므로 $\overline{MP}=\dfrac{1}{2}\overline{AD}=\dfrac{1}{2}\times8=4(cm)$

$\qquad\therefore\ \overline{PQ}=\overline{MQ}-\overline{MP}=6-4=2(cm)\qquad\therefore\ x=\mathbf{2}$

확인 6 오른쪽 그림과 같이 $\overline{AD}\,/\!/\,\overline{BC}$인 사다리꼴 ABCD에서 $\overline{AB}$, $\overline{DC}$의 중점을 각각 M, N이라 하자. $\overline{MN}$=5 cm, $\overline{BC}$=6 cm일 때, $\overline{AD}$의 길이를 구하시오.

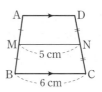

확인 7 오른쪽 그림과 같이 $\overline{AD}\,/\!/\,\overline{BC}$인 사다리꼴 ABCD에서 $\overline{AB}$, $\overline{DC}$의 중점을 각각 M, N이라 하자. $\overline{AD}$=6 cm, $\overline{PQ}$=4 cm일 때, $\overline{BC}$의 길이를 구하시오.

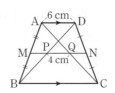

소단원 📖 핵심문제

01 오른쪽 그림과 같은 △ABC에서 점 D, E는 각각 $\overline{AB}$, $\overline{AC}$의 중점일 때, 다음 중 옳지 <u>않은</u> 것은?

① △ABC∽△ADE　　　② $\overline{DE}$∥$\overline{BC}$
③ $\overline{DE}$: $\overline{BC}$=1 : 2　　④ $\overline{AD}$: $\overline{DB}$=$\overline{DE}$: $\overline{BC}$
⑤ △ADE와 △ABC의 닮음비는 1 : 2이다.

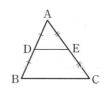

⭐ 생각해 봅시다

02 오른쪽 그림에서 점 M, N은 각각 $\overline{AB}$, $\overline{DB}$의 중점이고, $\overline{MP}$∥$\overline{BC}$, $\overline{NQ}$∥$\overline{BC}$이다. $\overline{MP}$=13 cm일 때, $\overline{NQ}$의 길이를 구하시오.

$\overline{BC}$의 길이를 먼저 구한다.

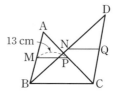

03 오른쪽 그림과 같은 △ABC에서 점 D는 $\overline{AB}$의 중점이고 점 E, F는 각각 $\overline{AC}$의 삼등분점이다. $\overline{DE}$=4 cm일 때, $\overline{BG}$의 길이를 구하시오.

△ABF와 △CED에서 각각 $\overline{BF}$, $\overline{GF}$의 길이를 구한다.

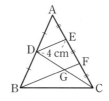

04 오른쪽 그림과 같은 △ABC와 △DFC에서 점 D, E는 각각 $\overline{AC}$, $\overline{DF}$의 중점이다. $\overline{CF}$=12 cm일 때, $\overline{BF}$의 길이를 구하시오.

점 D를 지나고 $\overline{BC}$와 평행한 보조 선을 그려 본다.

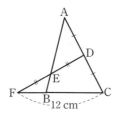

05 오른쪽 그림과 같은 □ABCD에서 네 변의 중점을 각각 E, F, G, H라 하자. □EFGH의 둘레의 길이가 35일 때, $\overline{AC}$+$\overline{BD}$의 길이를 구하시오.

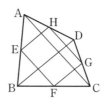

06 오른쪽 그림과 같이 $\overline{AD}$∥$\overline{BC}$인 사다리꼴 ABCD에서 $\overline{AB}$, $\overline{DC}$의 중점을 각각 M, N이라 하자. $\overline{MN}$=7 cm 일 때, $x+y$의 값을 구하시오.

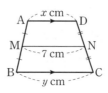

02 | 삼각형의 무게중심

개념원리 이해

1 삼각형의 중선이란 무엇인가? ○ 핵심문제 1

(1) **삼각형의 중선**: 삼각형의 한 꼭짓점과 그 대변의 중점을 이은 선분
 ▶ 한 삼각형에는 세 개의 중선이 있다.
(2) **삼각형의 중선의 성질**
 삼각형의 중선은 그 삼각형의 넓이를 이등분한다.
 ⇨ $\triangle ABC$에서 $\overline{AD}$가 중선이면
$$\triangle ABD = \triangle ADC = \frac{1}{2}\triangle ABC$$

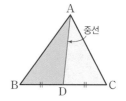

2 삼각형의 무게중심이란 무엇인가? ○ 핵심문제 2~4

(1) **삼각형의 무게중심**: 삼각형의 세 중선의 교점
(2) **삼각형의 무게중심의 성질**
 ① 삼각형의 세 중선은 한 점(무게중심)에서 만난다.
 ② 삼각형의 무게중심은 세 중선의 길이를 각 꼭짓점으로부터 $2:1$로 나눈다.
 ⇨ $\triangle ABC$에서 점 G가 무게중심이면
$$\overline{AG}:\overline{GD}=\overline{BG}:\overline{GE}=\overline{CG}:\overline{GF}=2:1$$

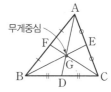

참고 ① 이등변삼각형의 무게중심은 꼭지각의 이등분선(밑변의 수직이등분선) 위에 있다.
② 정삼각형의 외심, 내심, 무게중심은 모두 일치한다.

설명 $\triangle ABC$에서 두 중선 AD와 BE의 교점을 G라 하자.
삼각형의 두 변의 중점을 연결한 선분의 성질에 의해
$$\overline{ED}\,/\!/\,\overline{AB}, \overline{ED}=\frac{1}{2}\overline{AB}$$

$\triangle GAB$와 $\triangle GDE$에서
$\angle AGB = \angle DGE$(맞꼭지각), $\angle GAB = \angle GDE$(엇각)
∴ $\triangle GAB \backsim \triangle GDE$(AA 닮음)

이때 $\overline{ED}=\frac{1}{2}\overline{AB}$이므로 $\overline{AB}:\overline{ED}=2:1$
즉, $\overline{AG}:\overline{GD}=\overline{BG}:\overline{GE}=\overline{AB}:\overline{ED}=2:1$ ⋯⋯ ㉠
또 $\triangle ABC$의 두 중선 BE와 CF의 교점을 G'이라 하면 위와 같은 방법으로
$\overline{BG'}:\overline{G'E}=\overline{CG'}:\overline{G'F}=\overline{BC}:\overline{FE}=2:1$ ⋯⋯ ㉡
㉠, ㉡에서 점 G와 G'은 모두 $\overline{BE}$를 $2:1$로 나누는 점이므로 일치한다.
 ⇨ $\triangle ABC$의 세 중선 AD, BE, CF는 한 점 G에서 만나고, 점 G는 세 중선의 길이를 각 꼭짓점으로부터 각각 $2:1$로 나눈다.

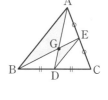

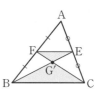

3 삼각형의 무게중심과 넓이는 어떤 관계가 있는가? ◉ 핵심문제 5

△ABC에서 점 G가 무게중심일 때

(1) 삼각형의 세 중선에 의하여 삼각형의 넓이는 6등분된다.

$$\Rightarrow \triangle GAF = \triangle GFB = \triangle GBD = \triangle GDC = \triangle GCE$$

$$= \triangle GEA = \frac{1}{6}\triangle ABC$$

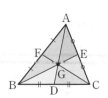

▶ 6개의 삼각형은 넓이는 같지만 합동은 아니다.

(2) 삼각형의 무게중심과 세 꼭짓점을 이어서 생기는 세 삼각형의 넓이는 같다.

$$\Rightarrow \triangle GAB = \triangle GBC = \triangle GCA = \frac{1}{3}\triangle ABC$$

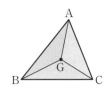

▶ 3개의 삼각형은 넓이는 같지만 합동은 아니다.

[설명] 오른쪽 그림의 △ABC에서 점 G가 무게중심일 때

$\triangle ABD = \triangle ADC = \frac{1}{2}\triangle ABC$이고, $\overline{AG} : \overline{GD} = 2 : 1$이므로

$$\triangle GBD = \frac{1}{3}\triangle ABD = \frac{1}{3} \times \frac{1}{2}\triangle ABC = \frac{1}{6}\triangle ABC$$

$$\triangle GAB = \frac{2}{3}\triangle ABD = \frac{2}{3} \times \frac{1}{2}\triangle ABC = \frac{1}{3}\triangle ABC$$

4 평행사변형에서 삼각형의 무게중심은 어떻게 응용되는가? ◉ 핵심문제 6

평행사변형 ABCD에서 $\overline{BC}$, $\overline{CD}$의 중점을 각각 M, N이라 하고 $\overline{BD}$와 $\overline{AC}$, $\overline{AM}$, $\overline{AN}$의 교점을 각각 O, P, Q라 하면

(1) 점 P는 △ABC의 무게중심이고, 점 Q는 △ACD의 무게중심이다.

(2) $\overline{BP} : \overline{PO} = \overline{DQ} : \overline{QO} = 2 : 1$, $\overline{BP} = \overline{PQ} = \overline{QD} = \frac{1}{3}\overline{BD}$

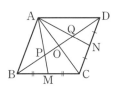

▶ $\triangle ABP = \triangle APQ = \triangle AQD = \frac{1}{3}\triangle ABD = \frac{1}{6}\square ABCD$

[설명] 평행사변형의 두 대각선은 서로 다른 것을 이등분하므로

$\overline{AO} = \overline{CO}$, $\overline{BO} = \overline{DO}$

△ABC에서 $\overline{BM} = \overline{CM}$, $\overline{AO} = \overline{CO}$이므로 점 P는 △ABC의 무게중심이다.

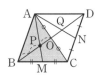

$$\therefore \overline{BP} = \frac{2}{3}\overline{BO} = \frac{2}{3} \times \frac{1}{2}\overline{BD} = \frac{1}{3}\overline{BD} \qquad \cdots\cdots \ \textcircled{\small ㄱ}$$

$$\overline{PO} = \frac{1}{3}\overline{BO}$$

△ACD에서 $\overline{DN} = \overline{CN}$, $\overline{AO} = \overline{CO}$이므로 점 Q는 △ACD의 무게중심이다.

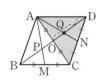

$$\therefore \overline{DQ} = \frac{2}{3}\overline{DO} = \frac{2}{3} \times \frac{1}{2}\overline{BD} = \frac{1}{3}\overline{BD} \qquad \cdots\cdots \ \textcircled{\small ㄴ}$$

$$\overline{QO} = \frac{1}{3}\overline{DO}$$

이때 $\overline{PQ} = \overline{PO} + \overline{QO} = \frac{1}{3}(\overline{BO} + \overline{DO}) = \frac{1}{3}\overline{BD}$ $\qquad \cdots\cdots \ \textcircled{\small ㄷ}$

따라서 ㉠, ㉡, ㉢에 의해 $\overline{BP} = \overline{PQ} = \overline{QD} = \frac{1}{3}\overline{BD}$

정답과 풀이 p.56

01 오른쪽 그림에서 점 G는 △ABC의 무게중심이다.
$\overline{AD}=12$ cm, $\overline{BG}=10$ cm, $\overline{CD}=8$ cm일 때,
☐ 안에 알맞은 것을 써넣으시오.

(1) $\overline{BD}=$ ☐ cm

(2) $\overline{BG} : \overline{GE}=$ ☐ : ☐ 이므로

    $10 : \overline{GE}=$ ☐ : ☐

    $\therefore \overline{GE}=$ ☐ (cm)

(3) $\overline{AG} : \overline{GD}=$ ☐ : ☐ 이므로

    $\overline{AG}=\dfrac{☐}{2+1}\overline{AD}=$ ☐ (cm)

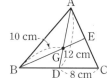

점 G가 △ABC의 무게중심이면
$\overline{AG} : \overline{GD}=\overline{BG} : \overline{GE}$
            $=\overline{CG} : \overline{GF}$
            $=$ ☐ : ☐

02 다음 그림에서 점 G가 △ABC의 무게중심일 때, x의 값을 구하시오.

(1)
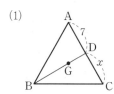

(2)
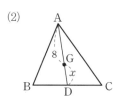

(3)
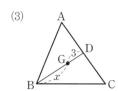

(4)
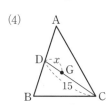

03 다음 그림에서 점 G가 △ABC의 무게중심이고 △ABC의 넓이가 30 cm²일 때, 색칠한 부분의 넓이를 구하시오.

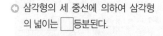

삼각형의 세 중선에 의하여 삼각형의 넓이는 ☐ 등분된다.

(1)
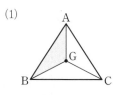

△ABG
$=$ ☐ △ABC
$=$ ☐ (cm²)

(2)
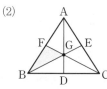

△BGF
$=$ ☐ △ABC
$=$ ☐ (cm²)

(3)
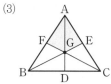

☐AFGE
$=$ ☐ △ABC
$=$ ☐ (cm²)

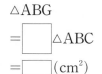

04 오른쪽 그림과 같은 평행사변형 ABCD에서 $\overline{BC}$, $\overline{CD}$의 중점을 각각 M, N이라 하고 $\overline{BD}$와 $\overline{AC}$, $\overline{AM}$, $\overline{AN}$의 교점을 각각 O, P, Q라 하자. $\overline{BD}=18$ cm 일 때, ☐ 안에 알맞은 것을 써넣으시오.

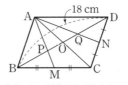

(1) $\overline{BO}=$ ☐ cm, $\overline{DO}=$ ☐ cm

(2) 점 P는 △ABC의 ☐ 이므로

$\overline{BP}=$ ☐ $\overline{BO}=$ ☐ (cm), $\overline{PO}=$ ☐ $\overline{BO}=$ ☐ (cm)

(3) 점 Q는 △ACD의 ☐ 이므로

$\overline{DQ}=$ ☐ $\overline{DO}=$ ☐ (cm), $\overline{QO}=$ ☐ $\overline{DO}=$ ☐ (cm)

05 오른쪽 그림과 같은 평행사변형 ABCD에서 $\overline{BC}$, $\overline{CD}$의 중점을 각각 M, N이라 하고 $\overline{BD}$와 $\overline{AC}$, $\overline{AM}$, $\overline{AN}$의 교점을 각각 O, P, Q라 하자. $\overline{OQ}=2$ cm일 때, x, y의 값을 각각 구하시오.

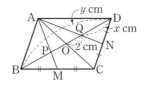

평행사변형 ABCD에서
$\overline{BM}=\overline{MC}$, $\overline{CN}=\overline{ND}$이면
$\overline{BP}:\overline{PO}=$ ☐ : ☐
$\overline{DQ}:\overline{QO}=$ ☐ : ☐

06 다음 그림과 같은 평행사변형 ABCD에서 $\overline{BC}$의 중점을 M이라 하고 $\overline{BD}$와 $\overline{AC}$, $\overline{AM}$의 교점을 각각 O, P라 하자. ☐ABCD의 넓이가 36 cm²일 때, 색칠한 부분의 넓이를 구하시오.

(1)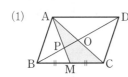

(2)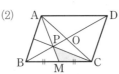

(3)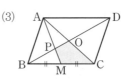

△AMC
= ☐ ☐ABCD
= ☐ (cm²)

△PMC
= ☐ ☐ABCD
= ☐ (cm²)

☐PMCO
= ☐ ☐ABCD
= ☐ (cm²)

핵심문제 🔑 익히기

01 삼각형의 중선

더 다양한 문제는 RPM 중2-2 94쪽

오른쪽 그림에서 $\overline{AM}$은 △ABC의 중선이고, 점 P는 $\overline{AM}$ 위의 점이다. △ABC의 넓이는 30 cm²이고 △APC의 넓이는 10 cm²일 때, △PBM의 넓이를 구하시오.

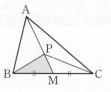

풀이 $\overline{AM}$은 △ABC의 중선이므로

$$\triangle ABM = \triangle AMC = \frac{1}{2}\triangle ABC = \frac{1}{2} \times 30 = 15(\text{cm}^2)$$

또 $\overline{PM}$은 △PBC의 중선이므로 △PBM=△PMC에서

$$\triangle ABP = \triangle ABM - \triangle PBM = \triangle AMC - \triangle PMC = \triangle APC = 10(\text{cm}^2)$$

$$\therefore \triangle PBM = \triangle ABM - \triangle ABP = 15 - 10 = \mathbf{5(cm^2)}$$

Key Point

$\overline{AD}$가 △ABC의 중선이고
점 P가 $\overline{AD}$ 위의 점일 때
① △ABD=△ADC
② △PBD=△PDC
③ △ABP=△APC

확인 1 오른쪽 그림에서 점 M은 $\overline{BC}$의 중점이고, 점 P는 $\overline{AM}$의 중점이다. △ABC의 넓이가 28 cm²일 때, △APC의 넓이를 구하시오.

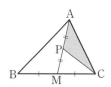

02 삼각형의 무게중심

더 다양한 문제는 RPM 중2-2 94쪽

오른쪽 그림에서 점 G와 G′은 각각 △ABC와 △GBC의 무게중심이다. $\overline{GG'}=4$일 때, x의 값을 구하시오.

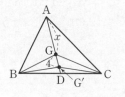

풀이 점 G′은 △GBC의 무게중심이므로

$$\overline{GD} = \frac{3}{2}\overline{GG'} = \frac{3}{2} \times 4 = 6$$

점 G는 △ABC의 무게중심이므로

$$\overline{AG} = 2\overline{GD} = 2 \times 6 = 12 \quad \therefore x = \mathbf{12}$$

Key Point

점 G가 △ABC의 무게중심일 때
① $\overline{AG} = \frac{2}{3}\overline{AD}$
② $\overline{GD} = \frac{1}{3}\overline{AD}$

확인 2 다음 그림에서 점 G와 G′은 각각 △ABC와 △GBC의 무게중심일 때, x의 값을 구하시오.

(1)
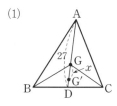

(2)
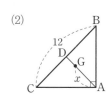

3. 삼각형의 무게중심 **157**

03 삼각형의 무게중심의 응용
　　　 – 삼각형의 두 변의 중점을 연결한 선분의 성질을 이용하는 경우　_{더 다양한 문제는 **RPM** 중2-2 95쪽}

더 다양한 문제는 **RPM** 중2-2 95쪽

Key Point

오른쪽 그림에서 점 G는 △ABC의 무게중심이고 $\overline{MN}=\overline{NC}$이다. $\overline{GM}=6$ cm일 때, $x+y$의 값을 구하시오.

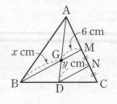

점 G가 △ABC의 무게중심이
고 $\overline{CF}=\overline{FE}$일 때
① $\overline{BE}=3\overline{GE}$
② $\overline{DF}=\dfrac{1}{2}\overline{BE}=\dfrac{3}{2}\overline{GE}$

풀이 　점 G가 △ABC의 무게중심이므로
$\overline{BG}=2\overline{GM}=2\times 6=12\,(\mathrm{cm})$　 ∴ $x=12$
또 △BCM에서 $\overline{CD}=\overline{DB}$, $\overline{CN}=\overline{NM}$이므로
$\overline{DN}=\dfrac{1}{2}\overline{BM}=\dfrac{1}{2}\times(12+6)=9\,(\mathrm{cm})$　 ∴ $y=9$
∴ $x+y=12+9=\mathbf{21}$

확인③ 　오른쪽 그림에서 점 G는 △ABC의 무게중심이고
$\overline{AD}/\!/\overline{EF}$이다. $\overline{EF}=9$ cm일 때, $\overline{GD}$의 길이를 구하시오.

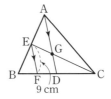

04　삼각형의 무게중심의 응용 – 닮음을 이용하는 경우　_{더 다양한 문제는 **RPM** 중2-2 95쪽}

더 다양한 문제는 **RPM** 중2-2 95쪽

Key Point

오른쪽 그림에서 점 G는 △ABC의 무게중심이고 $\overline{EF}/\!/\overline{BC}$이다. $\overline{GD}=2$ cm, $\overline{BC}=12$ cm일 때, $x+y$의 값을 구하시오.

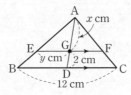

점 G가 △ABC의 무게중심이
고 $\overline{EF}/\!/\overline{BC}$일 때
① △AEG ∽ △ABD
　　　　　　　(AA 닮음)
　⇨ $\overline{EG}:\overline{BD}=\overline{AG}:\overline{AD}$
　　　　　　　 $=2:3$
② △AGF ∽ △ADC
　　　　　　　(AA 닮음)
　⇨ $\overline{GF}:\overline{DC}=\overline{AG}:\overline{AD}$
　　　　　　　 $=2:3$

풀이 　점 G가 △ABC의 무게중심이므로
$\overline{AG}=2\overline{GD}=2\times 2=4\,(\mathrm{cm})$　 ∴ $x=4$
또 $\overline{BD}=\dfrac{1}{2}\overline{BC}=\dfrac{1}{2}\times 12=6\,(\mathrm{cm})$
△AEG ∽ △ABD(AA 닮음)이므로 $\overline{EG}:\overline{BD}=\overline{AG}:\overline{AD}=2:3$에서
$\overline{EG}:6=2:3$, $3\overline{EG}=12$　 ∴ $\overline{EG}=4\,(\mathrm{cm})$　 ∴ $y=4$
∴ $x+y=4+4=8$

확인④ 　오른쪽 그림에서 점 G는 △ABC의 무게중심이고
$\overline{EF}/\!/\overline{BC}$이다. $\overline{AG}=14$ cm, $\overline{EG}=5$ cm일 때, $x+y$
의 값을 구하시오.

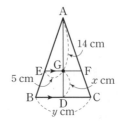

05 삼각형의 무게중심과 넓이

더 다양한 문제는 **RPM** 중2-2 96쪽

오른쪽 그림에서 점 G는 △ABC의 무게중심이다. △ABC의 넓이가 45 cm²일 때, □GDCE의 넓이를 구하시오.

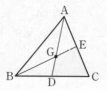

풀이 중선 CF를 그으면 점 G가 △ABC의 무게중심이므로

$$\square GDCE = \triangle GDC + \triangle GCE = \frac{1}{6}\triangle ABC + \frac{1}{6}\triangle ABC$$
$$= \frac{1}{3}\triangle ABC = \frac{1}{3} \times 45 = \mathbf{15(cm^2)}$$

확인 5 오른쪽 그림에서 점 G는 △ABC의 무게중심이고 $\overline{GE} = \overline{EC}$이다. △GDE의 넓이가 3 cm²일 때, △ABC의 넓이를 구하시오.

Key Point

점 G가 △ABC의 무게중심일 때
$$\triangle GAF = \triangle GFB = \triangle GBD$$
$$= \triangle GDC = \triangle GCE$$
$$= \triangle GEA = \frac{1}{6}\triangle ABC$$

---

06 평행사변형에서 삼각형의 무게중심의 응용

더 다양한 문제는 **RPM** 중2-2 96쪽

오른쪽 그림과 같은 평행사변형 ABCD에서 $\overline{BC}$, $\overline{CD}$의 중점을 각각 M, N이라 하고 $\overline{BD}$와 $\overline{AC}$, $\overline{AM}$, $\overline{AN}$의 교점을 각각 O, P, Q라 하자. $\overline{PO} = 4$ cm일 때, $\overline{BD}$의 길이를 구하시오.

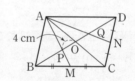

풀이 점 P는 △ABC의 무게중심이므로

$\overline{BP} = 2\overline{PO} = 2 \times 4 = 8(cm)$ ∴ $\overline{BO} = \overline{BP} + \overline{PO} = 8 + 4 = 12(cm)$

이때 $\overline{BO} = \overline{DO}$이므로 $\overline{BD} = 2\overline{BO} = 2 \times 12 = \mathbf{24(cm)}$

확인 6 오른쪽 그림과 같은 평행사변형 ABCD에서 $\overline{AD}$, $\overline{BC}$의 중점을 각각 M, N이라 하고 $\overline{AC}$와 $\overline{BM}$, $\overline{DN}$의 교점을 각각 P, Q라 하자. $\overline{AC} = 15$ cm일 때, $\overline{AQ}$의 길이를 구하시오.

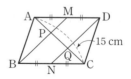

확인 7 오른쪽 그림과 같은 평행사변형 ABCD에서 $\overline{BC}$, $\overline{CD}$의 중점을 각각 M, N이라 하고 $\overline{BD}$와 $\overline{AM}$, $\overline{AN}$의 교점을 각각 P, Q라 하자. □ABCD의 넓이가 48 cm²일 때, △APQ의 넓이를 구하시오.

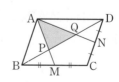

Key Point

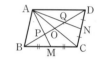

① 점 P는 △ABC의 무게중심
② 점 Q는 △ACD의 무게중심
③ $\overline{BP} = \overline{PQ} = \overline{QD} = \frac{1}{3}\overline{BD}$
④ $\overline{PO} = \overline{QO} = \frac{1}{6}\overline{BD}$

01 오른쪽 그림에서 $\overline{AD}$는 △ABC의 중선이고 $\overline{AH} \perp \overline{BC}$이다. $\overline{BD}=6$ cm이고 △ABC의 넓이가 54 cm²일 때, $\overline{AH}$의 길이를 구하시오.

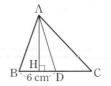

🌟 생각해 봅시다

02 오른쪽 그림에서 점 G는 △ABC의 무게중심이다. $\overline{AD}=18$, $\overline{BG}=10$일 때, $\overline{AG}+\overline{GE}$의 길이를 구하시오.

03 오른쪽 그림에서 점 G, G′은 각각 △ABC, △GBC의 무게중심이다. $\overline{GG'}=10$ cm일 때, $\overline{AD}$의 길이를 구하시오.

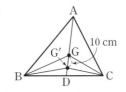

04 오른쪽 그림에서 점 G는 △ABC의 무게중심이고, $\overline{DE}=\overline{EC}$이다. $\overline{FE}=6$ cm일 때, $\overline{AG}$의 길이를 구하시오.

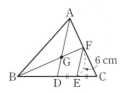

삼각형의 두 변의 중점을 연결한 선분의 성질을 이용한다.

05 오른쪽 그림에서 점 G는 △ABC의 무게중심이고 $\overline{BE} /\!/ \overline{DF}$이다. $\overline{AC}=12$일 때, xy의 값을 구하시오.

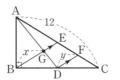

직각삼각형의 외심은 빗변의 중점임을 이용한다.

06 오른쪽 그림과 같이 $\overline{AB}=\overline{AC}$인 이등변삼각형 ABC에서 $\overline{BC}$의 중점을 D, △ABD와 △ADC의 무게중심을 각각 G와 G′이라 하자. $\overline{BC}=24$ cm일 때, $\overline{GG'}$의 길이를 구하시오.

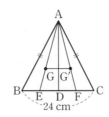

△AGG′∽△AEF

07 오른쪽 그림에서 점 G는 △ABC의 무게중심일 때, 다음 **보기** 중 옳지 <u>않은</u> 것을 모두 고르시오.

> • **보기** •
>
> ㄱ. $\overline{AE}=\overline{CE}$ ㄴ. $\overline{BG}:\overline{GE}=2:1$
>
> ㄷ. $\overline{GD}=\overline{GE}=\overline{GF}$ ㄹ. $\triangle GAB=\dfrac{1}{6}\triangle ABC$
>
> ㅁ. $\square FBDG=\dfrac{1}{3}\triangle ABC$

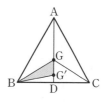

08 오른쪽 그림에서 점 G, G′은 각각 △ABC, △GBC의 무게중심이다. △ABC의 넓이가 36 cm²일 때, △GBG′의 넓이는?

① 3 cm²   ② 4 cm²   ③ 5 cm²

④ 6 cm²   ⑤ 7 cm²

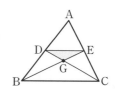

$\triangle GBD=\dfrac{1}{6}\triangle ABC$

09 오른쪽 그림에서 점 G는 △ABC의 무게중심이다. △ABC의 넓이가 60 cm²일 때, △DGE의 넓이를 구하시오.

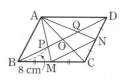

$\triangle DBG=\dfrac{1}{6}\triangle ABC$

10 오른쪽 그림과 같은 평행사변형 ABCD에서 $\overline{BC}$, $\overline{CD}$의 중점을 각각 M, N이라 하고 $\overline{BD}$와 $\overline{AC}$, $\overline{AM}$, $\overline{AN}$의 교점을 각각 O, P, Q라 하자. $\overline{BP}=8$ cm일 때, $\overline{MN}$의 길이를 구하시오.

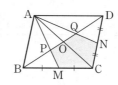

$\overline{BP}=\overline{PQ}=\overline{QD}$

11 오른쪽 그림과 같은 평행사변형 ABCD에서 $\overline{BC}$, $\overline{CD}$의 중점을 각각 M, N이라 하고 $\overline{BD}$와 $\overline{AC}$, $\overline{AM}$, $\overline{AN}$의 교점을 각각 O, P, Q라 하자. $\square ABCD$의 넓이가 60 cm²일 때, 색칠한 부분의 넓이를 구하시오.

$\square PMCO=\dfrac{1}{3}\triangle ABC$

$\square OCNQ=\dfrac{1}{3}\triangle ACD$

중단원 마무리

정답과 풀이 p.59

Step 1 기본문제

01 오른쪽 그림과 같은 △ABC에서 $\overline{AB}$, $\overline{AC}$의 중점을 각각 M, N이라 하자. $\overline{BC}=14$ cm, $\overline{ME}=4$ cm일 때, $\overline{EN}$의 길이를 구하시오.

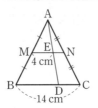

02 오른쪽 그림에서 점 M, N은 각각 $\overline{AB}$, $\overline{AC}$의 중점이고, 점 P, Q는 각각 $\overline{DB}$, $\overline{DC}$의 중점이다. $\overline{MN}=6$ cm, $\overline{PR}=2$ cm일 때, $\overline{RQ}$의 길이를 구하시오.

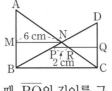

03 오른쪽 그림과 같은 △ABC에서 점 D, E, F는 각각 $\overline{AB}$, $\overline{BC}$, $\overline{CA}$의 중점이다. △DEF의 둘레의 길이가 18 cm일 때, △ABC의 둘레의 길이를 구하시오.

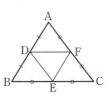

꼭 나와
04 오른쪽 그림과 같은 △ABC에서 점 D는 $\overline{BC}$의 중점이고 점 E는 $\overline{AD}$의 중점이다. $\overline{BF}/\!\!/\overline{DG}$이고 $\overline{DG}=6$ cm일 때, $\overline{BE}$의 길이를 구하시오.

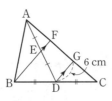

05 오른쪽 그림과 같은 마름모 ABCD에서 네 변의 중점을 각각 E, F, G, H라 하자. $\overline{AC}=12$ cm, $\overline{BD}=16$ cm일 때, □EFGH의 넓이는?

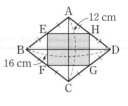

① 32 cm²   ② 48 cm²   ③ 64 cm²
④ 80 cm²   ⑤ 96 cm²

06 오른쪽 그림과 같이 $\overline{AD}/\!\!/\overline{BC}$인 사다리꼴 ABCD에서 점 M, N은 각각 $\overline{AB}$, $\overline{DC}$의 중점이다. $\overline{AD}=4$ cm, $\overline{BC}=10$ cm일 때, $\overline{PQ}$의 길이는?

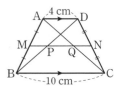

① $\dfrac{3}{2}$ cm   ② 2 cm   ③ $\dfrac{5}{2}$ cm

④ 3 cm   ⑤ $\dfrac{7}{2}$ cm

07 오른쪽 그림과 같이 △ABC에서 $\overline{BC}$의 중점을 M, $\overline{AM}$의 삼등분점을 각각 D, E라 하자. △ABC의 넓이가 60 cm²일 때, 색칠한 부분의 넓이는?

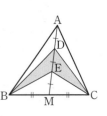

① 15 cm²   ② 20 cm²   ③ 25 cm²
④ 30 cm²   ⑤ 35 cm²

08 오른쪽 그림과 같이 ∠A=90°인 직각삼각형 ABC에서 점 G는 무게중심이다. $\overline{BC}$=18 cm일 때, $\overline{AG}$의 길이를 구하시오.

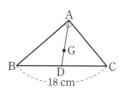

09 오른쪽 그림에서 점 G, G′은 각각 △ABC, △GBC의 무게중심이다. △GG′C의 넓이가 5 cm²일 때, △ABC의 넓이를 구하시오.

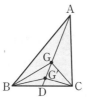

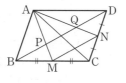

10 오른쪽 그림과 같은 평행사변형 ABCD에서 $\overline{BC}$, $\overline{CD}$의 중점을 각각 M, N이라 하고 $\overline{BD}$와 $\overline{AM}$, $\overline{AN}$의 교점을 각각 P, Q라 할 때, 다음 중 옳지 않은 것은?

① $\overline{AM}=3\overline{PM}$
② $\overline{AQ}=\overline{QN}$
③ $\overline{BP}=\overline{PQ}=\overline{QD}$
④ $\overline{MN}=\frac{1}{2}\overline{BD}$
⑤ $\triangle APQ=\frac{1}{6}\square ABCD$

Step **2** 발전문제

11 오른쪽 그림과 같은 △ABC에서 점 D, E는 각각 $\overline{AB}$, $\overline{AC}$의 중점이고, △FDE에서 점 G, H는 각각 $\overline{FD}$, $\overline{FE}$의 중점이다. $\overline{BC}$=16 cm일 때, $\overline{GH}$의 길이를 구하시오.

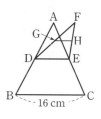

12 오른쪽 그림과 같은 △ABC에서 $\overline{AB}$, $\overline{BC}$, $\overline{CA}$의 중점을 각각 D, E, F라 하자. △ABC의 넓이가 32 cm²일 때, △DEF의 넓이를 구하시오.

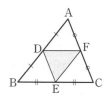

13 오른쪽 그림과 같은 □ABCD에서 점 M, N, P는 각각 $\overline{AD}$, $\overline{BC}$, $\overline{AC}$의 중점이고 $\overline{AB}=\overline{DC}$이다. ∠BAC=80°, ∠ACD=42°일 때, ∠PMN의 크기를 구하시오.

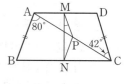

14 오른쪽 그림과 같은 △ABC에서 $\overline{BC}$의 삼등분점을 각각 D, E, $\overline{AC}$의 중점을 F라 하고 $\overline{BF}$와 $\overline{AD}$, $\overline{AE}$의 교점을 각각 P, Q라 하자. $\overline{BF}$=20 cm일 때, $\overline{PQ}$의 길이를 구하시오.

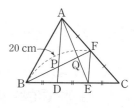

15 오른쪽 그림과 같은 △ABC와 △DBF에서 점 D, E는 각각 AB, DF의 중점이다. $\overline{AE}=9$ cm일 때, $\overline{EC}$의 길이를 구하시오.

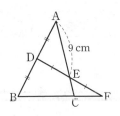

16 오른쪽 그림에서 $\overline{AD}$는 △ABC의 중선이다. $\overline{AD}=12$ cm이고 $\triangle PBD=\dfrac{1}{6}\triangle ABC$일 때, $\overline{PD}$의 길이를 구하시오.

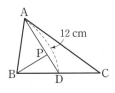

꼭 나와

17 오른쪽 그림과 같이 $\overline{AB}=\overline{AC}$인 이등변삼각형 ABC에서 $\overline{BC}$의 중점을 D, △ABD와 △ADC의 무게중심을 각각 G, G′이라 하자. $\overline{GG'}=6$ cm일 때, $\overline{BC}$의 길이를 구하시오.

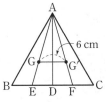

18 오른쪽 그림에서 점 G, G′은 각각 △ABC, △AMN의 무게중심이다. $\overline{AL}=36$ cm 일 때, $\overline{G'G}$의 길이를 구하시오.

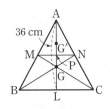

19 오른쪽 그림에서 점 G는 △ABC의 무게중심이다. △ABG의 넓이가 4일 때, △EDC의 넓이는?

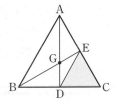

① $\dfrac{5}{2}$ ② $\dfrac{8}{3}$

③ 3   ④ $\dfrac{10}{3}$

⑤ $\dfrac{7}{2}$

20 오른쪽 그림에서 점 G는 △ABC의 무게중심이고, 점 D, E는 각각 $\overline{BG}$, $\overline{CG}$의 중점이다. △ABC의 넓이가 30 cm²일 때, 색칠한 부분의 넓이를 구하시오.

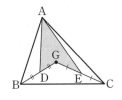

21 오른쪽 그림과 같은 평행사변형 ABCD에서 $\overline{BC}$, $\overline{CD}$의 중점을 각각 M, N이라 하고 $\overline{BD}$와 $\overline{AM}$, $\overline{AN}$의 교점을 각각 E, F라 하자. $\overline{MN}=15$ cm일 때, $\overline{BE}$의 길이를 구하시오.

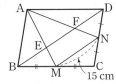

22 오른쪽 그림과 같은 평행사변형 ABCD에서 $\overline{BC}$, $\overline{CD}$의 중점을 각각 M, N이라 하고 $\overline{BD}$와 $\overline{AM}$, $\overline{AN}$의 교점을 각각 P, Q라 하자. △APQ의 넓이가 12 cm²일 때, □PMNQ의 넓이를 구하시오.

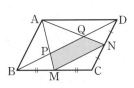

서술형 대비 문제

1

오른쪽 그림과 같이 $\angle A = 90°$인 직각삼각형 ABC에서 점 M, N은 각각 $\overline{BC}$, $\overline{AC}$의 중점이다. $\overline{MN} = 5$ cm, $\angle NMC = 35°$일 때, $x - y$의 값을 구하시오. [6점]

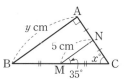

풀이과정

1단계 x의 값 구하기 [3점]

$\triangle ABC$에서 $\overline{CM} = \overline{MB}$, $\overline{CN} = \overline{NA}$이므로 $\overline{MN} /\!/ \overline{BA}$

즉, $\angle MNC = \angle A = 90°$(동위각)이므로

$\angle C = 180° - (35° + 90°) = 55°$

$\therefore x = 55$

2단계 y의 값 구하기 [2점]

$\overline{AB} = 2\overline{MN} = 2 \times 5 = 10 \, (\text{cm})$

$\therefore y = 10$

3단계 $x - y$의 값 구하기 [1점]

$\therefore x - y = 55 - 10 = 45$

답 45

1-1

오른쪽 그림과 같은 $\triangle ABC$에서 점 M, N은 각각 $\overline{AB}$, $\overline{AC}$의 중점이다. $\angle A = 80°$, $\angle B = 60°$, $\overline{BC} = 16$ cm일 때, $x + y$의 값을 구하시오. [6점]

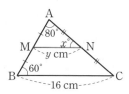

풀이과정

1단계 x의 값 구하기 [3점]

2단계 y의 값 구하기 [2점]

3단계 $x + y$의 값 구하기 [1점]

답

2

오른쪽 그림에서 점 G는 $\triangle ABC$의 무게중심이다. $\square GDBE$의 넓이가 $4 \, \text{cm}^2$일 때, $\triangle ABC$의 넓이를 구하시오. [7점]

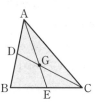

풀이과정

1단계 보조선 긋기 [1점]

오른쪽 그림과 같이 중선 BF를 그으면

2단계 $\square GDBE$의 넓이를 $\triangle ABC$의 넓이로 나타내기 [4점]

$\square GDBE = \triangle GDB + \triangle GBE$

$\qquad = \dfrac{1}{6}\triangle ABC + \dfrac{1}{6}\triangle ABC = \dfrac{1}{3}\triangle ABC$

3단계 $\triangle ABC$의 넓이 구하기 [2점]

이때 $\square GDBE = 4 \, \text{cm}^2$이므로

$\dfrac{1}{3}\triangle ABC = 4$ $\quad \therefore \triangle ABC = 12 \, (\text{cm}^2)$

답 $12 \, \text{cm}^2$

2-1

오른쪽 그림에서 점 G는 $\triangle ABC$의 무게중심이다. $\angle C = 90°$, $\overline{AC} = 5$ cm, $\overline{BC} = 12$ cm일 때, $\square GDCE$의 넓이를 구하시오. [7점]

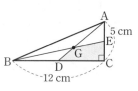

풀이과정

1단계 보조선 긋기 [1점]

2단계 $\square GDCE$의 넓이를 $\triangle ABC$의 넓이로 나타내기 [4점]

3단계 $\square GDCE$의 넓이 구하기 [2점]

답

3 오른쪽 그림과 같이 △ABC에서 $\overline{BA}$의 연장선 위에 $\overline{BA}=\overline{AD}$인 점 D를 잡고, 점 D와 $\overline{AC}$의 중점 M을 연결한 직선이 $\overline{BC}$와 만나는 점을 E라 하자. $\overline{BE}=8$ cm일 때, $\overline{EC}$의 길이를 구하시오. [8점]

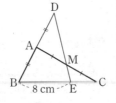

풀이과정 ─────────────

답

4 오른쪽 그림과 같이 $\overline{AD}\,/\!/\,\overline{BC}$인 사다리꼴 ABCD에서 $\overline{AB}$, $\overline{DC}$의 중점을 각각 M, N이라 하자. $\overline{AD}=6$ cm, $\overline{MP}=\overline{PQ}=\overline{QN}$일 때, $\overline{BC}$의 길이를 구하시오. [7점]

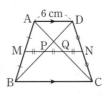

풀이과정 ─────────────

답

5 오른쪽 그림에서 점 G는 △ABC의 무게중심이다. $\overline{FG}=2$ cm일 때, $\overline{AF}$의 길이를 구하시오. [8점]

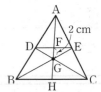

풀이과정 ─────────────

답

6 오른쪽 그림과 같은 평행사변형 ABCD에서 $\overline{BC}$, $\overline{CD}$의 중점을 각각 M, N이라 하고 $\overline{BD}$와 $\overline{AC}$, $\overline{AM}$, $\overline{AN}$의 교점을 각각 O, P, Q라 하자. □ABCD의 넓이가 72 cm²일 때, △APQ의 넓이를 구하시오. [8점]

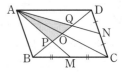

풀이과정 ─────────────

답

III

도형의 닮음과
피타고라스 정리

개념원리 이해

1 피타고라스 정리란 무엇인가? 핵심문제 1~4

직각삼각형 ABC에서 직각을 낀 두 변의 길이를 각각 a, b라 하고, 빗변의 길이를 c라 하면

$$a^2+b^2=c^2$$

이 성립한다.

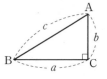

▶ ① 피타고라스 정리는 직각삼각형에서만 성립한다.
　② 이 정리를 처음으로 설명한 사람은 고대 그리스의 수학자인 피타고라스이다.
　　 따라서 그의 이름을 붙여 이 정리를 피타고라스 정리라 한다.
　③ 직각삼각형에서 빗변은 가장 긴 변으로 직각의 대변이다.

설명 오른쪽 그림과 같이 $\angle C=90°$인 직각삼각형 ABC의 점 C에서 $\overline{AB}$에 내린 수선의 발을 D라 하자.

△ABC와 △CBD에서

$\angle B$는 공통, $\angle ACB=\angle CDB=90°$

이므로 △ABC∽△CBD(AA 닮음)

따라서 $c:a=a:\overline{DB}$이므로 $a^2=c\times\overline{DB}$ ...... ㉠

같은 방법으로 △ABC∽△ACD(AA 닮음)이므로

$c:b=b:\overline{AD}$에서 $b^2=c\times\overline{AD}$ ...... ㉡

㉠, ㉡을 변끼리 더하면 $a^2+b^2=c\times\overline{DB}+c\times\overline{AD}=c\times(\overline{DB}+\overline{AD})$

이때 $\overline{DB}+\overline{AD}=c$이므로 $a^2+b^2=c^2$임을 알 수 있다.

2 직각삼각형이 되는 조건은 무엇인가? 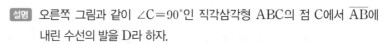 핵심문제 5

세 변의 길이가 각각 a, b, c인 △ABC에서

$$a^2+b^2=c^2$$

이면 이 삼각형은 빗변의 길이가 c인 직각삼각형이다.

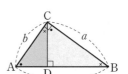

참고 피타고라스의 수

피타고라스 정리 $a^2+b^2=c^2$을 만족시키는 세 자연수 a, b, c를 피타고라스의 수라 한다.

예 $(3, 4, 5)$, $(5, 12, 13)$, $(6, 8, 10)$, $(7, 24, 25)$, $(8, 15, 17)$, $(9, 12, 15)$, ⋯

피타고라스 정리의 설명 - 유클리드의 방법

오른쪽 그림과 같이 직각삼각형 ABC의 세 변을 각각 한 변으로 하는 정

사각형 ACDE, BHIC, AFGB를 만들면

(1) □ACDE＝□AFML, □BHIC＝□LMGB

(2) □ACDE＋□BHIC＝□AFGB이므로

$$\overline{AC}^2+\overline{BC}^2=\overline{AB}^2$$

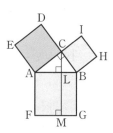

설명 (1)

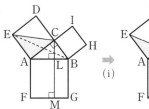 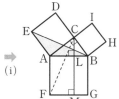 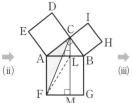 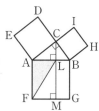

(i) $\overline{EA}/\!/\overline{CB}$이므로   (ii) △ABE≡△AFC   (iii) $\overline{AF}/\!/\overline{CL}$이므로

$\quad$△ACE＝△ABE   (SAS 합동)이므로   △AFC＝△AFL

$\qquad\qquad\qquad\qquad$△ABE＝△AFC

(i)～(iii)에 의해 △ACE＝△ABE＝△AFC＝△AFL

즉, △ACE＝△AFL이므로

□ACDE＝2△ACE＝2△AFL

$\qquad\quad$＝□AFML

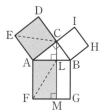

같은 방법으로

△BHC＝△BHA＝△BCG＝△BLG

즉, △BHC＝△BLG이므로 $\longrightarrow$ △BHA≡△BCG(SAS 합동)

□BHIC＝2△BHC＝2△BLG

$\qquad\quad$＝□LMGB

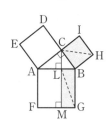

(2) (1)에서 □ACDE＝□AFML, □BHIC＝□LMGB이므로

□ACDE＋□BHIC＝□AFML＋□LMGB

$\qquad\qquad\qquad\qquad$＝□AFGB

∴ $\overline{AC}^2+\overline{BC}^2=\overline{AB}^2$

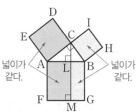

넓이가
같다.

넓이가
같다.

예 오른쪽 그림은 직각삼각형 ABC의 세 변을 각각 한 변으로 하는 정사각형을

그린 것이다. □ACDE＝20 cm², □AFGB＝36 cm²일 때, 다음을 구하시오.

(1) □BHIC의 넓이

(2) $\overline{BC}$의 길이

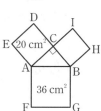

20 cm²

36 cm²

(1) □BHIC＝□AFGB－□ACDE＝36－20＝16(cm²)

(2) □BHIC의 넓이가 16 cm²이므로 $\overline{BC}^2=16$

그런데 $\overline{BC}>0$이므로 $\overline{BC}=4$(cm)

01 다음 그림과 같은 직각삼각형 ABC에서 x의 값을 구하시오.

(1)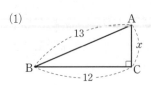

(2)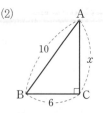

(3)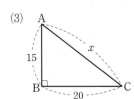

(4)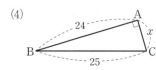

$\Rightarrow a^2+b^2=\boxed{}$

02 다음 그림에서 x, y의 값을 각각 구하시오.

(1)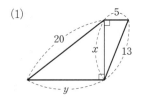

(2)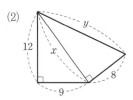

각각의 직각삼각형에서 피타고라스 정리를 이용하여 변의 길이를 구한다.

03 세 변의 길이가 각각 다음과 같은 삼각형 중에서 직각삼각형인 것은 ○표, 직각삼각형이 아닌 것은 ×표를 하시오.

(1) 3, 4, 5 　　　(　　) 　　(2) 4, 6, 8 　　　(　　)

(3) 5, 6, 7 　　　(　　) 　　(4) 8, 15, 17 　　　(　　)

△ABC의 세 변의 길이가 각각 a, b, c일 때, $\boxed{}$이면
⇨ △ABC는 빗변의 길이가 c인 직각삼각형

핵심문제 🔑 익히기

정답과 풀이 p.63

01 삼각형에서 피타고라스 정리의 이용

더 다양한 문제는 **RPM** 중2-2 104쪽

오른쪽 그림과 같은 △ABC에서 $\overline{AD}\perp\overline{BC}$이고, $\overline{AB}=15$ cm, $\overline{BD}=9$ cm, $\overline{CD}=5$ cm일 때, $\overline{AC}$의 길이를 구하시오.

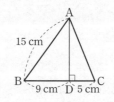

Key Point

먼저 직각삼각형 ABD에서 $\overline{AD}$의 길이를 구한 후 직각삼각형 ADC에서 $\overline{AC}$의 길이를 구한다.

풀이 △ABD에서 $\overline{AD}^2+9^2=15^2$, $\overline{AD}^2=144$
그런데 $\overline{AD}>0$이므로 $\overline{AD}=12$(cm)
△ADC에서 $12^2+5^2=\overline{AC}^2$, $\overline{AC}^2=169$
그런데 $\overline{AC}>0$이므로 $\overline{AC}=\mathbf{13(cm)}$

확인 1 오른쪽 그림과 같이 ∠B=90°인 직각삼각형 ABC에서 $\overline{AD}=17$ cm, $\overline{BD}=8$ cm, $\overline{CD}=12$ cm일 때, $\overline{AC}$의 길이를 구하시오.

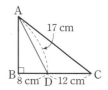

02 사각형에서 피타고라스 정리의 이용

더 다양한 문제는 **RPM** 중2-2 105쪽

오른쪽 그림과 같은 □ABCD에서 ∠B=∠D=90°이고, $\overline{AB}=20$ cm, $\overline{BC}=15$ cm, $\overline{CD}=24$ cm일 때, $\overline{AD}$의 길이를 구하시오.

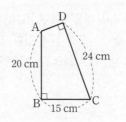

Key Point

적당한 보조선을 그어 직각삼각형을 만든 후 피타고라스 정리를 이용한다.

풀이 $\overline{AC}$를 그으면 △ABC, △ACD는 직각삼각형이다.
△ABC에서 $20^2+15^2=\overline{AC}^2$, $\overline{AC}^2=625$
그런데 $\overline{AC}>0$이므로 $\overline{AC}=25$(cm)
△ACD에서 $\overline{AD}^2+24^2=25^2$, $\overline{AD}^2=49$
그런데 $\overline{AD}>0$이므로 $\overline{AD}=\mathbf{7(cm)}$

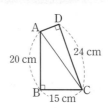

확인 2 오른쪽 그림과 같이 ∠ADC=∠C=90°인 사다리꼴 ABCD에서 $\overline{AB}=26$ cm, $\overline{BC}=18$ cm, $\overline{AD}=8$ cm일 때, $\overline{BD}$의 길이를 구하시오.

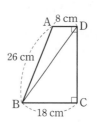

03 **피타고라스 정리의 응용** (1) ○ 더 다양한 문제는 **RPM** 중2–2 105쪽

오른쪽 그림에서 □ABCD는 한 변의 길이가 17 cm인 정사각
형이다. $\overline{AE}=\overline{BF}=\overline{CG}=\overline{DH}=12$ cm일 때, □EFGH의
넓이를 구하시오.

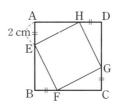

정사각형 ABCD에서
△AEH≡△BFE
　　≡△CGF
　　≡△DHG(SAS 합동)

풀이 △AEH≡△BFE≡△CGF≡△DHG(SAS 합동)이므로 □EFGH는 정사각형이다.
△AEH에서 $\overline{AH}=\overline{AD}-\overline{HD}=17-12=5$(cm)이므로
$12^2+5^2=\overline{EH}^2$, $\overline{EH}^2=169$
∴ □EFGH$=\overline{EH}^2=$**169(cm²)**

확인③ 오른쪽 그림과 같은 정사각형 ABCD에서
$\overline{AE}=\overline{BF}=\overline{CG}=\overline{DH}=2$ cm이고 □EFGH의 넓이가
20 cm²일 때, □ABCD의 둘레의 길이를 구하시오.

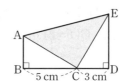

확인④ 오른쪽 그림에서 직각삼각형 ABC와 CDE는 합동이고
세 점 B, C, D는 한 직선 위에 있다. $\overline{BC}=5$ cm,
$\overline{CD}=3$ cm일 때, △ACE의 넓이를 구하시오.

확인⑤ 오른쪽 그림과 같은 정사각형 ABCD에서 4개의 직각삼
각형은 모두 합동이다. $\overline{AE}=2$ cm이고 □EFGH의 넓
이가 9 cm²일 때, □ABCD의 넓이를 구하시오.

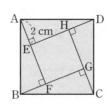

04 피타고라스 정리의 응용 (2)

더 다양한 문제는 RPM 중2-2 106쪽

오른쪽 그림은 ∠A=90°인 직각삼각형 ABC의 세 변을 각각 한 변으로 하는 정사각형을 그린 것이다. 다음 물음에 답하시오.

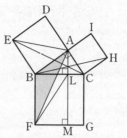

(1) 다음 중 △EBC와 넓이가 같은 삼각형이 <u>아닌</u> 것은?
　① △ABF　　② △BCH　　③ △LBF
　④ △EBA　　⑤ △LFM

(2) $\overline{BC}$=10 cm, $\overline{AC}$=6 cm일 때, △ABF의 넓이를 구하시오.

풀이 (1) $\overline{EB}$∥$\overline{AC}$이므로 △EBC=△EBA
△EBC≡△ABF (SAS 합동)이므로 △EBC=△ABF
$\overline{BF}$∥$\overline{AL}$이므로 △ABF=△LBF=△LFM
∴ △EBA=△EBC=△ABF=△LBF=△LFM
따라서 △EBC와 넓이가 같은 삼각형이 아닌 것은 ②이다.

(2) △ABC에서 $\overline{AB}^2+6^2=10^2$, $\overline{AB}^2=64$
그런데 $\overline{AB}$>0이므로 $\overline{AB}$=8(cm)
∴ △ABF=△EBA=$\frac{1}{2}$□ADEB=$\frac{1}{2}\overline{AB}^2=\frac{1}{2}\times8^2$=**32(cm²)**

확인 ⑥ 오른쪽 그림은 ∠B=90°인 직각삼각형 ABC의 세 변을 각각 한 변으로 하는 정사각형을 그린 것이다.
□ACHI의 넓이가 13 cm²이고 □BFGC의 넓이가 9 cm²일 때, $\overline{AB}$의 길이를 구하시오.

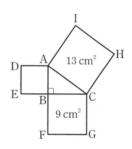

05 직각삼각형이 되는 조건

더 다양한 문제는 RPM 중2-2 106쪽

세 변의 길이가 각각 다음과 같은 삼각형 중에서 직각삼각형인 것은?
　① 1 cm, 2 cm, 2 cm　　　　② 2 cm, 3 cm, 4 cm
　③ 3 cm, 5 cm, 6 cm　　　　④ 4 cm, 6 cm, 9 cm
　⑤ 6 cm, 8 cm, 10 cm

풀이 ⑤ $6^2+8^2=10^2$이므로 직각삼각형이다.　　∴ **⑤**

확인 ⑦ 세 변의 길이가 각각 다음과 같은 삼각형 중에서 직각삼각형이 <u>아닌</u> 것은?
　① 3 cm, 4 cm, 5 cm　　　　② 5 cm, 12 cm, 13 cm
　③ 7 cm, 10 cm, 10 cm　　　④ 7 cm, 24 cm, 25 cm
　⑤ 12 cm, 16 cm, 20 cm

Key Point

△EBA=△EBC
　　　=△ABF
　　　=△BFL
∴ □ADEB=□BFML
△HAC=△HBC
　　　=△AGC
　　　=△CLG
∴ □ACHI=□LMGC

Key Point

세 변의 길이가 각각 a, b, c인
△ABC에서 $a^2+b^2=c^2$이면
⇨ △ABC는 빗변의 길이가 c인
　직각삼각형이다.

소단원 📖 핵심문제

01 다음 그림과 같은 △ABC에서 x의 값을 구하시오.

(1)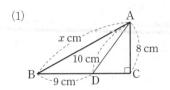

(2)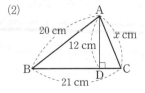

⭐ 생각해 봅시다

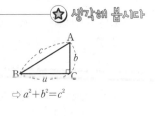

$\Rightarrow a^2+b^2=c^2$

02 다음 그림과 같은 사각형 ABCD의 넓이를 구하시오.

직각삼각형을 만들 수 있도록 보조선을 그어 본다.

(1)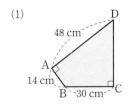

(2)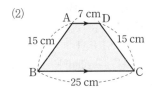

03 오른쪽 그림과 같은 정사각형 ABCD에서 4개의 직각삼각형은 모두 합동이다. $\overline{AB}=17$ cm, $\overline{AP}=8$ cm일 때, □PQRS의 넓이를 구하시오.

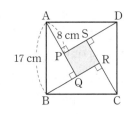

04 오른쪽 그림은 ∠A=90°인 직각삼각형 ABC의 세 변을 각각 한 변으로 하는 정사각형을 그린 것이다. $\overline{AB}=8$ cm, $\overline{BC}=10$ cm일 때, 색칠한 부분의 넓이를 구하시오.

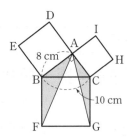

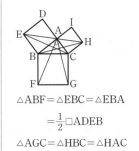

$\triangle ABF = \triangle EBC = \triangle EBA$
$\qquad = \dfrac{1}{2}\square ADEB$

$\triangle AGC = \triangle HBC = \triangle HAC$
$\qquad = \dfrac{1}{2}\square ACHI$

05 길이가 각각 16 cm, 12 cm인 두 개의 선분이 있다. 길이가 x cm인 선분 한 개를 추가하여 직각삼각형을 만들려고 할 때, 가능한 x의 값을 구하시오. (단, $x>16$)

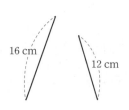

개념원리
이해

1   삼각형의 변의 길이와 각의 크기 사이에는 어떤 관계가 있는가? ○ 핵심문제 1

$\triangle$ABC에서 $\overline{AB}=c$, $\overline{BC}=a$, $\overline{CA}=b$이고 c가 가장 긴 변의 길이일 때

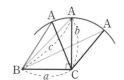

(1) $c^2<a^2+b^2$이면 $\angle C<90°$이고 $\triangle$ABC는 예각삼각형이다.

(2) $c^2=a^2+b^2$이면 $\angle C=90°$이고 $\triangle$ABC는 직각삼각형이다.

(3) $c^2>a^2+b^2$이면 $\angle C>90°$이고 $\triangle$ABC는 둔각삼각형이다.

주의 $\triangle$ABC에서 c가 가장 긴 변의 길이가 아닐 때는 $c^2<a^2+b^2$이지만 예각삼각형이 아닐 수도 있다. 왜 냐하면 $c^2<a^2+b^2$이면 $\angle C$는 예각이지만 $\angle A$, $\angle B$ 중 어느 하나가 둔각 또는 직각일 수도 있기 때 문이다. 따라서 삼각형의 모양을 알고자 할 때는 먼저 가장 긴 변의 길이를 찾는다.

예   (1) 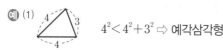 $4^2<4^2+3^2$ ⇨ 예각삼각형

(2) 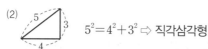 $5^2=4^2+3^2$ ⇨ 직각삼각형

(3) 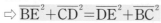 $6^2>4^2+3^2$ ⇨ 둔각삼각형

2   피타고라스 정리를 이용한 직각삼각형의 성질에는 어떤 것이 있는가? ○ 핵심문제 2

$\angle A=90°$인 직각삼각형 ABC에서 점 D, E가 각각 $\overline{AB}$, $\overline{AC}$ 위에 있을 때

⇨ $\overline{BE}^2+\overline{CD}^2=\overline{DE}^2+\overline{BC}^2$

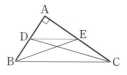

설명   직각삼각형 ABE와 ADC에서 피타고라스 정리에 의해

$\overline{BE}^2=\overline{AE}^2+\overline{AB}^2$, $\overline{CD}^2=\overline{AD}^2+\overline{AC}^2$이므로

$\begin{aligned} \overline{BE}^2+\overline{CD}^2 &=(\overline{AE}^2+\overline{AB}^2)+(\overline{AD}^2+\overline{AC}^2) \\ &=(\overline{AE}^2+\overline{AD}^2)+(\overline{AB}^2+\overline{AC}^2) \end{aligned}$ …… ㉠

그런데 직각삼각형 ADE와 ABC에서

$\overline{AE}^2+\overline{AD}^2=\overline{DE}^2$, $\overline{AB}^2+\overline{AC}^2=\overline{BC}^2$ …… ㉡

㉠, ㉡에 의해

$\overline{BE}^2+\overline{CD}^2=\overline{DE}^2+\overline{BC}^2$

3 피타고라스 정리를 이용한 사각형의 성질에는 어떤 것이 있는가? ○ 핵심문제 3

(1) **두 대각선이 직교하는 사각형의 성질**
   사각형 ABCD에서 두 대각선이 직교할 때, 즉 $\overline{AC}\perp\overline{BD}$일 때
   $$\Rightarrow \overline{AB}^2+\overline{CD}^2=\overline{AD}^2+\overline{BC}^2$$

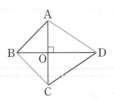

(2) **직사각형의 성질**
   직사각형 ABCD의 내부에 있는 점 P에 대하여
   $$\Rightarrow \overline{AP}^2+\overline{CP}^2=\overline{BP}^2+\overline{DP}^2$$

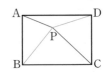

설명 (1) $\overline{AB}^2+\overline{CD}^2=(\overline{AO}^2+\overline{BO}^2)+(\overline{CO}^2+\overline{DO}^2)$
$$=(\overline{AO}^2+\overline{DO}^2)+(\overline{BO}^2+\overline{CO}^2)=\overline{AD}^2+\overline{BC}^2$$

(2) $\overline{HF}/\!/\overline{AB}$, $\overline{EG}/\!/\overline{AD}$가 되도록 $\overline{HF}$, $\overline{EG}$를 그으면

$$\overline{AP}^2+\overline{CP}^2=(\overline{AH}^2+\overline{HP}^2)+(\overline{PG}^2+\overline{GC}^2)$$
$$=(\overline{AH}^2+\overline{GC}^2)+(\overline{HP}^2+\overline{PG}^2)$$
$$=(\overline{BF}^2+\overline{PF}^2)+(\overline{DG}^2+\overline{PG}^2)=\overline{BP}^2+\overline{DP}^2$$

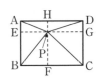

4 직각삼각형에서 세 반원 사이에는 어떤 관계가 있는가? ○ 핵심문제 4

(1) 직각삼각형 ABC에서 세 변을 각각 지름으로 하는 반원의 넓이를 각각
   S_1, S_2, S_3이라 할 때
   $$\Rightarrow S_1+S_2=S_3$$

(2) 직각삼각형 ABC의 세 변을 각각 지름으로 하는 반원을 그렸을 때

   $$\Rightarrow \text{(색칠한 부분의 넓이)}=\triangle ABC=\frac{1}{2}bc$$

▶ (2)의 그림에서 색칠한 부분의 넓이를 '히포크라테스의 원의 넓이'라 한다.

설명 $\angle A=90°$인 직각삼각형 ABC에서 $\overline{AB}$, $\overline{AC}$, $\overline{BC}$를 각각 지름으로 하는 세 반원의 넓이를 각각
S_1, S_2, S_3이라 하고, $\overline{AB}=c$, $\overline{BC}=a$, $\overline{CA}=b$라 하면

(1) $S_1+S_2=\dfrac{1}{2}\times\pi\times\left(\dfrac{c}{2}\right)^2+\dfrac{1}{2}\times\pi\times\left(\dfrac{b}{2}\right)^2=\dfrac{1}{8}\pi(b^2+c^2)$

$S_3=\dfrac{1}{2}\times\pi\times\left(\dfrac{a}{2}\right)^2=\dfrac{1}{8}\pi a^2$

그런데 직각삼각형 ABC에서 $b^2+c^2=a^2$이므로 $S_1+S_2=S_3$

(2) $S_1+S_2=S_3$이므로

(색칠한 부분의 넓이)$=(S_1+S_2)+\triangle ABC-S_3$
$$=S_3+\triangle ABC-S_3=\triangle ABC$$

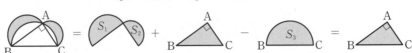

개념원리 📖 확인하기

01 세 변의 길이가 각각 다음과 같은 삼각형은 어떤 삼각형인지 말하시오.

(1) 5, 6, 7   (2) 6, 10, 15   (3) 12, 16, 20

삼각형의 세 변의 길이가 각각 a, b, c(c가 가장 긴 변의 길이)일 때
① $c^2 < a^2 + b^2 \Rightarrow \boxed{}$ 삼각형
② $c^2 = a^2 + b^2 \Rightarrow \boxed{}$ 삼각형
③ $c^2 > a^2 + b^2 \Rightarrow \boxed{}$ 삼각형

02 오른쪽 그림과 같이 $\angle A = 90°$인 직각삼각형 ABC에서 $\overline{BC} = 9$, $\overline{BE} = 6$, $\overline{CD} = 8$일 때, x^2의 값을 구하시오.

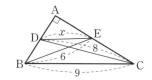
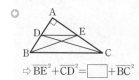

$\Rightarrow \overline{BE}^2 + \overline{CD}^2 = \boxed{} + \overline{BC}^2$

03 오른쪽 그림과 같은 □ABCD에서 $\overline{AC} \perp \overline{BD}$이다. $\overline{AB} = 6$, $\overline{BC} = 7$, $\overline{CD} = 5$일 때, x^2의 값을 구하시오.

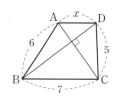
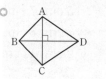

$\Rightarrow \overline{AB}^2 + \overline{CD}^2 = \overline{AD}^2 + \boxed{}$

04 오른쪽 그림과 같이 직사각형 ABCD의 내부의 한 점 P에 대하여 $\overline{AP} = 6$, $\overline{BP} = 5$, $\overline{DP} = 4$일 때, x^2의 값을 구하시오.

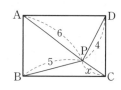
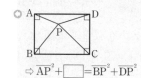

$\Rightarrow \overline{AP}^2 + \boxed{} = \overline{BP}^2 + \overline{DP}^2$

05 오른쪽 그림은 $\angle A = 90°$인 직각삼각형 ABC의 세 변을 각각 지름으로 하는 반원을 그린 것이다. $\overline{AB}$, $\overline{BC}$를 지름으로 하는 반원의 넓이가 각각 60π cm², 90π cm²일 때, $\overline{AC}$를 지름으로 하는 반원의 넓이를 구하시오.

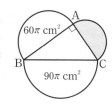

$\Rightarrow S_1 + S_2 = \boxed{}$

핵심문제 🔑 익히기

정답과 풀이 p.65

01 삼각형의 변의 길이와 각의 크기 사이의 관계

더 다양한 문제는 RPM 중2-2 106쪽

$\triangle ABC$에서 $\overline{AB}=10$ cm, $\overline{BC}=8$ cm, $\overline{CA}=x$ cm일 때, 다음 중 옳은 것은?

① $x=3$이면 예각삼각형이다.   ② $x=4$이면 예각삼각형이다.

③ $x=5$이면 직각삼각형이다.   ④ $x=6$이면 둔각삼각형이다.

⑤ $x=8$이면 예각삼각형이다.

풀이 ① $10^2>8^2+3^2$ ∴ 둔각삼각형   ② $10^2>8^2+4^2$ ∴ 둔각삼각형

③ $10^2>8^2+5^2$ ∴ 둔각삼각형   ④ $10^2=8^2+6^2$ ∴ 직각삼각형

⑤ $10^2<8^2+8^2$ ∴ 예각삼각형

따라서 옳은 것은 ⑤이다.

Key Point

삼각형의 세 변의 길이가 각각 a, b, c(c가 가장 긴 변의 길이)일 때
① $c^2<a^2+b^2$ ⇨ 예각삼각형
② $c^2=a^2+b^2$ ⇨ 직각삼각형
③ $c^2>a^2+b^2$ ⇨ 둔각삼각형

확인 1 세 변의 길이가 각각 다음과 같은 삼각형 중에서 둔각삼각형인 것은?

① 5 cm, 7 cm, 8 cm   ② 5 cm, 10 cm, 12 cm

③ 7 cm, 8 cm, 10 cm   ④ 7 cm, 24 cm, 25 cm

⑤ 9 cm, 12 cm, 15 cm

02 피타고라스 정리를 이용한 직각삼각형의 성질

더 다양한 문제는 RPM 중2-2 107쪽

오른쪽 그림과 같이 $\angle A=90°$인 직각삼각형 ABC에서 $\overline{BE}=5$, $\overline{CD}=6$일 때, $\overline{BC}^2+\overline{DE}^2$의 값을 구하시오.

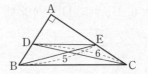

풀이 $\overline{BE}^2+\overline{CD}^2=\overline{DE}^2+\overline{BC}^2$이므로
$\overline{BC}^2+\overline{DE}^2=5^2+6^2=\mathbf{61}$

Key Point

⇨ $a^2+b^2=c^2+d^2$

확인 2 오른쪽 그림과 같이 $\angle A=90°$인 직각삼각형 ABC에서 $\overline{AD}=3$, $\overline{AE}=4$, $\overline{BC}=8$일 때, $\overline{BE}^2+\overline{CD}^2$의 값을 구하시오.

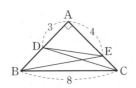

03 **피타고라스 정리를 이용한 사각형의 성질**

오른쪽 그림과 같은 □ABCD에서 $\overline{AC} \perp \overline{BD}$이다. $\overline{AB} = 4$ cm, $\overline{BC} = 5$ cm일 때, $y^2 - x^2$의 값을 구하시오.

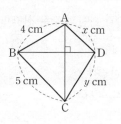

Key Point
(1)
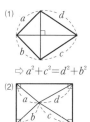
$\Rightarrow a^2 + c^2 = d^2 + b^2$
(2)
$\Rightarrow a^2 + c^2 = b^2 + d^2$

풀이 $\overline{AB}^2 + \overline{CD}^2 = \overline{AD}^2 + \overline{BC}^2$이므로 $4^2 + y^2 = x^2 + 5^2$ ∴ $y^2 - x^2 = \mathbf{9}$

확인③ 오른쪽 그림과 같이 직사각형 ABCD의 내부의 한 점 P에 대하여 $\overline{AP} = 3$, $\overline{CP} = 6$일 때, $\overline{BP}^2 + \overline{DP}^2$의 값을 구하시오.

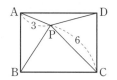

04 **직각삼각형에서 세 반원 사이의 관계**

다음 그림은 $\angle A = 90°$인 직각삼각형 ABC의 세 변을 각각 지름으로 하는 반원을 그린 것이다. 색칠한 부분의 넓이를 구하시오.

(1)
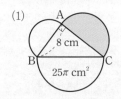

(2)
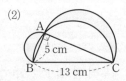

풀이 (1) ($\overline{AB}$를 지름으로 하는 반원의 넓이) + ($\overline{AC}$를 지름으로 하는 반원의 넓이)
= ($\overline{BC}$를 지름으로 하는 반원의 넓이)이므로

(색칠한 부분의 넓이) = $25\pi - \dfrac{1}{2} \times \pi \times 4^2 = \mathbf{17\pi (cm^2)}$

(2) △ABC에서 $5^2 + \overline{AC}^2 = 13^2$, $\overline{AC}^2 = 144$
그런데 $\overline{AC} > 0$이므로 $\overline{AC} = 12$ (cm)

∴ (색칠한 부분의 넓이) = △ABC = $\dfrac{1}{2} \times 5 \times 12 = \mathbf{30 (cm^2)}$

확인④ 다음 그림은 $\angle A = 90°$인 직각삼각형 ABC의 세 변을 각각 지름으로 하는 반원을 그린 것이다. 색칠한 부분의 넓이를 구하시오.

(1)
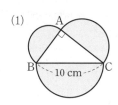

(2)
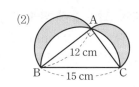

소단원 📖 핵심문제

01 세 변의 길이가 각각 다음과 같은 삼각형 중에서 예각삼각형인 것은?

① 2 cm, 3 cm, 4 cm
② 3 cm, 5 cm, 7 cm
③ 6 cm, 7 cm, 9 cm
④ 6 cm, 8 cm, 10 cm
⑤ 12 cm, 15 cm, 20 cm

☆ 생각해 봅시다

02 오른쪽 그림과 같이 ∠C=90°인 직각삼각형 ABC에서 점 D, E는 각각 $\overline{AC}$, $\overline{BC}$의 중점이다. $\overline{AB}$=10일 때, $\overline{AE}^2+\overline{BD}^2$의 값을 구하시오.

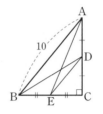

삼각형의 두 변의 중점을 연결한 선분의 성질에 의해
$\overline{DE}=\frac{1}{2}\overline{AB}$

03 오른쪽 그림과 같은 □ABCD에서 두 대각선이 직교한다. $\overline{AD}$=7, $\overline{BP}$=3, $\overline{CP}$=5일 때, $\overline{AB}^2+\overline{CD}^2$의 값을 구하시오.

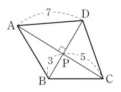

04 오른쪽 그림과 같이 직사각형 ABCD의 내부의 한 점 P에 대하여 $\overline{BP}$=2, $\overline{CP}$=5일 때, y^2-x^2의 값을 구하시오.

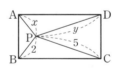

05 오른쪽 그림은 ∠B=90°인 직각삼각형 ABC의 세 변을 각각 지름으로 하는 반원을 그린 것이다. $\overline{AB}$, $\overline{AC}$를 지름으로 하는 반원의 넓이가 각각 18π cm², 50π cm²일 때, △ABC의 넓이를 구하시오.

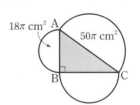

$\overline{BC}$를 지름으로 하는 반원의 넓이를 구한 후 $\overline{AB}$, $\overline{BC}$의 길이를 각각 구한다.

06 오른쪽 그림은 ∠A=90°인 직각삼각형 ABC의 세 변을 각각 지름으로 하는 반원을 그린 것이다. $\overline{AB}$=4 cm이고 색칠한 부분의 넓이가 6 cm²일 때, $\overline{BC}$의 길이를 구하시오.

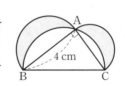

(색칠한 부분의 넓이)=△ABC

Step **1** 기본문제

01 오른쪽 그림과 같이 ∠B=90°인 직각삼각형 ABC에서 $\overline{AD}=15$, $\overline{BD}=9$, $\overline{DC}=7$일 때, $x+y$의 값을 구하시오.

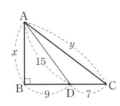

02 오른쪽 그림과 같이 ∠B=90°인 직각삼각형 ABC에서 $\overline{AC}\perp\overline{BD}$이다. $\overline{AB}=20$ cm, $\overline{BD}=12$ cm일 때, $\overline{BC}$의 길이를 구하시오.

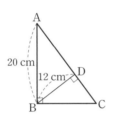

03 오른쪽 그림과 같은 □ABCD에서 $\overline{AB}=\overline{BC}$이고 ∠B=∠D=90°이다. $\overline{AD}=7$, $\overline{CD}=1$일 때, □ABCD의 둘레의 길이를 구하시오.

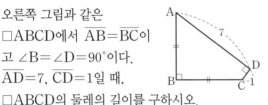

04 오른쪽 그림에서 직각삼각형 ABC와 CDE는 합동이고 세 점 B, C, D는 한 직선 위에 있다. $\overline{BC}=4$ cm이고 △ACE의 넓이가 10 cm²일 때, 사다리꼴 ABDE의 넓이를 구하시오.

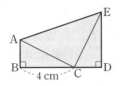

05 오른쪽 그림은 직각삼각형 ABC의 세 변을 각각 한 변으로 하는 정사각형을 그린 것이다. 다음 중 옳지 _않은_ 것은?

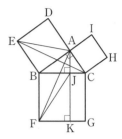

① △AEB=△CEB
② △ABC=△BFJ
③ △EBC=△ABF
④ △EBA=$\frac{1}{2}$□BFKJ
⑤ □ACHI=□JKGC

06 세 변의 길이가 각각 다음과 같은 삼각형 중에서 직각삼각형인 것을 모두 고르면? (정답 2개)

① 3 cm, 4 cm, 5 cm
② 3 cm, 5 cm, 6 cm
③ 6 cm, 8 cm, 10 cm
④ 6 cm, 9 cm, 13 cm
⑤ 7 cm, 9 cm, 12 cm

07 오른쪽 그림과 같은 □ABCD에서 두 대각선이 직교한다. $\overline{AB}=9$, $\overline{BC}=14$, $\overline{CD}=12$일 때, x^2+y^2의 값을 구하시오.

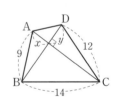

08 오른쪽 그림은 ∠A=90°인 직각삼각형 ABC의 세 변을 각각 지름으로 하는 반원을 그린 것이다. $\overline{AB}=6$ cm이고 색칠한 부분의 넓이가 24 cm²일 때, $\overline{BC}$의 길이를 구하시오.

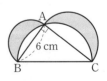

Step 2 발전문제

09 오른쪽 그림에서 □ABCD와 □CEFG는 정사각형이다. $\overline{AD}=12$ cm, $\overline{AE}=20$ cm일 때, □CEFG의 둘레의 길이를 구하시오.

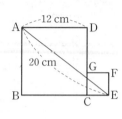

10 오른쪽 그림과 같이 ∠C=90°인 직각삼각형 ABC에서 ∠BAD=∠DAC이다. $\overline{AB}=10$, $\overline{AC}=6$일 때, $\overline{BD}$의 길이를 구하시오.

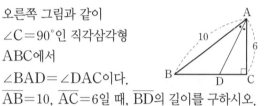

11 오른쪽 그림에서 △ABC는 ∠C=90°인 직각삼각형이고, 점 G는 △ABC의 무게중심이다. $\overline{BC}=12$ cm, $\overline{CG}=\dfrac{20}{3}$ cm일 때, △ABC의 넓이를 구하시오.

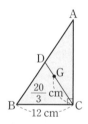

12 직사각형의 한 귀퉁이를 잘라 오른쪽 그림과 같은 오각형 ABCDE를 만들었다. $\overline{AB}=7$, $\overline{BC}=9$, $\overline{DE}=5$, $\overline{AE}=6$일 때, 오각형 ABCDE의 넓이를 구하시오.

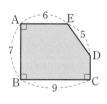

13 오른쪽 그림에서 △ABC는 ∠A=90°인 직각삼각형이고, □BDEC는 정사각형이다. $\overline{AB}=8$ cm, $\overline{AC}=4$ cm일 때, △FDE의 넓이를 구하시오.

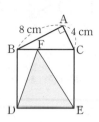

14 오른쪽 그림과 같이 ∠A=90°인 직각삼각형 ABC에서 $\overline{AD}=6$, $\overline{AE}=8$, $\overline{BD}=9$일 때, $\overline{BC}^2-\overline{CD}^2$의 값을 구하시오.

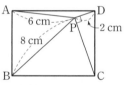

15 오른쪽 그림과 같이 직사각형 ABCD의 내부의 한 점 P에 대하여 $\overline{AP}=6$ cm, $\overline{BP}=8$ cm, $\overline{DP}=2$ cm이고, ∠CPD=90°일 때, $\overline{CD}$의 길이를 구하시오.

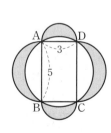

16 오른쪽 그림과 같이 원에 내접하는 직사각형 ABCD의 네 변을 각각 지름으로 하는 반원을 그렸다. $\overline{AB}=5$, $\overline{AD}=3$일 때, 색칠한 부분의 넓이를 구하시오.

📋✏️ 서술형 대비 문제

1

오른쪽 그림과 같은 사다리꼴 ABCD에서 $\angle A = \angle B = 90°$ 이고 $\overline{AB}=8\,\text{cm}$, $\overline{AD}=9\,\text{cm}$, $\overline{CD}=10\,\text{cm}$일 때, 대각선 AC의 길이를 구하시오. [7점]

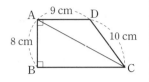

풀이과정

1단계 $\overline{BC}$의 길이 구하기 [4점]

꼭짓점 D에서 $\overline{BC}$에 내린 수선의 발을 H라 하자.
$\overline{DH}=\overline{AB}=8\,\text{cm}$이므로
△DHC에서
$8^2+\overline{CH}^2=10^2$, $\overline{CH}^2=36$
그런데 $\overline{CH}>0$이므로 $\overline{CH}=6(\text{cm})$
또 $\overline{BH}=\overline{AD}=9\,\text{cm}$이므로 $\overline{BC}=9+6=15(\text{cm})$

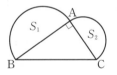

2단계 $\overline{AC}$의 길이 구하기 [3점]

△ABC에서 $8^2+15^2=\overline{AC}^2$, $\overline{AC}^2=289$
그런데 $\overline{AC}>0$이므로 $\overline{AC}=17(\text{cm})$

답 17 cm

1-1 오른쪽 그림과 같은 사다리꼴 ABCD에서 $\angle C = \angle D = 90°$ 이고 $\overline{AB}=13\,\text{cm}$, $\overline{AD}=11\,\text{cm}$, $\overline{BC}=16\,\text{cm}$일 때, 대각선 BD의 길이를 구하시오. [7점]

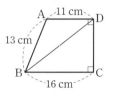

풀이과정

1단계 $\overline{DC}$의 길이 구하기 [4점]

2단계 $\overline{BD}$의 길이 구하기 [3점]

답

2

오른쪽 그림과 같은 직각삼각형 ABC에서 $\overline{AB}$, $\overline{AC}$를 지름으로 하는 반원의 넓이를 각각 S_1, S_2라 하자. $S_1=34\pi$, $S_2=16\pi$일 때, $\overline{BC}$의 길이를 구하시오. [7점]

풀이과정

1단계 $\overline{BC}$를 지름으로 하는 반원의 넓이 구하기 [4점]

$\overline{BC}$를 지름으로 하는 반원의 넓이는
$S_1+S_2=34\pi+16\pi=50\pi$

2단계 $\overline{BC}$의 길이 구하기 [3점]

$\overline{BC}$를 지름으로 하는 반원의 넓이가 50π이므로
$\dfrac{1}{2}\times\pi\times\left(\dfrac{\overline{BC}}{2}\right)^2=50\pi$에서 $\overline{BC}^2=400$
그런데 $\overline{BC}>0$이므로 $\overline{BC}=20$

답 20

2-1 오른쪽 그림과 같은 직각삼각형 ABC에서 $\overline{AB}$, $\overline{BC}$를 지름으로 하는 반원의 넓이를 각각 S_1, S_2라 하자. $S_1=24\pi$, $S_2=56\pi$일 때, $\overline{AC}$의 길이를 구하시오. [7점]

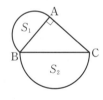

풀이과정

1단계 $\overline{AC}$를 지름으로 하는 반원의 넓이 구하기 [4점]

2단계 $\overline{AC}$의 길이 구하기 [3점]

답

3 오른쪽 그림과 같이 두 대각선의 길이가 각각 16 cm, 30 cm인 마름모 ABCD의 한 변의 길이를 구하시오. [6점]

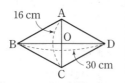

풀이과정

답

5 길이가 각각 15 cm, 12 cm인 두 개의 빨대가 있다. 길이가 x cm인 빨대를 추가하여 직각삼각형을 만들려고 할 때, 가능한 x^2의 값을 모두 구하시오. [8점]

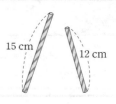

풀이과정

답

4 오른쪽 그림은 직각삼각형 ABC의 세 변을 각각 한 변으로 하는 정사각형을 그린 것이다. $\overline{AK} \perp \overline{FG}$, $\overline{BC} = 13$ cm이고 □BFKJ의 넓이가 144 cm²일 때, △HBC의 넓이를 구하시오. [8점]

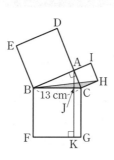

풀이과정

답

6 어느 박람회장에 오른쪽 그림과 같이 직사각형 모양으로 A, B, C, D 4개의 부스가 설치되어 있다. 안내소 P에서 A, B, D 부스까지의 거리가 각각 200 m, 600 m, 700 m일 때, 안내소 P에서 출발하여 시속 3 km로 C 부스까지 가는 데 몇 분이 걸리는지 구하시오. [8점]

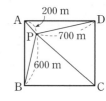

풀이과정

답

대단원 핵심 한눈에 보기

01 삼각형의 닮음 조건

(1) ☐ 닮음: 세 쌍의 대응변의 길이의 비가 같을 때

(2) ☐ 닮음: 두 쌍의 대응변의 길이의 비가 같고, 그 끼인각의 크기가 같을 때

(3) ☐ 닮음: 두 쌍의 대응각의 크기가 각각 같을 때

02 직각삼각형의 닮음

(1) $c^2=$ ☐

(2) $b^2=$ ☐

(3) $h^2=$ ☐

(4) $ah=$ ☐

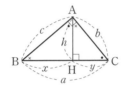

03 삼각형과 평행선

(1) 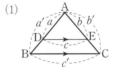 (2)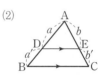

$\overline{DE}\,/\!/\,\overline{BC}$이면 $\overline{DE}\,/\!/\,\overline{BC}$이면

$a:a'=b:$ ☐ $=c:c'$ $a:$ ☐ $=b:b'$

04 삼각형의 두 변의 중점을 연결한 선분

(1) $\overline{AM}=\overline{MB}$, $\overline{AN}=\overline{NC}$이면

$\overline{MN}\,/\!/\,\overline{BC}$, $\overline{MN}=$ ☐ $\overline{BC}$

(2) $\overline{AM}=\overline{MB}$, $\overline{MN}\,/\!/\,\overline{BC}$이면

$\overline{AN}=$ ☐

05 삼각형의 무게중심

(1) 무게중심: 삼각형의 세 ☐ 의 교점

(2) 삼각형의 무게중심은 세 중선의 길이를 각 꼭짓점으로부터 ☐ : ☐ 로 나눈다.

(3) △ABC에서 점 G가 무게중심일 때

△GAB=△GBC=△GCA

= ☐ △ABC

06 피타고라스 정리

(1) 직각삼각형 ABC에서 직각을 낀 두 변의 길이를 각각 a, b라 하고, 빗변의 길이를 c라 하면

$\Rightarrow a^2+b^2=$ ☐

(2) 삼각형의 변의 길이와 각의 크기 사이의 관계

△ABC에서 $\overline{AB}=c$, $\overline{BC}=a$, $\overline{CA}=b$이고 c가 가장 긴 변의 길이일 때

① $c^2<a^2+b^2$이면 ∠C<90°   ② $c^2=a^2+b^2$이면 ∠C=90°   ③ $c^2>a^2+b^2$이면 ∠C>90°

$\Rightarrow$ ☐ 삼각형 $\Rightarrow$ ☐ 삼각형 $\Rightarrow$ ☐ 삼각형

답 **01** (1) SSS (2) SAS (3) AA **02** (1) ax (2) ay (3) xy (4) bc **03** (1) b' (2) a' **04** (1) $\frac{1}{2}$ (2) $\overline{NC}$ **05** (1) 중선 (2) 2, 1 (3) $\frac{1}{3}$
06 (1) c^2 (2) ① 예각 ② 직각 ③ 둔각

 쉬어가기

배움의 거리는 얼마?

배재학당에서 한 사내가 면접시험을 보고 있었습니다. 외국인 선교사가 그에게 물었습니다.

"자네는 어디서 왔나?"

그가 대답했습니다.

"평양에서 왔습니다."

선교사가 다시 물었습니다.

"평양이 여기서 얼마쯤 되는가?"

그가 대답했습니다.

"한 8백 리쯤 됩니다."

그러자 선교사가 고개를 갸웃거리며 그에게 다시 물었습니다.

"그래? 그럼 자네는 평양에서 공부하지 왜 먼 서울까지 왔는가?"

그는 선교사의 눈을 응시하면서 반문했습니다.

"선교사님의 고향에서 서울까지는 몇 리입니까?"

선교사가 말했습니다.

"한 8만 리쯤 되지."

그러자 그는 이렇게 말했습니다.

"8만 리 밖에서도 가르쳐 주러 왔는데, 겨우 8백 리를 찾아오지 못할 이유가 무엇입니까?"

그는 배우려는 자신의 의지를 이 한마디에 재치 있게 담아 선교사의 호감을 살 수 있었고, 배재학당에 입학할 수 있었습니다. 그가 바로 도산 안창호 선생입니다.

도산 안창호 선생의 재치 있는 답변도 좋았지만 도산 안창호 선생의 배움에 대한 의지가 배재학당에 입학할 수 있게 했던 것이 아닐까 싶습니다.

배움에 있어서 거리는 중요하지 않습니다. 배우려는 의지가 중요한 것입니다.

– 행복한 동행 중에서 –

IV

확률

개념원리
이해

1 사건과 경우의 수란 무엇인가? ○ 핵심문제 1, 2

(1) **사건**: 같은 조건에서 반복할 수 있는 실험이나 관찰에 의하여 나타나는 결과
(2) **경우의 수**: 어떤 사건이 일어나는 가짓수

▶ 경우의 수는 빠짐없이, 중복없이 구해야 한다. 이때 순서쌍, 나뭇가지 모양의 그림 등을 이용하면 편리하다.

실험, 관찰	한 개의 주사위를 던진다.
사건	짝수의 눈이 나온다.
경우	⚁ ⚃ ⚅
경우의 수	3

2 경우의 수는 어떻게 구하는가? ○ 핵심문제 3~6

(1) **사건 A 또는 사건 B가 일어나는 경우의 수**

두 사건 A, B가 동시에 일어나지 않을 때, 사건 A가 일어나는 경우의 수가 m, 사건 B가 일어나는 경우의 수가 n이면

(사건 A 또는 사건 B가 일어나는 경우의 수)$=m+n$

└─각 사건이 일어나는 경우의 수를 더한다.

▶ ① 사건의 설명에서 '또는', '~이거나'라는 말이 있으면
　⇨ 두 사건의 경우의 수를 더한다.
② 두 사건 A, B가 동시에 일어나지 않는다는 것은 사건 A가 일어나면 사건 B는 일어나지 않는다는 것이다.

예 한 개의 주사위를 던질 때, 2 이하 또는 4 이상의 눈이 나오는 경우의 수를 구하시오.

2 이하의 눈이 나오는 경우는 1, 2의 2가지, 4 이상의 눈이 나오는 경우는 4, 5, 6의 3가지이므로 구하는 경우의 수는

$2+3=5$

(2) **두 사건 A, B가 동시에 일어나는 경우의 수**

사건 A가 일어나는 경우의 수가 m, 그 각각에 대하여 사건 B가 일어나는 경우의 수가 n이면

(두 사건 A, B가 동시에 일어나는 경우의 수)$=m \times n$ ┌각 사건이 일어나는 경우의 수를 곱한다.

▶ ① 사건의 설명에서 '동시에', '그리고', '~와', '~하고 나서'라는 말이 있으면
　⇨ 두 사건의 경우의 수를 곱한다.
② 다음은 모두 같은 경우이다.
　(서로 다른 동전 n개를 동시에 던진다.)=(서로 다른 동전 n개를 하나씩 던진다.)=(동전 1개를 n번 던진다.)
　주사위도 마찬가지이다.

예 서로 다른 두 개의 주사위를 동시에 던질 때, 일어나는 모든 경우의 수를 구하시오.

주사위 한 개에는 눈이 1, 2, 3, 4, 5, 6의 6가지가 있으므로 구하는 경우의 수는

$6 \times 6 = 36$

개념원리 📖 확인하기

정답과 풀이 p.69

01 한 개의 주사위를 한 번 던질 때, 다음을 구하시오.

(1) 5 이상의 눈이 나오는 경우의 수

_____5, 6_____ ⇨ _____

(2) 3의 배수의 눈이 나오는 경우의 수

_____ ⇨ _____

(3) 소수의 눈이 나오는 경우의 수

_____ ⇨ _____

○ 경우의 수: 어떤 ☐이 일어나는 가짓수

02 어느 서점에 수학 참고서가 5종류, 영어 참고서가 4종류 있을 때, 수학 참고서 또는 영어 참고서 중 한 권을 사는 경우의 수를 구하시오.

(i) 수학 참고서 한 권을 사는 경우의 수: _____

(ii) 영어 참고서 한 권을 사는 경우의 수: _____

(iii) 수학 참고서 또는 영어 참고서 중 한 권을 사는 경우의 수

⇨ (i)+(ii)=_____

○ 두 사건이 동시에 일어나지 않는다.
⇨ '또는', '~이거나'
⇨ 각각의 경우의 수를 ☐.

03 빨간색, 노란색, 초록색의 3종류의 티셔츠와 검정색, 보라색, 파란색, 흰색의 4종류의 바지가 있다. 티셔츠와 바지를 각각 하나씩 짝 지어 입는 경우의 수를 구하시오.

(i) 티셔츠를 선택하는 경우의 수: _____

(ii) 바지를 선택하는 경우의 수: _____

(iii) 티셔츠와 바지를 각각 하나씩 짝 지어 입는 경우의 수

⇨ (i)×(ii)=_____

○ 두 사건이 동시에 일어난다.
⇨ '동시에', '그리고', '~와', '~하고 나서'
⇨ 각각의 경우의 수를 ☐.

04 동전 1개와 주사위 1개를 동시에 던질 때, 다음을 구하시오.

(1) 동전 1개와 주사위 1개를 동시에 던질 때 일어나는 모든 경우의 수

⇨ _____ × _____ = _____

(2) 동전은 앞면이 나오고 주사위는 홀수의 눈이 나오는 경우의 수

⇨ _____ × _____ = _____

(3) 동전은 뒷면이 나오고 주사위는 5 미만의 눈이 나오는 경우의 수

⇨ _____ × _____ = _____

01 경우의 수

⬥ 더 다양한 문제는 **RPM** 중2–2 116쪽

서로 다른 두 개의 주사위를 동시에 던질 때, 나오는 두 눈의 수의 합이 7인 경우의 수를 구하시오.

풀이 두 주사위에서 나오는 눈의 수를 순서쌍으로 나타내면 두 눈의 수의 합이 7인 경우는
$(1, 6), (2, 5), (3, 4), (4, 3), (5, 2), (6, 1)$
이므로 구하는 경우의 수는 **6**이다.

확인 1 서로 다른 두 개의 주사위를 동시에 던질 때, 다음을 구하시오.

(1) 두 눈의 수의 차가 3인 경우의 수
(2) 두 눈의 수의 합이 10 이상인 경우의 수

확인 2 1부터 50까지의 자연수가 각각 적힌 50장의 카드가 있다. 이 중에서 한 장의 카드를 뽑을 때, 4의 배수가 적힌 카드를 뽑는 경우의 수를 구하시오.

Key Point

두 주사위에서 나오는 눈의 수를 각각 a, b라 할 때,
순서쌍 (a, b)로 나타내어 모든 경우를 구해 본다.

02 돈을 지불하는 방법의 수

⬥ 더 다양한 문제는 **RPM** 중2–2 116쪽

민지가 편의점에서 400원짜리 사탕 1개를 사려고 한다. 50원짜리 동전과 100원짜리 동전을 각각 4개씩 가지고 있을 때, 사탕 값을 지불하는 방법의 수를 구하시오.

풀이 400원을 지불하는 방법을 표로 나타내면 오른쪽과 같다.
따라서 구하는 방법의 수는 **3**이다.

100원(개)	50원(개)
4	0
3	2
2	4

확인 3 100원짜리 동전 2개, 50원짜리 동전 4개, 10원짜리 동전 5개가 있다. 이 동전을 사용하여 250원을 지불하는 방법의 수를 구하시오.

확인 4 100원짜리 동전 2개, 50원짜리 동전 3개가 있다. 이 두 종류의 동전을 각각 1개 이상 사용하여 지불할 수 있는 금액은 몇 가지인지 구하시오.

Key Point

액수가 큰 동전의 개수를 먼저 정한 다음 지불하는 돈에 맞게 나머지 동전의 개수를 정한다.

● 더 다양한 문제는 RPM 중2-2 116쪽

03 경우의 수의 합 – 수를 뽑거나 주사위를 던지는 경우

Key Point

• '또는', '~이거나'
 ⇨ 각 사건이 일어나는 경우
  의 수를 더한다.
• 두 주사위에서 나오는 눈의
 수를 순서쌍으로 나타내면 두
 주사위는 서로 다른 주사위이
 므로 (a, b)와 (b, a)는 다른
 경우이다.

서로 다른 두 개의 주사위를 동시에 던질 때, 나오는 두 눈의 수의 합이 5 또는 6인 경우의 수를 구하시오.

풀이 두 주사위에서 나오는 눈의 수를 순서쌍으로 나타내면
두 눈의 수의 합이 5인 경우는 $(1, 4), (2, 3), (3, 2), (4, 1)$의 4가지,
두 눈의 수의 합이 6인 경우는 $(1, 5), (2, 4), (3, 3), (4, 2), (5, 1)$의 5가지이므로
구하는 경우의 수는 $4+5=9$

확인 5 1부터 10까지의 자연수가 각각 적힌 10장의 카드가 있다. 이 중에서 한 장의 카드를 뽑을 때, 3의 배수 또는 5의 배수가 적힌 카드를 뽑는 경우의 수를 구하시오.

확인 6 서로 다른 두 개의 주사위를 동시에 던질 때, 나오는 두 눈의 수의 합이 8의 약수인 경우의 수를 구하시오.

04 경우의 수의 합 – 교통수단 또는 물건을 선택하는 경우

● 더 다양한 문제는 RPM 중2-2 117쪽

Key Point

기차와 버스는 동시에 타고 갈
수 없으므로 기차를 이용하는
사건과 버스를 이용하는 사건은
동시에 일어나지 않는다.

서울에서 부산까지 가는 기차는 KTX, 새마을호, 무궁화호의 3가지가 있고, 버스는 고속버스, 시외버스의 2가지가 있다. 기차 또는 버스를 이용하여 서울에서 부산까지 가는 경우의 수를 구하시오.

풀이 기차를 이용하는 경우는 3가지, 버스를 이용하는 경우는 2가지이므로 구하는 경우의 수는
$3+2=5$

확인 7 다은이의 스마트폰에는 가요 7곡, 팝송 8곡, 클래식 4곡이 들어 있다. 다은이가 스마트폰에서 음악을 임의로 재생시켜 한 곡을 듣는 경우의 수를 구하시오.

● 더 다양한 문제는 **RPM** 중2-2 117, 118쪽

05 경우의 수의 곱 – 길 또는 물건을 선택하는 경우

어느 놀이 동산에서 다음 그림과 같은 길을 따라 입구에서 출발하여 매점에 들렀다가 관람차를 타러 가는 방법의 수를 구하시오. (단, 한 번 지나간 지점은 다시 지나지 않는다.)

입구   매점   관람차

풀이 입구에서 매점까지 가는 방법은 5가지, 매점에서 관람차까지 가는 방법은 3가지이므로
구하는 방법의 수는
$5 \times 3 = 15$

확인 8 시하가 오른쪽 그림과 같은 길을 따라 A도시에서
출발하여 B, C도시를 거쳐 D도시까지 걷기 여행
을 하려고 할 때, 그 방법의 수를 구하시오.

(단, 한 번 지나간 도시는 다시 지나지 않는다.)

A ⤨⤨ B ⤨⤨ C ⤨⤨ D

확인 9 가구점에 5종류의 책상과 6종류의 의자가 있다. 책상과 의자를 각각 한 개씩
짝 지어 한 쌍으로 팔 때, 판매할 수 있는 방법의 수를 구하시오.

Key Point

- '동시에', '그리고',
  '～와', '～하고 나서'
  ⇨ 각 사건이 일어나는 경우
  의 수를 곱한다.
- A지점에서 B지점까지 가는
  방법이 m가지, B지점에서 C
  지점까지 가는 방법이 n가지
  일 때, A지점에서 출발하여 B
  지점을 거쳐 C지점까지 가는
  방법의 수
  ⇨ $m \times n$

06 경우의 수의 곱 – 동전 또는 주사위를 던지는 경우

● 더 다양한 문제는 **RPM** 중2-2 118쪽

서로 다른 동전 2개와 주사위 1개를 동시에 던질 때, 동전은 서로 다른 면이 나오고 주
사위는 짝수의 눈이 나오는 경우의 수를 구하시오.

풀이 동전 2개가 서로 다른 면이 나오는 경우는 (앞, 뒤), (뒤, 앞)의 2가지,
주사위에서 짝수의 눈이 나오는 경우는 2, 4, 6의 3가지이므로
구하는 경우의 수는 $2 \times 3 = 6$

확인 10 다음 물음에 답하시오.

(1) 동전 1개와 서로 다른 주사위 2개를 동시에 던질 때, 일어나는 모든 경우의
수를 구하시오.

(2) 한 개의 주사위를 두 번 던질 때, 첫 번째는 홀수의 눈이 나오고 두 번째는
소수의 눈이 나오는 경우의 수를 구하시오.

Key Point

- 서로 다른 동전 n개를 동시에
  던질 때, 일어나는 모든 경우
  의 수
  ⇨ $\underbrace{2 \times 2 \times \cdots \times 2}_{n개} = 2^n$
- 서로 다른 주사위 m개를 동
  시에 던질 때, 일어나는 모든
  경우의 수
  ⇨ $\underbrace{6 \times 6 \times \cdots \times 6}_{m개} = 6^m$

소단원 📖 핵심문제

01 서로 다른 4개의 동전을 동시에 던질 때, 앞면이 2개, 뒷면이 2개 나오는 경우의 수를 구하시오.

02 100원, 50원, 10원짜리 동전이 각각 6개씩 있다. 이 동전을 사용하여 330원을 지불하는 방법의 수를 구하시오.

☆ 생각해 봅시다

돈을 지불하는 방법의 수
⇨ 표를 만들거나 나뭇가지 모양의 그림을 그려서 구한다. 이때 액수가 큰 동전의 개수부터 정하는 것이 편리하다.

03 한 개의 주사위를 두 번 던질 때, 나오는 두 눈의 수의 차가 4 이상인 경우의 수를 구하시오.

두 눈의 수의 차가 4 이상인 경우는 차가 4 또는 5일 때이다.

04 한 개의 주사위를 두 번 던져서 첫 번째 나오는 눈의 수를 x, 두 번째 나오는 눈의 수를 y라 할 때, $2x+y<8$인 경우의 수를 구하시오.

05 상자 속에 1부터 10까지의 자연수가 각각 적힌 10장의 카드가 들어 있다. 이 중에서 한 장의 카드를 뽑을 때, 2의 배수 또는 3의 배수가 적힌 카드를 뽑는 경우의 수를 구하시오.

A의 배수 또는 B의 배수를 뽑는 경우의 수
① A, B의 공배수가 없는 경우
⇨ (A의 배수의 개수)
＋(B의 배수의 개수)
② A, B의 공배수가 있는 경우
⇨ (A의 배수의 개수)
＋(B의 배수의 개수)
－(A, B의 공배수의 개수)

06 다음과 같이 3개의 자음, 4개의 모음이 각각 적힌 7장의 카드가 있다. 이때 자음이 적힌 카드와 모음이 적힌 카드를 각각 한 장씩 사용하여 만들 수 있는 글자의 개수를 구하시오.

07 오른쪽 그림과 같은 길을 따라 A지점에서 C지점까지 가는 방법의 수를 구하시오.
(단, 한 번 지나간 지점은 다시 지나지 않는다.)

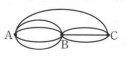

02 | 여러 가지 경우의 수

개념원리 이해

1 한 줄로 세우는 경우의 수는 어떻게 구하는가? ◉핵심문제 1

(1) n명을 한 줄로 세우는 경우의 수

$\Rightarrow n \times (n-1) \times (n-2) \times \cdots \times 2 \times 1$

└─ 2명을 뽑고 남은 $(n-2)$명 중에서 1명을 뽑는 경우의 수
└─ 1명을 뽑고 남은 $(n-1)$명 중에서 1명을 뽑는 경우의 수
└─ n명 중에서 1명을 뽑는 경우의 수

⑩ A, B, C, D 4명을 한 줄로 세우는 경우의 수는 $4 \times 3 \times 2 \times 1 = 24$

(2) n명 중에서 2명을 뽑아 한 줄로 세우는 경우의 수

$\Rightarrow n \times (n-1)$

⑩ A, B, C, D 4명 중에서 2명을 뽑아 한 줄로 세우는 경우의 수는 $4 \times 3 = 12$

(3) n명 중에서 3명을 뽑아 한 줄로 세우는 경우의 수

$\Rightarrow n \times (n-1) \times (n-2)$

⑩ A, B, C, D 4명 중에서 3명을 뽑아 한 줄로 세우는 경우의 수는 $4 \times 3 \times 2 = 24$

참고 n명 중에서 r명을 뽑아 한 줄로 세우는 경우의 수 (단, $n \geq r$)

$\Rightarrow \underbrace{n \times (n-1) \times (n-2) \times \cdots \times \{n-(r-1)\}}_{r개}$ ← n부터 1씩 작아지는 수를 차례로 r개 곱한다.

설명 (1) n명을 한 줄로 세우는 경우는 1명씩 n번 뽑는 것과 같다. n명 중에서 1명을 뽑는 경우의 수는 n이고, $(n-1)$명 중에서 1명을 뽑는 경우의 수는 $n-1$이다. 이와 같이 1씩 줄어들므로 n명을 한 줄로 세우는 경우의 수는 n부터 1까지 1씩 작아지는 수를 차례로 곱한 수이다.

2 한 줄로 세울 때 이웃하여 서는 경우의 수는 어떻게 구하는가? ◉핵심문제 2

(ⅰ) 이웃하는 것을 하나로 묶어 한 줄로 세우는 경우의 수를 구한다.
(ⅱ) 묶음 안에서 자리를 바꾸는 경우의 수를 구한다.
(ⅲ) (ⅰ)과 (ⅱ)의 경우의 수를 곱한다.

$\Rightarrow \binom{\text{이웃하는 것을 하나로 묶어}}{\text{한 줄로 세우는 경우의 수}} \times \binom{\text{묶음 안에서 자리를}}{\text{바꾸는 경우의 수}}$

⑩ A, B, C, D 4명을 한 줄로 세울 때, A, B가 이웃하여 서는 경우의 수를 구하시오.

(ⅰ) A, B를 한 묶음으로 생각하여 (A, B), C, D 3명을 한 줄로 세우는 경우의 수는

$3 \times 2 \times 1 = 6$

(ⅱ) (ⅰ)의 각각에 대하여 A, B가 자리를 바꾸는 경우는 (A, B), (B, A)의 2가지
(ⅲ) 따라서 구하는 경우의 수는 $6 \times 2 = 12$

3 자연수의 개수는 어떻게 구하는가? ⊙ 핵심문제 3, 4

(1) 0을 포함하지 않는 경우

0이 아닌 서로 다른 한 자리 숫자가 각각 적힌 n장의 카드 중에서

① 2장을 뽑아 만들 수 있는 두 자리 자연수의 개수

　⇨ $\underline{n \times (n-1)}$(개) ┌→ 일의 자리에 올 수 있는 숫자는 십의 자리의 숫자를 제외한 $(n-1)$개
　　　　　　　└→ 십의 자리에 올 수 있는 숫자는 n개

② 3장을 뽑아 만들 수 있는 세 자리 자연수의 개수

　⇨ $n \times (n-1) \times (n-2)$(개)

예 1부터 7까지의 숫자가 각각 적힌 7장의 카드 중에서 2장을 뽑아 만들 수 있는 두 자리 자연수의 개수는 $7 \times 6 = 42$(개)

(2) 0을 포함하는 경우

0을 포함한 서로 다른 한 자리 숫자가 각각 적힌 n장의 카드 중에서

① 2장을 뽑아 만들 수 있는 두 자리 자연수의 개수

　⇨ $\boxed{(n-1) \times (n-1)}$ ┌→ 일의 자리에 올 수 있는 숫자는 십의 자리의 숫자를 제외한 $(n-1)$개
　　　　　　　└→ 십의 자리에 올 수 있는 숫자는 $(n-1)$개

② 3장을 뽑아 만들 수 있는 세 자리 자연수의 개수

　⇨ $(n-1) \times (n-1) \times (n-2)$

▶ n장의 카드 중에서 0이 적힌 카드가 포함된 경우 맨 앞자리에는 0이 올 수 없으므로 맨 앞자리에 올 수 있는 숫자는 $(n-1)$개이다.

예 0부터 6까지의 숫자가 각각 적힌 7장의 카드 중에서 2장을 뽑아 만들 수 있는 두 자리 자연수의 개수는 $6 \times 6 = 36$(개)

4 대표를 뽑는 경우의 수는 어떻게 구하는가? ⊙ 핵심문제 5, 6

(1) 자격이 다른 대표를 뽑는 경우 → 뽑는 순서와 관계가 있다.

　① n명 중에서 자격이 다른 대표 2명을 뽑는 경우의 수 ⇨ $n \times (n-1)$
　② n명 중에서 자격이 다른 대표 3명을 뽑는 경우의 수 ⇨ $n \times (n-1) \times (n-2)$

예 A, B, C 3명 중에서 회장 1명, 부회장 1명을 뽑는 경우의 수는 $3 \times 2 = 6$

(2) 자격이 같은 대표를 뽑는 경우 → 뽑는 순서와 관계가 없다.

　① n명 중에서 자격이 같은 대표 2명을 뽑는 경우의 수 ⇨ $\dfrac{n \times (n-1)}{2}$

　② n명 중에서 자격이 같은 대표 3명을 뽑는 경우의 수 ⇨ $\dfrac{n \times (n-1) \times (n-2)}{3 \times 2 \times 1}$

▶ ⑵ ① 순서와 관계가 없을 때, (A, B)와 (B, A)는 같은 경우이므로 2로 나눈다.
　② 순서와 관계가 없을 때, (A, B, C), (A, C, B), (B, A, C), (B, C, A), (C, A, B), (C, B, A)는 같은 경우이므로 6으로 나눈다.

예 A, B, C 3명 중에서 대표 2명을 뽑는 경우의 수는 $\dfrac{3 \times 2}{2} = 3$

설명 (1) n명 중에서 자격이 다른 r명을 뽑는 경우의 수는 n명 중에서 r명을 뽑아 한 줄로 세우는 경우의 수와 같다.

　(2) n명 중에서 자격이 같은 r명을 뽑는 경우의 수는 n명 중에서 r명을 뽑아 한 줄로 세우는 경우의 수를 r명을 한 줄로 세우는 경우의 수로 나누어 구한다.

01 A, B, C 3명을 한 줄로 세우는 경우의 수를 구하시오.

○ n명을 한 줄로 세우는 경우의 수
$\Rightarrow$ ☐ × (☐) × ⋯ × 3 × 2 × 1

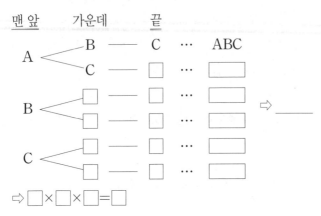

$\Rightarrow$ ☐ × ☐ × ☐ = ☐

02 A, B, C, D 4명의 학생이 있을 때, 다음을 구하시오.

(1) 4명 중에서 2명을 뽑아 한 줄로 세우는 경우의 수

$\Rightarrow$ ＿＿ × ＿＿ = ＿＿

(2) 4명을 한 줄로 세울 때, A, C가 이웃하여 서는 경우의 수

$\Rightarrow \left(\begin{array}{c} \text{A, C를 하나로 묶어} \\ \text{한 줄로 세우는 경우의 수} \end{array}\right) \times \left(\begin{array}{c} \text{묶음 안에서 A, C가} \\ \text{자리를 바꾸는 경우의 수} \end{array}\right)$

$= ＿＿ × ＿＿ = ＿＿$

○ (1) n명 중에서 2명을 뽑아 한 줄로 세우는 경우의 수
$\Rightarrow$ ☐ × (☐)
(2) (한 줄로 세울 때 이웃하여 서는 경우의 수)
$= \left(\begin{array}{c} \text{이웃하는 것을 ☐ 묶어} \\ \text{한 줄로 세우는 경우의 수} \end{array}\right)$
$\times \left(\begin{array}{c} \text{묶음 안에서 자리를} \\ \text{바꾸는 경우의 수} \end{array}\right)$

03 2, 4, 6, 8의 숫자가 각각 적힌 4장의 카드 중에서 2장을 뽑아 두 자리 자연수를 만들려고 한다. 다음을 구하시오.

(1) 십의 자리에 올 수 있는 숫자의 개수
(2) 십의 자리의 수를 뽑은 후 일의 자리에 올 수 있는 숫자의 개수
(3) 만들 수 있는 두 자리 자연수의 개수

$\Rightarrow$ ＿＿ × ＿＿ = ＿＿(개)

○ 0이 아닌 서로 다른 한 자리 숫자가 각각 적힌 n장의 카드 중에서 2장을 뽑아 만들 수 있는 두 자리 자연수의 개수
$\Rightarrow n \times (n-1)$(개)

04 A, B, C, D 4명의 후보 중에서 대표를 뽑을 때, 다음을 구하시오.

(1) 회장 1명, 부회장 1명을 뽑는 경우의 수

$\Rightarrow$ ＿＿ × ＿＿ = ＿＿

(2) 대표 2명을 뽑는 경우의 수 $\Rightarrow \dfrac{☐ × ☐}{☐} = ＿＿$

○ (1) n명 중에서 자격이 다른 대표 2명을 뽑는 경우의 수
$\Rightarrow$ ☐ × (☐)
(2) n명 중에서 자격이 같은 대표 2명을 뽑는 경우의 수
$\Rightarrow \dfrac{☐ × (☐)}{☐}$

핵심문제 🔑 익히기

01 한 줄로 세우는 경우의 수

> 더 다양한 문제는 RPM 중2-2 119쪽

다음을 구하시오.

(1) 5명의 학생 중에서 4명을 뽑아 한 줄로 세우는 경우의 수
(2) 선생님 1명과 학생 3명을 한 줄로 세울 때, 선생님이 두 번째에 서는 경우의 수

풀이 (1) 5명의 학생 중에서 4명을 뽑아 한 줄로 세우는 경우의 수는
$$5 \times 4 \times 3 \times 2 = \mathbf{120}$$

(2) 선생님을 제외한 3명의 학생을 한 줄로 세우고, 두 번째에 선생님을 세우면 되므로 구하는 경우의 수는
$$3 \times 2 \times 1 = \mathbf{6}$$

확인 1 다음을 구하시오.

(1) 긴 의자에 4명의 학생이 앉는 경우의 수
(2) 6명의 학생 중에서 3명을 뽑아 이어달리기를 하는 순서를 정하는 경우의 수

확인 2 5개의 문자 K, O, R, E, A를 한 줄로 나열할 때, 다음을 구하시오.

(1) K가 맨 뒤에 O가 바로 그 앞에 오는 경우의 수
(2) E 또는 A가 맨 앞에 오는 경우의 수

Key Point

· n명을 한 줄로 세우는 경우의 수
⇨ $n \times (n-1) \times \cdots \times 2 \times 1$
· 특정한 사람의 자리를 고정하는 경우
⇨ 자리가 정해진 사람을 제외한 나머지를 한 줄로 세우는 경우의 수와 같다.

02 한 줄로 세우는 경우의 수 – 이웃하는 경우

> 더 다양한 문제는 RPM 중2-2 119쪽

A, B, C, D, E 5명을 한 줄로 세울 때, A, B가 이웃하여 서는 경우의 수를 구하시오.

풀이 A, B를 한 묶음으로 생각하여 ⒜, B⒝, C, D, E의 4명을 한 줄로 세우는 경우의 수는
$$4 \times 3 \times 2 \times 1 = 24$$
이때 A, B가 자리를 바꾸는 경우의 수는 2이므로 구하는 경우의 수는
$$24 \times 2 = \mathbf{48}$$

확인 3 여학생 2명과 남학생 4명을 한 줄로 세울 때, 여학생끼리 이웃하여 서는 경우의 수를 구하시오.

Key Point

이웃하는 것
⇨ 한 묶음으로 생각한다.

03 자연수의 개수 – 0을 포함하지 않는 경우

● 더 다양한 문제는 RPM 중2-2 120쪽

1, 2, 3, 4, 5의 숫자가 각각 적힌 5장의 카드에 대하여 다음을 구하시오.

(1) 2장의 카드를 뽑아 만들 수 있는 두 자리 자연수의 개수
(2) 2장의 카드를 뽑아 만들 수 있는 두 자리 짝수의 개수

풀이 (1) 십의 자리에 올 수 있는 숫자는 5개, 일의 자리에 올 수 있는 숫자는 십의 자리의 숫자를 제외한 4개이므로 구하는 자연수의 개수는
$$5 \times 4 = \mathbf{20}(\text{개})$$
(2) 짝수가 되려면 일의 자리에 올 수 있는 숫자는 2 또는 4이어야 한다.
    (ⅰ) □2인 경우: 십의 자리에 올 수 있는 숫자는 2를 제외한 4개
    (ⅱ) □4인 경우: 십의 자리에 올 수 있는 숫자는 4를 제외한 4개
    따라서 구하는 짝수의 개수는
$$4 + 4 = \mathbf{8}(\text{개})$$

확인4 1, 2, 3, 4의 숫자가 각각 적힌 4장의 카드에 대하여 다음을 구하시오.

(1) 3장의 카드를 뽑아 만들 수 있는 세 자리 자연수의 개수
(2) 3장의 카드를 뽑아 만들 수 있는 세 자리 홀수의 개수

Key Point

• 0을 포함하지 않는 경우는 한 줄로 세우기와 같다.
• 0이 아닌 서로 다른 한 자리 숫자가 각각 적힌 n장의 카드 중에서
  ① 2장을 뽑아 만들 수 있는 두 자리 자연수의 개수
     $\Rightarrow n \times (n-1)$(개)
  ② 3장을 뽑아 만들 수 있는 세 자리 자연수의 개수
     $\Rightarrow n \times (n-1)$
     $\times (n-2)$(개)

04 자연수의 개수 – 0을 포함하는 경우

● 더 다양한 문제는 RPM 중2-2 120쪽

0부터 5까지의 숫자가 각각 적힌 6장의 카드 중에서 3장을 뽑아 만들 수 있는 세 자리 자연수의 개수를 구하시오.

풀이 백의 자리에 올 수 있는 숫자는 0을 제외한 5개, 십의 자리에 올 수 있는 숫자는 백의 자리의 숫자를 제외한 5개이다. 또 일의 자리에 올 수 있는 숫자는 백의 자리와 십의 자리의 숫자를 제외한 4개이다.
따라서 구하는 자연수의 개수는
$$5 \times 5 \times 4 = \mathbf{100}(\text{개})$$

확인5 0부터 4까지의 숫자가 각각 적힌 5장의 카드 중에서 2장을 뽑아 만들 수 있는 두 자리 자연수의 개수를 구하시오.

Key Point

• 맨 앞 자리에는 0이 올 수 없다.
• 0을 포함한 서로 다른 한 자리 숫자가 각각 적힌 n장의 카드 중에서
  ① 2장을 뽑아 만들 수 있는 두 자리 자연수의 개수
     $\Rightarrow (n-1) \times (n-1)$(개)
  ② 3장을 뽑아 만들 수 있는 세 자리 자연수의 개수
     $\Rightarrow (n-1) \times (n-1)$
     $\times (n-2)$(개)

05 대표 뽑기 – 자격이 다른 경우

더 다양한 문제는 **RPM** 중2–2 121쪽

A, B, C, D 4명의 후보 중에서 반장, 부반장, 서기를 각각 1명씩 뽑는 경우의 수를 구하시오.

풀이 반장이 될 수 있는 학생은 4명, 부반장이 될 수 있는 학생은 반장을 제외한 3명, 서기가 될 수 있는 학생은 반장과 부반장을 제외한 2명이다.
따라서 구하는 경우의 수는
$4 \times 3 \times 2 = 24$

확인 6 자전거 동호회 회원 7명 중에서 회장, 부회장을 각각 1명씩 뽑는 경우의 수를 구하시오.

확인 7 여학생 4명과 남학생 6명으로 이루어진 스터디 모임에서 대표를 뽑으려고 한다. 여학생 중에서 조장 1명을, 남학생 중에서 총무 1명과 서기 1명을 뽑는 경우의 수를 구하시오.

Key Point

• 자격이 다른 대표를 뽑는 경우는 한 줄로 세우기와 같다.
• n명 중에서 자격이 다른 대표를 뽑을 때
  ① 2명을 뽑는 경우의 수
  ⇨ $n \times (n-1)$
  ② 3명을 뽑는 경우의 수
  ⇨ $n \times (n-1) \times (n-2)$

06 대표 뽑기 – 자격이 같은 경우

더 다양한 문제는 **RPM** 중2–2 121쪽

어느 학급의 7명의 학생 중에서 이어달리기 경기에 출전할 대표 2명을 뽑는 경우의 수를 구하시오.

풀이 7명 중에서 대표 2명을 뽑는 경우의 수와 같으므로 구하는 경우의 수는
$\dfrac{7 \times 6}{2} = 21$

확인 8 시하, 은서, 재현, 상호, 지우, 서진 6명 중에서 글짓기 대회에 나갈 학생 3명을 뽑으려고 한다. 이때 시하는 반드시 뽑히는 경우의 수를 구하시오.

Key Point

• 자격이 같은 대표를 뽑는 경우는 순서와 관계가 없다.
• n명 중에서 자격이 같은 대표를 뽑을 때
  ① 2명을 뽑는 경우의 수
  ⇨ $\dfrac{n \times (n-1)}{2}$
  ② 3명을 뽑는 경우의 수
  ⇨ $\dfrac{n \times (n-1) \times (n-2)}{3 \times 2 \times 1}$

⊕ 더 다양한 문제는 RPM 중2-2 121쪽

07 선분 또는 삼각형의 개수

Key Point

자격이 같은 대표를 뽑는 것과 같다.

오른쪽 그림과 같이 원 위에 A, B, C, D 4개의 점이 있을 때, 다음을 구하시오.

(1) 두 점을 이어서 만들 수 있는 선분의 개수

(2) 세 점을 꼭짓점으로 하는 삼각형의 개수

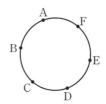

풀이   (1) 4개의 점 중에서 2개의 점을 선택하는 경우의 수와 같으므로 $\dfrac{4 \times 3}{2} = 6$(개)

      (2) 4개의 점 중에서 3개의 점을 선택하는 경우의 수와 같으므로 $\dfrac{4 \times 3 \times 2}{3 \times 2 \times 1} = 4$(개)

참고

⑴ 두 점을 선택하여 만든 선분 중에서 $\overline{AB}$와 $\overline{BA}$는 같은 선분이다. 즉, 두 점을 선택하여 만든 선분은 선택하는 순서와 관계가 없으므로 2로 나눈다.

⑵ 세 점을 선택하여 만든 삼각형 중에서 A, B, C 세 점을 꼭짓점으로 하는 6개의 삼각형인 △ABC, △ACB, △BAC, △BCA, △CAB, △CBA는 모두 같은 삼각형이다.

즉, 세 점을 선택하여 만든 삼각형은 선택하는 순서와 관계없이 같으므로 6으로 나눈다.

확인⑨   오른쪽 그림과 같이 원 위에 A, B, C, D, E, F 6개의 점이 있다. 이 중에서 두 점을 이어서 만들 수 있는 선분의 개수와 세 점을 꼭짓점으로 하는 삼각형의 개수를 각각 구하시오.

08 색칠하는 경우의 수

⊕ 더 다양한 문제는 RPM 중2-2 122쪽

Key Point

각 부분에 칠할 수 있는 경우의 수를 곱한다.

오른쪽 그림과 같은 A, B, C, D 네 부분에 노랑, 빨강, 파랑, 초록의 4가지 색을 사용하여 칠하려고 한다. 같은 색을 여러 번 사용해도 좋으나 이웃하는 부분은 서로 다른 색을 칠하는 경우의 수를 구하시오.

풀이   A에 칠할 수 있는 색은 4가지,

      B에 칠할 수 있는 색은 A에 칠한 색을 제외한 3가지,

      C에 칠할 수 있는 색은 A, B에 칠한 색을 제외한 2가지,

      D에 칠할 수 있는 색은 A, C에 칠한 색을 제외한 2가지이다.

      따라서 구하는 경우의 수는 $4 \times 3 \times 2 \times 2 = 48$

확인⑩   오른쪽 그림과 같은 A, B, C 세 부분에 빨강, 파랑, 초록, 노랑의 4가지 색을 사용하여 칠하려고 한다. 각 부분에 서로 다른 색을 칠하는 경우의 수를 구하시오.

소단원 📰 핵심문제

01 부부와 자녀 3명으로 구성된 5명의 가족을 한 줄로 세울 때, 부부가 양 끝에 서는 경우의 수를 구하시오.

⭐ 생각해 봅시다

02 케이크 가게에서 딸기, 바나나, 초콜릿, 망고, 치즈 케이크를 한 줄로 진열할 때, 딸기, 초콜릿, 치즈 케이크를 나란히 진열하는 경우의 수를 구하시오.

이웃한다.
⇨ 이웃하는 것을 한 묶음으로 생각한다.

03 0부터 4까지의 숫자가 각각 적힌 5장의 카드 중에서 2장을 뽑아 두 자리 자연수를 만들 때, 40보다 작은 자연수의 개수를 구하시오.

04 어느 서점에 서로 다른 수학 참고서 4권과 서로 다른 국어 참고서 5권이 있다. 이 중에서 수학 참고서와 국어 참고서를 각각 2권씩 사는 경우의 수를 구하시오.

05 오른쪽 그림과 같이 평행한 두 직선 위에 6개의 점이 있다. 이 중에서 두 점을 선택하여 만들 수 있는 직선의 개수를 구하시오.

한 직선 위에 있는 점들 중에서 두 점을 선택하여 만들 수 있는 직선은 하나뿐이다.

06 오른쪽 그림과 같은 A, B, C 세 부분에 빨강, 노랑, 파랑의 3가지 색을 사용하여 칠하려고 한다. 각 부분에 서로 다른 색을 칠하는 경우의 수를 구하시오.

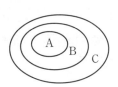

Step 1 기본문제

01 주머니 속에 1부터 20까지의 자연수가 각각 적힌 20개의 구슬이 들어 있다. 이 주머니에서 한 개의 구슬을 꺼낼 때, 소수가 적힌 구슬을 꺼내는 경우의 수는?

① 6 　　　② 7 　　　③ 8
④ 9 　　　⑤ 10

02 4개의 윷짝을 던져서 걸이 나오는 경우의 수를 구하시오.

03 어느 공원의 입장료가 800원일 때, 50원짜리 동전 10개와 100원짜리 동전 8개로 이 공원의 입장료를 지불하는 방법의 수를 구하시오.

꼭 나와
04 오른쪽 그림과 같이 각 면에 1부터 12까지의 자연수가 각각 적힌 정십이면체 모양의 주사위가 있다. 이 주사위를 두 번 던져서 바닥에 닿은 면에 적힌 수를 읽을 때, 두 수의 차가 7 또는 9인 경우의 수를 구하시오.

05 다음 표는 재혁이네 반 학생 20명의 혈액형을 조사하여 나타낸 것이다. 재혁이네 반 학생 중에서 한 명을 선택할 때, 그 학생의 혈액형이 A형 또는 B형인 경우의 수를 구하시오.

혈액형	A형	B형	O형	AB형
학생 수(명)	8	6	4	2

06 다음은 어느 샌드위치 가게의 메뉴판이다. 건우가 샌드위치와 음료수를 각각 한 가지씩 주문하는 경우의 수를 구하시오.

07 오른쪽 그림은 어느 전시회장의 평면도이다. 제1전시장에서 나와 복도를 거쳐 제2전시장으로 들어가는 방법의 수를 구하시오.

꼭 나와
08 서로 다른 동전 2개와 주사위 1개를 동시에 던질 때, 주사위에서는 3 이상의 눈이 나오는 경우의 수를 구하시오.

09 A, B, C, D 4명을 한 줄로 세울 때, B가 맨 앞 또는 맨 뒤에 서는 경우의 수는?

① 6   ② 9   ③ 12

④ 15   ⑤ 18

꼭 나와
10 0, 1, 2, 3, 4의 숫자가 각각 적힌 5장의 카드 중에서 2장을 뽑아 두 자리 자연수를 만들 때, 32 이상인 자연수의 개수를 구하시오.

11 A, B, C, D, E, F, G 7명의 후보 중에서 4명의 대표를 뽑을 때, B와 F가 반드시 뽑히는 경우의 수를 구하시오.

12 6개의 축구팀이 서로 한 번씩 시합을 한다고 할 때, 모두 몇 번의 시합을 치러야 하는지 구하시오.

13 3명이 가위바위보를 할 때, 승부가 나지 않는 경우의 수는?

① 3   ② 6   ③ 9

④ 12   ⑤ 15

꼭 나와
14 두 개의 주사위 A, B를 동시에 던져서 나오는 눈의 수를 각각 a, b라 할 때, x에 대한 방정식 $ax=b$의 해가 정수가 되는 경우의 수를 구하시오.

15 상준이는 병원에 계신 할머니께 병문안을 가려고 한다. 길이 오른쪽 그림과 같을 때, 집에서 출발

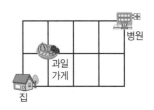

하여 과일 가게에 들러서 과일을 산 다음 병원까지 최단 거리로 가는 방법의 수를 구하시오.

Up
16 남학생 3명, 여학생 3명을 한 줄로 세우려고 한다. 이때 남학생과 여학생이 교대로 서는 경우의 수를 구하시오.

17 1, 2, 3, 4 네 개의 숫자를 이용하여 만들 수 있는 네 자리 자연수를 작은 수부터 차례로 나열할 때, 15번째 수를 구하시오.

UP
18 a, b, c, d 4개의 문자를
$$abcd, \; abdc, \; acbd, \; \cdots, \; dcba$$
와 같이 사전식으로 나열할 때, $dacb$는 몇 번째 문자열인지 구하시오.

19 부모님, 형, 누나, 호영, 동생으로 구성된 6명의 가족이 한 줄로 서서 사진을 찍으려고 한다. 아버지와 어머니는 이웃하여 서고, 호영이와 동생이 양 끝에 서서 사진을 찍는 경우의 수를 구하시오.

20 어느 독서 모임에 남학생 4명과 여학생 3명이 있다. 이 중에서 대표 2명을 뽑을 때, 남학생이 1명 이상 포함되는 경우의 수를 구하시오.

21 어떤 모임에서 모든 회원이 서로 한 번씩 악수를 하였더니 모두 55번의 악수를 하였다. 이 모임의 회원 수를 구하시오.

UP
22 어느 고사실에는 수험 번호가 적혀 있는 5개의 의자가 있다. 5명의 수험생이 무심코 자리에 앉을 때, 2명만 자신의 수험 번호가 적힌 의자에 앉고, 나머지 3명은 다른 사람의 수험 번호가 적힌 의자에 앉게 되는 경우의 수를 구하시오.

23 오른쪽 그림과 같이 반원 위에 7개의 점이 있다. 이 중에서 세 점을 꼭짓점으로 하는 삼각형의 개수를 구하시오.

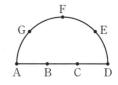

UP
24 오른쪽 그림에서 선을 따라 만들 수 있는 사각형의 개수는?

① 10개　　　② 25개　　　③ 30개
④ 42개　　　⑤ 45개

25 오른쪽 그림과 같은 A, B, C, D, E 다섯 부분에 빨강, 노랑, 파랑, 초록, 보라의 5가지 색을 사용하여 칠하려고 한다. 같은 색을 여러 번 사용해도 좋으나 이웃한 부분은 서로 다른 색을 칠하는 경우의 수를 구하시오.

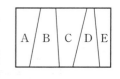

📋 서술형 대비 문제

1

여학생 3명과 남학생 2명을 한 줄로 세울 때, 여학생은 여학생끼리, 남학생은 남학생끼리 이웃하여 서는 경우의 수를 구하시오. [7점]

[풀이과정]

1단계 이웃하는 것을 묶어서 한 줄로 세우는 경우의 수 구하기 [2점]

여학생 3명, 남학생 2명을 각각 한 묶음으로 생각하여 2명을 한 줄로 세우는 경우의 수는

$2 \times 1 = 2$

2단계 각 묶음에서 자리를 바꾸는 경우의 수 구하기 [3점]

여학생 3명끼리 자리를 바꾸는 경우의 수는

$3 \times 2 \times 1 = 6$

남학생 2명끼리 자리를 바꾸는 경우의 수는

$2 \times 1 = 2$

3단계 여학생끼리, 남학생끼리 이웃하여 서는 경우의 수 구하기 [2점]

따라서 구하는 경우의 수는

$2 \times 6 \times 2 = 24$

[답] 24

1-1

서로 다른 수학책 3권, 영어책 2권, 국어책 1권을 책꽂이에 한 줄로 꽂을 때, 수학책은 수학책끼리, 영어책은 영어책끼리 이웃하게 꽂는 경우의 수를 구하시오. [7점]

[풀이과정]

1단계 이웃하는 것을 묶어서 한 줄로 꽂는 경우의 수 구하기 [2점]

2단계 각 묶음에서 자리를 바꾸는 경우의 수 구하기 [3점]

3단계 수학책끼리, 영어책끼리 이웃하게 꽂는 경우의 수 구하기 [2점]

[답]

2

5명의 학생 중에서 반장 1명, 부반장 2명을 뽑는 경우의 수를 구하시오. [6점]

[풀이과정]

1단계 반장 1명을 뽑는 경우의 수 구하기 [2점]

5명 중에서 반장 1명을 뽑는 경우의 수는 5

2단계 부반장 2명을 뽑는 경우의 수 구하기 [2점]

반장 1명을 제외한 나머지 4명 중에서 부반장 2명을 뽑는 경우의 수는

$\dfrac{4 \times 3}{2} = 6$

3단계 반장 1명, 부반장 2명을 뽑는 경우의 수 구하기 [2점]

따라서 구하는 경우의 수는

$5 \times 6 = 30$

[답] 30

2-1

6명의 후보 중에서 회장 1명, 총무 2명을 뽑는 경우의 수를 구하시오. [6점]

[풀이과정]

1단계 회장 1명을 뽑는 경우의 수 구하기 [2점]

2단계 총무 2명을 뽑는 경우의 수 구하기 [2점]

3단계 회장 1명, 총무 2명을 뽑는 경우의 수 구하기 [2점]

[답]

3 다음 그림과 같이 6등분된 서로 다른 두 개의 원판에 1부터 6까지의 자연수가 각각 적혀 있다. 두 원판을 돌린 후 멈추었을 때, 두 원판의 각 바늘이 가리킨 수의 합이 5 또는 8인 경우의 수를 구하시오. (단, 바늘이 경계선을 가리키는 경우는 생각하지 않는다.) [6점]

풀이과정

답

4 오른쪽 그림과 같은 길을 따라 A지점에서 C지점까지 가는 방법의 수를 구하시오.

(단, 한 번 지나간 지점은 다시 지나지 않는다.) [7점]

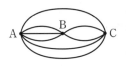

풀이과정

답

5 0, 1, 2, 3, 4, 5의 숫자가 각각 적힌 6장의 카드 중에서 3장의 카드를 뽑아 세 자리 자연수를 만들 때, 5의 배수의 개수를 구하시오. [8점]

풀이과정

답

6 오른쪽 그림과 같이 원 위에 5개의 점이 있다. 이 중에서 두 점을 이어 만들 수 있는 반직선의 개수를 a개, 세 점을 꼭짓점으로 하는 삼각형의 개수를 b개라 할 때, $a+b$의 값을 구하시오. [7점]

풀이과정

답

IV

확률

개념원리
이해

1 확률이란 무엇인가?

같은 조건에서 실험이나 관찰을 여러 번 반복할 때, 어떤 사건이 일어나는 상대도수가 일정한 값에 가까워지면 이 일정한 값을 그 사건이 일어날 **확률**이라 한다.

▶ $(상대도수) = \dfrac{(그\ 계급의\ 도수)}{(도수의\ 총합)}$

2 확률은 어떻게 구하는가? ○ 핵심문제 1, 2

어떤 실험이나 관찰에서 일어나는 모든 경우의 수가 n이고 각 경우가 일어날 가능성이 모두 같을 때, 사건 A가 일어나는 경우의 수가 a이면 사건 A가 일어날 확률 p는 다음과 같다.

$$p = \frac{(사건\ A가\ 일어나는\ 경우의\ 수)}{(모든\ 경우의\ 수)} = \frac{a}{n}$$

▶ p는 probability의 첫 글자이다.

참고 확률은 보통 분수, 소수, 백분율(%) 등으로 나타낸다.

예 주머니 속에 모양과 크기가 같은 빨간 공 3개, 파란 공 5개가 들어 있다. 이 주머니에서 한 개의 공을 꺼낼 때, 다음을 구하시오.

(1) 빨간 공이 나올 확률

(2) 파란 공이 나올 확률

(1) $\dfrac{(빨간\ 공이\ 나오는\ 경우의\ 수)}{(모든\ 경우의\ 수)} = \dfrac{3}{8}$

(2) $\dfrac{(파란\ 공이\ 나오는\ 경우의\ 수)}{(모든\ 경우의\ 수)} = \dfrac{5}{8}$

예 한 개의 주사위를 던질 때, 다음을 구하시오.

(1) 짝수의 눈이 나올 확률

(2) 3의 배수의 눈이 나올 확률

(1) 짝수의 눈이 나오는 경우는 2, 4, 6의 3가지이므로 구하는 확률은

$\dfrac{3}{6} = \dfrac{1}{2}$

(2) 3의 배수의 눈이 나오는 경우는 3, 6의 2가지이므로 구하는 확률은

$\dfrac{2}{6} = \dfrac{1}{3}$

3 확률에는 어떤 성질이 있는가? ● 핵심문제 3

(1) 어떤 사건이 일어날 확률을 p라 하면 $0 \le p \le 1$이다.
(2) 반드시 일어나는 사건의 확률은 1이다.
(3) 절대로 일어나지 않는 사건의 확률은 0이다.

> [참고] 확률이 음수이거나 1보다 큰 경우는 없다.

> [예] 1부터 7까지의 자연수가 각각 적힌 7장의 카드 중에서 한 장을 뽑을 때, 다음을 구하시오.
>   (1) 카드에 적힌 수가 짝수일 확률
>   (2) 카드에 적힌 수가 7 이하의 자연수일 확률
>   (3) 카드에 적힌 수가 10 이상의 자연수일 확률
>
>   (1) 카드에 적힌 수가 짝수인 경우는 2, 4, 6의 3가지이므로 구하는 확률은 $\dfrac{3}{7}$
>   (2) 모두 7 이하의 자연수이므로 구하는 확률은 1
>   (3) 10 이상의 자연수는 없으므로 구하는 확률은 0

4 어떤 사건이 일어나지 않을 확률은 어떻게 구하는가? ● 핵심문제 4

사건 A가 일어날 확률을 p라 하면
$$(\text{사건 } A \text{가 일어나지 않을 확률}) = 1 - p$$

> [참고] 사건 A가 일어날 확률을 p, 사건 A가 일어나지 않을 확률을 q라 하면
> $$p + q = 1$$

> [예] 사건 A가 일어날 확률이 $\dfrac{2}{3}$일 때, 사건 A가 일어나지 않을 확률은 $1 - \dfrac{2}{3} = \dfrac{1}{3}$이다.

5 '적어도 하나는 ~일' 확률은 어떻게 구하는가? ● 핵심문제 5

'적어도 하나는 ~일' 확률은 어떤 사건이 일어나지 않을 확률을 이용한다.
$$(\text{적어도 하나는 ~일 확률}) = 1 - (\text{모두 ~가 아닐 확률})$$

> [참고] 일반적으로 문제에 '적어도 하나는 ~일', '~가 아닐', '~을 못할'이라는 표현이 있으면 어떤 사건이
> 일어나지 않을 확률을 이용하는 것이 편리하다.

> [예] 서로 다른 세 개의 동전을 동시에 던질 때, 적어도 하나는 앞면이 나올 확률을 구하시오.
>   동전 3개를 동시에 던질 때 일어나는 모든 경우의 수는 $2 \times 2 \times 2 = 8$
>   3개 모두 뒷면이 나오는 경우의 수는 1이므로 3개 모두 뒷면이 나올 확률은 $\dfrac{1}{8}$
>   └─3개 모두 앞면이 안 나올 확률
>   ∴ (적어도 하나는 앞면이 나올 확률) = 1 − (3개 모두 뒷면이 나올 확률) = $1 - \dfrac{1}{8} = \dfrac{7}{8}$

01 (사건 A가 일어날 확률)= $\dfrac{\boxed{}}{\boxed{}}$

◇ 사건 A가 일어날 확률을 구할 때는
① 일어나는 모든 경우의 수를 구하고
② $\boxed{}$ 를
구해서
③ $\dfrac{②}{①}$ 를 한다.

02 주머니 속에 모양과 크기가 같은 흰 공 6개, 검은 공 3개가 들어 있다. 이 주머니에서 한 개의 공을 꺼낼 때, 다음을 구하시오.

(1) 흰 공이 나오는 경우의 수: _____

⇨ 흰 공이 나올 확률: _____

(2) 검은 공이 나오는 경우의 수: _____

⇨ 검은 공이 나올 확률: _____

03 서로 다른 두 개의 주사위를 동시에 던질 때 나오는 두 눈의 수의 합이 10일 확률을 구하시오.

(i) 주사위 2개를 동시에 던질 때 일어나는 모든 경우의 수: _____

(ii) 두 눈의 수의 합이 10인 경우의 수: _____

⇨ 두 눈의 수의 합이 10일 확률: _____

04 1부터 10까지의 자연수가 각각 적힌 10장의 카드 중에서 한 장을 뽑을 때, 다음을 구하시오.

(1) 카드에 적힌 수가 10의 약수일 확률: _____

(2) 카드에 적힌 수가 3의 배수일 확률: _____

05 서로 다른 세 개의 동전을 동시에 던질 때, 뒷면이 한 개 나올 확률을 구하시오.

(i) 동전 3개를 동시에 던질 때 일어나는 모든 경우의 수: _____

(ii) 뒷면이 한 개 나오는 경우의 수: _____

⇨ 뒷면이 한 개 나올 확률: _____

06 한 개의 주사위를 던질 때, 다음을 구하시오.

(1) 홀수의 눈이 나올 확률: _____

(2) 6 이하의 눈이 나올 확률: _____

(3) 7보다 큰 눈이 나올 확률: _____

○ (반드시 일어나는 사건의 확률)=☐
(절대로 일어나지 않는 사건의 확률)
=☐

07 사건 A가 일어날 확률이 $\dfrac{2}{5}$일 때, 사건 A가 일어나지 않을 확률을 구하시오.

⇨ (사건 A가 일어나지 않을 확률)$=1-$☐$=$ _____

○ (사건 A가 일어나지 않을 확률)
$=1-($ _____ $)$

08 1부터 15까지의 자연수가 각각 적힌 15장의 카드 중에서 한 장을 뽑을 때, 다음을 구하시오.

(1) 카드에 적힌 수가 3의 배수일 확률: _____

(2) 카드에 적힌 수가 3의 배수가 아닐 확률: _____

09 서로 다른 두 개의 동전을 동시에 던질 때, 적어도 하나는 뒷면이 나올 확률을 구하시오.

(i) 동전 2개를 동시에 던질 때 일어나는 모든 경우의 수: _____

(ii) 둘 다 앞면이 나오는 경우의 수: _____

⇨ 둘 다 앞면이 나올 확률: _____

∴ (적어도 하나는 뒷면이 나올 확률)$=1-$☐$=$ _____

○ (적어도 하나는 ~일 확률)
$=1-($ _____ $)$

핵심문제 🔑 익히기

01 확률의 뜻

더 다양한 문제는 RPM 중2-2 130쪽

더 다양한 문제는 RPM 중2-2 130쪽

0부터 4까지의 숫자가 각각 적힌 5장의 카드 중에서 2장을 뽑아 두 자리 자연수를 만들 때, 20 이상일 확률을 구하시오.

Key Point

(사건 A가 일어날 확률)
$= \dfrac{(\text{사건 } A \text{가 일어나는 경우의 수})}{(\text{모든 경우의 수})}$

풀이 두 자리 자연수를 만드는 경우의 수는 $4 \times 4 = 16$
이때 20 이상인 경우는 십의 자리의 숫자가 2 또는 3 또는 4이어야 한다.
(ⅰ) 2□인 경우: 일의 자리에 올 수 있는 숫자는 4가지이다.
(ⅱ) 3□인 경우: 일의 자리에 올 수 있는 숫자는 4가지이다.
(ⅲ) 4□인 경우: 일의 자리에 올 수 있는 숫자는 4가지이다.
(ⅰ)~(ⅲ)에 의해 20 이상인 경우의 수는 $4 + 4 + 4 = 12$
따라서 구하는 확률은 $\dfrac{12}{16} = \dfrac{3}{4}$

확인 1 다음 물음에 답하시오.

(1) 1, 2, 3, 4, 5의 숫자가 각각 적힌 5장의 카드 중에서 2장을 뽑아 두 자리 자연수를 만들 때, 짝수일 확률을 구하시오.

(2) 0부터 5까지의 숫자가 각각 적힌 6장의 카드 중에서 2장을 뽑아 두 자리 자연수를 만들 때, 30 이하일 확률을 구하시오.

확인 2 다음 물음에 답하시오.

(1) 갑, 을, 병, 정 4명 중에서 2명의 대의원을 뽑을 때, 병이 대의원으로 뽑힐 확률을 구하시오.

(2) 남학생 3명, 여학생 2명 중에서 대표 2명을 뽑을 때, 남학생, 여학생이 각각 1명씩 뽑힐 확률을 구하시오.

확인 3 다음 물음에 답하시오.

(1) A, B, C, D, E 5명을 한 줄로 세울 때, E가 맨 뒤에 서게 될 확률을 구하시오.

(2) 남학생 3명, 여학생 2명을 한 줄로 세울 때, 여학생끼리 이웃하여 서게 될 확률을 구하시오.

02 방정식, 부등식에서의 확률

더 다양한 문제는 RPM 중2-2 130쪽

두 개의 주사위 A, B를 동시에 던져서 A주사위에서 나오는 눈의 수를 x, B주사위에서 나오는 눈의 수를 y라 할 때, $2x+y=7$일 확률을 구하시오.

풀이 주사위 2개를 동시에 던질 때 일어나는 경우의 수는 $6 \times 6 = 36$
$2x+y=7$을 만족시키는 순서쌍 (x, y)는
$(1, 5), (2, 3), (3, 1)$
의 3가지이다.
따라서 구하는 확률은 $\dfrac{3}{36} = \dfrac{1}{12}$

확인4 두 개의 주사위 A, B를 동시에 던져서 A주사위에서 나오는 눈의 수를 x, B주사위에서 나오는 눈의 수를 y라 할 때, $x+2y<6$일 확률을 구하시오.

03 확률의 성질

더 다양한 문제는 RPM 중2-2 131쪽

주머니 속에 모양과 크기가 같은 빨간 구슬 2개, 파란 구슬 3개가 들어 있다. 이 주머니에서 한 개의 구슬을 꺼낼 때, 다음 구슬이 나올 확률을 구하시오.

(1) 빨간 구슬   (2) 흰 구슬   (3) 빨간 구슬 또는 파란 구슬

풀이 주머니에서 한 개의 구슬을 꺼내는 경우의 수는 5이다.

(1) 빨간 구슬이 나오는 경우의 수는 2이므로 구하는 확률은 $\dfrac{2}{5}$이다.

(2) 흰 구슬은 하나도 없으므로 구하는 확률은 **0**이다.

(3) 빨간 구슬, 파란 구슬만 있으므로 구하는 확률은 **1**이다.

확인5 다음 물음에 답하시오.

(1) 주머니 속에 모양과 크기가 같은 파란 공 7개가 들어 있다. 이 주머니에서 한 개의 공을 꺼낼 때, 파란 공이 나올 확률을 구하시오.

(2) 서로 다른 두 개의 주사위를 동시에 던질 때, 나오는 두 눈의 수의 합이 1 이하일 확률을 구하시오.

04　**어떤 사건이 일어나지 않을 확률**　　　　◎ 더 다양한 문제는 RPM 중2-2 131쪽

1부터 10까지의 자연수가 각각 적힌 10장의 카드 중에서 한 장을 뽑을 때, 카드에 적힌 수가 소수가 아닐 확률을 구하시오.

Key Point

(소수가 아닐 확률)
=1−(소수일 확률)

풀이　카드 한 장을 뽑는 경우의 수는 10

카드에 적힌 수가 소수인 경우는 2, 3, 5, 7의 4가지이므로 그 확률은 $\dfrac{4}{10}=\dfrac{2}{5}$

따라서 구하는 확률은 $1-\dfrac{2}{5}=\dfrac{3}{5}$

확인⑥　다음 물음에 답하시오.

(1) 상자 안에 들어 있는 50개의 제품 중 불량품이 6개 섞여 있다. 이 중에서 한 개의 제품을 꺼낼 때, 합격품이 나올 확률을 구하시오.

(2) 서로 다른 두 개의 주사위를 동시에 던질 때, 나오는 두 눈의 수의 합이 10 이하일 확률을 구하시오.

05　**'적어도 하나는 ~일' 확률**　　　　◎ 더 다양한 문제는 RPM 중2-2 131쪽

3개의 당첨 제비를 포함한 10개의 제비가 들어 있는 상자에서 2개를 뽑을 때, 적어도 한 개는 당첨 제비일 확률을 구하시오.

Key Point

(적어도 한 개는 당첨 제비일 확률)
=1−(모두 당첨 제비가 아닐 확률)

풀이　10개의 제비 중에서 2개를 뽑는 경우의 수는 $\dfrac{10\times 9}{2}=45$

당첨 제비가 아닌 7개 중에서 2개를 뽑는 경우의 수는 $\dfrac{7\times 6}{2}=21$이므로

2개 모두 당첨 제비가 아닐 확률은 $\dfrac{21}{45}=\dfrac{7}{15}$

따라서 구하는 확률은 $1-\dfrac{7}{15}=\dfrac{8}{15}$

확인⑦　다음 물음에 답하시오.

(1) 서로 다른 세 개의 동전을 동시에 던질 때, 적어도 한 개는 앞면이 나올 확률을 구하시오.

(2) 남학생 4명, 여학생 3명 중에서 대표 2명을 뽑을 때, 적어도 한 명은 남학생이 뽑힐 확률을 구하시오.

소단원 📋 핵심문제

01 주머니 속에 모양과 크기가 같은 빨간 구슬 4개, 파란 구슬 3 개, 노란 구슬 2개가 들어 있다. 이 주머니에서 한 개의 구슬 을 꺼낼 때, 파란 구슬이 나올 확률은?

① $\dfrac{1}{8}$ ② $\dfrac{2}{9}$ ③ $\dfrac{1}{3}$

④ $\dfrac{5}{9}$ ⑤ $\dfrac{3}{5}$

02 다음 물음에 답하시오.

⑴ A, B, C, D 4명을 한 줄로 세울 때, A, B가 이웃하여 서게 될 확률을 구하 시오.

⑵ 아버지, 어머니와 자녀 3명으로 구성된 5명의 가족을 한 줄로 세울 때, 어머 니는 맨 앞에, 아버지는 맨 뒤에 서게 될 확률을 구하시오.

⑴ A, B를 한 묶음으로 생각한다.
⑵ 자리가 고정된 사람을 제외한 나 머지를 한 줄로 세우는 경우를 생 각한다.

03 1부터 5까지의 자연수가 각각 적힌 5장의 카드 중에서 2장을 뽑아 두 자리 자 연수를 만들 때, 3의 배수일 확률을 구하시오.

04 2학년이 6명, 3학년이 4명인 농구 동아리에서 대표 2명을 뽑을 때, 모두 2학년 일 확률은?

① $\dfrac{1}{9}$ ② $\dfrac{1}{3}$ ③ $\dfrac{4}{9}$ ④ $\dfrac{2}{3}$ ⑤ $\dfrac{7}{9}$

2학년 학생 6명 중에서 대표 2명을 뽑는 경우를 생각한다.

05 한 개의 주사위를 두 번 던져서 첫 번째에 나오는 눈의 수를 a, 두 번째에 나오 는 눈의 수를 b라 할 때, x에 대한 방정식 $2ax-b=0$의 해가 자연수일 확률을 구하시오.

06 다음 중 확률이 1인 것은?

① 한 개의 동전을 던질 때, 뒷면이 나올 확률
② 두 개의 동전을 던질 때, 앞면이 2개 나올 확률
③ 한 개의 주사위를 던질 때, 홀수의 눈이 나올 확률
④ 한 개의 주사위를 던질 때, 6 이하의 눈이 나올 확률
⑤ 서로 다른 두 개의 주사위를 던질 때, 나오는 눈의 수의 합이 12보다 클 확률

> ⭐ 생각해 봅시다
>
> (반드시 일어나는 사건의 확률)=1

07 어떤 사건이 일어날 확률을 p, 그 사건이 일어나지 않을 확률을 q라 할 때, 다음 중 옳은 것은?

① $p \times q = 1$ ② $p + q = 0$ ③ $p = 1 + q$
④ $0 < p < 1$ ⑤ $q = 1 - p$

> $p + q = 1$
> $0 \le p \le 1,\ 0 \le q \le 1$

08 서로 다른 두 개의 주사위를 동시에 던질 때, 다음을 구하시오.

(1) 서로 다른 눈이 나올 확률
(2) 두 눈의 수의 합이 3 이상일 확률

> (어떤 사건이 일어나지 않을 확률)
> =1-(어떤 사건이 일어날 확률)

09 상자 안에 모양과 크기가 같은 검은 공 3개와 흰 공 2개가 들어 있다. 이 상자에서 2개의 공을 꺼낼 때, 적어도 한 개는 흰 공이 나올 확률을 구하시오.

> (적어도 하나는 ~일 확률)
> =1-(모두 ~가 아닐 확률)

10 지효가 수학 시험에서 5개의 ○, × 문제에 임의로 답할 때, 적어도 한 문제를 맞힐 확률을 구하시오.

02 | 확률의 계산

개념원리 이해

1 사건 A 또는 사건 B가 일어날 확률은 어떻게 구하는가? ◐ 핵심문제 1, 3

두 사건 A, B가 동시에 일어나지 않을 때, 사건 A가 일어날 확률을 p, 사건 B가 일어날 확률을 q라 하면

(사건 A 또는 사건 B가 일어날 확률)$=p+q$ ← 두 확률의 덧셈

▶ ① 사건 A 또는 사건 B가 일어날 확률은 문장에서 '또는', '~이거나'로 표현되어 있다.
　② 확률의 덧셈에서 두 사건 A와 B가 동시에 일어나지 않는다는 것은 사건 A가 일어나면 사건 B는 일어나지 않고, 사건 B가 일어나면 사건 A는 일어나지 않는다는 뜻이다.

예 서로 다른 두 개의 주사위를 동시에 던질 때, 나오는 두 눈의 수의 합이 5 또는 10일 확률을 구하시오.

주사위 2개를 동시에 던질 때 일어나는 모든 경우의 수는 $6 \times 6 = 36$

두 눈의 수의 합이 5인 경우는 $(1, 4), (2, 3), (3, 2), (4, 1)$의 4가지이므로

그 확률은 $\dfrac{4}{36}$

두 눈의 수의 합이 10인 경우는 $(4, 6), (5, 5), (6, 4)$의 3가지이므로

그 확률은 $\dfrac{3}{36}$

따라서 구하는 확률은

$\dfrac{4}{36} + \dfrac{3}{36} = \dfrac{7}{36}$

2 두 사건 A, B가 동시에 일어날 확률은 어떻게 구하는가? ◐ 핵심문제 2, 3, 5

두 사건 A, B가 서로 영향을 끼치지 않을 때, 사건 A가 일어날 확률을 p, 사건 B가 일어날 확률을 q라 하면

(두 사건 A, B가 동시에 일어날 확률)$=p \times q$ ← 두 확률의 곱셈

▶ ① 두 사건 A, B가 동시에 일어날 확률은 문장에서 '~이고', '동시에'로 표현되어 있다.
　② 확률의 곱셈에서 '동시에'라는 말은 두 사건이 같은 시간에 일어난다는 것만을 의미하는 것이 아니라 사건 A가 일어나는 각각의 경우에 대하여 사건 B가 일어난다는 뜻이다.

예 동전 한 개와 주사위 한 개를 동시에 던질 때, 동전은 앞면이 나오고 주사위는 홀수의 눈이 나올 확률을 구하시오.

동전에서 앞면이 나올 확률은 $\dfrac{1}{2}$

주사위에서 홀수의 눈이 나오는 경우는 1, 3, 5의 3가지이므로 그 확률은 $\dfrac{3}{6} = \dfrac{1}{2}$

따라서 구하는 확률은

$\dfrac{1}{2} \times \dfrac{1}{2} = \dfrac{1}{4}$

3 연속하여 뽑는 경우의 확률은 어떻게 구하는가? 🔵 핵심문제 4

(1) 꺼낸 것을 다시 넣는 경우

처음에 뽑은 것을 다시 뽑을 수 있으므로 전체 경우의 수는 변함이 없다. 즉, 처음 사건이 나중 사건에 영향을 주지 않으므로 처음과 나중의 조건이 같다.

⇨ (처음에 사건 A가 일어날 확률)=(나중에 사건 A가 일어날 확률)

(2) 꺼낸 것을 다시 넣지 않는 경우

처음에 뽑은 것을 다시 뽑을 수 없으므로 전체 경우의 수는 줄어든다. 즉, 처음 사건이 나중 사건에 영향을 미치므로 처음과 나중의 조건이 다르다.

⇨ (처음에 사건 A가 일어날 확률)≠(나중에 사건 A가 일어날 확률)

🔵 주머니 속에 모양과 크기가 같은 흰 공 4개, 검은 공 3개가 들어 있다. 이 주머니에서 연속하여 2개의 공을 꺼낼 때, 2개 모두 검은 공일 확률을 다음의 각 경우에 구하시오.

　(1) 첫 번째에 꺼낸 공을 다시 넣을 때

　(2) 첫 번째에 꺼낸 공을 다시 넣지 않을 때

　(1) 첫 번째에 검은 공을 꺼낼 확률은 $\dfrac{3}{7}$

　　 꺼낸 공을 다시 넣으므로 두 번째에 검은 공을 꺼낼 확률도 $\dfrac{3}{7}$

　　 따라서 구하는 확률은 $\dfrac{3}{7} \times \dfrac{3}{7} = \dfrac{9}{49}$

　(2) 첫 번째에 검은 공을 꺼낼 확률은 $\dfrac{3}{7}$

　　 꺼낸 공을 다시 넣지 않으므로 두 번째에 검은 공을 꺼낼 확률은 $\dfrac{2}{6} = \dfrac{1}{3}$

　　 따라서 구하는 확률은 $\dfrac{3}{7} \times \dfrac{1}{3} = \dfrac{1}{7}$

4 도형에서의 확률은 어떻게 구하는가? 🔵 핵심문제 6

모든 경우의 수는 도형의 전체 넓이로 생각하고, 어떤 사건이 일어나는 경우의 수는 도형에서 해당하는 부분의 넓이로 생각한다. 즉,

$$(도형에서의 \ 확률) = \frac{(사건에 \ 해당하는 \ 부분의 \ 넓이)}{(도형의 \ 전체 \ 넓이)}$$

🔵 오른쪽 그림과 같이 8등분된 원판에 화살을 쏘았을 때, 색칠된 부분에 맞힐 확률을 구하시오. (단, 화살이 원판을 벗어나거나 경계선을 맞히는 경우는 생각하지 않는다.)

$$\frac{(색칠된 \ 부분의 \ 넓이)}{(도형의 \ 전체 \ 넓이)} = \frac{4}{8} = \frac{1}{2}$$

01 서로 다른 두 개의 주사위를 동시에 던질 때, 나오는 두 눈의 수의 합이 3 또는 8일 확률을 구하시오.

(i) 두 눈의 수의 합이 3일 확률: _____

(ii) 두 눈의 수의 합이 8일 확률: _____

⇨ 두 눈의 수의 합이 3 또는 8일 확률:

_____ □ _____ = _____

◎ (사건 A 또는 사건 B가 일어날 확률)
 =(사건 A가 일어날 확률)
 □(사건 B가 일어날 확률)

02 동전 1개와 주사위 1개를 동시에 던질 때, 동전은 뒷면이 나오고 주사위는 짝수의 눈이 나올 확률을 구하시오.

(i) 동전에서 뒷면이 나올 확률: _____

(ii) 주사위에서 짝수의 눈이 나올 확률: _____

⇨ 동전은 뒷면이 나오고 주사위는 짝수의 눈이 나올 확률:

_____ □ _____ = _____

◎ (두 사건 A, B가 동시에 일어날 확률)
 =(사건 A가 일어날 확률)
 □(사건 B가 일어날 확률)

03 2개의 당첨 제비를 포함한 5개의 제비가 들어 있는 주머니에서 A, B 두 사람이 다음과 같은 방법으로 제비를 뽑을 때, 물음에 답하시오.

(1) A가 제비 한 개를 뽑아 확인하고 주머니에 넣은 후 다시 B가 제비 한 개를 뽑을 때

(i) A가 당첨 제비를 뽑을 확률: _____

(ii) B가 당첨 제비를 뽑을 확률: _____

⇨ A, B가 모두 당첨 제비를 뽑을 확률:

_____ □ _____ = _____

(2) A가 제비 한 개를 뽑아 확인한 후 주머니에 넣지 않고 B가 제비 한 개를 뽑을 때

(i) A가 당첨 제비를 뽑을 확률: _____

(ii) B가 당첨 제비를 뽑을 확률: _____

⇨ A, B가 모두 당첨 제비를 뽑을 확률:

_____ □ _____ = _____

◎ ⑴ 꺼낸 것을 다시 넣는 경우
 (처음 조건)□(나중 조건)
 ⑵ 꺼낸 것을 다시 넣지 않는 경우
 (처음 조건)□(나중 조건)

정답과 풀이 **p.80**

01	**사건 A 또는 사건 B가 일어날 확률**

● 더 다양한 문제는 **RPM** 중2-2 132쪽

Key Point

'또는', '~이거나'
⇨ 확률의 덧셈

주머니 속에 모양과 크기가 같은 흰 구슬 5개, 검은 구슬 7개, 빨간 구슬 8개가 들어 있다. 이 주머니에서 한 개의 구슬을 꺼낼 때, 흰 구슬 또는 검은 구슬이 나올 확률을 구하시오.

풀이 모든 경우의 수는 $5+7+8=20$

흰 구슬은 5개이므로 주머니에서 흰 구슬이 나올 확률은 $\dfrac{5}{20}$

검은 구슬은 7개이므로 주머니에서 검은 구슬이 나올 확률은 $\dfrac{7}{20}$

따라서 구하는 확률은

$$\dfrac{5}{20}+\dfrac{7}{20}=\dfrac{12}{20}=\dfrac{3}{5}$$

확인 1 1부터 12까지의 자연수가 각각 적힌 12장의 카드 중에서 한 장을 뽑을 때, 카드에 적힌 수가 소수 또는 6의 배수일 확률을 구하시오.

확인 2 진구는 8월 중에서 하루를 선택하여 봉사활동을 가기로 했다. 8월 달력이 오른쪽 그림과 같을 때, 선택한 날이 화요일이거나 금요일일 확률을 구하시오.

일	월	화	수	목	금	토
			1	2	3	4
5	6	7	8	9	10	11
12	13	14	15	16	17	18
19	20	21	22	23	24	25
26	27	28	29	30	31	

확인 3 5개의 문자 G, R, E, A, T를 한 줄로 배열할 때, E 또는 T가 맨 앞에 올 확률을 구하시오.

두 사건 A, B가 동시에 일어날 확률   더 다양한 문제는 RPM 중2-2 132쪽

두 개의 주사위 A, B를 동시에 던질 때, A주사위는 2의 배수의 눈이 나오고 B주사위
는 6의 약수의 눈이 나올 확률을 구하시오.

풀이 A주사위에서 2의 배수가 나오는 경우는 2, 4, 6의 3가지이므로 그 확률은 $\dfrac{3}{6} = \dfrac{1}{2}$

B주사위에서 6의 약수가 나오는 경우는 1, 2, 3, 6의 4가지이므로 그 확률은 $\dfrac{4}{6} = \dfrac{2}{3}$

따라서 구하는 확률은

$\dfrac{1}{2} \times \dfrac{2}{3} = \dfrac{1}{3}$

확인4 어느 야구팀의 5번 타자와 6번 타자가 안타를 칠 확률은 각각 0.2, 0.3이다.
5번 타자와 6번 타자가 연속으로 안타를 칠 확률을 구하시오.

확인5 A주머니에는 모양과 크기가 같은 흰 공 2개, 파란 공 1개가 들어 있고, B주머
니에는 모양과 크기가 같은 흰 공 3개, 검은 공 3개가 들어 있다. A, B 두 주머
니에서 각각 한 개의 공을 꺼낼 때, 두 공이 모두 흰 공일 확률을 구하시오.

확인6 내일 비가 올 확률은 30 %, 모레 비가 올 확률은 80 %라 한다. 내일은 비가 오
지 않고, 모레는 비가 올 확률을 구하시오.

03 확률의 덧셈과 곱셈

더 다양한 문제는 **RPM** 중2-2 133쪽

A주머니에는 모양과 크기가 같은 빨간 공 3개, 흰 공 5개가 들어 있고, B주머니에는 모양과 크기가 같은 빨간 공 4개, 흰 공 2개가 들어 있다. A, B 두 주머니에서 각각 한 개의 공을 꺼낼 때, 두 공이 서로 같은 색일 확률을 구하시오.

풀이 (ⅰ) A, B 두 주머니에서 모두 빨간 공을 꺼낼 확률은 $\dfrac{3}{8} \times \dfrac{4}{6} = \dfrac{1}{4}$

(ⅱ) A, B 두 주머니에서 모두 흰 공을 꺼낼 확률은 $\dfrac{5}{8} \times \dfrac{2}{6} = \dfrac{5}{24}$

따라서 구하는 확률은 $\dfrac{1}{4} + \dfrac{5}{24} = \dfrac{\mathbf{11}}{\mathbf{24}}$

확인7 A상자에는 팥빵 8개, 크림빵 4개가 들어 있고, B상자에는 팥빵 5개, 크림빵 7개가 들어 있다. A, B 두 상자에서 각각 한 개씩 빵을 꺼낼 때, 한 개만 팥빵일 확률을 구하시오.

04 연속하여 뽑는 경우의 확률

더 다양한 문제는 **RPM** 중2-2 133쪽

Key Point

• 꺼낸 것을 다시 넣는 경우
 ⇨ (처음 꺼낼 때의 바둑돌의 개수)
  =(나중에 꺼낼 때의 바둑돌의 개수)
• 꺼낸 것을 다시 넣지 않는 경우
 ⇨ (처음 꺼낼 때의 바둑돌의 개수)
  ≠(나중에 꺼낼 때의 바둑돌의 개수)

주머니 속에 모양과 크기가 같은 흰 바둑돌 10개, 검은 바둑돌 6개가 들어 있다. 이 주머니에서 연속하여 2개의 바둑돌을 꺼낼 때, 2개 모두 검은 바둑돌일 확률을 다음의 각 경우에 구하시오.

(1) 첫 번째에 꺼낸 바둑돌을 다시 넣을 때
(2) 첫 번째에 꺼낸 바둑돌을 다시 넣지 않을 때

풀이 (1) 첫 번째에 검은 바둑돌을 꺼낼 확률은 $\dfrac{6}{16} = \dfrac{3}{8}$

꺼낸 바둑돌을 다시 넣으므로 두 번째에 검은 바둑돌을 꺼낼 확률도 $\dfrac{3}{8}$

따라서 구하는 확률은 $\dfrac{3}{8} \times \dfrac{3}{8} = \dfrac{\mathbf{9}}{\mathbf{64}}$

(2) 첫 번째에 검은 바둑돌을 꺼낼 확률은 $\dfrac{6}{16} = \dfrac{3}{8}$

꺼낸 바둑돌을 다시 넣지 않으므로 두 번째에 검은 바둑돌을 꺼낼 확률은 $\dfrac{5}{15} = \dfrac{1}{3}$

따라서 구하는 확률은 $\dfrac{3}{8} \times \dfrac{1}{3} = \dfrac{\mathbf{1}}{\mathbf{8}}$

확인8 상자 안에 3개의 당첨 제비를 포함한 7개의 제비가 들어 있다. 이 상자에서 A, B 두 사람이 차례로 제비를 한 개씩 뽑을 때, 다음의 각 경우에 A만 당첨 제비를 뽑을 확률을 구하시오.

(1) A가 뽑은 제비를 다시 넣을 때
(2) A가 뽑은 제비를 다시 넣지 않을 때

05 어떤 사건이 일어나지 않을 확률 – 확률의 곱셈 이용

더 다양한 문제는 RPM 중2-2 134쪽

Key Point

두 사건 A, B가 서로 영향을 끼치지 않을 때, 사건 A가 일어날 확률을 p, 사건 B가 일어날 확률을 q라 하면
(두 사건 A, B가 모두 일어나지 않을 확률)
$= (1-p) \times (1-q)$

명중률이 각각 $\dfrac{1}{2}$, $\dfrac{2}{3}$인 A, B 두 사람이 동시에 한 과녁에 화살을 쏘았을 때, 적어도 한 사람은 과녁을 맞힐 확률을 구하시오.

풀이 A, B 모두 과녁을 맞히지 못할 확률은

$$\left(1-\dfrac{1}{2}\right) \times \left(1-\dfrac{2}{3}\right) = \dfrac{1}{2} \times \dfrac{1}{3} = \dfrac{1}{6}$$

따라서 구하는 확률은 $1-\dfrac{1}{6} = \dfrac{5}{6}$

확인 9 어떤 오디션에서 민주가 합격할 확률은 $\dfrac{3}{5}$, 정혁이가 합격할 확률은 $\dfrac{3}{4}$일 때, 두 사람 모두 불합격할 확률을 구하시오.

확인 10 치료율이 75 %인 약으로 환자 두 명을 치료하였을 때, 적어도 한 명은 치료될 확률을 구하시오.

06 도형에서의 확률

더 다양한 문제는 RPM 중2-2 135쪽

Key Point

(도형에서의 확률)
$= \dfrac{(사건에 해당하는 부분의 넓이)}{(도형의 전체 넓이)}$

오른쪽 그림과 같이 10등분된 원판에 화살을 쏠 때, 맞힌 부분에 적힌 숫자가 3의 배수 또는 8의 배수일 확률을 구하시오.
(단, 화살이 원판을 벗어나거나 경계선을 맞히는 경우는 생각하지 않는다.)

풀이 3의 배수가 적힌 부분은 3, 6, 9의 세 부분이므로 3의 배수가 적힌 부분을 맞힐 확률은 $\dfrac{3}{10}$

8의 배수가 적힌 부분은 8의 한 부분이므로 8의 배수가 적힌 부분을 맞힐 확률은 $\dfrac{1}{10}$

따라서 구하는 확률은 $\dfrac{3}{10} + \dfrac{1}{10} = \dfrac{4}{10} = \dfrac{2}{5}$

확인 11 오른쪽 그림과 같이 크기가 같은 16개의 정사각형으로 이루어진 표적에 화살을 두 번 쏘아 두 번 모두 색칠한 부분에 맞힐 확률을 구하시오. (단, 화살이 표적을 벗어나거나 경계선을 맞히는 경우는 생각하지 않는다.)

소단원 📝 핵심문제

01 서로 다른 두 개의 주사위를 동시에 던질 때, 나오는 두 눈의 수의 차가 2 또는 3일 확률을 구하시오.

⭐ 생각해 봅시다

'또는', '~이거나'
⇨ 확률의 덧셈

02 A, B, C 세 학생이 어떤 문제를 맞힐 확률이 각각 $\frac{1}{2}$, $\frac{1}{3}$, $\frac{3}{5}$일 때, B만 이 문제를 맞힐 확률을 구하시오.

(문제를 틀릴 확률)
=1−(문제를 맞힐 확률)

03 A상자에는 모양과 크기가 같은 파란 구슬 4개, 흰 구슬 3개가 들어 있고, B상자에는 모양과 크기가 같은 파란 구슬 2개, 흰 구슬 5개가 들어 있다. 임의로 한 개의 상자를 선택하여 한 개의 구슬을 꺼낼 때, 흰 구슬일 확률을 구하시오. (단, 두 상자 A, B를 선택할 확률은 같다.)

04 1부터 9까지의 자연수가 각각 적힌 9장의 카드가 들어 있는 상자에서 한 장의 카드를 꺼내 확인하고 상자에 넣은 후 다시 한 장의 카드를 꺼낼 때, 2장의 카드에 적힌 수의 합이 짝수일 확률을 구하시오.

05 하늘이가 약속 시간에 늦지 않을 확률은 $\frac{3}{4}$, 석필이가 약속 시간에 늦지 않을 확률은 $\frac{2}{5}$일 때, 두 사람 중에서 적어도 한 명은 약속 시간에 늦지 않을 확률을 구하시오.

(적어도 한 명은 약속 시간에 늦지 않을 확률)
=1−(두 사람 모두 약속 시간에 늦을 확률)

06 오른쪽 그림과 같은 과녁에 화살을 쏘아서 맞힌 부분에 적힌 숫자를 점수로 받는다고 할 때, 화살을 한 번 쏘아서 6점을 얻을 확률을 구하시오. (단, 화살이 경계선에 맞거나 과녁을 벗어나는 경우는 생각하지 않는다.)

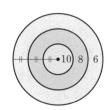

반지름의 길이가 r인 원의 넓이
⇨ $\pi \times r^2$

꼭 나와

01 다음 중 확률이 가장 큰 것은?

① 한 개의 주사위를 던질 때, 홀수의 눈이 나올 확률
② A, B, C 3명의 학생을 한 줄로 세울 때, C가 맨 앞에 서게 될 확률
③ 1부터 5까지의 자연수가 각각 적힌 5장의 카드 중에서 한 장을 뽑을 때, 소수가 나올 확률
④ 서로 다른 두 개의 동전을 동시에 던질 때, 둘 다 앞면이 나올 확률
⑤ 모양과 크기가 같은 흰 공 5개와 검은 공 3개가 들어 있는 주머니에서 한 개의 공을 꺼낼 때, 검은 공이 나올 확률

02 키가 서로 다른 A, B, C 3명의 학생을 한 줄로 세울 때, 키 순서대로 서게 될 확률을 구하시오.

03 아버지, 어머니, 아들, 딸로 구성된 4명의 가족이 나란히 서서 사진을 찍을 때, 부모님이 이웃하여 서서 사진을 찍을 확률을 구하시오.

04 미화, 수민, 상호, 연주 4명 중에서 2명의 청소 당번을 뽑을 때, 연주가 청소 당번에 뽑힐 확률을 구하시오.

05 어떤 사건 A가 일어날 확률을 p, 일어나지 않을 확률을 q라 할 때, 다음 중 옳지 않은 것은?

① $0 \leq p \leq 1$
② $0 \leq q \leq 1$
③ $p = q - 1$
④ $p = 0$이면 사건 A는 절대로 일어나지 않는다.
⑤ $q = 0$이면 사건 A는 반드시 일어난다.

꼭 나와

06 세 사람이 가위바위보를 할 때, 다음을 구하시오.

(1) 서로 비길 확률
(2) 승부가 결정될 확률

07 남학생 2명, 여학생 3명 중에서 대표 2명을 뽑을 때, 적어도 한 명은 남학생이 뽑힐 확률은?

① $\dfrac{3}{10}$　　② $\dfrac{1}{2}$　　③ $\dfrac{7}{10}$

④ $\dfrac{3}{4}$　　⑤ $\dfrac{4}{5}$

08 0, 1, 2, 3, 4의 숫자가 각각 적힌 5장의 카드 중에서 3장을 뽑아 세 자리 자연수를 만들 때, 200 이하 또는 400 이상일 확률을 구하시오.

09 A, B 두 팀의 농구 경기에서 현재 점수가 76 : 77 이고 76점을 득점한 A팀이 자유투 2개를 던지면 경기가 종료된다고 한다. 자유투를 던질 선수의 자유투 성공률이 $\frac{4}{5}$일 때, A팀이 이길 확률을 구하시오.
(단, 자유투 1개를 성공시키면 1점을 득점한다.)

10 4개의 문자 L, O, V, E가 각각 적힌 4장의 카드 중에서 한 장을 뽑아 확인하고 넣은 다음 다시 한 장을 뽑을 때, 2장 모두 같은 문자가 적힌 카드를 뽑을 확률을 구하시오.

11 창민이와 현우는 오후 2시에 만나기로 약속을 하였다. 창민이가 약속을 지킬 확률은 $\frac{2}{3}$, 현우가 약속을 지킬 확률은 $\frac{1}{4}$일 때, 두 사람이 만나지 못할 확률을 구하시오.

12 오른쪽 그림과 같이 8등분된 원판에 화살을 두 번 쏘아 두 번 모두 홀수가 적힌 부분에 맞힐 확률을 구하시오. (단, 화살이 경계선에 맞거나 원판을 벗어나는 경우는 생각하지 않는다.)

13 모양과 크기가 같은 노란 구슬 2개, 파란 구슬 6개, 빨간 구슬 몇 개가 들어 있는 주머니에서 구슬 1개를 꺼낼 때, 노란 구슬이 나올 확률이 $\frac{1}{6}$이라 한다. 이때 주머니에 들어 있는 빨간 구슬의 개수는?

① 1개 　　　② 2개 　　　③ 3개
④ 4개 　　　⑤ 5개

14 길이가 각각 1 cm, 2 cm, 3 cm, 4 cm, 5 cm인 5개의 막대가 있다. 이 중에서 3개를 선택하여 삼각형을 만들 때, 삼각형이 만들어질 확률을 구하시오.

15 두 개의 주사위 A, B를 동시에 던져서 A주사위에서 나오는 눈의 수를 a, B주사위에서 나오는 눈의 수를 b라 할 때, 두 직선 $y=2x-a$와 $y=-x+b$의 교점의 x좌표가 1일 확률을 구하시오.

16 다음 그림은 어느 중학교 2학년 축구 대회의 대진표이다. 각 반이 각각의 경기에서 이길 확률은 $\frac{1}{2}$일 때, 6반이 우승할 확률을 구하시오.
(단, 매 경기마다 무승부는 없다.)

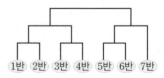

17 A주머니에는 모양과 크기가 같은 흰 공 2개, 검은 공 3개가 들어 있고, B주머니에는 모양과 크기가 같은 흰 공 3개, 검은 공 2개가 들어 있다. A주머니에서 한 개의 공을 꺼내어 B주머니에 넣어 섞은 다음 B주머니에서 한 개의 공을 꺼낼 때, 흰 공이 나올 확률을 구하시오.

Up 18 오른쪽 그림과 같이 공을 A에 넣으면 P, Q, R, S 중의 어느 한 곳으로 공이 나오는 관이 있다. 공을 A에 넣었을 때, 공이 Q로 나올 확률을 구하시오.

19 공을 던져 표적을 맞히는 게임이 있다. 경호가 이 게임에서 표적을 맞힐 확률이 $\frac{2}{3}$일 때, 4개의 공을 던져 3개 이하를 맞힐 확률을 구하시오.

20 오른쪽 그림과 같은 전기 회로에서 스위치 A, B가 닫힐 확률이 각각 $\frac{1}{3}$, $\frac{2}{5}$일 때, 전구에 불이 들어오지 않을 확률을 구하시오.

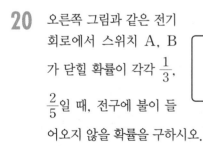

21 두 자연수 a, b에 대하여 a가 짝수일 확률은 $\frac{2}{3}$이고 b가 짝수일 확률은 $\frac{3}{5}$일 때, $a \times b$가 짝수일 확률을 구하시오.

22 A, B 두 사람이 1회에는 A, 2회에는 B, 3회에는 A, 4회에는 B, …의 순서로 번갈아 가며 주사위 1개를 던지는 놀이를 하려고 한다. 5의 약수의 눈이 먼저 나오는 사람이 이기는 것으로 할 때, 4회 이내에 B가 이길 확률은?

① $\frac{16}{81}$ ② $\frac{7}{27}$ ③ $\frac{26}{81}$

④ $\frac{3}{9}$ ⑤ $\frac{32}{81}$

Up 23 오른쪽 그림과 같이 한 변의 길이가 1 cm인 정오각형 ABCDE에서 점 P는 점 A에서 출발하여 화살표 방향으로 정오각형의 변을 따라 움직인다. 한 개의 주사위를 던져 나오는 눈의 수가 a이면 점 P는 화살표 방향으로 $3a$ cm만큼 움직일 때, 주사위를 두 번 던져 점 P가 점 E에 위치할 확률은?

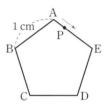

① $\frac{1}{9}$ ② $\frac{2}{9}$ ③ $\frac{1}{3}$

④ $\frac{5}{9}$ ⑤ $\frac{2}{3}$

서술형 대비 문제

1

A주머니에는 모양과 크기가 같은 흰 공 5개, 파란 공 3개가 들어 있고, B주머니에는 모양과 크기가 같은 흰 공 2개, 파란 공 6개가 들어 있다. A, B 두 주머니에서 각각 한 개의 공을 꺼낼 때, 두 공의 색깔이 서로 다를 확률을 구하시오. [6점]

풀이과정

1단계 A주머니에서 흰 공, B주머니에서 파란 공이 나올 확률 구하기 [2점]

$$\frac{5}{8} \times \frac{6}{8} = \frac{15}{32}$$

2단계 A주머니에서 파란 공, B주머니에서 흰 공이 나올 확률 구하기 [2점]

$$\frac{3}{8} \times \frac{2}{8} = \frac{3}{32}$$

3단계 두 주머니에서 서로 다른 색의 공이 나올 확률 구하기 [2점]

$$\frac{15}{32} + \frac{3}{32} = \frac{9}{16}$$

답 $\frac{9}{16}$

1-1 A주머니에는 모양과 크기가 같은 흰 공 3개, 검은 공 1개가 들어 있고, B주머니에는 모양과 크기가 같은 흰 공 2개, 검은 공 2개가 들어 있다. A, B 두 주머니에서 각각 한 개의 공을 꺼낼 때, 두 공의 색깔이 서로 같을 확률을 구하시오. [6점]

풀이과정

1단계 A, B 두 주머니에서 모두 흰 공이 나올 확률 구하기 [2점]

2단계 A, B 두 주머니에서 모두 검은 공이 나올 확률 구하기 [2점]

3단계 두 주머니에서 서로 같은 색의 공이 나올 확률 구하기 [2점]

답

2

어느 시험에서 A가 합격할 확률은 $\frac{2}{5}$이고 B가 합격할 확률은 $\frac{1}{3}$일 때, A, B 중 적어도 한 명은 합격할 확률을 구하시오. [7점]

풀이과정

1단계 A가 불합격할 확률 구하기 [2점]

A가 불합격할 확률은 $1 - \frac{2}{5} = \frac{3}{5}$

2단계 B가 불합격할 확률 구하기 [2점]

B가 불합격할 확률은 $1 - \frac{1}{3} = \frac{2}{3}$

3단계 A, B 중 적어도 한 명은 합격할 확률 구하기 [3점]

(A, B 중 적어도 한 명은 합격할 확률)

$= 1 - ($둘 다 불합격할 확률$) = 1 - \frac{3}{5} \times \frac{2}{3} = \frac{3}{5}$

답 $\frac{3}{5}$

2-1 중간고사에서 준이가 10등 안에 들 확률은 $\frac{3}{7}$이고 기쁨이가 10등 안에 들 확률은 $\frac{5}{6}$일 때, 준이와 기쁨이 중 적어도 한 명은 10등 안에 들 확률을 구하시오. [7점]

풀이과정

1단계 준이가 10등 안에 들지 못할 확률 구하기 [2점]

2단계 기쁨이가 10등 안에 들지 못할 확률 구하기 [2점]

3단계 준이와 기쁨이 중 적어도 한 명은 10등 안에 들 확률 구하기 [3점]

답

3 두 개의 주사위 A, B를 동시에 던져서 나오는 눈의 수를 각각 a, b라 할 때, 직선 $y=ax+b$가 점 $(1, 6)$을 지날 확률을 구하시오. [7점]

풀이과정

답

5 어느 시험에서 A, B, C 3명이 합격할 확률이 각각 $\frac{2}{3}$, $\frac{3}{4}$, $\frac{1}{2}$일 때, 3명 중에서 2명만 합격할 확률을 구하시오. [7점]

풀이과정

답

4 주머니 속에 1부터 50까지의 자연수가 각각 적힌 50장의 카드가 들어 있다. 이 주머니에서 한 장의 카드를 꺼낼 때, 2의 배수 또는 3의 배수가 나올 확률을 구하시오. [8점]

풀이과정

답

6 어느 지역에서 비가 온 날의 다음 날에 비가 올 확률은 $\frac{2}{5}$, 비가 오지 않은 날의 다음 날에 비가 올 확률은 $\frac{1}{3}$이라 한다. 화요일에 비가 왔을 때, 그 주의 목요일에 비가 올 확률을 구하시오. [7점]

풀이과정

답

01   경우의 수

(1) ☐☐☐ : 같은 조건에서 반복할 수 있는 실험이나 관찰에 의하여 나타나는 결과
(2) ☐☐☐ : 어떤 사건이 일어나는 가짓수
(3) 두 가지 사건의 경우의 수
　① 사건 A 또는 사건 B가 일어나는 경우의 수
　　두 사건 A, B가 동시에 일어나지 않을 때, 사건 A가 일어나는 경우의 수가 m, 사건 B가 일어나는 경
　　우의 수가 n이면
　　　(사건 A 또는 사건 B가 일어나는 경우의 수)=☐☐☐
　② 두 사건 A, B가 동시에 일어나는 경우의 수
　　사건 A가 일어나는 경우의 수가 m, 그 각각에 대하여 사건 B가 일어나는 경우의 수가 n이면
　　　(두 사건 A, B가 동시에 일어나는 경우의 수)=☐☐☐

02   여러 가지 경우의 수

(1) n명을 한 줄로 세우는 경우의 수 ⇨ ☐☐☐
(2) n명 중에서 대표를 뽑는 경우의 수
　① n명 중에서 자격이 다른 2명을 뽑는 경우의 수 ⇨ ☐☐☐
　② n명 중에서 자격이 같은 2명을 뽑는 경우의 수 ⇨ ☐☐☐

03   확률의 뜻과 성질

(1) ☐☐☐ : 같은 조건에서 실험이나 관찰을 여러 번 반복할 때, 어떤 사건이 일어나는 상대도수가 가까워지는 일정한 값
(2) 사건 A가 일어날 확률 p는
$$p = \frac{(\qquad)}{(\qquad)}$$
(3) 어떤 사건 A가 일어날 확률을 p라 하면
　① ☐ $\leq p \leq$ ☐
　② 반드시 일어나는 사건의 확률은 ☐이다.
　③ 절대로 일어나지 않는 사건의 확률은 ☐이다.
　④ 사건 A가 일어나지 않을 확률은 ☐☐☐이다.

04   확률의 계산

(1) 사건 A 또는 사건 B가 일어날 확률
　두 사건 A, B가 동시에 일어나지 않을 때, 사건 A가 일어날 확률을 p, 사건 B가 일어날 확률을 q라 하면
　　(사건 A 또는 사건 B가 일어날 확률)=☐☐☐
(2) 두 사건 A, B가 동시에 일어날 확률
　두 사건 A, B가 서로 영향을 끼치지 않을 때, 사건 A가 일어날 확률을 p, 사건 B가 일어날 확률을 q라 하면
　　(두 사건 A, B가 동시에 일어날 확률)=☐☐☐

답　**01** (1) 사건 (2) 경우의 수 (3) ① $m+n$ ② $m \times n$　**02** (1) $n \times (n-1) \times \cdots \times 2 \times 1$ (2) ① $n \times (n-1)$ ② $\dfrac{n \times (n-1)}{2}$
　　03 (1) 확률 (2) 사건 A가 일어나는 경우의 수, 모든 경우의 수 (3) ① 0, 1 ② 1 ③ 0 ④ $1-p$　**04** (1) $p+q$ (2) $p \times q$

개념원리와 만나는 모든 방법

다양한 이벤트, 동기부여 콘텐츠 등
공부 자극에 필요한 모든 콘텐츠를 보고 싶다면?

개념원리 공식 인스타그램
@wonri_with

교재 속 QR코드 문제 풀이 영상 공부법까지
수학 공부에 필요한 모든 것

개념원리 공식 유튜브 채널
youtube.com/개념원리2022

개념원리에서 만들어지는 모든 콘텐츠를
정기적으로 받고 싶다면?

 개념원리 공식
카카오뷰 채널

개념원리
교재 소개

문제 난이도

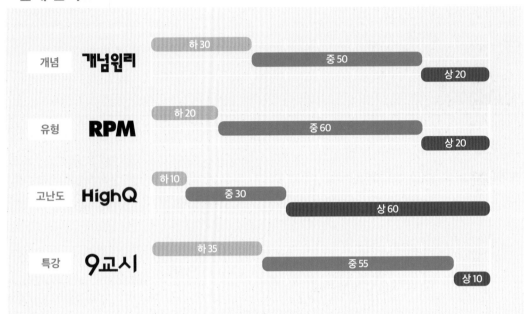

개념	**개념원리**	하 30 / 중 50 / 상 20	
유형	**RPM**	하 20 / 중 60 / 상 20	
고난도	**HighQ**	하 10 / 중 30 / 상 60	
특강	**9교시**	하 35 / 중 55 / 상 10	

고등

개념원리 | 수학의 시작 　　　　　　　`개념`

하나를 알면 10개, 20개를 풀 수 있는 개념원리 수학
수학(상), 수학(하), 수학Ⅰ, 수학Ⅱ, 확률과 통계, 미적분, 기하

RPM | 유형의 완성 　　　　　　　`유형`

다양한 유형의 문제를 통해 수학의 문제 해결력을 높일 수 있는 RPM
수학(상), 수학(하), 수학Ⅰ, 수학Ⅱ, 확률과 통계, 미적분, 기하

High Q | 고난도 정복 (고1 내신 대비) 　　　`고난도`

최고를 향한 핵심 고난도 문제서 High Q
수학(상), 수학(하)

9교시 | 학교 안 개념원리 　　　　　　`특강`

쉽고 빠르게 정리하는 9종 교과서 시크릿
수학(상), 수학(하), 수학Ⅰ

중등

개념원리 | 수학의 시작 　　　　　　　`개념`

하나를 알면 10개, 20개를 풀 수 있는 개념원리 수학
중학수학 1-1, 1-2, 2-1, 2-2, 3-1, 3-2

RPM | 유형의 완성 　　　　　　　`유형`

다양한 유형의 문제를 통해 수학의 문제 해결력을 높일 수 있는 RPM
중학수학 1-1, 1-2, 2-1, 2-2, 3-1, 3-2

개념원리
중학 수학 2-2

개념원리

중학 수학 2-2

정답과 풀이

개념원리 수학연구소

개념원리 중학수학 2-2

정답과 풀이

친절한 풀이	정확하고 이해하기 쉬운 친절한 풀이
다른 풀이	수학적 사고력을 키우는 다양한 해결 방법 제시
서술형 분석	모범 답안과 단계별 배점 제시로 서술형 문제 완벽 대비

4 △ABC에서 $\overline{AB}=\overline{AC}$이므로

$\angle ACB=\angle ABC=\dfrac{1}{2}\times(180°-80°)=50°$

$\angle ACE=180°-\angle ACB=180°-50°=130°$이므로

$\angle DCE=\dfrac{1}{2}\angle ACE=\dfrac{1}{2}\times130°=65°$

△BCD에서 $\overline{CB}=\overline{CD}$이므로

$\angle DBC=\angle D=\angle x$

따라서 △BCD에서

$\angle x+\angle x=65°,\ 2\angle x=65°$

$\therefore \angle x=32.5°$　　　　　　　　　　　　　**탑 32.5°**

5 △ABC에서 $\angle ACB=\angle CAD-\angle B=40°-20°=20°$

즉, $\angle B=\angle ACB$이므로 △ABC는 $\overline{AB}=\overline{AC}$인 이등변
삼각형이다.

$\therefore \overline{AC}=\overline{AB}=5\ \text{cm}$

한편 $\angle CDA=180°-140°=40°$

즉, $\angle CAD=\angle CDA$이므로 △CDA는 $\overline{CA}=\overline{CD}$인 이
등변삼각형이다.

$\therefore \overline{CD}=\overline{CA}=5\ \text{cm}$

$\therefore x=5$　　　　　　　　　　　　　　　　　**탑 5**

6 $\overline{AC}\,/\!/\,\overline{BD}$이므로 $\angle CBD=\angle ACB=\angle x$ (엇각)

또 $\overline{BC}$를 접는 선으로 하여 접었으므로

$\angle ABC=\angle CBD=\angle x$ (접은 각)

따라서 △ABC에서

$\angle x+\angle x=60°,\ 2\angle x=60°$

$\therefore \angle x=30°$　　　　　　　　　　　　**탑 30°**

소단원 핵심문제　　　　　　　　　　　　　본문 14~15쪽

01 ④	**02** 100°	**03** 69°	**04** 65°
05 ③	**06** 22°	**07** 26°	**08** 3 cm
09 40°			

이렇게 풀어요

01 ④ ㈜ SSS　　　　　　　　　　　　　　**탑 ④**

02 △BCD에서 $\overline{BC}=\overline{BD}$이므로 $\angle BCD=\angle D=70°$

$\therefore \angle B=180°-70°\times2=40°$

또 △ABC에서 $\overline{AB}=\overline{AC}$이므로 $\angle ACB=\angle B=40°$

$\therefore \angle x=180°-40°\times2=100°$　　　　**탑 100°**

---

03 △ABC에서 $\overline{AB}=\overline{AC}$이므로

$\angle ABC=\angle ACB=\dfrac{1}{2}\times(180°-32°)=74°$

$\overline{BD}$는 $\angle B$의 이등분선이므로

$\angle ABD=\angle DBC=\dfrac{1}{2}\angle ABC=\dfrac{1}{2}\times74°=37°$

따라서 △ABD에서

$\angle x=32°+37°=69°$　　　　　　　　　**탑 69°**

04 $\overline{AE}\,/\!/\,\overline{BC}$이므로 $\angle B=\angle DAE=50°$(동위각)

△ABC에서 $\overline{BA}=\overline{BC}$이므로

$\angle C=\angle BAC=\dfrac{1}{2}\times(180°-50°)=65°$

$\therefore \angle EAC=\angle C=65°$(엇각)　　　　　**탑 65°**

05 이등변삼각형 ABC에서 $\overline{AD}$는 $\angle A$의 이등분선이므로
밑변 BC를 수직이등분한다.

$\therefore \overline{BD}=\overline{CD}$ (②), $\overline{AD}\perp\overline{BC}$ (④)

△PBD와 △PCD에서

$\overline{BD}=\overline{CD}$, $\overline{PD}$는 공통, $\angle BDP=\angle CDP=90°$ (①)

$\therefore \triangle PBD\equiv\triangle PCD$(SAS 합동) (⑤)　**탑 ③**

06 △ABC에서 $\overline{AB}=\overline{AC}$이므로

$\angle ACB=\angle B=\angle x$

$\therefore \angle DAC=\angle x+\angle x=2\angle x$

△ACD에서 $\overline{CA}=\overline{CD}$이므로

$\angle CDA=\angle CAD=2\angle x$

△DBC에서 $\angle DCE=\angle x+2\angle x=3\angle x$

△DCE에서 $\overline{DC}=\overline{DE}$이므로

$\angle DEC=\angle DCE=3\angle x$

△DBE에서

$\angle x+3\angle x=88°,\ 4\angle x=88°$

$\therefore \angle x=22°$　　　　　　　　　　　　**탑 22°**

07 △ABC에서 $\overline{AB}=\overline{AC}$이므로

$\angle B=\angle ACB=\dfrac{1}{2}\times(180°-52°)=64°$

$\therefore \angle DBC=\dfrac{1}{2}\angle B=\dfrac{1}{2}\times64°=32°$

$\angle ACE=180°-64°=116°$이므로

$\angle DCE=\dfrac{1}{2}\angle ACE=\dfrac{1}{2}\times116°=58°$

따라서 △DBC에서

$32°+\angle x=58°$

$\therefore \angle x=26°$　　　　　　　　　　　　**탑 26°**

08 △DBC에서 ∠ADC=30°+30°=60°이므로
△ADC에서 ∠ACD=180°−60°×2=60°
따라서 △ADC는 정삼각형이므로
$\overline{CD}=\overline{AD}=3\ cm$
이때 ∠B=∠DCB=30°이므로 △DBC는
$\overline{DB}=\overline{DC}$인 이등변삼각형이다.
∴ $\overline{BD}=\overline{CD}=3\ cm$　　　　　**冒 3 cm**

09 $\overline{AD}\ /\!/\ \overline{CB}$이므로 ∠ABC=∠DAB=70°(엇각)
또 $\overline{AB}$를 접는 선으로 하여 접었으므로
∠BAC=∠DAB=70°(접은 각)
따라서 △ACB에서
∠ACB=180°−70°×2=40°　　　　　**冒 40°**

---

02 직각삼각형의 합동

개념원리 확인하기
본문 18쪽

01 (1) 90°, $\overline{DE}$, ∠E, △DEF, RHA
　　(2) ∠E, $\overline{DF}$, $\overline{FE}$, △DFE, RHS

02 (1) ① ㄱ, ㄴ ② ㄴ, RHA 합동
　　(2) ① ㄱ, ㄴ ② ㄱ, RHS 합동

03 (1) $\overline{PR}$ (2) ∠ROP

이렇게 풀어요

01 冒 (1) **90°, $\overline{DE}$, ∠E, △DEF, RHA**
　　(2) **∠E, $\overline{DF}$, $\overline{FE}$, △DFE, RHS**

02 (1) ① 빗변의 길이가 10 cm인 직각삼각형은 ㄱ, ㄴ이다.
　　② △ABC와 ㄴ의 삼각형은 직각삼각형이고 빗변의 길이가 10 cm, 한 예각의 크기가 35°로 각각 같으므로 RHA 합동이다.
　　(2) ① 빗변의 길이가 10 cm인 직각삼각형은 ㄱ, ㄴ이다.
　　② △DEF와 ㄱ의 삼각형은 직각삼각형이고 빗변의 길이가 10 cm, 다른 한 변의 길이가 6 cm로 각각 같으므로 RHS 합동이다.
　　　　冒 (1) ① ㄱ, ㄴ ② ㄴ, RHA 합동
　　　　(2) ① ㄱ, ㄴ ② ㄱ, RHS 합동

03 冒 (1) **$\overline{PR}$** (2) **∠ROP**

핵심문제 익히기 🔑 확인문제
본문 19~21쪽

1 ㄴ, ㄷ, ㄹ　**2** ③, ⑤　**3** 72 cm²　**4** $\frac{9}{2}$ cm²

5 ㄱ, ㄴ, ㄹ　**6** 30 cm²

이렇게 풀어요

1 ㄴ. RHA 합동　ㄷ. ASA 합동　ㄹ. RHS 합동
　　　　　　　　　　　　　　　冒 ㄴ, ㄷ, ㄹ

2 ①, ②, ③ 한 변의 길이가 같고 그 양 끝 각의 크기가 각각 같으므로 ASA 합동이다.
④ 두 변의 길이가 각각 같고 그 끼인각의 크기가 같으므로 SAS 합동이다.
⑤ 빗변의 길이와 다른 한 변의 길이가 각각 같으므로 RHS 합동이다.　　　　　**冒 ③, ⑤**

3 △ABD와 △CAE에서
∠D=∠E=90°, $\overline{AB}=\overline{CA}$,
∠DBA=90°−∠DAB=∠EAC
따라서 △ABD≡△CAE(RHA 합동)이므로
$\overline{AE}=\overline{BD}=7\ cm$
∴ $\overline{CE}=\overline{AD}=\overline{DE}-\overline{AE}=12-7=5(cm)$
∴ (사각형 DBCE의 넓이)$=\frac{1}{2}\times(7+5)\times12$
　　　　　　　　　　　$=72(cm^2)$　**冒 72 cm²**

4 △ADE와 △ACE에서
∠ADE=∠ACE=90°, $\overline{AE}$는 공통, $\overline{AD}=\overline{AC}$
이므로 △ADE≡△ACE(RHS 합동)
∴ $\overline{DE}=\overline{CE}=3\ cm$
한편 △ABC에서 $\overline{CA}=\overline{CB}$이므로
∠B=∠BAC$=\frac{1}{2}\times(180°-90°)=45°$
이때 △BED에서 ∠EDB=90°이므로
∠BED=180°−(90°+45°)=45°
즉, ∠BED=∠B이므로 $\overline{DB}=\overline{DE}=3\ cm$
∴ △BED$=\frac{1}{2}\times3\times3=\frac{9}{2}(cm^2)$　**冒 $\frac{9}{2}$ cm²**

5 △POQ와 △POR에서
∠OQP=∠ORP=90°, $\overline{OP}$는 공통, $\overline{PQ}=\overline{PR}$
이므로 △POQ≡△POR (RHS 합동)(ㄹ)
∴ $\overline{OQ}=\overline{OR}$(ㄱ), ∠QOP=∠ROP(ㄴ)　**冒 ㄱ, ㄴ, ㄹ**

6 $\overline{AD}$는 $\angle BAC$의 이등분선이므로
$$\overline{DE}=\overline{DC}=4\ cm$$
$$\therefore \triangle ABD=\frac{1}{2}\times 15\times 4=30\,(cm^2) \qquad \text{달 } \mathbf{30\ cm^2}$$

01 ㄴ과 ㅂ: RHA 합동, ㄷ과 ㅁ: RHS 합동
02 ①　　　**03** $30°$　　　**04** $98\ cm^2$　　**05** $24°$
06 (1) $67.5°$ (2) $18\ cm^2$　　**07** ㄱ, ㄴ, ㄷ　**08** $55°$

이렇게 풀어요

01 🔖 **ㄴ과 ㅂ: RHA 합동, ㄷ과 ㅁ: RHS 합동**

02 ① RHA 합동　　④ RHS 합동 　　　　　　🔖 **①**

03 $\triangle ABD$에서 $\overline{DA}=\overline{DB}$이므로 $\angle BAD=\angle B=\angle x$
한편 $\triangle EAD$와 $\triangle CAD$에서
$\angle AED=\angle ACD=90°$, $\overline{AD}$는 공통, $\angle ADE=\angle ADC$
이므로 $\triangle EAD\equiv\triangle CAD\,(RHA\ 합동)$
$\therefore \angle CAD=\angle EAD=\angle x$
따라서 $\triangle ABC$에서 $\angle x+2\angle x=90°$
$3\angle x=90°$　$\therefore \angle x=30°$ 　　　🔖 **30°**

04 $\triangle ABD$와 $\triangle CAE$에서
$\angle BDA=\angle AEC=90°$, $\overline{BA}=\overline{AC}$,
$\angle DBA=90°-\angle BAD=\angle EAC$
따라서 $\triangle ABD\equiv\triangle CAE\,(RHA\ 합동)$이므로
$\overline{AE}=\overline{BD}=8\ cm$, $\overline{AD}=\overline{CE}=6\ cm$
$\therefore \overline{DE}=\overline{DA}+\overline{AE}=6+8=14\,(cm)$
$\therefore$ (사각형 DBCE의 넓이)$=\frac{1}{2}\times(8+6)\times14$
$\qquad\qquad\qquad\qquad\quad =98\,(cm^2)$ 　　🔖 **98 cm²**

05 $\triangle EBC$와 $\triangle DCB$에서
$\angle CEB=\angle BDC=90°$, $\overline{BC}$는 공통, $\overline{BE}=\overline{CD}$
따라서 $\triangle EBC\equiv\triangle DCB\,(RHS\ 합동)$이므로
$\angle EBC=\angle DCB=\frac{1}{2}\times(180°-48°)=66°$
$\triangle EBC$에서
$\angle ECB=180°-(90°+66°)=24°$ 　　🔖 **24°**

06 (1) $\triangle ABC$에서 $\overline{CA}=\overline{CB}$이므로
$$\angle BAC=\angle B=\frac{1}{2}\times(180°-90°)=45°$$
또 $\triangle ADE$와 $\triangle ACE$에서
$\angle ADE=\angle ACE=90°$, $\overline{AE}$는 공통, $\overline{AD}=\overline{AC}$
이므로 $\triangle ADE\equiv\triangle ACE\,(RHS\ 합동)$
$$\therefore \angle DAE=\angle CAE=\frac{1}{2}\angle BAC$$
$$=\frac{1}{2}\times45°=22.5°$$
$\triangle ADE$에서 $\angle AED=180°-(90°+22.5°)=67.5°$
(2) $\triangle ADE\equiv\triangle ACE$에서 $\overline{DE}=\overline{CE}=6\ cm$
이때 $\triangle BED$에서 $\angle BDE=90°$이므로
$\angle BED=180°-(90°+45°)=45°$
즉, $\angle BED=\angle B$이므로 $\overline{BD}=\overline{DE}=6\ cm$
$$\therefore \triangle BED=\frac{1}{2}\times6\times6=18\,(cm^2)$$
　　　　　　　　🔖 **(1) 67.5° (2) 18 cm²**

07 $\triangle DBC$와 $\triangle DEC$에서
$\angle DBC=\angle DEC=90°$, $\overline{CD}$는 공통, $\angle DCB=\angle DCE$
이므로 $\triangle DBC\equiv\triangle DEC\,(RHA\ 합동)$ (ㄷ)
$\therefore \overline{DB}=\overline{DE}$ (ㄱ), $\angle CDB=\angle CDE$ (ㄴ) 　🔖 **ㄱ, ㄴ, ㄷ**

08 $\overline{PA}=\overline{PB}$이므로 $\overline{OP}$는 $\angle AOB$의 이등분선이다.
따라서 $\angle POB=\angle POA=35°$이므로
$\angle x=180°-(90°+35°)=55°$ 　　🔖 **55°**

01 $54°$	**02** $58°$, $5\ cm$	**03** $52°$	**04** ④
05 $124°$	**06** $50°$	**07** ㄴ과 ㅁ, ㄷ과 ㅂ	
08 ③, ④	**09** ②	**10** $28°$	**11** $40°$
12 $12\ cm$	**13** $36°$	**14** $60°$	**15** ④
16 $65°$	**17** $27°$	**18** $10\ cm$	**19** $\frac{5}{2}\ cm$
20 $5\ cm$	**21** $20\ cm$	**22** $5\ cm$	

이렇게 풀어요

01 $\overline{AE}\,/\!/\,\overline{BC}$이므로 $\angle B=\angle DAE=\angle x$ (동위각)
$\triangle ABC$에서 $\overline{AB}=\overline{AC}$이므로
$\angle x=\angle B=\angle C=\frac{1}{2}\times(180°-72°)=54°$ 　🔖 **54°**

02 이등변삼각형 ABC에서 $\overline{AD}$는 $\angle A$의 이등분선이므로 밑변 BC를 수직이등분한다.

즉, $\overline{AD} \perp \overline{BC}$이므로 $\angle ADB = 90°$

이때 $\triangle ABD$에서 $\angle B = 180° - (90° + 32°) = 58°$

또 $\overline{BD} = \overline{CD}$이므로

$\overline{DC} = \dfrac{1}{2}\overline{BC} = \dfrac{1}{2} \times 10 = 5(\text{cm})$ 🖪 **58°, 5 cm**

다른 풀이

$\triangle ABC$에서 $\angle BAC = 2\angle BAD = 2 \times 32° = 64°$

$\therefore \angle B = \angle C = \dfrac{1}{2} \times (180° - 64°) = 58°$

03 $\triangle ABD$에서 $\overline{DA} = \overline{DB}$이므로 $\angle BAD = \angle B = 38°$

$\therefore \angle ADC = 38° + 38° = 76°$

$\triangle ADC$에서 $\overline{DA} = \overline{DC}$이므로

$\angle x = \dfrac{1}{2} \times (180° - 76°) = 52°$ 🖪 **52°**

04 $\angle B = \angle x$라 하면 $\triangle ABC$에서 $\overline{AB} = \overline{AC}$이므로

$\angle ACB = \angle B = \angle x$

$\therefore \angle CAD = \angle x + \angle x = 2\angle x$

$\triangle ACD$에서 $\overline{CA} = \overline{CD}$이므로

$\angle CDA = \angle CAD = 2\angle x$

따라서 $\triangle BCD$에서 $\angle x + 2\angle x = 120°$

$3\angle x = 120°$ $\therefore \angle x = 40°$ 🖪 **④**

05 $\triangle ABC$에서 $\overline{AB} = \overline{AC}$이므로

$\angle ABC = \angle ACB = \dfrac{1}{2} \times (180° - 68°) = 56°$

$\therefore \angle DBC = \angle DCB = \dfrac{1}{2} \times 56° = 28°$

따라서 $\triangle DBC$에서

$\angle BDC = 180° - 2 \times 28° = 124°$ 🖪 **124°**

06 $\overline{CB} /\!/ \overline{AD}$이므로 $\angle BAD = \angle CBA = 65°$(엇각)

또 $\overline{AB}$를 접는 선으로 하여 접었으므로

$\angle BAC = \angle BAD = 65°$(접은 각)

따라서 $\triangle ABC$에서

$\angle ACB = 180° - 65° \times 2 = 50°$ 🖪 **50°**

07 ㄴ과 ㅁ: RHA 합동

ㄷ과 ㅂ: RHS 합동   🖪 **ㄴ과 ㅁ, ㄷ과 ㅂ**

08 ① $\angle C = \angle F$이면 $\angle A = \angle D$ $\therefore$ ASA 합동

② RHS 합동   ⑤ SAS 합동   🖪 **③, ④**

09 $\triangle ABC$에서 $\overline{AB} = \overline{AC}$이므로

$\angle ABC = \angle ACB$(①)

$\triangle EBC$와 $\triangle DCB$에서

$\angle BEC = \angle CDB = 90°$, $\overline{BC}$는 공통, $\angle EBC = \angle DCB$

이므로 $\triangle EBC \equiv \triangle DCB$(RHA 합동)(⑤)

$\therefore \overline{BD} = \overline{CE}$(③), $\overline{BE} = \overline{CD}$(④)   🖪 **②**

10 $\triangle BMD$와 $\triangle CME$에서

$\angle BDM = \angle CEM = 90°$, $\overline{BM} = \overline{CM}$, $\overline{MD} = \overline{ME}$

이므로 $\triangle BMD \equiv \triangle CME$ (RHS 합동)

$\therefore \angle B = \angle C$

$\triangle ABC$에서

$\angle C = \dfrac{1}{2} \times (180° - 56°) = 62°$

따라서 $\triangle EMC$에서

$\angle EMC = 180° - (90° + 62°) = 28°$ 🖪 **28°**

11 $\triangle ABE$에서 $\overline{BA} = \overline{BE}$이므로

$\angle BEA = \angle BAE = \dfrac{1}{2} \times (180° - 50°) = 65°$

$\triangle CDE$에서 $\overline{CD} = \overline{CE}$이므로

$\angle CED = \angle CDE = \dfrac{1}{2} \times (180° - 30°) = 75°$

$\therefore \angle AED = 180° - (65° + 75°) = 40°$ 🖪 **40°**

12 이등변삼각형의 꼭지각의 이등분선은 밑변을 수직이등분하므로

$\overline{AD} \perp \overline{BC}$, $\overline{BD} = \overline{CD}$

$\triangle ABD$의 넓이에서

$\dfrac{1}{2} \times \overline{BD} \times \overline{AD} = \dfrac{1}{2} \times \overline{AB} \times \overline{DE}$이므로

$\dfrac{1}{2} \times \overline{BD} \times 8 = \dfrac{1}{2} \times 10 \times \dfrac{24}{5}$ $\therefore \overline{BD} = 6(\text{cm})$

$\therefore \overline{BC} = 2\overline{BD} = 2 \times 6 = 12(\text{cm})$ 🖪 **12 cm**

13 $\triangle ABD$에서 $\overline{DA} = \overline{DB}$이므로

$\angle A = \angle ABD = \angle x$

$\therefore \angle BDC = \angle x + \angle x = 2\angle x$

$\triangle BCD$에서 $\overline{BC} = \overline{BD}$이므로

$\angle C = \angle BDC = 2\angle x$

이때 $\triangle ABC$에서 $\overline{AB} = \overline{AC}$이므로

$\angle ABC = \angle C = 2\angle x$

따라서 $\triangle ABC$에서 $\angle x + 2\angle x + 2\angle x = 180°$

$5\angle x = 180°$ $\therefore \angle x = 36°$ 🖪 **36°**

14 △DBE에서 $\overline{DB}=\overline{DE}$이므

로 $\angle DEB=\angle B=20°$

$\therefore \angle ADE=20°+20°$
$\quad\quad\quad\quad =40°$

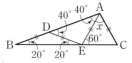

또 △ADE에서

$\overline{ED}=\overline{EA}$이므로

$\angle DAE=\angle ADE=40°$

△ABE에서

$\angle AEC=20°+40°=60°$

따라서 △AEC에서

$\overline{AE}=\overline{AC}$이므로

$\angle x=180°-60°\times 2=60°$ **圓 60°**

15 △ABC에서

$\overline{AB}=\overline{AC}$이므로

$\angle ABC=\angle ACB$

$\quad\quad\quad\quad =\dfrac{1}{2}\times(180°-60°)=60°$

$\therefore \angle DBC=\dfrac{1}{2}\angle ABC$

$\quad\quad\quad\quad =\dfrac{1}{2}\times 60°=30°$

또 $\angle ACE=180°-\angle ACB=180°-60°=120°$이므로

$\angle DCE=\dfrac{2}{1+2}\angle ACE$

$\quad\quad\quad\quad =\dfrac{2}{3}\times 120°=80°$

따라서 △DBC에서

$80°=30°+\angle x$

$\therefore \angle x=50°$ **圓 ④**

16 △ABC에서 $\overline{AB}=\overline{AC}$이므로

$\angle B=\angle C=\dfrac{1}{2}\times(180°-50°)=65°$

△BDF와 △CED에서

$\overline{BF}=\overline{CD}$, $\overline{BD}=\overline{CE}$, $\angle B=\angle C$

이므로 △BDF≡△CED(SAS 합동)

$\therefore \angle BFD=\angle CDE$, $\angle BDF=\angle CED$

이때 $\angle BFD=\angle CDE=\angle a$, $\angle BDF=\angle CED=\angle b$

라 하면

△BDF에서 $\angle a+\angle b=180°-65°=115°$

또 $\angle b+\angle x+\angle a=180°$이므로

$115°+\angle x=180°$

$\therefore \angle x=65°$ **圓 65°**

17 △DEF는 정삼각형이므로

$\angle AEF=180°-(60°+24°)=96°$

△AFE에서 $\angle A=180°-(30°+96°)=54°$

이때 △ABC에서 $\overline{AB}=\overline{AC}$이므로

$\angle B=\angle C=\dfrac{1}{2}\times(180°-54°)=63°$

또 $\angle DFB=180°-(30°+60°)=90°$이므로

△BDF에서

$\angle FDB=180°-(90°+63°)=27°$ **圓 27°**

18 △ABC에서 $\angle B=\angle C$이므로

$\overline{AC}=\overline{AB}=12$ cm

$\overline{AP}$를 그으면

△ABC=△ABP+△APC이므로

$60=\dfrac{1}{2}\times 12\times\overline{PM}+\dfrac{1}{2}\times 12\times\overline{PN}$

$60=6(\overline{PM}+\overline{PN})$

$\therefore \overline{PM}+\overline{PN}=10$(cm) **圓 10 cm**

19 △ABC에서 $\overline{AB}=\overline{AC}$이므로 $\angle B=\angle C$

△BED와 △CEF에서

$\angle BDE=90°-\angle DBE$

$\quad\quad\quad\quad =90°-\angle FCE=\angle CFE$ …… ㉠

또 $\angle BDE=\angle ADF$ (맞꼭지각) …… ㉡

㉠, ㉡에 의해 $\angle AFD=\angle ADF$이므로 △AFD는

$\overline{AF}=\overline{AD}$인 이등변삼각형이다.

$\overline{AF}=\overline{AD}=x$ cm라 하면

$\overline{AB}=\overline{AD}+\overline{DB}=x+3$(cm),

$\overline{AC}=\overline{CF}-\overline{AF}=8-x$(cm)

이때 $\overline{AB}=\overline{AC}$이므로 $x+3=8-x$

$2x=5$ $\quad \therefore x=\dfrac{5}{2}$

$\therefore \overline{AF}=\dfrac{5}{2}$(cm) **圓 $\dfrac{5}{2}$ cm**

20 △ABD와 △CAE에서

$\angle ADB=\angle CEA=90°$ …… ㉠

$\overline{AB}=\overline{CA}$ …… ㉡

$\angle BAD+\angle ABD=90°$이고,

$\angle BAD+\angle CAE=90°$이므로

$\angle ABD=\angle CAE$ …… ㉢

㉠, ㉡, ㉢에 의해 △ABD≡△CAE(RHA 합동)

$\therefore \overline{AD}=\overline{CE}=7$ cm, $\overline{AE}=\overline{BD}=12$ cm

$\therefore \overline{DE}=\overline{AE}-\overline{AD}=12-7=5$ (cm) **圓 5 cm**

21 △ADE와 △ACE에서

∠ADE＝∠ACE＝90°, $\overline{\mathrm{AE}}$는 공통, $\overline{\mathrm{AD}}＝\overline{\mathrm{AC}}$

이므로 △ADE≡△ACE (RHS 합동)

∴ $\overline{\mathrm{DE}}＝\overline{\mathrm{CE}}$

이때 $\overline{\mathrm{BD}}＝\overline{\mathrm{AB}}－\overline{\mathrm{AD}}＝13－5＝8(\mathrm{cm})$이므로

(△BED의 둘레의 길이)

$＝\overline{\mathrm{BE}}＋\overline{\mathrm{ED}}＋\overline{\mathrm{DB}}$

$＝\overline{\mathrm{BE}}＋\overline{\mathrm{EC}}＋8$

$＝\overline{\mathrm{BC}}＋8$

$＝12＋8＝20(\mathrm{cm})$　　　　**🖺 20 cm**

22 점 D에서 $\overline{\mathrm{AB}}$에 내린 수선의 발을 E라 하면

△ABD의 넓이에서

$\dfrac{1}{2}×20×\overline{\mathrm{DE}}＝50$

∴ $\overline{\mathrm{DE}}＝5(\mathrm{cm})$

이때 $\overline{\mathrm{AD}}$는 ∠A의 이등분선이므로

$\overline{\mathrm{CD}}＝\overline{\mathrm{DE}}＝5\ \mathrm{cm}$　　　　**🖺 5 cm**

---

20 cm

B　E　D　C　A

📖 서술형 대비 문제

본문 27~28쪽

1-1 75°	2-1 26 cm²	3 70°	4 40°
5 6 cm	6 40 cm²		

이렇게 풀어요

1-1 **1단계** △ABC에서 $\overline{\mathrm{AB}}＝\overline{\mathrm{AC}}$이므로

∠ACB＝∠B＝25°

△ABC에서 삼각형의 외각의 성질에 의해

∠CAD＝∠B＋∠ACB

　　　＝25°＋25°＝50°

2단계 △ACD에서 $\overline{\mathrm{CA}}＝\overline{\mathrm{CD}}$이므로

∠CDA＝∠CAD＝50°

3단계 △BCD에서 삼각형의 외각의 성질에 의해

∠DCE＝∠B＋∠BDC

　　　＝25°＋50°＝75°　　　**🖺 75°**

2-1 **1단계** △ABD와 △CAE에서

∠BDA＝∠AEC＝90°, $\overline{\mathrm{AB}}＝\overline{\mathrm{CA}}$,

∠BAD＝90°－∠CAE＝∠ACE

이므로 △ABD≡△CAE(RHA 합동)

2단계 $\overline{\mathrm{AE}}＝\overline{\mathrm{BD}}＝6\ \mathrm{cm}$이므로

$\overline{\mathrm{CE}}＝\overline{\mathrm{AD}}$

　　$＝\overline{\mathrm{DE}}－\overline{\mathrm{AE}}$

　　$＝10－6＝4(\mathrm{cm})$

3단계 ∴ $\triangle\mathrm{ABC}＝\dfrac{1}{2}×(6＋4)×10－2×\left(\dfrac{1}{2}×4×6\right)$

　　　　$＝26(\mathrm{cm}^2)$　　　**🖺 26 cm²**

3 **1단계** △ABC에서

$\overline{\mathrm{AB}}＝\overline{\mathrm{AC}}$이므로

∠ABC＝∠C＝∠x

∴ ∠DBE＝∠x－30°

2단계 이때 점 A가 점 B에 오도록 접었으므로

∠A＝∠EBA＝∠x－30°(접은 각)

3단계 한편 삼각형의 세 내각의 크기의 합은 180°이므로

△ABC에서

$(∠x－30°)＋∠x＋∠x＝180°$

$3∠x＝210°$

∴ $∠x＝70°$　　　**🖺 70°**

단계	채점 요소	배점
❶	∠DBE의 크기를 $∠x$를 이용하여 나타내기	2점
❷	∠A의 크기를 $∠x$를 이용하여 나타내기	2점
❸	$∠x$의 크기 구하기	3점

4 **1단계** △ABC에서 $\overline{\mathrm{AB}}＝\overline{\mathrm{AC}}$이므로

∠B＝∠C

△ABD와 △ACE에서

$\overline{\mathrm{AB}}＝\overline{\mathrm{AC}}$, $\overline{\mathrm{BD}}＝\overline{\mathrm{CE}}$, ∠B＝∠C

이므로 △ABD≡△ACE(SAS 합동)

2단계 따라서 $\overline{\mathrm{AD}}＝\overline{\mathrm{AE}}$이므로 △ADE는 이등변삼각형이다.

∴ ∠AED＝∠ADE＝70°

3단계 ∴ ∠DAE＝180°－70°×2＝40°　　**🖺 40°**

단계	채점 요소	배점
❶	△ABD≡△ACE임을 알기	3점
❷	∠AED의 크기 구하기	2점
❸	∠DAE의 크기 구하기	2점

5 1단계 $\triangle ABC$에서 $\overline{AB}=\overline{AC}$이므로

$\angle ABC=\angle C=72°$

$\therefore \angle A=180°-72°\times 2=36°$

2단계 $\overline{BD}$는 $\angle B$의 이등분선이므로

$\angle DBC=\angle DBA$

$=\dfrac{1}{2}\times 72°=36°$

$\therefore \angle BDC=180°-(36°+72°)$

$=72°$

따라서 $\triangle BCD$에서 $\angle C=\angle BDC=72°$이므로

$\overline{BD}=\overline{BC}=6$ cm

3단계 $\triangle ABD$에서 $\angle A=\angle DBA=36°$이므로

$\overline{AD}=\overline{BD}=6$ cm   답 **6 cm**

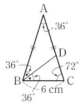

단계	채점 요소	배점
❶	$\angle A$의 크기 구하기	2점
❷	$\overline{BD}$의 길이 구하기	3점
❸	$\overline{AD}$의 길이 구하기	2점

6 1단계 점 D에서 $\overline{AB}$에 내린 수선의

발을 E라 하면

$\triangle AED$와 $\triangle ACD$에서

$\angle AED=\angle ACD=90°$,

$\overline{AD}$는 공통, $\angle DAE=\angle DAC$

이므로 $\triangle AED\equiv\triangle ACD$ (RHA 합동)

2단계 $\therefore \overline{DE}=\overline{DC}=5$ cm

3단계 $\therefore \triangle ABD=\dfrac{1}{2}\times 16\times 5=40(\text{cm}^2)$ 답 **40 cm²**

단계	채점 요소	배점
❶	$\triangle AED\equiv\triangle ACD$임을 알기	3점
❷	$\overline{DE}$의 길이 구하기	2점
❸	$\triangle ABD$의 넓이 구하기	2점

2 삼각형의 외심과 내심

01 삼각형의 외심

개념원리 ▨ 확인하기   본문 32쪽

01 세 변의 수직이등분선, 꼭짓점   **02** ㄷ, ㄹ

03 (1) 5 (2) 48   **04** (1) 6 (2) 5

05 (1) 30° (2) 57°

이렇게 풀어요

01 답 세 변의 수직이등분선, 꼭짓점

02 ㄷ. 삼각형의 외심은 세 변의 수직이등분선의 교점이다.

ㄹ. 삼각형의 외심에서 세 꼭짓점에 이르는 거리는 같다.

답 ㄷ, ㄹ

03 (1) $\overline{CD}=\overline{BD}=5$ cm $\therefore x=5$

(2) $\triangle OCA$에서 $\overline{OA}=\overline{OC}$이므로

$\angle OCA=\angle OAC=\dfrac{1}{2}\times(180°-84°)=48°$

$\therefore x=48$ 답 (1) **5** (2) **48**

04 (1) $\overline{OA}=\overline{OB}=\overline{OC}$이므로

$\overline{OC}=\dfrac{1}{2}\overline{AB}=\dfrac{1}{2}\times 12=6(\text{cm})$

$\therefore x=6$

(2) $\overline{OB}=\overline{OC}=\overline{OA}=5$ cm이므로

$x=5$ 답 (1) **6** (2) **5**

05 (1) $\angle x+32°+28°=90°$ $\therefore \angle x=30°$

(2) $\angle x=\dfrac{1}{2}\angle BOC=\dfrac{1}{2}\times 114°=57°$

답 (1) **30°** (2) **57°**

핵심문제 익히기 🔍 확인문제   본문 33~34쪽

1 ④, ⑤   **2** (1) 12 cm (2) 53°

3 (1) 30° (2) 44° (3) 55°   **4** (1) 110° (2) 140° (3) 15°

이렇게 풀어요

1 ④, ⑤ 점 O가 $\triangle ABC$의 외심이므로 $\overline{OA}=\overline{OB}=\overline{OC}$

$\triangle OCA$에서 $\overline{OC}=\overline{OA}$이므로 $\angle OCA=\angle OAC$

답 ④, ⑤

2 점 M은 △ABC의 외심이므로

(1) $\overline{MB}=\overline{MA}=\overline{MC}=\dfrac{1}{2}\overline{AC}$

$\qquad =\dfrac{1}{2}\times24=12(\text{cm})$

(2) △MBC에서 $\overline{MB}=\overline{MC}$이므로

$\angle C=\angle MBC=37°$

따라서 △ABC에서

$\angle A=180°-(90°+37°)=53°$

$\qquad\qquad\qquad\qquad$ 답 (1) **12 cm** (2) **53°**

3 (1) $20°+\angle x+40°=90°$

$\qquad\therefore \angle x=30°$

(2) $\angle x+20°+26°=90°$

$\qquad\therefore \angle x=44°$

(3) $\angle BAO+35°+45°=90°$이므로

$\angle BAO=10°$

△OCA에서 $\overline{OA}=\overline{OC}$이므로

$\angle OAC=\angle OCA=45°$

$\therefore \angle x=\angle BAO+\angle OAC$

$\qquad =10°+45°=55°$

$\qquad\qquad\qquad$ 답 (1) **30°** (2) **44°** (3) **55°**

4 (1) $\angle x=2\angle A=2\times55°=110°$

(2) $\overline{OA}$를 그으면

△OAB에서 $\overline{OA}=\overline{OB}$이므로

$\angle OAB=\angle OBA=30°$

△OCA에서 $\overline{OA}=\overline{OC}$이므로

$\angle OAC=\angle OCA=40°$

$\therefore \angle A=30°+40°=70°$

$\therefore \angle x=2\angle A=2\times70°=140°$

(3) $\overline{OA}$를 그으면

△OAB에서 $\overline{OA}=\overline{OB}$이므로

$\angle OAB=\angle OBA=35°$

△OCA에서 $\overline{OA}=\overline{OC}$이므로

$\angle OAC=\angle OCA=\angle x$

이때 $\angle A=\dfrac{1}{2}\angle BOC=\dfrac{1}{2}\times100°=50°$이므로

$35°+\angle x=50°$ $\therefore \angle x=15°$

$\qquad\qquad\qquad$ 답 (1) **110°** (2) **140°** (3) **15°**

다른 풀이

(3) △OBC에서 $\overline{OB}=\overline{OC}$이므로

$\angle OBC=\angle OCB=\dfrac{1}{2}\times(180°-100°)=40°$

$35°+40°+\angle x=90°$이므로 $\angle x=15°$

본문 35쪽

계산력 강화하기

01 (1) 35° (2) 60° (3) 124° (4) 74° (5) 26° (6) 78°

02 (1) 8 (2) 14 (3) 80 (4) 58 (5) 32 (6) 10

이렇게 풀어요

01 (1) $35°+20°+\angle x=90°$

$\qquad\therefore \angle x=35°$

(2) △OBC에서 $\overline{OB}=\overline{OC}$이므로

$\angle OBC=\angle OCB=30°$

$\therefore \angle BOC=180°-(30°+30°)=120°$

$\therefore \angle x=\dfrac{1}{2}\angle BOC=\dfrac{1}{2}\times120°=60°$

(3) △OCA에서 $\overline{OA}=\overline{OC}$이므로

$\angle OAC=\angle OCA=28°$

$\therefore \angle BAC=34°+28°=62°$

$\therefore \angle x=2\angle BAC$

$\qquad =2\times62°=124°$

(4) $\overline{OA}$를 그으면

△OAB에서 $\overline{OA}=\overline{OB}$이므로

$\angle OAB=\angle OBA=50°$

△OCA에서 $\overline{OA}=\overline{OC}$이므로

$\angle OAC=\angle OCA=24°$

$\therefore \angle x=50°+24°=74°$

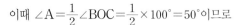

(5) $\angle AOB=360°-(108°+124°)=128°$

△OAB에서 $\overline{OA}=\overline{OB}$이므로

$\angle x=\angle OBA=\dfrac{1}{2}\times(180°-128°)=26°$

(6) $\overline{OC}$를 그으면

△OBC에서 $\overline{OB}=\overline{OC}$이므로

$\angle OCB=\angle OBC=12°$

$\therefore \angle BOC=180°-2\times12°$

$\qquad =156°$

$\therefore \angle x=\dfrac{1}{2}\angle BOC=\dfrac{1}{2}\times156°=78°$

$\quad$ 답 (1) **35°** (2) **60°** (3) **124°** (4) **74°** (5) **26°** (6) **78°**

다른 풀이

(5) △OCA에서 $\overline{OA}=\overline{OC}$이므로

$\angle OAC=\angle OCA$

$\qquad =\dfrac{1}{2}\times(180°-124°)=28°$

또 $\angle BAC=\dfrac{1}{2}\angle BOC=\dfrac{1}{2}\times108°=54°$이므로

$\angle x+28°=54°$ $\therefore \angle x=26°$

02 (1) $\overline{OB}=\overline{OA}=\overline{OC}=\dfrac{1}{2}\overline{AC}=\dfrac{1}{2}\times16=8\,(cm)$

∴ $x=8$

(2) $\overline{OA}=\overline{OB}=\overline{OC}=7\,cm$이므로

$\overline{AB}=2\times7=14\,(cm)$ ∴ $x=14$

(3) △OCA에서 $\overline{OC}=\overline{OA}$이므로

∠OCA=∠OAC=50°

∴ ∠COA=180°−50°×2=80° ∴ $x=80$

(4) ∠OCA=90°−32°=58°

△OCA에서 $\overline{OA}=\overline{OC}$이므로

∠A=∠OCA=58°

∴ $x=58$

(5) △OAB에서 $\overline{OA}=\overline{OB}$이므로

∠B=∠OAB=$\dfrac{1}{2}$∠AOC=$\dfrac{1}{2}\times64°=32°$

∴ $x=32$

(6) $\overline{OA}=\overline{OB}=\overline{OC}=\dfrac{1}{2}\overline{AC}=\dfrac{1}{2}\times20=10\,(cm)$

이때 △ABC에서 ∠C=180°−(90°+30°)=60°이고

$\overline{OB}=\overline{OC}$이므로 △OBC는 정삼각형이다.

∴ $\overline{BC}=\overline{OB}=10\,cm$ ∴ $x=10$

답 (1) 8 (2) 14 (3) 80 (4) 58 (5) 32 (6) 10

소단원 핵심문제   본문 36쪽

01 (1) ⑤ (2) 36 cm	**02** 20π cm	**03** 165°
04 15°	**05** 45°	

이렇게 풀어요

01 (1) ① 외심에서 세 꼭짓점에 이르는 거리는 같으므로

$\overline{OA}=\overline{OB}=\overline{OC}$

② 외심은 세 변의 수직이등분선의 교점이므로

$\overline{AD}=\overline{BD}$

③ △OAB에서 $\overline{OA}=\overline{OB}$이므로

∠OAB=∠OBA

④ △BEO와 △CEO에서

∠BEO=∠CEO=90°, $\overline{OB}=\overline{OC}$, $\overline{OE}$는 공통

이므로 △BEO≡△CEO (RHS 합동)

∴ ∠BOE=∠COE

(2) 점 O는 △ABC의 외심이므로

$\overline{BD}=\overline{AD}=5\,cm$, $\overline{CE}=\overline{BE}=6\,cm$,

$\overline{AF}=\overline{CF}=7\,cm$

∴ (△ABC의 둘레의 길이)

$=\overline{AB}+\overline{BC}+\overline{CA}$

$=(5+5)+(6+6)+(7+7)$

$=36\,(cm)$

답 (1) ⑤ (2) 36 cm

02 직각삼각형의 외심은 빗변의 중점이므로 △ABC의 외접원의 반지름의 길이는

$\dfrac{1}{2}\overline{AC}=\dfrac{1}{2}\times20=10\,(cm)$

∴ (외접원의 둘레의 길이)=2π×10=20π(cm)

답 20π cm

03 $\overline{OA}$를 그으면

△OAB에서 $\overline{OA}=\overline{OB}$이므로

∠OAB=∠OBA=40°

△OCA에서 $\overline{OA}=\overline{OC}$이므로

∠OAC=∠OCA=15°

∴ ∠x=40°+15°=55°

∠y=2∠x=2×55°=110°

∴ ∠x+∠y=55°+110°=165°

답 165°

04 $\overline{OA}$, $\overline{OB}$를 그으면

△OCA에서 $\overline{OA}=\overline{OC}$이므로

∠OAC=∠OCA=30°

△OBC에서 $\overline{OB}=\overline{OC}$이므로

∠OBC=∠OCB=15°

이때 △OAB에서 $\overline{OA}=\overline{OB}$이므로 ∠OAB=∠OBA

∴ ∠A−∠B=(30°+∠OAB)−(15°+∠OBA)

$=15°$

답 15°

05 ∠AOB : ∠BOC : ∠COA=3 : 4 : 5이고

∠AOB+∠BOC+∠COA=360°이므로

∠AOB=360°×$\dfrac{3}{3+4+5}$=90°

∴ ∠ACB=$\dfrac{1}{2}$∠AOB=$\dfrac{1}{2}\times90°=45°$

답 45°

---

02   삼각형의 내심

개념원리 확인하기   본문 40쪽

01 세 내각의 이등분선, 변	**02** ㄴ, ㄹ
03 (1) 26 (2) 3	**04** (1) 45° (2) 118°

01 답 세 내각의 이등분선, 변

02 ㄴ. 삼각형의 내심은 세 내각의 이등분선의 교점이다.
ㄹ. 삼각형의 내심에서 세 변에 이르는 거리는 같다.

답 ㄴ, ㄹ

03 (1) 삼각형의 내심은 세 내각의 이등분선의 교점이므로
$\angle IBC = \angle ABI = 26°$ $\therefore x = 26$
(2) 삼각형의 내심에서 세 변에 이르는 거리는 같으므로
$\overline{IF} = \overline{ID} = 3\,cm$ $\therefore x = 3$ 답 (1) **26** (2) **3**

04 (1) $\angle x + 25° + 20° = 90°$ $\therefore \angle x = 45°$
(2) $\angle BIC = 90° + \dfrac{1}{2}\angle A$이므로
$\angle x = 90° + \dfrac{1}{2} \times 56° = 118°$ 답 (1) **45°** (2) **118°**

---

4 점 I가 △ABC의 내심이므로 $\angle DBI = \angle IBC$
이때 $\overline{DE} \parallel \overline{BC}$이므로 $\angle DIB = \angle IBC$(엇각)
즉, $\angle DBI = \angle DIB$이므로 $\overline{DB} = \overline{DI}$
같은 방법으로 $\overline{EC} = \overline{EI}$
따라서 $\overline{DE} = \overline{DI} + \overline{EI} = \overline{DB} + \overline{EC}$이므로
$7 = \overline{DB} + 3$ $\therefore \overline{DB} = 4(cm)$ 답 **4 cm**

5 △ABC의 내접원의 반지름의 길이를 $r\,cm$라 하면
$△ABC = \dfrac{1}{2}r(\overline{AB} + \overline{BC} + \overline{CA})$이므로
$\dfrac{1}{2} \times 12 \times 9 = \dfrac{1}{2}r(15 + 12 + 9)$, $54 = 18r$ $\therefore r = 3$
$\therefore$ (내접원의 넓이) $= \pi \times 3^2 = 9\pi(cm^2)$ 답 **9π cm²**

6 $\overline{AD} = \overline{AF} = 10\,cm$이므로
$\overline{BE} = \overline{BD} = 32 - 10 = 22(cm)$,
$\overline{CE} = \overline{CF} = 18 - 10 = 8(cm)$
$\therefore \overline{BC} = \overline{BE} + \overline{CE} = 22 + 8 = 30(cm)$ 답 **30 cm**

핵심문제 익히기 🔍 확인문제 본문 41~43쪽

1 ④, ⑤	**2** 16°
3 (1) 115° (2) 122° (3) 38°	**4** 4 cm
5 9π cm²	**6** 30 cm

이렇게 풀어요

1 ④ 점 I가 △ABC의 내심이므로 $\angle ICA = \angle ICB$
⑤ 삼각형의 내심에서 세 변에 이르는 거리는 같다.

답 ④, ⑤

2 $\angle x = \angle IAC = 21°$
$21° + 32° + \angle y = 90°$ $\therefore \angle y = 37°$
$\therefore \angle y - \angle x = 37° - 21° = 16°$ 답 **16°**

3 (1) $\angle x = 90° + \dfrac{1}{2} \times 50° = 115°$
(2) $\angle BAC = 2 \times 32° = 64°$
$\therefore \angle x = 90° + \dfrac{1}{2}\angle BAC = 90° + \dfrac{1}{2} \times 64° = 122°$
(3) $128° = 90° + \dfrac{1}{2}\angle ABC$이므로 $\angle ABC = 76°$
$\therefore \angle x = \dfrac{1}{2}\angle ABC = \dfrac{1}{2} \times 76° = 38°$

답 (1) **115°** (2) **122°** (3) **38°**

계산력 ⚙️ **강화하기** 본문 44쪽

01 (1) 35° (2) 124° (3) 50° (4) 40° (5) 25° (6) 25°	
02 (1) 9 cm (2) 20 cm	**03** (1) 2 (2) 4 (3) 2

이렇게 풀어요

01 (1) $\angle x + 25° + 30° = 90°$ $\therefore \angle x = 35°$
(2) $\angle x = 90° + \dfrac{1}{2}\angle A = 90° + \dfrac{1}{2} \times 68° = 124°$
(3) $115° = 90° + \dfrac{1}{2}\angle x$ $\therefore \angle x = 50°$
(4) $130° = 90° + \dfrac{1}{2}\angle A$이므로 $\angle A = 80°$
$\therefore \angle x = \dfrac{1}{2}\angle A = \dfrac{1}{2} \times 80° = 40°$
(5) $\overline{AI}$를 그으면
$\angle IAC = \dfrac{1}{2}\angle A = \dfrac{1}{2} \times 62° = 31°$
이므로 $34° + \angle x + 31° = 90°$
$\therefore \angle x = 25°$

(6) $\overline{CI}$를 그으면
$\angle ICA = \dfrac{1}{2}\angle C = \dfrac{1}{2} \times 70° = 35°$
이므로 $\angle x + 30° + 35° = 90°$
$\therefore \angle x = 25°$

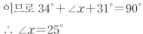

답 (1) **35°** (2) **124°** (3) **50°** (4) **40°** (5) **25°** (6) **25°**

02 (1) $\overline{BI}$, $\overline{CI}$를 그으면

$\overline{DB}=\overline{DI}$, $\overline{EC}=\overline{EI}$이므로

$\overline{DE}=\overline{DI}+\overline{EI}=\overline{DB}+\overline{EC}$

$\qquad=5+4=9$ (cm)

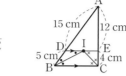

(2) $\overline{BI}$, $\overline{CI}$를 그으면

$\overline{DB}=\overline{DI}$, $\overline{EC}=\overline{EI}$이므로

($\triangle ADE$의 둘레의 길이)

$=\overline{AD}+\overline{DE}+\overline{EA}$

$=\overline{AD}+(\overline{DI}+\overline{EI})+\overline{EA}$

$=(\overline{AD}+\overline{DB})+(\overline{EC}+\overline{EA})$

$=\overline{AB}+\overline{AC}$

$=12+8=20$ (cm)

답 (1) **9 cm** (2) **20 cm**

03 (1) $\overline{BE}=\overline{BD}=4$ cm

$\overline{CF}=\overline{CE}=9-4=5$ (cm)

$\overline{AD}=\overline{AF}=7-5=2$ (cm)

$\therefore x=2$

(2) $\overline{BD}=\overline{BE}=x$ cm이므로

$\overline{AF}=\overline{AD}=(9-x)$ cm,

$\overline{CF}=\overline{CE}=(5-x)$ cm

이때 $\overline{AC}=\overline{AF}+\overline{CF}$이므로

$6=(9-x)+(5-x)$

$6=14-2x$ $\quad\therefore x=4$

(3) $\triangle ABC=\dfrac{1}{2}x(\overline{AB}+\overline{BC}+\overline{CA})$이므로

$\dfrac{1}{2}\times 8\times 6=\dfrac{1}{2}x(10+8+6)$

$24=12x$ $\quad\therefore x=2$

답 (1) **2** (2) **4** (3) **2**

다른 풀이

(3) $\overline{CE}=\overline{CF}=\overline{EI}=x$ cm이므로

$\overline{AD}=\overline{AF}=(6-x)$ cm,

$\overline{BD}=\overline{BE}=(8-x)$ cm

이때 $\overline{AB}=\overline{AD}+\overline{BD}$이므로

$10=(6-x)+(8-x)$

$10=14-2x$ $\quad\therefore x=2$

소단원 📖 **핵심문제**

본문 45쪽

01 (1) 66° (2) 115°	**02** 114°	**03** 54 cm
04 4 cm, 16π cm²	**05** (1) 2 (2) 12	

이렇게 풀어요

01 (1) $\overline{CI}$를 그으면

$32°+25°+\dfrac{1}{2}\angle x=90°$

$\dfrac{1}{2}\angle x=33°$ $\quad\therefore \angle x=66°$

(2) $\angle BAC=2\times 25°=50°$

$\therefore \angle x=90°+\dfrac{1}{2}\angle BAC=90°+\dfrac{1}{2}\times 50°=115°$

답 (1) **66°** (2) **115°**

02 $\triangle OBC$에서 $\overline{OB}=\overline{OC}$이므로

$\angle BOC=180°-42°\times 2=96°$

$\therefore \angle A=\dfrac{1}{2}\angle BOC=\dfrac{1}{2}\times 96°=48°$

$\therefore \angle BIC=90°+\dfrac{1}{2}\angle A=90°+\dfrac{1}{2}\times 48°=114°$

답 **114°**

03 $\overline{DE}/\!/\overline{BC}$이고 점 I는 $\triangle ABC$의 내심이므로

$\overline{DB}=\overline{DI}$, $\overline{EC}=\overline{EI}$

$\therefore$ ($\triangle ABC$의 둘레의 길이)

$=\overline{AB}+\overline{BC}+\overline{CA}$

$=(\overline{AD}+\overline{DB})+\overline{BC}+(\overline{EC}+\overline{EA})$

$=\overline{AD}+(\overline{DI}+\overline{EI})+\overline{EA}+\overline{BC}$

$=\overline{AD}+\overline{DE}+\overline{EA}+\overline{BC}$

$=13+12+11+18=54$ (cm)

답 **54 cm**

04 $\triangle ABC$의 내접원의 반지름의 길이를 r cm라 하면

$\triangle ABC=\dfrac{1}{2}r(\overline{AB}+\overline{BC}+\overline{CA})$이므로

$\dfrac{1}{2}\times 16\times 12=\dfrac{1}{2}r(20+16+12)$

$96=24r$ $\quad\therefore r=4$

$\therefore$ (내접원의 넓이)$=\pi\times 4^2=16\pi$ (cm²)

답 **4 cm, 16π cm²**

05 (1) $\overline{AF}=\overline{AD}=x$ cm이므로

$\overline{BE}=\overline{BD}=(6-x)$ cm, $\overline{CE}=\overline{CF}=(5-x)$ cm

이때 $\overline{BC}=\overline{BE}+\overline{CE}$이므로

$7=(6-x)+(5-x)$

$7=11-2x$ $\quad\therefore x=2$

(2) $\overline{AD}=\overline{AF}=2$ cm이므로

$\overline{BE}=\overline{BD}=9-2=7$ (cm), $\overline{CE}=\overline{CF}=7-2=5$ (cm)

$\therefore \overline{BC}=\overline{BE}+\overline{CE}=7+5=12$ (cm)

$\therefore x=12$

답 (1) **2** (2) **12**

중단원 마무리

01 ③	**02** 15 cm²	**03** 26°	**04** ④
05 120°	**06** ②, ④	**07** ③	**08** ②
09 (1) $\dfrac{13}{2}$ (2) 2		**10** 38°	**11** 20 cm²
12 외심	**13** 60°	**14** 210°	**15** 15°
16 150°	**17** 420 cm²	**18** 4 cm	**19** 5 cm
20 52 cm²	**21** 5 cm		

이렇게 풀어요

01 세 지점 A, B, C에서 같은 거리에 있는 지점은 △ABC의 외심이다.
삼각형의 외심은 세 변의 수직이등분선의 교점이므로
③ $\overline{AC}$와 $\overline{BC}$의 수직이등분선이 만나는 점에 부품 공급 센터를 지어야 한다. **冒 ③**

02 직각삼각형의 외심은 빗변의 중점이므로
$\overline{OB}=\overline{OC}$
$\therefore \triangle ABO = \triangle AOC = \dfrac{1}{2}\triangle ABC$
$= \dfrac{1}{2} \times \left(\dfrac{1}{2} \times 12 \times 5\right) = 15(\text{cm}^2)$ **冒 15 cm²**

03 직각삼각형의 외심은 빗변의 중점이므로 점 M은 △ABC의 외심이다.
△ABM에서 $\overline{MA}=\overline{MB}$이므로
$\angle MAB = \angle B = 32°$
$\therefore \angle AMH = 32° + 32° = 64°$
△AMH에서 $\angle MAH = 180° - (90° + 64°) = 26°$ **冒 26°**

04 △OBC에서 $\overline{OB}=\overline{OC}$이므로
$\angle OBC = \angle OCB = \dfrac{1}{2} \times (180° - 110°) = 35°$
$\angle OAB + 35° + 30° = 90°$이므로
$\angle OAB = 25°$ **冒 ④**

05 $\angle ABC : \angle BCA : \angle CAB = 4 : 2 : 3$이고
$\angle ABC + \angle BCA + \angle CAB = 180°$이므로
$\angle CAB = 180° \times \dfrac{3}{4+2+3} = 60°$
$\therefore \angle BOC = 2\angle BAC = 2 \times 60° = 120°$ **冒 120°**

06 ① $\overline{OA}=\overline{OB}=\overline{OC}$이므로 $\angle OAB = \angle OBA$,
$\angle OBC = \angle OCB$, $\angle OAC = \angle OCA$이지만
$\angle OBA = \angle OBC$인지는 알 수 없다.
③ 삼각형의 외심은 예각삼각형인 경우에만 내부에 있다.
⑤ 세 변의 수직이등분선의 교점은 외심이므로 $\overline{AB}$의 수직이등분선은 외심 O를 지난다. **冒 ②, ④**

07 $\overline{AI}$를 그으면 점 I가 △ABC의 내심이므로
$\angle BAI = \angle CAI = \dfrac{1}{2}\angle A$
$= \dfrac{1}{2} \times 70° = 35°$
$35° + \angle x + \angle y = 90°$이므로
$\angle x + \angle y = 55°$ **冒 ③**

다른 풀이
점 I가 △ABC의 내심이므로
$70° + 2\angle x + 2\angle y = 180°$
$2(\angle x + \angle y) = 110°$ $\therefore \angle x + \angle y = 55°$

08 점 I가 △ABC의 내심이므로
$\angle ABI = \angle CBI(①)$, $\angle ACI = \angle BCI$
이때 $\overline{DE} /\!/ \overline{BC}$이므로
$\angle DIB = \angle IBC(엇각)$, $\angle EIC = \angle ICB(엇각)$
즉, △DBI, △EIC는 이등변삼각형이므로
$\overline{DB}=\overline{DI}$, $\overline{EC}=\overline{EI}(③)$
따라서 $\overline{DE} = \overline{DI} + \overline{IE} = \overline{DB} + \overline{EC}(④)$이므로
(△ADE의 둘레의 길이) $= \overline{AD} + \overline{DE} + \overline{EA}$
$= \overline{AD} + (\overline{DI} + \overline{IE}) + \overline{EA}$
$= (\overline{AD} + \overline{DB}) + (\overline{EC} + \overline{EA})$
$= \overline{AB} + \overline{AC}(⑤)$ **冒 ②**

09 (1) $\overline{BE}=\overline{BD}=x$ cm이므로
$\overline{AF}=\overline{AD}=(8-x)$ cm,
$\overline{CF}=\overline{CE}=(11-x)$ cm
이때 $\overline{AC}=\overline{AF}+\overline{CF}$이므로
$6 = (8-x) + (11-x)$
$6 = 19 - 2x$ $\therefore x = \dfrac{13}{2}$

(2) $\triangle ABC = \dfrac{1}{2}x(\overline{AB}+\overline{BC}+\overline{CA})$이므로
$\dfrac{1}{2} \times 12 \times 5 = \dfrac{1}{2}x(13+12+5)$
$30 = 15x$ $\therefore x = 2$ **冒 (1) $\dfrac{13}{2}$ (2) 2**

10 점 O는 $\triangle$ABC의 외심이므로 $\overline{OA}=\overline{OB}=\overline{OC}$

$\triangle$OAC에서 $\angle OCA=\angle OAC=34°$

$\triangle$OBC에서 $\angle OBC=\angle OCB=34°+18°=52°$

$\triangle$OAB에서 $\angle OBA=\angle OAB=34°+\angle x$

$\triangle$ABC의 세 내각의 크기의 합은 180°이므로

$\angle x+(34°+\angle x+52°)+18°=180°$

$2\angle x=76°$ $\therefore \angle x=38°$ 🖹 **38°**

11 점 O는 $\triangle$ABC의 외심이므로

$\triangle$OAF≡$\triangle$OCF, $\triangle$OAD≡$\triangle$OBD,

$\triangle$OBE≡$\triangle$OCE에서

$\triangle$ABC$=2(\triangle$OBD$+\triangle$OBE$+\triangle$OAF$)$

$\therefore$ (사각형 ODBE의 넓이)$=\triangle$OBD$+\triangle$OBE

$=\dfrac{1}{2}\triangle$ABC$-\triangle$OAF

$=\dfrac{1}{2}\times60-\dfrac{1}{2}\times5\times4$

$=20(cm^2)$ 🖹 **20 cm²**

12 점 I는 $\triangle$ABC의 내심이므로 $\overline{ID}=\overline{IE}=\overline{IF}$

즉, 점 I는 $\triangle$DEF의 외접원의 중심이다.

따라서 점 I는 $\triangle$DEF의 외심이다. 🖹 **외심**

13 점 I는 $\triangle$ABC의 내심이고, 점 I′은 $\triangle$IBC의 내심이므로

$\angle IBI'=\angle I'BC=14°$이고

$\angle ABI=\angle IBC=2\angle I'BC=2\times14°=28°$

$\therefore \angle ABC=2\angle ABI=2\times28°=56°$

같은 방법으로 $\angle ACB=2\angle ACI=2\times32°=64°$

$\triangle$ABC에서 $\angle A=180°-(56°+64°)=60°$ 🖹 **60°**

14 점 I는 $\triangle$ABC의 내심이므로

$\angle BAD=\angle CAD=\angle x$,

$\angle ABE=\angle CBE=\angle y$라 하면

$\triangle$ADC에서 $\angle ADB=\angle x+80°$

$\triangle$BCE에서 $\angle AEB=\angle y+80°$

$\triangle$ABC의 세 내각의 크기의 합은 180°이므로

$2\angle x+2\angle y+80°=180°$ $\therefore \angle x+\angle y=50°$

$\therefore \angle ADB+\angle AEB=(\angle x+80°)+(\angle y+80°)$

$=(\angle x+\angle y)+160°$

$=50°+160°=210°$ 🖹 **210°**

15 $\triangle$ABC에서 $\angle BAC=180°-(35°+65°)=80°$

점 I는 $\triangle$ABC의 내심이므로

$\angle IAC=\dfrac{1}{2}\angle BAC=\dfrac{1}{2}\times80°=40°$

$\overline{OC}$를 그으면 점 O는 $\triangle$ABC의 외심이므로

$\angle AOC=2\angle B=2\times35°=70°$

$\triangle$OCA에서 $\overline{OA}=\overline{OC}$이므로

$\angle OAC=\angle OCA=\dfrac{1}{2}\times(180°-70°)=55°$

$\therefore \angle OAI=\angle OAC-\angle IAC=55°-40°=15°$ 🖹 **15°**

16 $\triangle$ABC에서 $\angle ACB=180°-(90°+70°)=20°$

점 I는 $\triangle$ABC의 내심이므로

$\angle ICB=\dfrac{1}{2}\angle ACB=\dfrac{1}{2}\times20°=10°$

점 O는 $\triangle$ABC의 외심이므로 $\overline{OB}=\overline{OC}$

$\therefore \angle OBC=\angle OCB=20°$

$\triangle$PBC에서 $\angle BPC=180°-(20°+10°)=150°$

🖹 **150°**

17 $\overline{BI}$, $\overline{CI}$를 긋고 점 I에서 $\overline{BC}$에 내린 수선의 발을 F라 하자.

점 I는 $\triangle$ABC의 내심이고 $\overline{DE}$∥$\overline{BC}$이므로

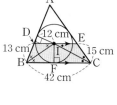

$\overline{DI}=\overline{DB}=13$ cm,

$\overline{EI}=\overline{EC}=15$ cm, $\overline{IF}=12$ cm

$\therefore$ (사각형 DBCE의 넓이)

$=\dfrac{1}{2}\times(\overline{DE}+\overline{BC})\times\overline{IF}$

$=\dfrac{1}{2}\times\{(13+15)+42\}\times12$

$=420(cm^2)$ 🖹 **420 cm²**

18 $\triangle$ABC는 정삼각형이므로

$\angle B=\angle C=60°$

$\overline{IB}$, $\overline{IC}$를 그으면 점 I는 $\triangle$ABC의 내심이므로

$\angle ABI=\angle CBI$, $\angle ACI=\angle BCI$

$\overline{AB}$∥$\overline{ID}$이므로 $\angle BID=\angle ABI$(엇각)

$\overline{AC}$∥$\overline{IE}$이므로 $\angle CIE=\angle ACI$(엇각)

$\therefore \overline{BD}=\overline{ID}$, $\overline{IE}=\overline{CE}$ ······ ㉠

또 $\triangle$IDE에서 $\angle IDE=\angle B=60°$(동위각),

$\angle IED=\angle C=60°$(동위각)이므로 $\triangle$IDE는 정삼각형이다.

$\therefore \overline{ID}=\overline{DE}=\overline{EI}$ ······ ㉡

따라서 ㉠, ㉡에서 $\overline{BD}=\overline{DE}=\overline{EC}$이고

$\overline{BC}=\overline{AB}=12$ cm이므로

$\overline{DE}=\dfrac{1}{3}\overline{BC}=\dfrac{1}{3}\times12=4(cm)$ 🖹 **4 cm**

19 $\overline{\text{AI}}$의 연장선과 $\overline{\text{BC}}$의 교점을 H라 하면 △ABC는 이등변삼각형이므로 $\overline{\text{AH}}\perp\overline{\text{BC}}$

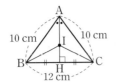

$\triangle\text{ABC}=\dfrac{1}{2}\times\overline{\text{BC}}\times\overline{\text{AH}}$에서

$48=\dfrac{1}{2}\times12\times\overline{\text{AH}},\ 48=6\overline{\text{AH}}$

$\therefore \overline{\text{AH}}=8(\text{cm})$

한편 $\overline{\text{IH}}$는 △ABC의 내접원의 반지름이므로

$\triangle\text{ABC}=\dfrac{1}{2}\times\overline{\text{IH}}\times(\overline{\text{AB}}+\overline{\text{BC}}+\overline{\text{CA}})$에서

$48=\dfrac{1}{2}\times\overline{\text{IH}}\times(10+12+10),\ 48=16\overline{\text{IH}}$

$\therefore \overline{\text{IH}}=3(\text{cm})$

$\therefore \overline{\text{AI}}=\overline{\text{AH}}-\overline{\text{IH}}$
$\phantom{\therefore \overline{\text{AI}}}=8-3=5(\text{cm})$　　　　　답 **5 cm**

20 △ABC의 내접원의 반지름의 길이를 r cm라 하면

$\triangle\text{ABC}=\dfrac{1}{2}r(\overline{\text{AB}}+\overline{\text{BC}}+\overline{\text{CA}})$이므로

$\dfrac{1}{2}\times24\times10=\dfrac{1}{2}r(26+24+10)$

$120=30r \quad \therefore r=4$

$\therefore \triangle\text{IAB}=\dfrac{1}{2}\times26\times4=52(\text{cm}^2)$　　답 **52 cm²**

21 $\overline{\text{AE}}=\overline{\text{AG}}=x$ cm라 하면

$\overline{\text{CH}}=\overline{\text{CE}}=(25-x)\,\text{cm}$,
$\overline{\text{BH}}=\overline{\text{BG}}=(15-x)\,\text{cm}$

이때 $\overline{\text{BC}}=\overline{\text{BH}}+\overline{\text{CH}}$이므로

$20=(15-x)+(25-x)$

$20=40-2x \quad \therefore x=10$

$\therefore \overline{\text{AE}}=10\,\text{cm}$

같은 방법으로 $\overline{\text{CF}}=10\,\text{cm}$

$\therefore \overline{\text{EF}}=\overline{\text{AC}}-(\overline{\text{AE}}+\overline{\text{CF}})$
$\phantom{\therefore \overline{\text{EF}}}=25-(10+10)=5(\text{cm})$　　답 **5 cm**

서술형 대비 문제
본문 49~50쪽

1-1 15°	**2**-1 $9\,\text{cm}$	**3** $3\pi\,\text{cm}^2$　　**4** 110°
5 130°	**6** $24\,\text{cm}^2$	

이렇게 풀어요

1-1 **1단계** 점 O는 △ABC의 외심이므로
$\angle\text{BOC}=2\angle\text{A}-2\times40^\circ=80^\circ$
이때 △OBC에서 $\overline{\text{OB}}=\overline{\text{OC}}$이므로
$\angle\text{OBC}=\dfrac{1}{2}\times(180^\circ-80^\circ)=50^\circ$

2단계 또 $\overline{\text{AB}}=\overline{\text{AC}}$이므로
$\angle\text{ABC}=\dfrac{1}{2}\times(180^\circ-40^\circ)=70^\circ$
점 I는 △ABC의 내심이므로
$\angle\text{IBC}=\dfrac{1}{2}\angle\text{ABC}$
$\phantom{\angle\text{IBC}}=\dfrac{1}{2}\times70^\circ=35^\circ$

3단계 $\therefore \angle\text{OBI}=\angle\text{OBC}-\angle\text{IBC}$
$\phantom{\therefore \angle\text{OBI}}=50^\circ-35^\circ=15^\circ$　　答 **15°**

2-1 **1단계** 점 I가 △ABC의 내심이므로
$\angle\text{IBC}=\angle\text{DBI}$
$\overline{\text{DE}}/\!/\overline{\text{BC}}$이므로
$\angle\text{DIB}=\angle\text{IBC}$(엇각)
즉, $\angle\text{DBI}=\angle\text{DIB}$이므로
$\overline{\text{DB}}=\overline{\text{DI}}$

2단계 점 I가 △ABC의 내심이므로
$\angle\text{ICB}=\angle\text{ECI}$
$\overline{\text{DE}}/\!/\overline{\text{BC}}$이므로
$\angle\text{EIC}=\angle\text{ICB}$(엇각)
즉, $\angle\text{ECI}=\angle\text{EIC}$이므로
$\overline{\text{EC}}=\overline{\text{EI}}$

3단계 $\therefore$ (△ADE의 둘레의 길이)
$=\overline{\text{AD}}+\overline{\text{DE}}+\overline{\text{AE}}$
$=\overline{\text{AD}}+(\overline{\text{DI}}+\overline{\text{EI}})+\overline{\text{AE}}$
$=(\overline{\text{AD}}+\overline{\text{DB}})+(\overline{\text{EC}}+\overline{\text{AE}})$
$=\overline{\text{AB}}+\overline{\text{AC}}$
$=2\overline{\text{AB}}=18(\text{cm})$
$\therefore \overline{\text{AB}}=9(\text{cm})$　　答 **9 cm**

3 **1단계** $\overline{\text{BC}}$를 그으면 점 O는 △ABC의 외심이므로
$\overline{\text{OA}}=\overline{\text{OB}}=\overline{\text{OC}}$에서
$\angle\text{OAB}=\angle\text{OBA}=25^\circ$,
$\angle\text{OAC}=\angle\text{OCA}=35^\circ$
$\therefore \angle\text{BAC}=\angle\text{OAB}+\angle\text{OAC}$
$\phantom{\therefore \angle\text{BAC}}=25^\circ+35^\circ=60^\circ$

2단계 ∴ ∠BOC=2∠BAC

$$=2\times60°=120°$$

3단계 이때 외접원의 반지름의 길이가 3 cm이므로

$$(부채꼴\ BOC의\ 넓이)=\pi\times3^2\times\frac{120}{360}=3\pi\,(cm^2)$$

閏 **3π cm²**

단계	채점 요소	배점
❶	∠BAC의 크기 구하기	3점
❷	∠BOC의 크기 구하기	2점
❸	부채꼴 BOC의 넓이 구하기	2점

4 **1단계** 점 O는 △ABC의 외심이므로

$$∠AOC=2∠B=2\times70°=140°$$

2단계 $\overline{OD}$를 그으면 점 O는

△ACD의 외심이므로

$$\overline{OA}=\overline{OD}=\overline{OC}$$

즉, △AOD, △DOC는 이등변삼각형이므로

∠OAD=∠x, ∠OCD=∠y라 하면

∠ODA=∠OAD=∠x,

∠ODC=∠OCD=∠y

3단계 사각형 AOCD에서 네 내각의 크기의 합은 360°이므로

$$∠x+140°+∠y+(∠x+∠y)=360°$$

$$∴ ∠x+∠y=110°$$

$$∴ ∠D=110°$$

閏 **110°**

단계	채점 요소	배점
❶	∠AOC의 크기 구하기	2점
❷	∠ODA=∠OAD, ∠ODC=∠OCD임을 알기	3점
❸	∠D의 크기 구하기	3점

5 **1단계** ∠BAC : ∠ABC : ∠ACB=4 : 3 : 2이고

∠BAC+∠ABC+∠ACB=180°이므로

$$∠BAC=180°\times\frac{4}{4+3+2}=80°$$

2단계 점 I는 △ABC의 내심이므로

$$∠BIC=90°+\frac{1}{2}∠BAC$$

$$=90°+\frac{1}{2}\times80°$$

$$=130°$$

閏 **130°**

단계	채점 요소	배점
❶	∠BAC의 크기 구하기	3점
❷	∠BIC의 크기 구하기	3점

6 **1단계** 점 O는 직각삼각형 ABC의 외심이므로

$$\overline{AB}=2\overline{OB}=2\times5=10\,(cm)$$

2단계 $\overline{BC}=a$ cm, $\overline{CA}=b$ cm라 하면

$$\overline{CE}=\overline{CF}=2\ cm이므로$$

$$\overline{BD}=\overline{BE}=(a-2)\ cm,$$

$$\overline{AD}=\overline{AF}=(b-2)\ cm$$

이때 $\overline{AB}=\overline{BD}+\overline{AD}$이므로

$$10=(a-2)+(b-2)$$

$$∴ a+b=14$$

$$∴ \overline{BC}+\overline{CA}=14\,(cm)$$

3단계 $∴ △ABC=\frac{1}{2}\times2\times(\overline{AB}+\overline{BC}+\overline{CA})$

$$=10+14=24\,(cm^2)$$

閏 **24 cm²**

단계	채점 요소	배점
❶	$\overline{AB}$의 길이 구하기	2점
❷	$\overline{BC}+\overline{CA}$의 길이 구하기	4점
❸	△ABC의 넓이 구하기	2점

1 평행사변형

01 평행사변형의 성질

개념원리 📖 확인하기 본문 56쪽

01 풀이 참조

02 (1) ① 6 cm ② 9 cm (2) ① 124° ② 56°

03 180, 180, 110, 70

04 (1) 6 cm (2) 7 cm

이렇게 풀어요

01 (1) 두 쌍의 대변이 각각 평행한 사각형

(2) ① 두 쌍의 대변의 길이는 각각 같다.

② 두 쌍의 대각의 크기는 각각 같다.

③ 두 대각선은 서로 다른 것을 이등분한다.

🖪 **풀이 참조**

02 (1) ① $\overline{AB}=\overline{DC}=6$ cm

② $\overline{BC}=\overline{AD}=9$ cm

(2) ① $\angle A=\angle C=124°$

② $\angle D=\angle B=56°$

🖪 (1) ① **6 cm** ② **9 cm** (2) ① **124°** ② **56°**

03 평행사변형에서 이웃하는 두 내각의 크기의 합은 180°이다.

즉, $\angle B+\angle C=\boxed{180}$°이므로

$\angle B=180°-\angle C$

$\quad=\boxed{180}°-\boxed{110}°=\boxed{70}°$

🖪 **180, 180, 110, 70**

04 평행사변형에서 두 대각선은 서로 다른 것을 이등분하므로 $\overline{AC}$는 $\overline{BD}$를 이등분하고, $\overline{BD}$는 $\overline{AC}$를 이등분한다.

(1) $\overline{CO}=\overline{AO}=6$ cm

(2) $\overline{BO}=\overline{DO}=\dfrac{1}{2}\overline{BD}$

$\qquad=\dfrac{1}{2}\times 14=7$ (cm)

🖪 (1) **6 cm** (2) **7 cm**

핵심문제 익히기 🔑 확인문제 본문 57~58쪽

1 (1) $x=3$, $y=-2$ (2) $x=91$, $y=65$ (3) $x=1$, $y=3$

2 2 cm **3** (1) 90° (2) 66° **4** 17 cm

이렇게 풀어요

1 (1) $\overline{AB}=\overline{DC}$이므로 $7=3x+y$ ⋯⋯ ㉠

$\overline{AD}=\overline{BC}$이므로 $9=x-3y$ ⋯⋯ ㉡

㉠, ㉡을 연립하여 풀면

$x=3$, $y=-2$

(2) $\angle BAD=\angle BCD=115°$

$\therefore \angle BAE=\angle BAD-\angle DAE$

$\qquad=115°-24°=91°$

이때 $\overline{AB}\,/\!/\,\overline{DC}$이므로

$\angle AED=\angle BAE=91°$(엇각)

$\therefore x=91$

한편 $\angle B+\angle C=180°$이므로

$\angle B=180°-\angle C$

$\quad=180°-115°=65°$

$\therefore y=65$

(3) $\overline{AO}=\overline{CO}=\dfrac{1}{2}\overline{AC}=\dfrac{1}{2}\times 10=5$이므로

$2x+y=5$ ⋯⋯ ㉠

$\overline{BO}=\overline{DO}$이므로

$3y-x=8$ ⋯⋯ ㉡

㉠, ㉡을 연립하여 풀면 $x=1$, $y=3$

🖪 (1) $x=3$, $y=-2$ (2) $x=91$, $y=65$

(3) $x=1$, $y=3$

다른 풀이

(2) $\angle C+\angle D=180°$이므로

$\angle D=180°-\angle C=180°-115°=65°$

△AED에서

$\angle AED=180°-(65°+24°)=91°$ ∴ $x=91$

한편 $\angle B=\angle D=65°$이므로 $y=65$

2 $\overline{AD}\,/\!/\,\overline{BC}$이므로 $\angle AEB=\angle CBE$(엇각)

$\therefore \angle ABE=\angle AEB$

따라서 △ABE는 이등변삼각형이므로

$\overline{AE}=\overline{AB}=6$ cm

이때 $\overline{AD}=\overline{BC}=8$ cm이므로

$\overline{DE}=\overline{AD}-\overline{AE}$

$\quad=8-6=2$ (cm) 🖪 **2 cm**

3 (1) □ABCD가 평행사변형이므로 ∠A+∠B=180°

이때 ∠BAP=$\frac{1}{2}$∠A, ∠ABP=$\frac{1}{2}$∠B이므로

∠BAP+∠ABP=$\frac{1}{2}$(∠A+∠B)

$\qquad\qquad\qquad=\frac{1}{2}\times180°=90°$

△ABP에서 ∠BAP+∠ABP+∠x=180°이므로

∠x=180°−90°=90°

(2) $\overline{AB}/\!/\overline{DE}$이므로 ∠BAE=∠AED=57°(엇각)

∴ ∠BAD=2∠BAE=2×57°=114°

□ABCD가 평행사변형이므로

∠BAD+∠x=180°

∴ ∠x=180°−114°=66°

🖪 (1) 90° (2) 66°

4 (△OAB의 둘레의 길이)=$\overline{OA}+\overline{AB}+\overline{BO}$

$\qquad\qquad\qquad\qquad=\frac{1}{2}\overline{AC}+\overline{DC}+\frac{1}{2}\overline{BD}$

$\qquad\qquad\qquad\qquad=\overline{DC}+\frac{1}{2}(\overline{AC}+\overline{BD})$

$\qquad\qquad\qquad\qquad=6+\frac{1}{2}\times22=17(cm)$

🖪 17 cm

---

01 (1) $x=6$, $y=5$ (2) ∠a=80°, ∠b=100°

02 (1) 3   (2) 112   **03** 14 cm

04 (1) 125°   (2) 6 cm   **05** ①

이렇게 풀어요

01 (1) $\overline{EF}=\overline{AD}$=9 cm, $\overline{EP}=\overline{BH}$=3 cm이므로

$\overline{PF}=\overline{EF}-\overline{EP}$=9−3=6(cm)

∴ $x=6$

$\overline{GH}=\overline{AB}$=7 cm, $\overline{GP}=\overline{DF}$=2 cm이므로

$\overline{PH}=\overline{GH}-\overline{GP}$=7−2=5(cm)

∴ $y=5$

(2) □AEPG는 평행사변형이므로

∠a=∠A=80°

$\overline{EF}/\!/\overline{BC}$이므로 ∠$b$=∠GPF(동위각)

∴ ∠b=180°−∠a

$\qquad=180°−80°=100°$

🖪 (1) $x=6$, $y=5$ (2) ∠a=80°, ∠b=100°

---

02 (1) $\overline{AD}/\!/\overline{BC}$이므로 ∠DAE=∠BEA(엇각)

∴ ∠BAE=∠BEA

따라서 △ABE는 이등변삼각형이므로

$\overline{BE}=\overline{BA}$=5 cm

이때 $\overline{BC}=\overline{AD}$=8 cm이므로

$\overline{EC}=\overline{BC}-\overline{BE}$=8−5=3(cm)

∴ $x=3$

(2) ∠ADE=∠DEC=34°(엇각)이므로

∠ADC=2×34°=68°

∠A+∠ADC=180°이므로

∠A=180°−68°=112°

∴ $x=112$

🖪 (1) 3 (2) 112

03 △ABE와 △FCE에서

$\overline{BE}=\overline{CE}$, ∠AEB=∠FEC(맞꼭지각)

$\overline{AB}/\!/\overline{DF}$이므로 ∠ABE=∠FCE(엇각)

∴ △ABE≡△FCE(ASA 합동)

∴ $\overline{FC}=\overline{AB}$=7 cm

또 □ABCD가 평행사변형이므로

$\overline{DC}=\overline{AB}$=7 cm

∴ $\overline{DF}=\overline{DC}+\overline{CF}$

$\qquad=7+7=14(cm)$ 🖪 14 cm

04 (1) □ABCD는 평행사변형이므로 ∠A+∠B=180°

∴ ∠A=180°−70°=110°

∴ ∠DAF=$\frac{1}{2}$∠A=$\frac{1}{2}\times110°$=55°

이때 $\overline{AD}/\!/\overline{BC}$이므로

∠BFA=∠DAF=55°(엇각)

∴ ∠AFC=180°−55°=125°

(2) $\overline{AD}/\!/\overline{BC}$이므로 ∠DAF=∠BFA(엇각)

∴ ∠BAF=∠BFA

따라서 △ABF는 이등변삼각형이므로

$\overline{BF}=\overline{BA}$=9 cm

이때 $\overline{BC}=\overline{AD}$=12 cm이므로

$\overline{FC}=\overline{BC}-\overline{BF}$

$\qquad=12−9=3(cm)$

또 $\overline{AD}/\!/\overline{BC}$이므로 ∠ADE=∠CED(엇각)

∴ ∠CDE=∠CED

따라서 △ECD는 이등변삼각형이므로

$\overline{EC}=\overline{DC}=\overline{AB}$=9 cm

∴ $\overline{EF}=\overline{EC}-\overline{FC}$

$\qquad=9−3=6(cm)$ 🖪 (1) 125° (2) 6 cm

05 ①, ② $\overline{AO}=\overline{CO}$, $\overline{BO}=\overline{DO}$

③, ④, ⑤ △AOP와 △COQ에서

평행사변형의 성질에 의해 $\overline{AO}=\overline{CO}$ ...... ㉠

$\overline{AD}/\!/\overline{BC}$이므로

∠OAP=∠OCQ(엇각) (④) ...... ㉡

∠AOP=∠COQ(맞꼭지각) ...... ㉢

㉠, ㉡, ㉢에 의해 △AOP≡△COQ(ASA 합동) (⑤)

∴ $\overline{PO}=\overline{QO}$ (③) **달 ①**

---

02 평행사변형이 되는 조건

개념원리 ☑ 확인하기 본문 63쪽

01 (1) $\overline{DC}$, $\overline{BC}$ (2) $\overline{DC}$, $\overline{BC}$ (3) ∠C, ∠D
(4) $\overline{CO}$, $\overline{DO}$ (5) $\overline{DC}$, $\overline{DC}$

02 (1) × (2) ○, 두 대각선이 서로 다른 것을 이등분한다.
(3) × (4) ○, 두 쌍의 대변의 길이가 각각 같다.
(5) ○, 두 쌍의 대각의 크기가 각각 같다. (6) ×

03 ㉠ 4 ㉡ 6 ㉢ 6 ㉣ 9
(1) 25 cm² (2) 25 cm² (3) 50 cm²

이렇게 풀어요

01 답 (1) $\overline{DC}$, $\overline{BC}$ (2) $\overline{DC}$, $\overline{BC}$ (3) ∠C, ∠D
(4) $\overline{CO}$, $\overline{DO}$ (5) $\overline{DC}$, $\overline{DC}$

02 (1) 오른쪽 그림에서 □ABCD는
∠A=120°, ∠B=60°이지만 평
행사변형이 아니다.

(2) $\overline{AO}=\overline{CO}$, $\overline{BO}=\overline{DO}$이므로 두 대각선은 서로 다른
것을 이등분한다.
따라서 □ABCD는 평행사변형이다.
(3) 오른쪽 그림에서 □ABCD는
$\overline{AD}/\!/\overline{BC}$, $\overline{AB}=\overline{DC}=8$ cm
이지만 평행사변형이 아니다.
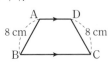
(4) $\overline{AB}=\overline{DC}$, $\overline{AD}=\overline{BC}$이므로 두 쌍의 대변의 길이가
각각 같다.
따라서 □ABCD는 평행사변형이다.

---

(5) ∠D=360°−(65°+115°+65°)=115°
즉, ∠A=∠C, ∠B=∠D이므로 두 쌍의 대각의 크
기가 각각 같다.
따라서 □ABCD는 평행사변형이다.
(6) 오른쪽 그림에서 □ABCD는
$\overline{AB}=\overline{BC}=4$ cm,
$\overline{CD}=\overline{DA}=6$ cm이지만 평행
사변형이 아니다.

달 (1) × (2) ○, 두 대각선이 서로 다른 것을 이등분한다.
(3) × (4) ○, 두 쌍의 대변의 길이가 각각 같다.
(5) ○, 두 쌍의 대각의 크기가 각각 같다. (6) ×

03 △APH=△AEP=4 cm²
∴ ㉠=4
△PGD=△DHP=6 cm²
∴ ㉡=6
△PEB=△BFP=6 cm²
∴ ㉢=6
△PFC=△CGP=9 cm²
∴ ㉣=9
(1) △ABP+△CDP=(4+6)+(6+9)=25(cm²)
(2) △APD+△BCP=(4+6)+(6+9)=25(cm²)
(3) □ABCD
=(△ABP+△CDP)+(△APD+△BCP)
=25+25=50(cm²)
달 ㉠ 4 ㉡ 6 ㉢ 6 ㉣ 9
(1) **25 cm²** (2) **25 cm²** (3) **50 cm²**

핵심문제 익히기 🔑 확인문제 본문 64~66쪽

1 ③ **2** (1) $x=7$, $y=4$ (2) $x=55$, $y=65$
3 28 cm **4** 두 쌍의 대변이 각각 평행하다.
5 7 cm² **6** 6 cm²

이렇게 풀어요

1 ① ∠A=360°−(65°+115°+65°)=115°
따라서 ∠A=∠C, ∠B=∠D에서 두 쌍의 대각의 크
기가 각각 같으므로 □ABCD는 평행사변형이다.

② $\angle ABD = \angle BDC$

즉, 엇각의 크기가 같으므로 $\overline{AB} /\!/ \overline{DC}$

$\angle ADB = \angle DBC$

즉, 엇각의 크기가 같으므로 $\overline{AD} /\!/ \overline{BC}$

따라서 $\overline{AB} /\!/ \overline{DC}$, $\overline{AD} /\!/ \overline{BC}$에서 두 쌍의 대변이 각각 평행하므로 $\square ABCD$는 평행사변형이다.

③ $\overline{AO} = \overline{CO}$, $\overline{BO} \neq \overline{DO}$에서 두 대각선이 서로 다른 것을 이등분하지 않으므로 $\square ABCD$는 평행사변형이 아니다.

④ $\overline{AB} = \overline{DC}$, $\overline{AD} = \overline{BC}$에서 두 쌍의 대변의 길이가 각각 같으므로 $\square ABCD$는 평행사변형이다.

⑤ $\angle ADB = \angle DBC$

즉, 엇각의 크기가 같으므로 $\overline{AD} /\!/ \overline{BC}$

따라서 $\overline{AD} /\!/ \overline{BC}$, $\overline{AD} = \overline{BC}$에서 한 쌍의 대변이 평행하고 그 길이가 같으므로 $\square ABCD$는 평행사변형이다.

🔼 **③**

2 (1) $\square ABCD$가 평행사변형이 되려면

$\overline{AB} = \overline{DC}$, $\overline{AD} = \overline{BC}$이어야 하므로

$2x+1 = 3x-6$에서 $x=7$

$3y+7 = 4y+3$에서 $y=4$

(2) $\square ABCD$가 평행사변형이 되려면

$\overline{AB} /\!/ \overline{DC}$이어야 하므로

$\angle ACD = \angle BAC = 65°$(엇각)

$\therefore y = 65$

또 $\overline{AD} /\!/ \overline{BC}$이어야 하고 $\triangle ABC$에서

$\angle ACB = 180° - (65° + 60°) = 55°$이므로

$\angle DAC = \angle ACB = 55°$(엇각)

$\therefore x = 55$

🔼 **(1) $x=7$, $y=4$ (2) $x=55$, $y=65$**

3 $\overline{AD} /\!/ \overline{BC}$이므로

$\angle DAE = \angle AEB$(엇각)

즉, $\triangle ABE$는 $\overline{BA} = \overline{BE}$인 이등변삼각형이다.

그런데 $\angle B = 60°$이므로 $\triangle ABE$는 정삼각형이다.

$\therefore \overline{AE} = \overline{BE} = \overline{BA} = 10 \text{ cm}$

$\overline{BC} = \overline{AD} = 14 \text{ cm}$이므로

$\overline{CE} = \overline{BC} - \overline{BE}$

$= 14 - 10 = 4(\text{cm})$

이때 $\square AECF$는 평행사변형이므로 구하는 둘레의 길이는

$2 \times (4+10) = 28(\text{cm})$

🔼 **28 cm**

4 $\overline{AD} /\!/ \overline{BC}$이므로 $\overline{AH} /\!/ \overline{FC}$

$\overline{AD} = \overline{BC}$이고 $\overline{AH} = \frac{1}{2}\overline{AD}$, $\overline{FC} = \frac{1}{2}\overline{BC}$이므로

$\overline{AH} = \overline{FC}$

즉, $\overline{AH} /\!/ \overline{FC}$, $\overline{AH} = \overline{FC}$이므로 $\square AFCH$는 평행사변형이다.

$\therefore \overline{PQ} /\!/ \overline{SR}$ ...... ㉠

$\overline{AB} /\!/ \overline{DC}$이므로 $\overline{EB} /\!/ \overline{DG}$

$\overline{AB} = \overline{DC}$이고 $\overline{EB} = \frac{1}{2}\overline{AB}$, $\overline{DG} = \frac{1}{2}\overline{DC}$이므로

$\overline{EB} = \overline{DG}$

즉, $\overline{EB} /\!/ \overline{DG}$, $\overline{EB} = \overline{DG}$이므로 $\square EBGD$는 평행사변형이다.

$\therefore \overline{PS} /\!/ \overline{QR}$ ...... ㉡

㉠, ㉡에 의해 두 쌍의 대변이 각각 평행하므로 $\square PQRS$는 평행사변형이다. 🔼 **두 쌍의 대변이 각각 평행하다.**

5 $\square ABNM$, $\square MNCD$는 모두 평행사변형이고 밑변의 길이와 높이가 각각 같으므로

$\triangle MPN = \frac{1}{4}\square ABNM$

$= \frac{1}{4} \times \frac{1}{2}\square ABCD$

$= \frac{1}{8}\square ABCD$

$\triangle QMN = \frac{1}{4}\square MNCD$

$= \frac{1}{4} \times \frac{1}{2}\square ABCD$

$= \frac{1}{8}\square ABCD$

$\therefore \square MPNQ = \triangle MPN + \triangle QMN$

$= \frac{1}{8}\square ABCD + \frac{1}{8}\square ABCD$

$= \frac{1}{4}\square ABCD$

$= \frac{1}{4} \times 28 = 7(\text{cm}^2)$ 🔼 **7 cm²**

6 $\triangle PAB + \triangle PCD = \frac{1}{2}\square ABCD$

$= \frac{1}{2} \times (8 \times 5)$

$= 20(\text{cm}^2)$

이때 $\triangle PCD$의 넓이가 14 cm^2이므로

$\triangle PAB + 14 = 20$

$\therefore \triangle PAB = 6(\text{cm}^2)$ 🔼 **6 cm²**

01 ①, ⑤

02 (가) $\overline{DO}$　(나) $\overline{CO}$　(다) $\overline{FO}$

두 대각선이 서로 다른 것을 이등분한다.

03 12 cm² **04** 35 cm²

이렇게 풀어요

01 ① $\overline{AB}=\overline{DC}$, $\overline{AB}/\!/\overline{DC}$이므로 □ABCD는 평행사변형이다.

⑤ $\angle D=360°-(95°+85°+95°)=85°$
즉, $\angle A=\angle C=95°$, $\angle B=\angle D=85°$이므로
□ABCD는 평행사변형이다.　　　　目 ①, ⑤

02 □ABCD는 평행사변형이므로
$\overline{AO}=\overline{CO}$, $\overline{BO}=\boxed{\overline{DO}}$　　…… ㉠
그런데 $\overline{AE}=\overline{CF}$이므로
$\overline{EO}=\overline{AO}-\overline{AE}$
$\quad=\boxed{\overline{CO}}-\overline{CF}=\boxed{\overline{FO}}$　　…… ㉡
㉠, ㉡에 의해 두 대각선이 서로 다른 것을 이등분하므로
□EBFD는 평행사변형이다.
目 (가) $\overline{DO}$ (나) $\overline{CO}$ (다) $\overline{FO}$
두 대각선이 서로 다른 것을 이등분한다.

03 평행사변형 ABCD의 내부의 한 점 P에 대하여
$\triangle PAB+\triangle PCD=\dfrac{1}{2}$□ABCD이므로
$\triangle PAB+\triangle PCD=\dfrac{1}{2}\times60=30(\text{cm}^2)$
이때 $\triangle PAB:\triangle PCD=2:3$이므로
$\triangle PAB=30\times\dfrac{2}{2+3}=12(\text{cm}^2)$　　目 **12 cm²**

04 (색칠한 부분의 넓이)
$=\triangle APH+\triangle EBP+\triangle PCG+\triangle HPD$
$=\dfrac{1}{2}(\square AEPH+\square EBFP+\square PFCG+\square HPGD)$
$=\dfrac{1}{2}\square ABCD$
$=\dfrac{1}{2}\times70=35(\text{cm}^2)$　　目 **35 cm²**

---

01 ④　　**02** ③　　**03** ④　　**04** 38°

05 55°　　**06** ∠C=108°, ∠D=72°　　**07** ④

08 ③　　**09** ④　　**10** 24 cm²　　**11** 100°

12 14 cm　**13** 20 cm　**14** ③　　**15** ③

16 ④　　**17** 두 대각선이 서로 다른 것을 이등분한다.

18 110°　**19** 평행사변형, 22 cm　　**20** ④

이렇게 풀어요

01 $\overline{AB}/\!/\overline{DC}$이므로 $\angle ABD=\angle CDB=35°$(엇각)
$\therefore \angle ABC=35°+25°=60°$
△ABC에서 $\angle x=180°-(80°+60°)=40°$　　目 ④

02 ① $\overline{DC}=\overline{AB}=7$ cm
② $\overline{AO}=\dfrac{1}{2}\overline{AC}=\dfrac{1}{2}\times12=6(\text{cm})$
③ $\angle DAB+\angle ABC=180°$이므로
$\angle DAB=180°-100°=80°$
④ $\overline{BD}=2\overline{BO}=2\times5=10(\text{cm})$
⑤ $\angle ADC=\angle ABC=100°$　　目 ③

03 $\overline{AD}/\!/\overline{BC}$이므로 $\angle AEB=\angle DAE$(엇각)
$\therefore \angle BAE=\angle AEB$
따라서 △ABE는 이등변삼각형이므로
$\overline{BE}=\overline{BA}=7$ cm
이때 $\overline{BC}=\overline{AD}=11$ cm이므로
$\overline{EC}=\overline{BC}-\overline{BE}=11-7=4(\text{cm})$　　目 ④

04 □ABCD는 평행사변형이므로
$\angle BAD+\angle D=180°$에서 $\angle BAD=180°-76°=104°$
$\therefore \angle BAP=\dfrac{1}{2}\angle BAD=\dfrac{1}{2}\times104°=52°$
△ABP에서
$\angle ABP=180°-(90°+52°)=38°$
이때 $\angle ABC=\angle D=76°$이므로
$\angle x=\angle ABC-\angle ABP=76°-38°=38°$　　目 **38°**

05 $\overline{AD}=\overline{DF}$이므로 △AFD는 이등변삼각형이다.
이때 $\angle D=\angle B=70°$이므로 △AFD에서
$\angle DAF=\angle DFA=\dfrac{1}{2}\times(180°-70°)=55°$
$\therefore \angle x=\angle DAE=55°$(엇각)　　目 **55°**

---

06 $\angle A + \angle B = 180°$이고 $\angle A : \angle B = 3 : 2$이므로

$\angle A = 180° \times \dfrac{3}{3+2} = 108°$

$\angle B = 180° \times \dfrac{2}{3+2} = 72°$

$\therefore \angle C = \angle A = 108°$, $\angle D = \angle B = 72°$

目 $\angle C = 108°$, $\angle D = 72°$

07 ① 두 쌍의 대변의 길이가 각각 같으므로 평행사변형이다.

② $\angle C = 360° - (120° + 60° + 60°) = 120°$

따라서 $\angle A = \angle C$, $\angle B = \angle D$이므로 평행사변형이다.

③ 오른쪽 그림과 같이 $\overline{CD}$의 연장선 위에 점 E를 잡으면 $\overline{AB} /\!/ \overline{DC}$이므로

$\angle A = \angle ADE$(엇각)

이때 $\angle A = \angle C$이므로 $\angle C = \angle ADE$

즉, 동위각의 크기가 같으므로 $\overline{AD} /\!/ \overline{BC}$

따라서 두 쌍의 대변이 각각 평행하므로 평행사변형이다.

④ 오른쪽 그림에서 □ABCD는 $\overline{AB} = \overline{DC}$, $\overline{AD} /\!/ \overline{BC}$이지만 평행사변형이 아니다.

⑤ 두 대각선이 서로 다른 것을 이등분하므로 평행사변형이다.

目 ④

08 ①, ② 한 쌍의 대변이 평행하고 그 길이가 같으므로 평행사변형이다.

③ 평행사변형인지 알 수 없다.

④ 두 대각선이 서로 다른 것을 이등분하므로 평행사변형이다.

⑤ 두 쌍의 대변이 각각 평행하므로 평행사변형이다.

目 ③

09 $\overline{BC} = \overline{CE}$, $\overline{DC} = \overline{CF}$, 즉 두 대각선이 서로 다른 것을 이등분하므로 □BFED는 평행사변형이다. **目 ④**

10 $□ABCD = 8 \times 6 = 48(\text{cm}^2)$이므로

$\triangle PDA + \triangle PBC = \dfrac{1}{2} □ABCD$

$= \dfrac{1}{2} \times 48 = 24(\text{cm}^2)$ **目 24 cm²**

11 $\angle FDB = \angle BDC = 40°$(접은 각)

$\overline{AB} /\!/ \overline{DC}$이므로 $\angle FBD = \angle BDC = 40°$(엇각)

따라서 $\triangle FBD$에서

$\angle AFE = 180° - (40° + 40°) = 100°$ **目 100°**

12 $\overline{AB} /\!/ \overline{DC}$이므로

$\angle BAE = \angle AED$(엇각)

$\therefore \angle DAE = \angle AED$

즉, $\triangle DAE$는 이등변삼각형이므로

$\overline{DE} = \overline{DA} = 12\ \text{cm}$

또 $\angle ABF = \angle BFC$(엇각)이므로

$\angle FBC = \angle BFC$

즉, $\triangle BCF$는 이등변삼각형이므로

$\overline{CF} = \overline{CB} = \overline{AD} = 12\ \text{cm}$

이때 $\overline{CD} = \overline{AB} = 10\ \text{cm}$이므로

$\overline{EF} = \overline{FC} + \overline{DE} - \overline{CD}$

$= 12 + 12 - 10 = 14(\text{cm})$ **目 14 cm**

13 $\triangle ABC$가 $\overline{AB} = \overline{AC}$인 이등변삼각형이므로 $\angle B = \angle C$

$\overline{AC} /\!/ \overline{EP}$이므로 $\angle C = \angle EPB$(동위각)

$\therefore \angle B = \angle EPB$

따라서 $\triangle EBP$는 이등변삼각형이므로 $\overline{EB} = \overline{EP}$

이때 $\overline{AE} /\!/ \overline{DP}$, $\overline{AD} /\!/ \overline{EP}$이므로 □AEPD는 평행사변형이다.

$\therefore$ (□AEPD의 둘레의 길이) $= 2(\overline{AE} + \overline{EP})$

$= 2(\overline{AE} + \overline{EB}) = 2\overline{AB}$

$= 2 \times 10 = 20(\text{cm})$

目 20 cm

14 $\angle ADC = \angle B = 60°$이고

$\angle ADE : \angle EDC = 2 : 1$이므로

$\angle EDC = 60° \times \dfrac{1}{2+1} = 20°$

또 $\angle B + \angle C = 180°$이므로

$\angle C = 180° - 60° = 120°$

$\triangle ECD$에서

$\angle DEC = 180° - (120° + 20°) = 40°$

$\therefore \angle x = 180° - (75° + 40°) = 65°$ **目 ③**

다른 풀이

$\angle ADC = \angle B = 60°$이고

$\angle ADE : \angle EDC = 2 : 1$이므로

$\angle ADE = 60° \times \dfrac{2}{2+1} = 40°$

$\triangle AED$에서

$\angle DAE = 180° - (75° + 40°) = 65°$

이때 $\overline{AD} /\!/ \overline{BC}$이므로

$\angle x = \angle DAE = 65°$(엇각)

15 $\overline{HB} \, /\!/ \, \overline{DC}$이므로

$\angle FCB = \angle FCD = \angle AHF = 40°$(엇각)

$\angle ABC + \angle BCD = 180°$이므로

$\angle ABC = 180° - (40° + 40°) = 100°$

$\therefore \angle EBC = \dfrac{1}{2} \angle ABC = \dfrac{1}{2} \times 100° = 50°$

이때 $\angle FEB = \angle EBC = 50°$(엇각)이므로

$\angle x = 180° - 50° = 130°$ 🖪 ③

16 $\triangle AFD$와 $\triangle CEB$에서

$\angle ADF = \angle CBE$(엇각)(⑤), $\overline{AD} = \overline{CB}$, $\overline{DF} = \overline{BE}$

이므로 $\triangle AFD \equiv \triangle CEB$(SAS 합동)(③)

$\therefore \overline{AF} = \overline{CE}$(①)

$\triangle ABE$와 $\triangle CDF$에서

$\angle ABE = \angle CDF$(엇각), $\overline{AB} = \overline{CD}$, $\overline{BE} = \overline{DF}$

이므로 $\triangle ABE \equiv \triangle CDF$(SAS 합동)

$\therefore \overline{AE} = \overline{CF}$(②)   🖪 ④

17 $\square ABCD$는 평행사변형이므로

$\overline{AO} = \overline{CO}, \ \overline{BO} = \overline{DO}$

이때 $\overline{AP} = \overline{CR}, \ \overline{BQ} = \overline{DS}$이므로

$\overline{PO} = \overline{AO} - \overline{AP} = \overline{CO} - \overline{CR} = \overline{RO}$

$\overline{QO} = \overline{BO} - \overline{BQ} = \overline{DO} - \overline{DS} = \overline{SO}$

따라서 $\square PQRS$는 두 대각선이 서로 다른 것을 이등분하므로 평행사변형이다.

🖪 **두 대각선이 서로 다른 것을 이등분한다.**

18 $\overline{AM} \, /\!/ \, \overline{NC}, \ \overline{AM} = \overline{NC}$이므로 $\square ANCM$은 평행사변형이다.

$\therefore \angle NCM = \angle NAM = 72°$

$\overline{MD} \, /\!/ \, \overline{BN}, \ \overline{MD} = \overline{BN}$이므로 $\square MBND$는 평행사변형이다.

즉, $\overline{MB} \, /\!/ \, \overline{DN}$이므로

$\angle FNC = \angle MBN = 38°$(동위각)

따라서 $\triangle FNC$에서

$\angle x = 38° + 72° = 110°$ 🖪 **110°**

19 $\triangle ABC$와 $\triangle DBE$에서

$\triangle ADB$는 정삼각형이므로 $\overline{AB} = \overline{DB}$

$\triangle BCE$는 정삼각형이므로 $\overline{BC} = \overline{BE}$

$\angle ABC = 60° - \angle EBA = \angle DBE$

$\therefore \triangle ABC \equiv \triangle DBE$(SAS 합동)

같은 방법으로

$\triangle ABC \equiv \triangle FEC$(SAS 합동)

$\therefore \overline{DE} = \overline{AC} = \overline{AF} = 5 \text{ cm}$

$\overline{EF} = \overline{BA} = \overline{DA} = 6 \text{ cm}$

따라서 $\square AFED$는 누 쌍의 대변의 길이가 각각 같으므로 평행사변형이다.

$\therefore$ ($\square AFED$의 둘레의 길이) $= 2 \times (5 + 6) = 22 \text{(cm)}$

🖪 **평행사변형, 22 cm**

20 ① $\triangle CDO = \triangle ABO = 30 \text{ cm}^2$

② $\triangle ACD = \triangle ABC = 2\triangle ABO$
  $= 2 \times 30 = 60 \text{(cm}^2)$

③ $\square ABFC$는 평행사변형이므로
  $\triangle BFC = \triangle ABC = 2\triangle ABO$
  $= 2 \times 30 = 60 \text{(cm}^2)$

④ $\square ABFC = 2\triangle BFC$
  $= 2 \times 60 = 120 \text{(cm}^2)$

⑤ $\square BFED$는 평행사변형이므로
  $\square BFED = 4\triangle BFC$
  $= 4 \times 60 = 240 \text{(cm}^2)$ 🖪 ④

📋 **서술형 대비 문제**   본문 71~72쪽

1-1 46°   **2**-1 24 cm²   **3** 5

4 (1) 129°   (2) 4 cm

5 평행사변형, 한 쌍의 대변이 평행하고 그 길이가 같다.

6 80 cm²

이렇게 풀어요

1-1 **1단계** $\overline{AD} \, /\!/ \, \overline{BE}$이므로

$\angle DAE = \angle AEC = 32°$(엇각)

$\therefore \angle DAC = 2\angle DAE = 2 \times 32° = 64°$

2단계 $\angle BAD + \angle B = 180°$이므로

$\angle BAD = 180° - 70° = 110°$

$\therefore \angle BAC = \angle BAD - \angle DAC$

$= 110° - 64° = 46°$

3단계 $\overline{AB} \, /\!/ \, \overline{DC}$이므로

$\angle ACD = \angle BAC = 46°$(엇각)   🖪 **46°**

2-1 **1단계** 평행사변형 ABCD의 높이를 h cm라 하면

$72=12\times h$ ∴ $h=6$

2단계 $\overline{AD}\,/\!/\,\overline{BC}$이므로

$\angle BEA=\angle EBF$(엇각)$=\angle ABE$

즉, $\triangle ABE$는 $\overline{AB}=\overline{AE}$인 이등변삼각형이므로

$\overline{AE}=\overline{AB}=8$ cm

이때 $\overline{AD}=\overline{BC}=12$ cm이므로

$\overline{ED}=\overline{AD}-\overline{AE}=12-8=4\,(\text{cm})$

3단계 ∴ $\square EBFD=\overline{ED}\times h=4\times6=24\,(\text{cm}^2)$

目 $\mathbf{24\ cm^2}$

3 **1단계** $\overline{AB}=\overline{DC}$이므로 $x+y=4y-3$

∴ $x-3y=-3$ ······ ㉠

$\overline{AD}=\overline{BC}$이므로 $3x-1=2y+4$

∴ $3x-2y=5$ ······ ㉡

2단계 ㉠, ㉡을 연립하여 풀면 $x=3$, $y=2$

3단계 ∴ $\overline{AB}=x+y=3+2=5$ **目** $\mathbf{5}$

단계	채점 요소	배점
❶	평행사변형의 성질을 이용하여 식 세우기	3점
❷	x, y의 값 구하기	2점
❸	$\overline{AB}$의 길이 구하기	1점

4 **1단계** (1) $\square ABCD$는 평행사변형이므로

$\angle A+\angle B=180°$

∴ $\angle A=180°-78°=102°$

∴ $\angle BAF=\angle DAF=\dfrac{1}{2}\angle A$

$=\dfrac{1}{2}\times102°=51°$

$\triangle ABF$에서 $\angle AFC=51°+78°=129°$

2단계 (2) $\overline{AD}\,/\!/\,\overline{BC}$이므로 $\angle AFB=\angle DAF$(엇각)

즉, $\angle AFB=\angle BAF$이므로 $\triangle ABF$는

$\overline{BA}=\overline{BF}$인 이등변삼각형이다.

∴ $\overline{BF}=\overline{BA}=7$ cm

이때 $\overline{BC}=\overline{AD}=10$ cm이므로

$\overline{FC}=\overline{BC}-\overline{BF}=10-7=3\,(\text{cm})$

3단계 또 $\overline{AD}\,/\!/\,\overline{BC}$이므로 $\angle DEC=\angle ADE$(엇각)

즉, $\angle DEC=\angle CDE$이므로 $\triangle CDE$는

$\overline{CD}=\overline{CE}$인 이등변삼각형이다.

이때 $\overline{CD}=\overline{AB}=7$ cm이므로

$\overline{CE}=\overline{CD}=7$ cm

4단계 ∴ $\overline{EF}=\overline{EC}-\overline{FC}=7-3=4\,(\text{cm})$

目 (1) $\mathbf{129°}$ (2) $\mathbf{4\ cm}$

단계	채점 요소	배점
❶	$\angle AFC$의 크기 구하기	3점
❷	$\overline{FC}$의 길이 구하기	2점
❸	$\overline{CE}$의 길이 구하기	2점
❹	$\overline{EF}$의 길이 구하기	1점

5 **1단계** $\triangle ABE$와 $\triangle CDF$에서

$\angle AEB=\angle CFD=90°$, $\overline{AB}=\overline{CD}$,

$\angle ABE=\angle CDF$(엇각)

이므로 $\triangle ABE\equiv\triangle CDF$(RHA 합동)

∴ $\overline{AE}=\overline{CF}$ ······ ㉠

2단계 또 $\square AECF$에서 $\angle AEF=\angle CFE=90°$

즉, 엇각의 크기가 같으므로 $\overline{AE}\,/\!/\,\overline{CF}$ ······ ㉡

3단계 ㉠, ㉡에 의해 한 쌍의 대변이 평행하고 그 길이가

같으므로 $\square AECF$는 평행사변형이다.

目 평행사변형, 한 쌍의 대변이 평행하고 그 길이가 같다.

단계	채점 요소	배점
❶	$\overline{AE}=\overline{CF}$임을 설명하기	2점
❷	$\overline{AE}\,/\!/\,\overline{CF}$임을 설명하기	2점
❸	$\square AECF$가 평행사변형임을 알기	3점

6 **1단계** $\triangle AOE$와 $\triangle COF$에서

$\overline{AO}=\overline{CO}$, $\angle OAE=\angle OCF$(엇각),

$\angle AOE=\angle COF$(맞꼭지각)

이므로 $\triangle AOE\equiv\triangle COF$(ASA 합동)

2단계 ∴ $\triangle AOE+\triangle OBF=\triangle COF+\triangle OBF$

$=\triangle OBC=20\,(\text{cm}^2)$

3단계 평행사변형의 넓이는 두 대각선에 의하여 사등분되

므로

$\square ABCD=4\triangle OBC=4\times20=80\,(\text{cm}^2)$

目 $\mathbf{80\ cm^2}$

단계	채점 요소	배점
❶	$\triangle AOE\equiv\triangle COF$임을 알기	2점
❷	$\triangle OBC$의 넓이 구하기	3점
❸	$\square ABCD$의 넓이 구하기	2점

01 여러 가지 사각형 (1)

개념원리 <u>확인</u>하기 본문 77쪽

01 (1) 네 내각의 크기가 모두 같은 사각형
(2) $\overline{BD}$, $\overline{BO}$, $\overline{CO}$, $\overline{DO}$

02 (1) 5 cm (2) 40°

03 (1) 네 변의 길이가 모두 같은 사각형 (2) ⊥, $\overline{CO}$, $\overline{DO}$

04 (1) 5 cm (2) 55°

05 (1) 네 변의 길이가 모두 같고, 네 내각의 크기가 모두 같은 사각형
(2) $\overline{BD}$, ⊥, $\overline{BO}$, $\overline{CO}$, $\overline{DO}$

06 (1) 12 cm (2) 45°

이렇게 풀어요

01 (2) 직사각형의 두 대각선은 길이가 같고, 서로 다른 것을 이등분하므로 $\overline{AC}=\boxed{\overline{BD}}$, $\overline{AO}=\boxed{\overline{BO}}=\boxed{\overline{CO}}=\boxed{\overline{DO}}$

답 (1) 네 내각의 크기가 모두 같은 사각형
(2) $\overline{BD}$, $\overline{BO}$, $\overline{CO}$, $\overline{DO}$

02 (1) $\overline{BD}=\overline{AC}=10$ cm이므로
$\overline{DO}=\dfrac{1}{2}\overline{BD}$
$=\dfrac{1}{2}\times10=5$(cm)
(2) △ABD에서
∠DAB=90°이므로
∠ABO=180°-(90°+50°)=40°

답 (1) **5 cm** (2) **40°**

03 (2) 마름모의 두 대각선은 서로 다른 것을 수직이등분하므로
$\overline{AC}\perp\overline{BD}$, $\overline{AO}=\boxed{\overline{CO}}$, $\overline{BO}=\boxed{\overline{DO}}$

답 (1) 네 변의 길이가 모두 같은 사각형 (2) ⊥, $\overline{CO}$, $\overline{DO}$

04 (1) $\overline{AB}=\overline{AD}=5$ cm
(2) △ABO에서
∠AOB=90°이므로
∠BAO=180°-(90°+35°)=55°

답 (1) **5 cm** (2) **55°**

05 (2) 정사각형의 두 대각선은 길이가 같고, 서로 다른 것을 수직이등분하므로
$\overline{AC}=\boxed{\overline{BD}}$, $\overline{AC}\perp\overline{BD}$, $\overline{AO}=\boxed{\overline{BO}}=\boxed{\overline{CO}}=\boxed{\overline{DO}}$

답 (1) 네 변의 길이가 모두 같고, 네 내각의 크기가 모두 같은 사각형 (2) $\overline{BD}$, ⊥, $\overline{BO}$, $\overline{CO}$, $\overline{DO}$

06 (1) $\overline{BD}=\overline{AC}$이고 $\overline{AO}=\overline{CO}=6$ cm이므로
$\overline{BD}=6+6=12$(cm)
(2) △ABO에서 ∠AOB=90°, $\overline{AO}=\overline{BO}$이므로
△ABO는 직각이등변삼각형이다.
∴ ∠BAO=∠ABO=45° 답 (1) **12 cm** (2) **45°**

핵심문제 익히기 <u>확인문제</u> 본문 78~80쪽

1 (1) $x=4$, $y=14$ (2) $x=30$, $y=60$

2 직사각형 3 (1) $x=58$, $y=32$ (2) $x=2$, $y=84$

4 (1) 마름모 (2) 28 cm 5 25° 6 ①, ⑤

이렇게 풀어요

1 (1) $\overline{AC}=\overline{BD}$이고 $\overline{BD}=2\overline{BO}$이므로
$3x+2=2\times(2x-1)$
$3x+2=4x-2$ ∴ $x=4$
∴ $\overline{BD}=2\times(2\times4-1)=14$ ∴ $y=14$
(2) △AOD는 $\overline{AO}=\overline{DO}$인 이등변삼각형이고
∠AOD=∠BOC=120°(맞꼭지각)이므로
∠ODA=∠OAD=$\dfrac{1}{2}\times(180°-120°)=30°$
∴ $x=30$
∠DAB=90°이므로 ∠CAB=90°-30°=60°
∴ $y=60$

답 (1) $x=4$, $y=14$ (2) $x=30$, $y=60$

2 ∠ODC=∠OCD이므로 △OCD는 이등변삼각형이다.
∴ $\overline{OC}=\overline{OD}$ ...... ㉠
□ABCD가 평행사변형이므로
$\overline{AO}=\overline{CO}$, $\overline{BO}=\overline{DO}$ ...... ㉡
㉠, ㉡에서 $\overline{AO}=\overline{BO}=\overline{CO}=\overline{DO}$
∴ $\overline{AC}=\overline{BD}$
따라서 두 대각선의 길이가 같으므로 □ABCD는 직사각형이다. 답 직사각형

3 (1) △ABD에서 $\overline{AB}=\overline{AD}$이므로

$\angle ADB=\angle ABD=32°$

$\therefore y=32$

$\overline{AD}//\overline{BC}$이므로

$\angle DBC=\angle ADB=32°$(엇각)

△OBC에서 $\angle BOC=90°$이므로

$\angle OCB=180°-(90°+32°)=58°$

$\therefore x=58$

(2) $\overline{AO}=\overline{CO}$이므로

$5x=4x+2$

$\therefore x=2$

△ABC에서 $\overline{BA}=\overline{BC}$이므로

$\angle BCA=\angle BAC=48°$

$\therefore \angle ABC=180°-(48°+48°)=84°$

$\therefore y=84$

웹 (1) $x=58, y=32$ (2) $x=2, y=84$

다른 풀이

(2) △ABO에서 $\angle AOB=90°$이므로

$\angle ABO=180°-(48°+90°)=42°$

$\therefore \angle ABC=2\angle ABO$

$=2\times42°=84°$

$\therefore y=84$

4 (1) $\overline{AB}//\overline{DC}$이므로 $\angle BDC=\angle ABD$(엇각)

즉, $\angle DBC=\angle BDC$이므로 △BCD는 이등변삼각형이다.

$\therefore \overline{CB}=\overline{CD}$

따라서 이웃하는 두 변의 길이가 같으므로 □ABCD는 마름모이다.

(2) □ABCD는 마름모이므로

$\overline{AB}=\overline{BC}=\overline{CD}=\overline{DA}=7$ cm

$\therefore$ (□ABCD의 둘레의 길이)$=4\times7=28$(cm)

웹 (1) 마름모 (2) 28 cm

5 △BCE와 △DCE에서

$\overline{BC}=\overline{DC}$, $\overline{EC}$는 공통, $\angle BCE=\angle DCE=45°$

이므로 △BCE≡△DCE(SAS 합동)

$\therefore \angle EBC=\angle EDC$

이때 △DEC에서

$\angle EDC+45°=70°$

$\therefore \angle EDC=25°$

$\therefore \angle EBC=\angle EDC=25°$

웹 25°

---

6 ① $\overline{AB}=\overline{AD}$, $\overline{AO}=\overline{DO}$이면 이웃하는 두 변의 길이가 같고, 두 대각선의 길이가 같으므로 정사각형이다.

② $\overline{AC}\perp\overline{BD}$이면 두 대각선이 서로 다른 것을 수직이등분하므로 마름모이다.

③ $\angle A=90°$이면 네 내각의 크기가 모두 같으므로 직사각형이다.

④ $\overline{AC}=\overline{BD}$이면 두 대각선의 길이가 같으므로 직사각형이다.

⑤ $\angle A=90°$, $\overline{AC}\perp\overline{BD}$이면 네 내각의 크기가 모두 같고, 두 대각선이 서로 다른 것을 수직이등분하므로 정사각형이다.

웹 ①, ⑤

본문 81~82쪽

소단원 핵심문제

01 ①	**02** ④	**03** ②, ④	**04** ②
05 $x=38, y=7$		**06** 20°	**07** ①, ④
08 ㄹ, ㅁ			

이렇게 풀어요

01 △OBC에서 $\overline{OB}=\overline{OC}$이므로 $\angle x=\angle OCB=36°$

△DBC에서 $\angle DCB=90°$이므로

$\angle y=180°-(90°+36°)=54°$

$\therefore \angle y-\angle x=54°-36°=18°$

웹 ①

02 $\angle GAE=90°$이므로

$\angle FAE=90°-20°=70°$

이때 $\angle AEF=\angle FEC$(접은 각),

$\angle FEC=\angle AFE$(엇각)이므로

$\angle AEF=\angle AFE$

즉, △AEF는 이등변삼각형이므로

$\angle AEF=\dfrac{1}{2}\times(180°-70°)=55°$

웹 ④

03 ① $\overline{AB}=5$ cm이면 $\overline{AB}=\overline{AD}$, 즉 이웃하는 두 변의 길이가 같으므로 마름모이다.

② $\overline{AC}=8$ cm이면 $\overline{AC}=\overline{BD}$, 즉 두 대각선의 길이가 같으므로 직사각형이다.

③ 평행사변형의 성질이다.

④ $\angle A=90°$이면 한 내각이 직각이므로 직사각형이다.

⑤ $\angle AOB=90°$이면 두 대각선이 서로 다른 것을 수직이등분하므로 마름모이다.

웹 ②, ④

04 $\overline{AB}=\overline{BC}$이므로

$3x-2=x+12$, $2x=14$ ∴ $x=7$

∴ $\overline{CD}=\overline{AB}=3\times7-2=19\,(\text{cm})$

탑 ②

05 $\overline{AD}/\!/\overline{BC}$이므로 $\angle ADB=\angle DBC=38°$(엇각)

$\triangle AOD$에서 $\angle AOD=180°-(52°+38°)=90°$

즉, 평행사변형 ABCD에서 두 대각선이 서로 수직이므로 □ABCD는 마름모이다.

∴ $\overline{DC}=\overline{AD}=7\,\text{cm}$ ∴ $y=7$

또 $\overline{BC}=\overline{DC}$이므로 $\triangle BCD$는 이등변삼각형이다.

∴ $\angle BDC=\angle DBC=38°$ ∴ $x=38$

탑 $x=38$, $y=7$

06 $\triangle ADE$에서 $\overline{AD}=\overline{AE}$이므로 $\angle AED=\angle ADE=65°$

∴ $\angle EAD=180°-(65°+65°)=50°$

∴ $\angle EAB=90°+50°=140°$

$\overline{AE}=\overline{AD}=\overline{AB}$이므로 $\triangle ABE$는 이등변삼각형이다.

∴ $\angle ABE=\angle AEB=\dfrac{1}{2}\times(180°-140°)=20°$

탑 20°

07 ① $\overline{AB}=\overline{AD}$이면 이웃하는 두 변의 길이가 같으므로 정사각형이다.

②, ⑤ 직사각형의 성질이다.

④ $\overline{AC}\perp\overline{BD}$이면 두 대각선이 서로 수직이므로 정사각형이다.

탑 ①, ④

08 사각형 ABCD에서 $\overline{AB}/\!/\overline{DC}$이고 $\overline{AD}/\!/\overline{BC}$이므로 □ABCD는 평행사변형이다.

ㄱ. $\overline{AB}=\overline{AD}$이면 이웃하는 두 변의 길이가 같으므로 마름모이다.

ㄴ. $\angle ABC=\angle BCD$, $\overline{AC}=\overline{BD}$이면 한 내각이 직각이고, 두 대각선의 길이가 같으므로 직사각형이다.

ㄷ. $\overline{AO}=\overline{BO}=\overline{CO}=\overline{DO}$이면 두 대각선의 길이가 같으므로 직사각형이다.

ㄹ. $\angle ABC=90°$이고 $\angle BOC=90°$에서 $\overline{AC}\perp\overline{BD}$이면 한 내각이 직각이고, 두 대각선이 서로 수직이므로 정사각형이다.

ㅁ. $\triangle OBC$에서 $\overline{BO}=\overline{CO}$이므로

$\angle OCB=\angle OBC=45°$ ∴ $\angle BOC=90°$

즉, $\overline{AC}\perp\overline{BD}$이고 $\overline{BO}=\overline{CO}$이므로 $\overline{AC}=\overline{BD}$

따라서 두 대각선의 길이가 같고, 두 대각선이 서로 수직이므로 정사각형이다.

탑 ㄹ, ㅁ

개념원리 ᆇ 확인하기 본문 85쪽

01 (1) 아랫변의 양 끝 각의 크기가 같은 사다리꼴

(2) $\overline{DC}$, $\overline{BD}$

02 (1) ① 9 cm ② 5 cm (2) ① 110° ② 70°

03 (1) ○, ○, ○, ○, × (2) ○, ×, ○, ×, ○

(3) ×, ○, ○, ×, ×

04 (1) 평행사변형 (2) 직사각형

이렇게 풀어요

01 (2) 등변사다리꼴은 평행하지 않은 한 쌍의 대변의 길이가 같고, 두 대각선의 길이가 같으므로

$\overline{AB}=\boxed{\overline{DC}}$, $\overline{AC}=\boxed{\overline{BD}}$

탑 (1) 아랫변의 양 끝 각의 크기가 같은 사다리꼴

(2) $\overline{DC}$, $\overline{BD}$

02 (1) ① $\overline{BD}=\overline{AC}=3+6=9\,(\text{cm})$

② $\overline{DC}=\overline{AB}=5\,\text{cm}$

(2) ① $\angle A+\angle B=180°$이므로

$\angle A=180°-70°=110°$

② $\angle C=\angle B=70°$

탑 (1) ① 9 cm ② 5 cm (2) ① 110° ② 70°

03 **탑 (1) ○, ○, ○, ○, × (2) ○, ×, ○, ×, ○**

(3) ×, ○, ○, ×, ×

04 (1) 평행사변형 EFGH에서

$\triangle EBA\equiv\triangle GDC$(SAS 합동)

이므로 $\overline{AB}=\overline{CD}$ ⋯⋯ ㉠

$\triangle BFC\equiv\triangle DHA$(SAS 합동)

이므로 $\overline{BC}=\overline{DA}$ ⋯⋯ ㉡

㉠, ㉡에서 □ABCD는 두 쌍의 대변의 길이가 각각 같으므로 평행사변형이다.

(2) 마름모 EFGH에서

$\triangle EAD\equiv\triangle GCB$(SAS 합동),

$\triangle FAB\equiv\triangle HCD$(SAS 합동)

이므로 □ABCD에서

$\angle A=\angle B=\angle C=\angle D=180°-(\bullet+\times)$

따라서 □ABCD는 네 내각의 크기가 모두 같으므로 직사각형이다. **탑 (1) 평행사변형 (2) 직사각형**

이렇게 풀어요

1 △ABD에서 $\overline{AB}=\overline{AD}$이므로

∠ABD=∠ADB=∠x

또 $\overline{AD}/\!/\overline{BC}$이므로 ∠DBC=∠ADB=∠$x$ (엇각)

이때 ∠ABC=∠C=80°이고

∠ABC=∠ABD+∠DBC=∠x+∠x=2∠x이므로

∠$x=\dfrac{1}{2}$∠ABC$=\dfrac{1}{2}×80°=40°$

                   🖺 **40°**

2 점 D에서 $\overline{BC}$에 내린 수선의 발을 F라 하자.

△ABE와 △DCF에서

∠AEB=∠DFC=90°,

$\overline{AB}=\overline{DC}$, ∠B=∠C

이므로 △ABE≡△DCF(RHA 합동)

∴ $\overline{BE}=\overline{CF}$

□AEFD는 직사각형이므로

$\overline{EF}=\overline{AD}=9$ cm

∴ $\overline{BE}=\dfrac{1}{2}×(\overline{BC}-\overline{EF})$

        $=\dfrac{1}{2}×(15-9)=3$(cm)

                   🖺 **3 cm**

3 △ODE와 △OBF에서 $\overline{OD}=\overline{OB}$,

∠EOD=∠FOB(맞꼭지각), ∠EDO=∠FBO(엇각)

이므로 △ODE≡△OBF(ASA 합동)

∴ $\overline{ED}=\overline{FB}$, $\overline{EO}=\overline{FO}$

즉, □BFDE는 $\overline{ED}/\!/\overline{BF}$, $\overline{ED}=\overline{BF}$이므로 평행사변형

이고, 이때 두 대각선이 서로 다른 것을 수직이등분하므로

마름모이다.

이때 $\overline{BF}=\overline{BC}-\overline{FC}=\overline{AD}-\overline{FC}=8-3=5$(cm)이므로

(□BFDE의 둘레의 길이)=4×5=20(cm)

                🖺 **마름모, 20 cm**

4 ① 마름모는 두 쌍의 대변의 길이가 각각 같으므로 평행

     사변형이다.

② 마름모의 한 내각이 직각인 경우에만 정사각형이 된다.

③ 정사각형은 네 내각의 크기가 모두 같으므로 직사각형

     이다.

④ 정사각형은 네 변의 길이가 모두 같으므로 마름모이다.

⑤ 평행사변형은 한 쌍의 대변이 평행하므로 사다리꼴이다.

                       🖺 ②

5 두 대각선의 길이가 같은 사각형은 직사각형, 정사각형, 등
변사다리꼴이다.

                       🖺 ②, ③

6 (1) 사각형의 각 변의 중점을 연결하여 만든 사각형은 평행

     사변형이므로 □EFGH는 평행사변형이다.

     ∴ $\overline{HG}=\overline{EF}=7$ cm, $\overline{EH}=\overline{FG}=9$ cm

     ∴ (□EFGH의 둘레의 길이)

        $=2\overline{EF}+2\overline{FG}$

        $=2×7+2×9$

        $=14+18=32$(cm)

(2) □EFGH는 평행사변형이므로

     ∠EFG+∠FGH=180°

     ∴ ∠FGH=180°-70°=110°

           🖺 (1) **32 cm** (2) **110°**

이렇게 풀어요

01 (1) $\overline{AB}=\overline{AD}$이므로 ∠ABD=∠ADB=36°

     $\overline{AD}/\!/\overline{BC}$이므로 ∠DBC=∠ADB=36°(엇각)

     ∴ ∠C=∠B=∠ABD+∠DBC

            $=36°+36°=72°$

     ∴ $x=72$

(2) 점 A를 지나고 $\overline{DC}$와 평행한
직선을 그어 $\overline{BC}$와 만나는 점
을 E라 하자.

□AECD는 평행사변형이므
로 $\overline{EC}=\overline{AD}=5$ cm

또 ∠C=∠B=60°이고

$\overline{AE}/\!/\overline{DC}$이므로 ∠AEB=∠C=60°(동위각)

따라서 △ABE는 정삼각형이므로

$\overline{BE}=\overline{AB}=6$ cm

∴ $\overline{BC}=\overline{BE}+\overline{EC}=6+5=11$(cm)

∴ $x=11$ 🖺 (1) **72** (2) **11**

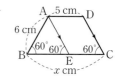

02 ∠AFB=∠FBE(엇각)이므로

∠ABF=∠AFB

∴ $\overline{AB}=\overline{AF}$ ...... ㉠

또 ∠BEA=∠FAE(엇각)이므로

∠BAE=∠BEA

∴ $\overline{AB}=\overline{BE}$ ...... ㉡

㉠, ㉡에서 $\overline{AF}=\overline{BE}$이고 $\overline{AF}/\!/\overline{BE}$이므로 □ABEF는 평행사변형이다.

이때 $\overline{AB}=\overline{AF}$, 즉 이웃하는 두 변의 길이가 같으므로 □ABEF는 마름모이다. **답 마름모**

03 $\overline{AB}=\overline{DC}$, $\overline{AB}/\!/\overline{DC}$에서 한 쌍의 대변이 평행하고, 그 길이가 같으므로 □ABCD는 평행사변형이다.

이때 $\overline{AC}\perp\overline{BD}$, $\overline{AC}=\overline{BD}$에서 두 대각선이 서로 수직이고, 그 길이가 같으므로 □ABCD는 정사각형이다. **답 정사각형**

04 두 대각선이 서로 다른 것을 이등분하는 것은 ㄱ, ㄴ, ㄷ, ㄹ의 4개이므로 $x=4$

두 대각선의 길이가 같은 것은 ㄱ, ㄷ, ㅂ의 3개이므로 $y=3$

두 대각선이 서로 수직인 것은 ㄴ, ㄷ의 2개이므로 $z=2$

∴ $x+y+z=4+3+2=9$ **답 9**

05 정사각형 ABCD의 각 변의 중점을 연결하여 만든 □PQRS는 정사각형이다.

∴ □PQRS=$4\times4=16(\text{cm}^2)$ **답 16 cm²**

---

03 평행선과 넓이

개념원리 확인하기 본문 91쪽

01 (1) △DBC (2) △ACD (3) △ABC, △DBC, △DOC
02 (1) △ACE (2) △ACD, △ACE, △ABE
03 (1) 4 : 3 (2) 28 cm² (3) 21 cm² (4) 4 : 3
04 (1) 1 : 2 (2) 12 cm² (3) 24 cm²

이렇게 풀어요

01 **답** (1) △DBC (2) △ACD (3) △ABC, △DBC, △DOC

02 **답** (1) △ACE (2) △ACD, △ACE, △ABE

03 (1) $\overline{BD}:\overline{DC}=8:6=4:3$

(2) △ABD$=\dfrac{1}{2}\times\overline{BD}\times\overline{AH}=\dfrac{1}{2}\times8\times7=28(\text{cm}^2)$

(3) △ADC$=\dfrac{1}{2}\times\overline{DC}\times\overline{AH}=\dfrac{1}{2}\times6\times7=21(\text{cm}^2)$

(4) △ABD : △ADC$=28:21=4:3$

답 (1) 4 : 3 (2) 28 cm² (3) 21 cm² (4) 4 : 3

04 (1) △ABP : △APC$=\overline{BP}:\overline{PC}=3:6=1:2$

(2) △ABP$=\dfrac{1}{1+2}$△ABC$=\dfrac{1}{3}\times36=12(\text{cm}^2)$

(3) △APC$=\dfrac{2}{1+2}$△ABC$=\dfrac{2}{3}\times36=24(\text{cm}^2)$

답 (1) 1 : 2 (2) 12 cm² (3) 24 cm²

핵심문제 익히기 확인문제 본문 92~93쪽

1 36 cm²	**2** 20 cm²	**3** 10 cm²	**4** 70 cm²

이렇게 풀어요

1 $\overline{AC}/\!/\overline{DE}$이므로 △ACD=△ACE

∴ □ABCD=△ABC+△ACD

$=$△ABC+△ACE

$=$△ABE

$=\dfrac{1}{2}\times(8+4)\times6=36(\text{cm}^2)$

답 36 cm²

2 $\overline{BM}=\overline{CM}$이므로 △ABM=△AMC

∴ △AMC$=\dfrac{1}{2}$△ABC$=\dfrac{1}{2}\times64=32(\text{cm}^2)$

$\overline{AP}:\overline{PM}=3:5$이므로

△APC : △PMC$=3:5$

∴ △PMC$=\dfrac{5}{3+5}$△AMC

$=\dfrac{5}{8}\times32=20(\text{cm}^2)$ **답 20 cm²**

3 $\overline{AC}$를 그으면 $\overline{BE}:\overline{EC}=1:2$이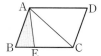
므로 △ABE : △AEC=1 : 2

$\therefore \triangle ABE = \dfrac{1}{1+2}\triangle ABC$

$= \dfrac{1}{3}\times\dfrac{1}{2}\square ABCD$

$= \dfrac{1}{3}\times\dfrac{1}{2}\times 60 = 10(cm^2)$ **🖺 10 cm²**

4 $\overline{AO}:\overline{OC}=2:3$이므로 △ABO : △OBC=2 : 3

즉, 28 : △OBC=2 : 3, 2△OBC=84

$\therefore \triangle OBC = 42(cm^2)$

$\overline{AD}\,/\!/\,\overline{BC}$이므로 △ABC=△DBC

$\therefore \triangle DBC = \triangle ABC = \triangle ABO + \triangle OBC$

$= 28+42 = 70(cm^2)$ **🖺 70 cm²**

소단원 📖 핵심문제   본문 94쪽

01 30 cm²   **02** 8 cm²   **03** 9 cm²

04 (1) △DBE, △DBF, △DAF (2) 16 cm²

05 10 cm²

이렇게 풀어요

01 $\overline{AC}\,/\!/\,\overline{DE}$이므로 △ACD=△ACE

$\therefore \triangle ABE = \triangle ABC + \triangle ACE$

$= \triangle ABC + \triangle ACD$

$= \square ABCD$

$= 30\ cm^2$ **🖺 30 cm²**

02 $\overline{BQ}:\overline{QC}=1:2$이므로 △ABQ : △AQC=1 : 2

$\therefore \triangle AQC = \dfrac{2}{1+2}\triangle ABC = \dfrac{2}{3}\times 36 = 24(cm^2)$

또 $\overline{AP}:\overline{PC}=2:1$이므로 △AQP : △PQC=2 : 1

$\therefore \triangle PQC = \dfrac{1}{2+1}\triangle AQC = \dfrac{1}{3}\times 24 = 8(cm^2)$

   🖺 8 cm²

03 $\overline{AC}$를 그으면 $\overline{AD}\,/\!/\,\overline{BC}$이므로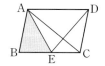

△AED=△ACD=△ABC

△AEC=△DEC

$\therefore \triangle ABE = \triangle ABC - \triangle AEC$

$= \triangle AED - \triangle DEC$

$= 17-8 = 9(cm^2)$ **🖺 9 cm²**

---

04 (1) $\overline{AD}\,/\!/\,\overline{BC}$이고 밑변이 $\overline{BE}$로 공통이므로

△ABE=△DBE   ······ ㉠

$\overline{BD}\,/\!/\,\overline{EF}$이고 밑변이 $\overline{BD}$로 공통이므로

△DBE=△DBF   ······ ㉡

$\overline{AB}\,/\!/\,\overline{DC}$이고 밑변이 $\overline{DF}$로 공통이므로

△DBF=△DAF   ······ ㉢

㉠, ㉡, ㉢에서

△ABE=△DBE=△DBF=△DAF

따라서 △ABE와 넓이가 같은 삼각형은 △DBE,

△DBF, △DAF이다.

(2) (1)에서 △ABE=△DAF이므로

△ABE=△DAF=16 cm²

   🖺 (1) △DBE, △DBF, △DAF (2) 16 cm²

05 $\overline{AD}\,/\!/\,\overline{BC}$이므로 △ABC=△DBC=60 cm²,

△OCD=△OAB=20 cm²

$\therefore \triangle OBC = \triangle ABC - \triangle OAB = 60-20 = 40(cm^2)$

이때 △OAB : △OBC=20 : 40=1 : 2이므로

$\overline{OA}:\overline{OC}=1:2$

따라서 △AOD : △OCD=1 : 2이므로

△AOD : 20=1 : 2

$\therefore \triangle AOD = 10(cm^2)$ **🖺 10 cm²**

중단원 마무리   본문 95~97쪽

01 38	**02** $x=7, y=35$	**03** 28°
04 ②, ④	**05** 11 cm	**06** ②
07 (1) ㄱ, ㄷ, ㅂ (2) ㄱ, ㄴ	**08** ②, ④	**09** 36 cm²
10 ③	**11** 16 cm²	**12** 58°	**13** 3 cm
14 150°	**15** 8 cm²	**16** 60°	**17** 2 cm²
18 (1) 마름모 (2) 90° (3) 100°		**19** 9 cm²
20 4 cm²	**21** 12 cm²	**22** 27 cm²

이렇게 풀어요

01 $\overline{AC}=\overline{BD}$이고 $\overline{AO}=\overline{CO}$, $\overline{BO}=\overline{DO}$이므로

$4x+3=5x-1$ $\therefore x=4$

$\therefore \overline{AC}=2\overline{AO}=2\times(4\times 4+3)=38$ **🖺 38**

02 마름모의 네 변의 길이는 모두 같으므로

$\overline{DC}=\overline{BC}=7$ cm

$\therefore x=7$

$\overline{AB}/\!/\overline{DC}$이므로

$\angle DCA=\angle BAC=55°$(엇각)

$\square ABCD$가 마름모이므로 $\overline{AC}\perp\overline{BD}$

$\therefore \angle DOC=90°$

$\triangle OCD$에서

$\angle CDO=180°-(90°+55°)=35°$

$\therefore y=35$ **답 $x=7$, $y=35$**

03 $\triangle ABE$와 $\triangle BCF$에서

$\overline{AB}=\overline{BC}$, $\overline{BE}=\overline{CF}$, $\angle ABE=\angle BCF=90°$

이므로 $\triangle ABE\equiv\triangle BCF$(SAS 합동)

이때 $\angle AEB=180°-118°=62°$이므로 $\triangle ABE$에서

$\angle EAB=180°-(62°+90°)=28°$

따라서 $\triangle ABE\equiv\triangle BCF$에서

$\angle GBE=\angle EAB=28°$ **답 $28°$**

04 ② 평행사변형에서 두 대각선의 길이가 같으므로 직사각형이다.

④ 평행사변형에서 한 내각이 직각이므로 직사각형이다.

     답 ②, ④

05 점 D에서 $\overline{BC}$에 내린 수선의 발을 F라 하면

$\overline{EF}=\overline{AD}=7$ cm

$\triangle ABE$와 $\triangle DCF$에서

$\angle AEB=\angle DFC=90°$,

$\overline{AB}=\overline{DC}$, $\angle ABE=\angle DCF$

이므로 $\triangle ABE\equiv\triangle DCF$ (RHA 합동)

$\therefore \overline{CF}=\overline{BE}=2$ cm

$\therefore \overline{BC}=\overline{BE}+\overline{EF}+\overline{FC}$

$=2+7+2=11$ (cm)   **답 11 cm**

06 ① 다른 한 쌍의 대변이 평행하다.

②, ⑤ 이웃하는 두 변의 길이가 같다. 또는 두 대각선이 서로 수직이다.

③, ④ 한 내각이 직각이다. 또는 두 대각선의 길이가 같다.   **답 ②**

07 **답 (1) ㄱ, ㄷ, ㅂ (2) ㄱ, ㄴ**

08 ① 평행사변형 – 평행사변형

③ 직사각형 – 마름모

⑤ 등변사다리꼴 – 마름모   **답 ②, ④**

09 $\overline{AE}/\!/\overline{DB}$이므로 $\triangle DAB=\triangle DEB$

$\therefore \square ABCD=\triangle DAB+\triangle DBC$

$=\triangle DEB+\triangle DBC$

$=\triangle DEC$

$=\dfrac{1}{2}\times(3+9)\times6$

$=36$ (cm²)   **답 36 cm²**

10 $\overline{AD}/\!/\overline{BC}$이므로 $\triangle ABE=\triangle DBE$

$\overline{BD}/\!/\overline{EF}$이므로 $\triangle DBE=\triangle DBF$

$\overline{AB}/\!/\overline{DC}$이므로 $\triangle DBF=\triangle DAF$

$\therefore \triangle ABE=\triangle DBE=\triangle DBF=\triangle DAF$ **답 ③**

11 $\overline{AD}/\!/\overline{BC}$이므로

$\triangle DBC=\triangle ABC=52$ cm²

$\therefore \triangle DOC=\triangle DBC-\triangle OBC$

$=52-36=16$ (cm²)   **답 16 cm²**

12 $\triangle BCD$에서 $\overline{CB}=\overline{CD}$이므로

$\angle CDB=\dfrac{1}{2}\times(180°-116°)=32°$

이때 $\angle AFB=\angle DFE$(맞꼭지각)이므로

$\angle x=\angle DFE=180°-(90°+32°)=58°$ **답 58°**

13 $\triangle BFE$에서 $\overline{BE}=\overline{BF}$이므로 $\angle BEF=\angle BFE$

이때 $\angle BEF=\angle FCD$(엇각),

$\angle BFE=\angle CFD$(맞꼭지각)이므로 $\angle CFD=\angle FCD$

즉, $\triangle DFC$는 $\overline{DF}=\overline{DC}$인 이등변삼각형이므로

$\overline{CD}=\overline{DF}=\overline{BD}-\overline{BF}=13-5=8$ (cm)

$\overline{AB}=\overline{CD}=8$ cm이므로

$\overline{AE}=\overline{AB}-\overline{BE}=8-5=3$ (cm)   **답 3 cm**

14 $\square ABCD$는 정사각형이고 $\triangle PBC$는 정삼각형이므로 $\triangle ABP$와 $\triangle PCD$는 각각 $\overline{BA}=\overline{BP}$, $\overline{CP}=\overline{CD}$인 이등변삼각형이다.

이때 $\angle BPC=\angle PBC=\angle BCP=60°$이므로

$\angle ABP=\angle PCD=90°-60°=30°$

$\therefore \angle APB=\angle DPC=\dfrac{1}{2}\times(180°-30°)=75°$

$\therefore \angle APD=360°-(75°+60°+75°)=150°$ **답 150°**

15 $\triangle \text{OBE}$와 $\triangle \text{OCF}$에서

$\overline{\text{OB}}=\overline{\text{OC}}$, $\angle \text{OBE}=\angle \text{OCF}=45°$,

$\angle \text{BOE}=90°-\angle \text{EOC}=\angle \text{COF}$

이므로 $\triangle \text{OBE}\equiv\triangle \text{OCF}$(ASA 합동)

이때 $\overline{\text{AC}}\perp\overline{\text{BD}}$이고

$\overline{\text{OB}}=\overline{\text{OC}}=\dfrac{1}{2}\overline{\text{AC}}$

$\qquad=\dfrac{1}{2}\times 8=4(\text{cm})$

이므로 색칠한 부분의 넓이는

$\triangle \text{OEC}+\triangle \text{OCF}=\triangle \text{OEC}+\triangle \text{OBE}$

$\qquad=\triangle \text{OBC}$

$\qquad=\dfrac{1}{2}\times 4\times 4=8(\text{cm}^2)$　　**답 $8\ \text{cm}^2$**

16 점 D를 지나고 $\overline{\text{AB}}$에 평행한 직
선을 그어 $\overline{\text{BC}}$와 만나는 점을 E라
하면 □ABED는 평행사변형이
므로 $\overline{\text{AB}}=\overline{\text{DE}}$

$\overline{\text{BE}}=\overline{\text{AD}}=\dfrac{1}{2}\overline{\text{BC}}$

$\therefore \overline{\text{EC}}=\overline{\text{BC}}-\overline{\text{BE}}=\dfrac{1}{2}\overline{\text{BC}}$

즉, $\overline{\text{EC}}=\overline{\text{BE}}=\overline{\text{AD}}$이고 $\overline{\text{AB}}=\overline{\text{DC}}=\overline{\text{AD}}$이므로

$\overline{\text{DE}}=\overline{\text{EC}}=\overline{\text{DC}}$

따라서 $\triangle \text{DEC}$는 정삼각형이므로

$\angle \text{B}=\angle \text{DEC}=60°$(동위각)　　**답 $60°$**

17 $\overline{\text{MN}}$을 그으면 $\overline{\text{AD}}=2\overline{\text{AB}}$에서

$\overline{\text{AB}}=\dfrac{1}{2}\overline{\text{AD}}=\overline{\text{AM}}$이므로

□ABNM은 정사각형이다.

$\therefore \overline{\text{PM}}=\overline{\text{PN}}$, $\overline{\text{PM}}\perp\overline{\text{PN}}$

같은 방법으로 □MNCD도 정사각형이므로

$\overline{\text{QM}}=\overline{\text{QN}}$, $\overline{\text{QM}}\perp\overline{\text{QN}}$

따라서 □PNQM은 정사각형이고,

$\overline{\text{PQ}}=\overline{\text{MN}}=\overline{\text{AB}}=2\ \text{cm}$이므로

□PNQM$=\dfrac{1}{2}\times 2\times 2=2(\text{cm}^2)$　　**답 $2\ \text{cm}^2$**

18 (1) $\triangle \text{ABH}$와 $\triangle \text{DFH}$에서

$\overline{\text{AB}}=\overline{\text{DC}}=\overline{\text{DF}}$, $\angle \text{HBA}=\angle \text{HFD}$(엇각),

$\angle \text{BAH}=\angle \text{FDH}$(엇각)

이므로 $\triangle \text{ABH}\equiv\triangle \text{DFH}$(ASA 합동)

$\therefore \overline{\text{AH}}=\overline{\text{DH}}$

그런데 $\overline{\text{AD}}=2\overline{\text{AB}}$이므로 $\overline{\text{AB}}=\overline{\text{AH}}$　　$\cdots\cdots$ ㉠

같은 방법으로

$\triangle \text{ABG}\equiv\triangle \text{ECG}$(ASA 합동)

이므로 $\overline{\text{BG}}=\overline{\text{CG}}$　$\therefore \overline{\text{AB}}=\overline{\text{BG}}$　$\cdots\cdots$ ㉡

㉠, ㉡에서 $\overline{\text{AB}}=\overline{\text{AH}}=\overline{\text{BG}}$

따라서 □ABGH는 $\overline{\text{AH}}/\!/\overline{\text{BG}}$, $\overline{\text{AH}}=\overline{\text{BG}}$이므로 평
행사변형이고, 이때 이웃하는 두 변의 길이가 같으므
로 마름모이다.

(2) □ABGH는 마름모이고, 마름모의 두 대각선은 서로
수직이므로 $\angle \text{FPE}=90°$

(3) $\triangle \text{ABH}$에서 $\overline{\text{AB}}=\overline{\text{AH}}$이므로

$\angle \text{AHB}=\angle \text{ABH}=40°$

$\therefore \angle \text{HAB}=180°-(40°+40°)=100°$

$\therefore \angle \text{HDF}=\angle \text{HAB}=100°$(엇각)

답 (1) 마름모 (2) $90°$ (3) $100°$

19 $\overline{\text{BM}}:\overline{\text{MQ}}=2:3$이므로

$\triangle \text{PBM}:\triangle \text{PMQ}=2:3$에서

$6:\triangle \text{PMQ}=2:3$

$2\triangle \text{PMQ}=18$

$\therefore \triangle \text{PMQ}=9(\text{cm}^2)$

또 $\overline{\text{PC}}/\!/\overline{\text{AQ}}$이므로

$\triangle \text{APC}=\triangle \text{QPC}$

$\therefore$ □APMC$=\triangle \text{APC}+\triangle \text{PMC}$

$\qquad=\triangle \text{QPC}+\triangle \text{PMC}$

$\qquad=\triangle \text{PMQ}$

$\qquad=9\ \text{cm}^2$　　**답 $9\ \text{cm}^2$**

20 $\triangle \text{ACD}=\dfrac{1}{2}$□ABCD

$\qquad=\dfrac{1}{2}\times 60=30(\text{cm}^2)$

$\overline{\text{AP}}:\overline{\text{PC}}=2:1$이므로

$\triangle \text{DAP}:\triangle \text{DPC}=2:1$

$\therefore \triangle \text{DPC}=\dfrac{1}{2+1}\triangle \text{ACD}$

$\qquad=\dfrac{1}{3}\times 30=10(\text{cm}^2)$

또 $\overline{\text{DQ}}:\overline{\text{QP}}=3:2$이므로

$\triangle \text{CDQ}:\triangle \text{CQP}=3:2$

$\therefore \triangle \text{CQP}=\dfrac{2}{3+2}\triangle \text{DPC}$

$\qquad=\dfrac{2}{5}\times 10=4(\text{cm}^2)$　　**답 $4\ \text{cm}^2$**

21 □ANCM에서 $\overline{AM} /\!/ \overline{NC}$,
$\overline{AM}=\overline{NC}$이므로 □ANCM은
평행사변형이다.

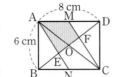

$\overline{AC}$를 긋고 $\overline{AC}$와 $\overline{BD}$의 교점을
O라 하자.
$\triangle AOE$와 $\triangle COF$에서
$\overline{OA}=\overline{OC}$, $\angle OAE=\angle OCF$(엇각),
$\angle AOE=\angle COF$(맞꼭지각)
따라서 $\triangle AOE \equiv \triangle COF$(ASA 합동)이므로
$\triangle AOE=\triangle COF$
$\therefore \square AEFM=\triangle AOE+\square AOFM$
$\qquad = \triangle COF+\square AOFM$
$\qquad = \triangle ACM = \dfrac{1}{2}\triangle ACD$
$\qquad = \dfrac{1}{2}\times\dfrac{1}{2}\square ABCD$
$\qquad = \dfrac{1}{4}\square ABCD$
$\qquad = \dfrac{1}{4}\times(6\times 8)=12(\text{cm}^2)$ **目 12 cm²**

22 $\triangle ABO : \triangle OBC=6 : 12=1 : 2$이므로
$\overline{AO} : \overline{OC}=1 : 2$
$\therefore \triangle AOD : \triangle DOC=1 : 2$ ...... ㉠
$\overline{AD} /\!/ \overline{BC}$에서 $\triangle DBC=\triangle ABC$이므로
$\triangle DOC=\triangle DBC-\triangle OBC$
$\qquad = \triangle ABC-\triangle OBC$
$\qquad = \triangle ABO$
$\qquad = 6\,\text{cm}^2$
㉠에서
$\triangle AOD=\dfrac{1}{2}\triangle DOC=\dfrac{1}{2}\times 6=3(\text{cm}^2)$
$\therefore \square ABCD=\triangle ABO+\triangle OBC+\triangle DOC+\triangle AOD$
$\qquad\qquad = 6+12+6+3=27(\text{cm}^2)$ **目 27 cm²**

📖 서술형 대비 문제
본문 98~99쪽

1-1 23°	**2**-1 3 cm²	**3** 34 cm	**4** 마름모
5 32 cm	**6** 14 cm²		

이렇게 풀어요

1-1 **[1단계]** $\triangle ABP$와 $\triangle ADP$에서
$\overline{AB}=\overline{AD}$, $\overline{AP}$는 공통, $\angle BAP=\angle DAP=45°$
이므로 $\triangle ABP \equiv \triangle ADP$(SAS 합동)
[2단계] $\therefore \angle ABP=\angle ADP$
[3단계] $\triangle APD$에서 삼각형의 외각의 성질에 의해
$45°+\angle ADP=68°$ $\therefore \angle ADP=23°$
$\therefore \angle x=\angle ADP=23°$ **目 23°**

2-1 **[1단계]** $\triangle ACD=\dfrac{1}{2}\square ABCD=\dfrac{1}{2}\times 60=30(\text{cm}^2)$
$\triangle ACD$에서 $\overline{DE} : \overline{EC}=2 : 1$이므로
$\triangle AED=\dfrac{2}{2+1}\triangle ACD$
$\qquad = \dfrac{2}{3}\times 30=20(\text{cm}^2)$
[2단계] $\triangle AED$에서 $\overline{AF} : \overline{FE}=3 : 2$이므로
$\triangle AFD=\dfrac{3}{3+2}\triangle AED$
$\qquad = \dfrac{3}{5}\times 20=12(\text{cm}^2)$
[3단계] $\triangle AOD=\dfrac{1}{4}\square ABCD$
$\qquad = \dfrac{1}{4}\times 60=15(\text{cm}^2)$
[4단계] $\therefore \triangle AOF=\triangle AOD-\triangle AFD$
$\qquad = 15-12=3(\text{cm}^2)$ **目 3 cm²**

3 **[1단계]** 점 D를 지나고 $\overline{AB}$에 평
행한 직선이 $\overline{BC}$와 만나는
점을 E라 하면 □ABED
는 평행사변형이므로
$\overline{BE}=\overline{AD}=5\,\text{cm}$, $\overline{DE}=\overline{AB}=8\,\text{cm}$

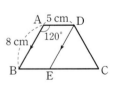

[2단계] 또 $\angle C=\angle B=180°-\angle A=180°-120°=60°$,
$\angle DEC=\angle B=60°$(동위각)이므로 $\triangle DEC$는 정
삼각형이다.
$\therefore \overline{DC}=\overline{CE}=\overline{DE}=8\,\text{cm}$
$\overline{BC}=\overline{BE}+\overline{EC}=5+8=13(\text{cm})$
[3단계] $\therefore$ (□ABCD의 둘레의 길이)
$\qquad = 8+13+8+5=34(\text{cm})$ **目 34 cm**

단계	채점 요소	배점
1	$\overline{BE}$, $\overline{DE}$의 길이 구하기	3점
2	$\overline{DC}$, $\overline{BC}$의 길이 구하기	3점
3	□ABCD의 둘레의 길이 구하기	1점

4 1단계 $\triangle ABP$와 $\triangle ADQ$에서

$\overline{AP}=\overline{AQ}$, $\angle BPA=\angle DQA=90°$

$\angle ABP=\angle ADQ$이므로

$\angle BAP=90°-\angle ABP=90°-\angle ADQ=\angle DAQ$

따라서 $\triangle ABP\equiv\triangle ADQ$(ASA 합동)이므로

$\overline{AB}=\overline{AD}$

2단계 즉, $\square ABCD$는 이웃하는 두 변의 길이가 같은 평행사변형이므로 마름모이다. 🔑 **마름모**

단계	채점 요소	배점
❶	$\triangle ABP\equiv\triangle ADQ$임을 이용하여 $\overline{AB}=\overline{AD}$임을 알기	4점
❷	평행사변형이 마름모가 되는 조건 알기	3점

5 1단계 등변사다리꼴의 각 변의 중점을 연결하여 만든 사각형은 마름모이므로 $\square EFGH$는 마름모이다.

2단계 따라서 $\square EFGH$의 둘레의 길이는

$4\times8=32(cm)$ 🔑 **32 cm**

단계	채점 요소	배점
❶	$\square EFGH$가 마름모임을 알기	4점
❷	$\square EFGH$의 둘레의 길이 구하기	2점

6 1단계 $\overline{BD}\,/\!/\,\overline{AE}$이므로

$\triangle BDA=\triangle BDE$

2단계 $\therefore$ $\square ABCD=\triangle BCD+\triangle BDA$

$=\triangle BCD+\triangle BDE$

$=\triangle BCE$

$=50\ cm^2$

3단계 또 $\overline{BD}$가 $\square ABCD$의 넓이를 이등분하므로

$\triangle BDE=\triangle BDA$

$=\dfrac{1}{2}\square ABCD$

$=\dfrac{1}{2}\times50$

$=25(cm^2)$

4단계 $\therefore$ $\triangle ODE=\triangle BDE-\triangle BDO$

$=25-11$

$=14(cm^2)$ 🔑 **14 cm²**

단계	채점 요소	배점
❶	$\triangle BDA=\triangle BDE$임을 알기	2점
❷	$\square ABCD$의 넓이 구하기	2점
❸	$\triangle BDE$의 넓이 구하기	2점
❹	$\triangle ODE$의 넓이 구하기	1점

1 도형의 닮음

01 닮은 도형

본문 104쪽

개념원리 확인하기

01 (1) 점 E (2) $\overline{FG}$ (3) ∠B (4) $1:2$ (5) 8 cm (6) 80°

02 (1) $\overline{RU}$ (2) 면 PSTQ (3) $\dfrac{9}{2}$ cm

03 (1) $4:5$ (2) $4:5$ (3) $16:25$

04 (1) $2:3$ (2) $4:9$ (3) $8:27$

이렇게 풀어요

01 (4) 닮음비는 대응변의 길이의 비와 같으므로
$\overline{AD}:\overline{EH}=6:12=1:2$

(5) 닮음비가 $1:2$이므로
$\overline{AB}:\overline{EF}=1:2$에서
$4:\overline{EF}=1:2$
$\therefore \overline{EF}=8(\text{cm})$

(6) ∠E의 대응각은 ∠A이므로
$∠E=∠A=80°$

답 (1) **점 E** (2) $\overline{FG}$ (3) **∠B** (4) **1 : 2** (5) **8 cm** (6) **80°**

02 (3) 닮음비는 대응하는 모서리의 길이의 비와 같으므로
$\overline{EF}:\overline{TU}=4:6=2:3$
$\overline{DE}:\overline{ST}=2:3$에서
$3:\overline{ST}=2:3$
$2\overline{ST}=9 \quad \therefore \overline{ST}=\dfrac{9}{2}(\text{cm})$

답 (1) $\overline{RU}$ (2) **면 PSTQ** (3) $\dfrac{9}{2}$ **cm**

03 (1) 닮음비는 대응변의 길이의 비와 같으므로
$\overline{AB}:\overline{DE}=8:10=4:5$

(2) 둘레의 길이의 비는 닮음비와 같으므로 $4:5$이다.

(3) 닮음비가 $4:5$이므로 넓이의 비는
$4^2:5^2=16:25$

답 (1) **4 : 5** (2) **4 : 5** (3) **16 : 25**

04 (1) 닮은 두 입체도형에서 닮음비는 대응하는 모서리의 길이의 비와 같으므로 $8:12=2:3$

(2) 닮음비가 $2:3$이므로 겉넓이의 비는
$2^2:3^2=4:9$

(3) 닮음비가 $2:3$이므로 부피의 비는
$2^3:3^3=8:27$

답 (1) **2 : 3** (2) **4 : 9** (3) **8 : 27**

핵심문제 익히기 확인문제

본문 105〜107쪽

1 $\overline{GH}$, 면 BCD

2 (1) $5:3$ (2) $\overline{AD}=10$ cm, $\overline{EF}=\dfrac{36}{5}$ cm

(3) ∠C=70°, ∠E=85°

3 $\dfrac{43}{3}$ **4** (1) $5:3$ (2) 12π cm **5** 30 cm²

6 $9:16$

이렇게 풀어요

1 $\overline{CD}$에 대응하는 모서리는 $\overline{GH}$이고, 면 FGH에 대응하는 면은 면 BCD이다. **답** $\overline{GH}$, **면 BCD**

2 (1) 닮음비는 대응변의 길이의 비와 같으므로
$\overline{BC}:\overline{FG}=15:9=5:3$

(2) 닮음비가 $5:3$이므로 $\overline{AD}:\overline{EH}=5:3$에서
$\overline{AD}:6=5:3,\ 3\overline{AD}=30 \quad \therefore \overline{AD}=10(\text{cm})$
또 $\overline{AB}:\overline{EF}=5:3$에서 $12:\overline{EF}=5:3,\ 5\overline{EF}=36$
$\therefore \overline{EF}=\dfrac{36}{5}(\text{cm})$

(3) ∠C의 대응각은 ∠G이므로 ∠C=∠G=70°
∠E의 대응각은 ∠A이므로 ∠E=∠A=85°

답 (1) **5 : 3** (2) $\overline{AD}=10$ **cm,** $\overline{EF}=\dfrac{36}{5}$ **cm**

(3) **∠C=70°, ∠E=85°**

3 닮은 두 입체도형에서 닮음비는 대응하는 모서리의 길이의 비와 같으므로
$\overline{AB}:\overline{A'B'}=4:6=2:3$
즉, 닮음비가 $2:3$이므로
$\overline{BE}:\overline{B'E'}=2:3$에서
$x:8=2:3,\ 3x=16 \quad \therefore x=\dfrac{16}{3}$
또 $\overline{BC}:\overline{B'C'}=2:3$에서
$6:y=2:3,\ 2y=18 \quad \therefore y=9$
$\therefore x+y=\dfrac{16}{3}+9=\dfrac{43}{3}$

답 $\dfrac{43}{3}$

4 (1) 두 원기둥 A와 B의 높이의 비가 $25:15=5:3$이므로 닮음비는 $5:3$이다.

따라서 밑면의 둘레의 길이의 비는 $5:3$이다.

(2) 원기둥 A의 밑면의 둘레의 길이는

$2\pi \times 10=20\pi\,(\mathrm{cm})$

즉, $20\pi:(\text{원기둥 B의 밑면의 둘레의 길이})=5:3$이므로

$(\text{원기둥 B의 밑면의 둘레의 길이})$

$=\dfrac{20\pi \times 3}{5}=12\pi\,(\mathrm{cm})$　　　답 (1) **5 : 3** (2) **12π cm**

다른 풀이

(2) 원기둥 B의 밑면의 반지름의 길이를 r cm라 하면

$10:r=5:3$에서 $5r=30$　∴ $r=6$

따라서 원기둥 B의 밑면의 반지름의 길이가 6 cm이므로 원기둥 B의 밑면의 둘레의 길이는

$2\pi \times 6=12\pi\,(\mathrm{cm})$

5 □ABCD와 □A′BC′D′의 닮음비는

$\overline{BC}:\overline{BC'}=9:6=3:2$이므로

$\Box\text{ABCD}:\Box\text{A′BC′D′}=3^2:2^2=9:4$

즉, □ABCD$:24=9:4$에서 $4\Box\text{ABCD}=216$

∴ □ABCD$=54\,(\mathrm{cm}^2)$

∴ (색칠한 부분의 넓이)$=54-24=30\,(\mathrm{cm}^2)$

답 **30 cm²**

6 두 원뿔 A와 B의 부피의 비가

$27\pi:64\pi=27:64=3^3:4^3$

이므로 닮음비는 $3:4$이다.

따라서 두 원뿔 A와 B의 겉넓이의 비는

$3^2:4^2=9:16$　　　답 **9 : 16**

소단원 📖 **핵심문제**　　　본문 108쪽

01 ㄴ, ㅁ, ㅂ	**02** ③
03 $x=3,\ y=60$	
04 4π cm²	**05** (1) 6 cm (2) 160 cm²	**06** 8000개

이렇게 풀어요

01 다음의 경우에는 닮은 도형이 아니다.

ㄱ.

ㄷ.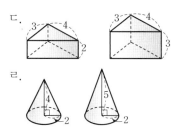

ㄹ.

답 ㄴ, ㅁ, ㅂ

02 ① ∠B의 대응각은 ∠G이므로

$\angle B=\angle G$

② ∠F의 대응각은 ∠A이므로

$\angle F=\angle A=85^\circ$

③, ⑤ 닮음비는 대응변의 길이의 비와 같으므로

$\overline{AB}:\overline{FG}=12:9=4:3$

즉, 닮음비가 $4:3$이므로

$\overline{BC}:\overline{GH}=4:3$에서 $3\overline{BC}=4\overline{GH}$

④ 닮음비가 $4:3$이므로

$\overline{DE}:\overline{IJ}=4:3$에서 $\overline{DE}:6=4:3$

$3\overline{DE}=24$　∴ $\overline{DE}=8\,(\mathrm{cm})$　　답 ③

03 닮은 두 입체도형에서 닮음비는 대응하는 모서리의 길이의 비와 같으므로

$\overline{VA}:\overline{V'A'}=6:8=3:4$

즉, 닮음비가 $3:4$이므로

$\overline{AB}:\overline{A'B'}=3:4$에서

$x:4=3:4$, $4x=12$　∴ $x=3$

∠B′A′C′의 대응각은 ∠BAC이므로

$\angle B'A'C'=\angle BAC=60^\circ$　∴ $y=60$

답 **$x=3,\ y=60$**

04 두 원기둥 A와 B의 닮음비는 높이의 비와 같으므로

$6:9=2:3$

원기둥 A의 밑면의 반지름의 길이를 r cm라 하면

$r:3=2:3$에서 $3r=6$　∴ $r=2$

따라서 원기둥 A의 밑면의 반지름의 길이가 2 cm이므로 원기둥 A의 밑면의 넓이는

$\pi \times 2^2=4\pi\,(\mathrm{cm}^2)$　　　답 **4π cm²**

05 (1) 두 원의 닮음비가 $3:2$이므로

넓이의 비는 $3^2:2^2=9:4$

두 원의 넓이의 합이 52π cm²이므로

큰 원의 넓이는 $\dfrac{9}{9+4}\times 52\pi=36\pi\,(\mathrm{cm}^2)$

따라서 큰 원의 반지름의 길이는 6 cm이다.

(2) 두 직육면체 A와 B의 닮음비를 $m:n$이라 하면 부피의 비는 $m^3:n^3$이므로

$$m^3:n^3=54:128$$
$$=27:64=3^3:4^3$$
$$\therefore m:n=3:4$$

따라서 겉넓이의 비는 $3^2:4^2=9:16$이므로 직육면체 B의 겉넓이를 $x\ \mathrm{cm}^2$라 하면

$$9:16=90:x,\ 9x=1440\quad\therefore x=160$$

따라서 직육면체 B의 겉넓이는 $160\ \mathrm{cm}^2$이다.

> 답 (1) **6 cm** (2) **160 cm²**

06 두 쇠공의 지름의 길이는 각각 100 cm, 5 cm이므로 닮음비는

$$100:5=20:1$$

따라서 부피의 비는 $20^3:1^3=8000:1$이므로 작은 쇠공을 8000개 만들 수 있다.

> 답 **8000개**

---

02 삼각형의 닮음 조건

개념원리 📖 확인하기 본문 111쪽

> **01** (1) $\overline{DE}$, $\overline{CA}$, 1, 3, △FDE, SSS
> (2) $\overline{AC}$, 2, 1, ∠D, △DEF, SAS
> **02** (1) △ABC∽△ADB(SAS 닮음)
> (2) △ABC∽△AED(AA 닮음)
> (3) △ABC∽△DEA(SSS 닮음)
> **03** (1) c, x, ax (2) b, y, ay (3) h, y, xy
> **04** (1) 8 (2) 15 (3) 9

이렇게 풀어요

01 답 (1) $\overline{DE}$, $\overline{CA}$, **1, 3**, △**FDE**, **SSS**
(2) $\overline{AC}$, **2, 1**, ∠**D**, △**DEF**, **SAS**

02 (1) △ABC와 △ADB에서
$\overline{AB}:\overline{AD}=\overline{AC}:\overline{AB}=3:2$, ∠A는 공통
이므로 △ABC∽△ADB(SAS 닮음)
(2) △ABC와 △AED에서
∠ABC=∠AED, ∠A는 공통
이므로 △ABC∽△AED(AA 닮음)

(3) △ABC와 △DEA에서
$\overline{AB}:\overline{DE}=\overline{BC}:\overline{EA}=\overline{AC}:\overline{DA}=3:2$
이므로 △ABC∽△DEA(SSS 닮음)

> 답 (1) △**ABC**∽△**ADB(SAS 닮음)**
> (2) △**ABC**∽△**AED(AA 닮음)**
> (3) △**ABC**∽△**DEA(SSS 닮음)**

03 답 (1) c, x, ax (2) b, y, ay (3) h, y, xy

04 (1) $\overline{AB}^2=\overline{BH}\times\overline{BC}$이므로
$x^2=4\times16=64\quad\therefore x=8$
(2) $\overline{AC}^2=\overline{CH}\times\overline{CB}$이므로
$x^2=9\times(9+16)=225\quad\therefore x=15$
(3) $\overline{AH}^2=\overline{HB}\times\overline{HC}$이므로
$6^2=x\times4\quad\therefore x=9$

> 답 (1) **8** (2) **15** (3) **9**

핵심문제 익히기 🔑 확인문제 본문 112~114쪽

> **1** ㄱ과 ㅁ(AA 닮음), ㄴ과 ㅂ(SAS 닮음),
> ㄷ과 ㄹ(SSS 닮음)
> **2** (1) 6 (2) $\dfrac{9}{2}$ **3** (1) 9 (2) $\dfrac{25}{3}$
> **4** $\dfrac{7}{2}$ cm **5** (1) 4 (2) 6 (3) 9

이렇게 풀어요

1 ㄱ과 ㅁ: ㄱ에서 나머지 한 내각의 크기는
$$180°-(45°+70°)=65°$$
즉, 두 쌍의 대응각의 크기가 각각 65°, 45°로 같으므로 두 삼각형은 AA 닮음이다.
ㄴ과 ㅂ: 두 쌍의 대응변의 길이의 비가
$$3:12=4:16=1:4$$
로 같고 그 끼인각의 크기가 70°로 같으므로 두 삼각형은 SAS 닮음이다.
ㄷ과 ㄹ: 세 쌍의 대응변의 길이의 비가
$$5:10=6:12=7:14=1:2$$
로 같으므로 두 삼각형은 SSS 닮음이다.

> 답 **ㄱ과 ㅁ(AA 닮음), ㄴ과 ㅂ(SAS 닮음),**
> **ㄷ과 ㄹ(SSS 닮음)**

2 (1)

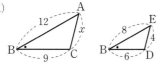

△ABC와 △EBD에서

∠B는 공통, $\overline{AB} : \overline{EB} = \overline{BC} : \overline{BD} = 3 : 2$

∴ △ABC∽△EBD(SAS 닮음)

따라서 닮음비가 $3 : 2$이므로

$\overline{AC} : \overline{ED} = 3 : 2$에서 $x : 4 = 3 : 2$

$2x = 12$ ∴ $x = 6$

(2)

△ABC와 △BDC에서

∠C는 공통, $\overline{AC} : \overline{BC} = \overline{BC} : \overline{DC} = 2 : 1$

∴ △ABC∽△BDC(SAS 닮음)

따라서 닮음비가 $2 : 1$이므로

$\overline{AB} : \overline{BD} = 2 : 1$에서

$9 : x = 2 : 1$, $2x = 9$

∴ $x = \dfrac{9}{2}$

답 (1) **6** (2) $\dfrac{9}{2}$

3 (1)

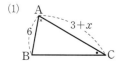

△ABC와 △ADB에서

∠A는 공통, ∠ACB=∠ABD

∴ △ABC∽△ADB(AA 닮음)

따라서 $\overline{AB} : \overline{AD} = \overline{AC} : \overline{AB}$이므로

$6 : 3 = (3+x) : 6$

$3(3+x) = 36$, $3x = 27$

∴ $x = 9$

(2)

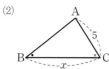

△ABC와 △DAC에서

∠C는 공통, ∠ABC=∠DAC

∴ △ABC∽△DAC(AA 닮음)

따라서 $\overline{AC} : \overline{DC} = \overline{BC} : \overline{AC}$이므로

$5 : 3 = x : 5$, $3x = 25$

∴ $x = \dfrac{25}{3}$

답 (1) **9** (2) $\dfrac{25}{3}$

4 △ABD와 △ACE에서

∠A는 공통, ∠ADB=∠AEC=90°

∴ △ABD∽△ACE(AA 닮음)

따라서 $\overline{AB} : \overline{AC} = \overline{AD} : \overline{AE}$이므로

$8 : 7 = 4 : \overline{AE}$, $8\overline{AE} = 28$

∴ $\overline{AE} = \dfrac{7}{2}$(cm)

답 $\dfrac{7}{2}$ **cm**

5 (1) $x^2 = 2 \times (6+2) = 16$

∴ $x = 4$

(2) $x^2 = (15-3) \times 3 = 36$

∴ $x = 6$

(3) $15^2 = x \times 25$, $225 = 25x$

∴ $x = 9$

답 (1) **4** (2) **6** (3) **9**

본문 115쪽

계산력 강화하기

01 (1) △ACE∽△BDE(SAS 닮음)

(2) △ABC∽△DAC(SSS 닮음)

(3) △ABC∽△AED(AA 닮음)

02 (1) △ABC∽△ADB(SAS 닮음), 12

(2) △ABC∽△ACD(AA 닮음), 10

(3) △ABC∽△EDC(SAS 닮음), 2

(4) △ABC∽△BDC(AA 닮음), $\dfrac{16}{5}$

(5) △ABC∽△AED(SAS 닮음), 14

(6) △ABC∽△AED(AA 닮음), $\dfrac{29}{2}$

03 (1) $\dfrac{9}{2}$ (2) 8 (3) 12 (4) $\dfrac{24}{5}$

이렇게 풀어요

01 (1) △ACE와 △BDE에서

$\overline{CE} : \overline{DE} = 6 : 18 = 1 : 3$,

$\overline{AE} : \overline{BE} = 5 : 15 = 1 : 3$,

∠AEC=∠BED(맞꼭지각)

∴ △ACE∽△BDE(SAS 닮음)

(2) △ABC와 △DAC에서

$\overline{AB}:\overline{DA}=16:8=2:1,$

$\overline{AC}:\overline{DC}=10:5=2:1,$

$\overline{BC}:\overline{AC}=20:10=2:1$

∴ △ABC∽△DAC(SSS 닮음)

(3) △ABC와 △AED에서

∠A는 공통, ∠ACB=∠ADE=65°

∴ △ABC∽△AED(AA 닮음)

目 (1) △ACE∽△BDE(SAS 닮음)

(2) △ABC∽△DAC(SSS 닮음)

(3) △ABC∽△AED(AA 닮음)

02 (1) △ABC와 △ADB에서

$\overline{AB}:\overline{AD}=8:(16-12)=2:1,$

$\overline{AC}:\overline{AB}=16:8=2:1,$ ∠A는 공통

∴ △ABC∽△ADB(SAS 닮음)

따라서 닮음비가 2:1이므로

$\overline{BC}:\overline{DB}=2:1$에서 $x:6=2:1$ ∴ $x=12$

(2) △ABC와 △ACD에서

∠A는 공통, ∠ABC=∠ACD

∴ △ABC∽△ACD(AA 닮음)

따라서 $\overline{BC}:\overline{CD}=\overline{AC}:\overline{AD}$이므로

$15:x=12:8,$ $12x=120$ ∴ $x=10$

(3) △ABC와 △EDC에서

$\overline{AC}:\overline{EC}=(5+4):3=3:1,$

$\overline{BC}:\overline{DC}=12:4=3:1,$ ∠C는 공통

∴ △ABC∽△EDC(SAS 닮음)

따라서 닮음비가 3:1이므로

$\overline{AB}:\overline{ED}=3:1$에서 $6:x=3:1,$ $3x=6$

∴ $x=2$

(4) △ABC와 △BDC에서

∠C는 공통, ∠BAC=∠DBC

∴ △ABC∽△BDC(AA 닮음)

따라서 $\overline{AC}:\overline{BC}=\overline{AB}:\overline{BD}$이므로

$10:4=8:x,$ $10x=32$ ∴ $x=\dfrac{16}{5}$

(5) △ABC와 △AED에서

$\overline{AB}:\overline{AE}=(6+4):5=2:1,$

$\overline{AC}:\overline{AD}=(5+7):6=2:1,$ ∠A는 공통

∴ △ABC∽△AED(SAS 닮음)

따라서 닮음비가 2:1이므로

$\overline{BC}:\overline{ED}=2:1$에서 $x:7=2:1$ ∴ $x=14$

(6) △ABC와 △AED에서

∠A는 공통, ∠ACB=∠ADE

∴ △ABC∽△AED(AA 닮음)

따라서 $\overline{AC}:\overline{AD}=\overline{AB}:\overline{AE}$이므로

$(8+x):10=(10+8):8,$ $8(8+x)=180$

$8x=116$ ∴ $x=\dfrac{29}{2}$

目 (1) △ABC∽△ADB(SAS 닮음), 12

(2) △ABC∽△ACD(AA 닮음), 10

(3) △ABC∽△EDC(SAS 닮음), 2

(4) △ABC∽△BDC(AA 닮음), $\dfrac{16}{5}$

(5) △ABC∽△AED(SAS 닮음), 14

(6) △ABC∽△AED(AA 닮음), $\dfrac{29}{2}$

03 (1) $10^2=8(8+x)$

$100=64+8x$ ∴ $x=\dfrac{9}{2}$

(2) $x^2=(20-4)\times4=64$ ∴ $x=8$

(3) $8^2=4(x+4)$

$64=4x+16$ ∴ $x=12$

(4) $8\times6=x\times10$ ∴ $x=\dfrac{24}{5}$

目 (1) $\dfrac{9}{2}$ (2) 8 (3) 12 (4) $\dfrac{24}{5}$

소단원 😊 핵심문제   본문 116~117쪽

01 ③   **02** (1) 10 (2) $\dfrac{35}{4}$ (3) $\dfrac{25}{4}$ (4) 10

03 (1) △AED, △CDF (2) $\dfrac{32}{3}$ cm

04 $\dfrac{15}{2}$ cm   **05** $\dfrac{22}{3}$ cm

06 (1) △BAC, △EAD, △BFD (2) 8 cm

07 (1) $\dfrac{28}{5}$ (2) 24   **08** 180 cm²

이렇게 풀어요

01 ③ △ABC와 △DEF에서

∠B=∠E=45°,

$\overline{AB}:\overline{DE}=\overline{BC}:\overline{EF}=4:3$

∴ △ABC∽△DEF(SAS 닮음) 目 ③

02 (1) △ACB와 △ECD에서 $\overline{AB}\,\|\,\overline{DE}$이므로

∠CAB=∠CED(엇각), ∠CBA=∠CDE(엇각)

∴ △ACB∽△ECD(AA 닮음)

따라서 $\overline{AB}:\overline{ED}=\overline{AC}:\overline{EC}$이므로

$5:x=2:4,\ 2x=20$ ∴ $x=10$

(2) △ABC와 △EDA에서

$\overline{AD}\,\|\,\overline{BC},\ \overline{AB}\,\|\,\overline{DE}$이므로

∠ACB=∠EAD(엇각), ∠BAC=∠DEA(엇각)

∴ △ABC∽△EDA(AA 닮음)

따라서 $\overline{AB}:\overline{ED}=\overline{AC}:\overline{EA}$이므로

$14:x=16:10,\ 16x=140$

∴ $x=\dfrac{35}{4}$

(3) △ABC와 △DAC에서

∠ABC=∠DAC, ∠C는 공통

∴ △ABC∽△DAC(AA 닮음)

따라서 $\overline{AC}:\overline{DC}=\overline{BC}:\overline{AC}$이므로

$5:4=x:5,\ 4x=25$

∴ $x=\dfrac{25}{4}$

(4) △ABC와 △EBD에서

∠B는 공통, $\overline{AB}:\overline{EB}=\overline{BC}:\overline{BD}=2:1$

∴ △ABC∽△EBD(SAS 닮음)

따라서 닮음비가 2 : 1이므로 $\overline{AC}:\overline{ED}=2:1$에서

$x:5=2:1$ ∴ $x=10$

🖪 (1) **10** (2) $\dfrac{35}{4}$ (3) $\dfrac{25}{4}$ (4) **10**

03 (1) △AED와 △BEF에서 $\overline{AD}\,\|\,\overline{BC}$이므로

∠E는 공통, ∠EAD=∠EBF(동위각)

∴ △AED∽△BEF(AA 닮음)

또 △CDF와 △BEF에서 $\overline{AE}\,\|\,\overline{DC}$이므로

∠CFD=∠BFE(맞꼭지각),

∠CDF=∠BEF(엇각)

∴ △CDF∽△BEF(AA 닮음)

(2) (1)에서 △BEF∽△CDF이므로

$\overline{BE}:\overline{CD}=\overline{BF}:\overline{CF}$에서

$\overline{BE}:4=5:3,\ 3\overline{BE}=20$

∴ $\overline{BE}=\dfrac{20}{3}$(cm)

이때 $\overline{AB}=\overline{DC}=4$ cm이므로

$\overline{AE}=\overline{AB}+\overline{BE}=4+\dfrac{20}{3}=\dfrac{32}{3}$(cm)

🖪 (1) **△AED, △CDF** (2) $\dfrac{32}{3}$ **cm**

04 △ABC와 △MBD에서

∠B는 공통, ∠BAC=∠BMD=90°

∴ △ABC∽△MBD(AA 닮음)

따라서 $\overline{AB}:\overline{MB}=\overline{AC}:\overline{MD}$이므로

$16:10=12:\overline{DM},\ 16\overline{DM}=120$

∴ $\overline{DM}=\dfrac{15}{2}$(cm)

🖪 $\dfrac{15}{2}$ **cm**

05 △ABE와 △ADF에서

∠AEB=∠AFD=90°

□ABCD는 평행사변형이므로 ∠ABE=∠ADF

∴ △ABE∽△ADF(AA 닮음)

따라서 $\overline{AB}:\overline{AD}=\overline{AE}:\overline{AF}$이므로

$8:12=\overline{AE}:11,\ 12\overline{AE}=88$

∴ $\overline{AE}=\dfrac{22}{3}$(cm)

🖪 $\dfrac{22}{3}$ **cm**

06 (1) (i) △EFC와 △BAC에서

∠EFC=∠BAC=90°, ∠C는 공통

∴ △EFC∽△BAC(AA 닮음)

(ii) △EFC와 △EAD에서

∠EFC=∠EAD=90°, ∠E는 공통

∴ △EFC∽△EAD(AA 닮음)

(iii) △BAC와 △BFD에서

∠BAC=∠BFD=90°, ∠B는 공통

∴ △BAC∽△BFD(AA 닮음)

(i)~(iii)에 의해

△EFC∽△BAC∽△EAD∽△BFD

(2) (1)에서 △EFC∽△BAC이므로

$\overline{EC}:\overline{BC}=\overline{CF}:\overline{CA}$에서

$20:15=\overline{CF}:6,\ 15\overline{CF}=120$

∴ $\overline{CF}=8$(cm)

🖪 (1) **△BAC, △EAD, △BFD** (2) **8 cm**

07 (1) $4^2=x\times5$에서 $x=\dfrac{16}{5}$

$5\times y=3\times4$에서 $y=\dfrac{12}{5}$

∴ $x+y=\dfrac{16}{5}+\dfrac{12}{5}=\dfrac{28}{5}$

(2) $12^2=x\times16$에서 $x=9$

$y^2=9\times(9+16)=225$

∴ $y=15$

∴ $x+y=9+15=24$

🖪 (1) $\dfrac{28}{5}$ (2) **24**

08 $\overline{AH}^2=6\times24=144$

$\therefore \overline{AH}=12(cm)$

$\therefore \triangle ABC=\dfrac{1}{2}\times\overline{BC}\times\overline{AH}$

$=\dfrac{1}{2}\times(6+24)\times12$

$=180(cm^2)$ 🖩 **180 cm²**

중단원 마무리

01 ㄹ	**02** ⑤	**03** 17	**04** 27 cm²
05 ①			
06 ㄱ과 ㅂ(SAS 닮음), ㄴ과 ㄹ(AA 닮음), ㄷ과 ㅁ(SSS 닮음)			
07 ②	**08** 25	**09** ②, ④	**10** 2 cm
11 27 m	**12** ④	**13** 31	**14** 54π
15 624 cm³	**16** 25°	**17** 15 cm	**18** $\dfrac{54}{5}$ cm
19 ②	**20** $\dfrac{28}{5}$ cm	**21** 3 cm	**22** 16 m
23 ①	**24** (1) $\dfrac{25}{2}$ cm (2) 15 cm	**25** 3	
26 6 cm	**27** 24 cm²	**28** 150 cm²	

이렇게 풀어요

01 다음의 경우에는 닮은 도형이 아니다.

ㄹ.

🖩 **ㄹ**

02 ① $\overline{BC}:\overline{FG}=8:12=2:3$이므로 닮음비는 2:3이다.

② 닮음비가 2:3이므로

$\overline{AB}:\overline{EF}=2:3$에서

$\overline{AB}:15=2:3,\ 3\overline{AB}=30$

$\therefore \overline{AB}=10(cm)$

③ $\angle F=\angle B=80°$

④ $\angle D=\angle H=130°$

⑤ $\angle E=\angle A=65°$이므로

$\angle G=360°-(\angle E+\angle F+\angle H)$

$=360°-(65°+80°+130°)=85°$ 🖩 **⑤**

03 $\overline{AB}:\overline{A'B'}=8:4=2:1$이므로 닮음비는 2:1이다.

$\overline{AC}:\overline{A'C'}=2:1$에서 $x:5=2:1$ $\therefore x=10$

$\overline{AD}:\overline{A'D'}=2:1$에서 $14:y=2:1,\ 2y=14$

$\therefore y=7$ $\therefore x+y=10+7=17$ 🖩 **17**

04 닮은 두 삼각형에서 닮음비는 높이의 비와 같으므로

$\triangle ABC$와 $\triangle DEF$의 닮음비는 4:3이다.

따라서 넓이의 비는 $4^2:3^2=16:9$이므로

$\triangle ABC:\triangle DEF=16:9$에서 $48:\triangle DEF=16:9$

$16\triangle DEF=432$ $\therefore \triangle DEF=27(cm^2)$ 🖩 **27 cm²**

05 밑넓이의 비가 $4:9=2^2:3^2$이므로 닮음비는 2:3이고

부피의 비는 $2^3:3^3=8:27$

따라서 작은 원뿔의 부피를 $x\ cm^3$라 하면

$x:162=8:27,\ 27x=1296$ $\therefore x=48$

따라서 작은 원뿔의 부피는 48 cm³이다. 🖩 **①**

06 ㄱ과 ㅂ: 두 쌍의 대응변의 길이의 비가

$4:6=6:9=2:3$으로 같고 그 끼인각의 크기가

70°로 같으므로 $\triangle ABC \backsim \triangle QPR$(SAS 닮음)

ㄴ과 ㄹ: $\triangle KJL$에서 $\angle J=180°-(75°+80°)=25°$

즉, 두 쌍의 대응각의 크기가 각각 25°, 75°로 같

으므로 $\triangle DEF \backsim \triangle KJL$(AA 닮음)

ㄷ과 ㅁ: 세 쌍의 대응변의 길이의 비가

$6:3=4:2=8:4=2:1$로 같으므로

$\triangle GHI \backsim \triangle OMN$(SSS 닮음)

🖩 **ㄱ과 ㅂ(SAS 닮음), ㄴ과 ㄹ(AA 닮음), ㄷ과 ㅁ(SSS 닮음)**

07 ① SSS 닮음

② $\angle B$와 $\angle E$가 각각 $\overline{AB}$와 $\overline{AC}$, $\overline{DE}$와 $\overline{DF}$의 끼인각

이 아니므로 $\triangle ABC$와 $\triangle DEF$가 서로 닮은 도형이라

할 수 없다.

③ SAS 닮음

④, ⑤ AA 닮음 🖩 **②**

08 $\triangle ACB$와 $\triangle BCD$에서

$\overline{AC}:\overline{BC}=\overline{AB}:\overline{BD}=4:5,\ \angle BAC=\angle DBC$

$\therefore \triangle ACB \backsim \triangle BCD$(SAS 닮음)

따라서 닮음비가 4:5이므로

$\overline{CB}:\overline{CD}=4:5$에서 $20:x=4:5$

$4x=100$ $\therefore x=25$ 🖩 **25**

09 △ABC와 △CBD에서

$\overline{AB} : \overline{CB} = \overline{BC} : \overline{BD} = 4 : 3$, ∠B는 공통

∴ △ABC∽△CBD(SAS 닮음)

따라서 닮음비가 4 : 3 (⑤)이므로

$\overline{AC} : \overline{CD} = 4 : 3$ (①)에서 8 : $\overline{CD} = 4 : 3$

$4\overline{CD} = 24$ ∴ $\overline{CD} = 6$ (②)

또 △ABC∽△CBD이므로

∠ACB=∠CDB (③) **답 ②, ④**

10 △ABC와 △AED에서

∠A는 공통, ∠ABC=∠AED=70°

∴ △ABC∽△AED(AA 닮음)

따라서 $\overline{AB} : \overline{AE} = \overline{AC} : \overline{AD}$에서

$(4+\overline{DB}) : 3 = 8 : 4$

$16+4\overline{DB} = 24$ ∴ $\overline{DB} = 2$ (cm) **답 2 cm**

11 △ABC와 △DEC에서

∠ACB=∠DCE(맞꼭지각), ∠ABC=∠DEC=90°

∴ △ABC∽△DEC(AA 닮음)

따라서 $\overline{AB} : \overline{DE} = \overline{BC} : \overline{EC}$에서

$\overline{AB} : 6 = 63 : 14$, $14\overline{AB} = 378$

∴ $\overline{AB} = 27$ (m) **답 27 m**

12 ④ $\overline{AC}^2 = \overline{CH} \times \overline{CB}$ **답 ④**

13 $12^2 = x \times 9$ ∴ $x = 16$

$12 \times (16+9) = 20 \times y$에서 $300 = 20y$

∴ $y = 15$ ∴ $x + y = 16 + 15 = 31$ **답 31**

14 $\overline{AB} = \overline{BC} = \overline{CD}$이고 $\overline{OC} = \frac{1}{2}\overline{BC}$이므로

$\overline{OC} : \overline{OD} = 1 : 3$

즉, 작은 원과 큰 원의 닮음비는 1 : 3이므로 넓이의 비는

$1^2 : 3^2 = 1 : 9$이다.

큰 원의 넓이를 x라 하면

$6\pi : x = 1 : 9$ ∴ $x = 54\pi$ **답 54π**

15 물과 그릇의 닮음비는 6 : 18 = 1 : 3이므로 부피의 비는

$1^3 : 3^3 = 1 : 27$이다.

물의 부피를 x cm³라 하면

$x : 648 = 1 : 27$, $27x = 648$ ∴ $x = 24$

따라서 더 필요한 물의 부피는

$648 - 24 = 624$ (cm³) **답 624 cm³**

16 △ABC와 △DAC에서

∠C는 공통, $\overline{AC} : \overline{DC} = \overline{BC} : \overline{AC} = 5 : 2$

이므로 △ABC∽△DAC(SAS 닮음)

∴ ∠ABC=∠DAC

이때 △ADC에서

∠DAC+90°+65°=180°

∴ ∠DAC=25°

∴ ∠B=∠DAC=25° **답 25°**

17 △ABC와 △DEA에서

$\overline{AB} \parallel \overline{ED}$이므로 ∠BAC=∠EDA(엇각)

$\overline{AE} \parallel \overline{BC}$이므로 ∠BCA=∠EAD(엇각)

∴ △ABC∽△DEA(AA 닮음)

따라서 $\overline{BC} : \overline{EA} = \overline{AC} : \overline{DA}$이므로

$14 : 4 = 21 : \overline{DA}$

$14\overline{DA} = 84$ ∴ $\overline{DA} = 6$ (cm)

∴ $\overline{CD} = \overline{AC} - \overline{AD}$

$= 21 - 6 = 15$ (cm) **답 15 cm**

18 △ABE와 △FDA에서

$\overline{AB} \parallel \overline{DF}$이므로 ∠EAB=∠AFD(엇각)

□ABCD가 평행사변형이므로 ∠B=∠D

∴ △ABE∽△FDA(AA 닮음)

따라서 $\overline{AB} : \overline{FD} = \overline{BE} : \overline{DA}$이고

$\overline{AB} = \overline{DC} = 9$ cm이므로

$9 : 15 = \overline{BE} : 18$, $15\overline{BE} = 162$

∴ $\overline{BE} = \frac{54}{5}$ (cm) **답 $\frac{54}{5}$ cm**

19 △AOD와 △NOM에서

$\overline{AD} \parallel \overline{MN}$이므로 ∠DAO=∠MNO(엇각),

∠AOD=∠NOM(맞꼭지각)

∴ △AOD∽△NOM(AA 닮음)

∴ $\overline{DO} : \overline{MO} = \overline{AD} : \overline{NM} = 6 : 4 = 3 : 2$

이때 $\overline{DM} = \overline{BM}$이므로

$\overline{MO} : \overline{BO} = 2 : (2+5) = 2 : 7$

또 △OMN와 △OBC에서

$\overline{MN} \parallel \overline{BC}$이므로 ∠OMN=∠OBC(동위각),

∠O는 공통

∴ △OMN∽△OBC(AA 닮음)

따라서 $\overline{MO} : \overline{BO} = \overline{MN} : \overline{BC}$에서

$2 : 7 = 4 : \overline{BC}$, $2\overline{BC} = 28$

∴ $\overline{BC} = 14$ (cm) **답 ②**

20 $\overline{AF}=\overline{EF}=7\,cm$이므로 $\overline{AC}=7+5=12(cm)$

즉, 정삼각형 ABC의 한 변의 길이는 $12\,cm$이다.

$\therefore \overline{BE}=12-8=4(cm)$

△BED와 △CFE에서

$\angle B=\angle C=60°$

$\angle DBE=\angle DEF=60°$이므로

$\angle BDE=180°-(\angle DBE+\angle DEB)$
$\qquad\quad=180°-(\angle DEF+\angle DEB)=\angle CEF$

$\therefore$ △BED∽△CFE(AA 닮음)

따라서 $\overline{DE}:\overline{EF}=\overline{BE}:\overline{CF}$에서

$\overline{DE}:7=4:5,\ 5\overline{DE}=28\qquad\therefore \overline{DE}=\dfrac{28}{5}(cm)$

$\therefore \overline{AD}=\overline{DE}=\dfrac{28}{5}\,cm$　　　　　答 $\dfrac{28}{5}\,cm$

21 △DEF와 △ABC에서

$\angle EDF=\angle ABD+\angle BAD$
$\qquad\quad=\angle CAF+\angle BAD$
$\qquad\quad=\angle BAC$

$\angle DEF=\angle BCE+\angle CBE$
$\qquad\quad=\angle ABD+\angle CBE$
$\qquad\quad=\angle ABC$

$\therefore$ △DEF∽△ABC(AA 닮음)

따라서 $\overline{DE}:\overline{AB}=\overline{DF}:\overline{AC}$이므로

$4:8=\overline{DF}:6,\ 8\overline{DF}=24$

$\therefore \overline{DF}=3(cm)$　　　　　答 $3\,cm$

22 △ABC와 △AB′C′에서

$\angle A$는 공통, $\angle ABC=\angle AB'C'=90°$

$\therefore$ △ABC∽△AB′C′(AA 닮음)

즉, $\overline{BC}:\overline{B'C'}=\overline{AB}:\overline{AB'}$에서 $1:\overline{B'C'}=2:32$

$2\overline{B'C'}=32\qquad\therefore \overline{B'C'}=16(m)$

따라서 등대의 높이는 $16\,m$이다.　　　　　答 $16\,m$

23 △ABD와 △ACE에서

$\angle A$는 공통, $\angle ADB=\angle AEC=90°$

$\therefore$ △ABD∽△ACE(AA 닮음)

이때 $\overline{AD}:\overline{DC}=3:1$에서 $\overline{AD}=8\times\dfrac{3}{3+1}=6(cm)$

이고 $\overline{AB}:\overline{AC}=\overline{AD}:\overline{AE}$이므로

$10:8=6:\overline{AE},\ 10\overline{AE}=48$

$\therefore \overline{AE}=\dfrac{24}{5}(cm)$　　　　　答 ①

24 (1) △ABD와 △OPD에서

$\angle D$는 공통, $\angle BAD=\angle POD=90°$

$\therefore$ △ABD∽△OPD(AA 닮음)

따라서 $\overline{BD}:\overline{PD}=\overline{AD}:\overline{OD}$이므로

$20:\overline{PD}=16:10,\ 16\overline{PD}=200$

$\therefore \overline{PD}=\dfrac{25}{2}(cm)$

(2) △ABD∽△OPD이므로 $\overline{AB}:\overline{OP}=\overline{AD}:\overline{OD}$에서

$12:\overline{OP}=16:10,\ 16\overline{OP}=120$

$\therefore \overline{OP}=\dfrac{15}{2}(cm)$

그런데 △POD와 △QOB에서

$\overline{DO}=\overline{BO},\ \angle ODP=\angle OBQ$(엇각),

$\angle POD=\angle QOB$(맞꼭지각)

$\therefore$ △POD≡△QOB(ASA 합동)

$\therefore \overline{PQ}=2\overline{OP}=2\times\dfrac{15}{2}=15(cm)$

答 (1) $\dfrac{25}{2}\,cm$　(2) $15\,cm$

25 △AEC와 △AED에서

$\angle ACE=\angle ADE=90°,\ \overline{AE}$는 공통, $\angle EAC=\angle EAD$

$\therefore$ △AEC≡△AED(RHA 합동)

$\therefore \overline{AD}=\overline{AC}=6\,cm$

또 △ABC와 △EBD에서

$\angle B$는 공통, $\angle ACB=\angle EDB=90°$

$\therefore$ △ABC∽△EBD(AA 닮음)

따라서 $\overline{AB}:\overline{EB}=\overline{BC}:\overline{BD}$이므로

$(6+4):5=(5+x):4,\ 5(5+x)=40$

$5x=15\qquad\therefore x=3$　　　　　答 3

26 $10^2=8(8+\overline{CD})$에서

$100=64+8\overline{CD}\qquad\therefore \overline{CD}=\dfrac{9}{2}(cm)$

$\overline{AD}^2=\overline{BD}\times\overline{CD}$에서

$\overline{AD}^2=8\times\dfrac{9}{2}=36\qquad\therefore \overline{AD}=6(cm)$　　答 $6\,cm$

27 $8^2=\overline{BH}\times4$에서 $\overline{BH}=16(cm)$

이때 $\overline{BC}=16+4=20(cm)$이므로

$\overline{BM}=\overline{MC}=\dfrac{1}{2}\times20=10(cm)$

$\therefore \overline{MH}=10-4=6(cm)$

$\therefore$ △AMH$=\dfrac{1}{2}\times\overline{MH}\times\overline{AH}$

$\qquad\qquad=\dfrac{1}{2}\times6\times8=24(cm^2)$　　答 $24\,cm^2$

28 $\triangle ABD$에서 $20^2=16(16+\overline{BH})$

$400=256+16\overline{BH}$ $\quad \therefore \overline{BH}=9(\text{cm})$

또 $\overline{AH}^2=9\times16=144$ $\quad \therefore \overline{AH}=12(\text{cm})$

$\therefore \triangle ABD=\dfrac{1}{2}\times\overline{BD}\times\overline{AH}$

$\qquad\qquad =\dfrac{1}{2}\times(9+16)\times12=150(\text{cm}^2)$

目 150 cm²

📋 서술형 대비 문제

본문 122~123쪽

1-1 8 cm **2-1** 12 cm **3** 20π cm

4 떡 케이크 B를 1개 사는 것이 더 유리하다.

5 9 cm **6** $\dfrac{16}{5}$ cm

이렇게 풀어요

1-1 **1단계** $\triangle ABC$와 $\triangle EDC$에서

$\angle C$는 공통, $\angle BAC=\angle DEC$

$\therefore \triangle ABC \backsim \triangle EDC$(AA 닮음)

2단계 $\overline{AC}:\overline{EC}=\overline{BC}:\overline{DC}$이므로

$8:4=\overline{BC}:6$, $4\overline{BC}=48$

$\therefore \overline{BC}=12(\text{cm})$

3단계 $\therefore \overline{BE}=\overline{BC}-\overline{EC}$

$\qquad\qquad =12-4=8(\text{cm})$ **目 8 cm**

2-1 **1단계** $\overline{DC}=\overline{AB}=16$ cm이므로

$\overline{DE}=\overline{DC}-\overline{EC}=16-10=6(\text{cm})$

2단계 $\triangle ABF$와 $\triangle DFE$에서

$\angle BAF=\angle FDE=90°$,

$\angle ABF=90°-\angle AFB=\angle DFE$

$\therefore \triangle ABF \backsim \triangle DFE$(AA 닮음)

3단계 $\overline{AB}:\overline{DF}=\overline{AF}:\overline{DE}$이므로

$16:8=\overline{AF}:6$, $8\overline{AF}=96$

$\therefore \overline{AF}=12(\text{cm})$ **目 12 cm**

3 **1단계** 두 원기둥 A, B의 닮음비는 $9:15=3:5$이다.

2단계 원기둥 B의 밑면의 반지름의 길이를 x cm라 하면

$6:x=3:5$, $3x=30$

$\therefore x=10$

3단계 따라서 원기둥 B의 밑면의 둘레의 길이는

$2\pi\times10=20\pi(\text{cm})$ **目 20π cm**

단계	채점 요소	배점
❶	원기둥 A, B의 닮음비 구하기	2점
❷	원기둥 B의 밑면의 반지름의 길이 구하기	2점
❸	원기둥 B의 밑면의 둘레의 길이 구하기	2점

4 **1단계** 떡 케이크 A, B의 닮음비는 $14:21=2:3$이다.

2단계 떡 케이크 A, B 1개의 부피의 비는 $2^3:3^3=8:27$ 이므로 떡 케이크 A 3개의 부피와 떡 케이크 B 1개의 부피의 비는

$(3\times8):27=24:27=8:9$

3단계 따라서 36000원으로 떡 케이크 B를 1개 사는 것이 더 유리하다.

目 떡 케이크 B를 1개 사는 것이 더 유리하다.

단계	채점 요소	배점
❶	떡 케이크 A, B의 닮음비 구하기	2점
❷	떡 케이크 A 3개와 떡 케이크 B 1개의 부피의 비 구하기	4점
❸	더 유리한 경우 구하기	1점

5 **1단계** $\triangle BDE$와 $\triangle BAC$에서

$\overline{BD}:\overline{BA}=8:12=2:3$,

$\overline{BE}:\overline{BC}=6:9=2:3$,

$\angle B$는 공통

$\therefore \triangle BDE \backsim \triangle BAC$(SAS 닮음)

2단계 따라서 닮음비는 $2:3$이므로

$\overline{DE}:\overline{AC}=2:3$에서 $6:\overline{AC}=2:3$

$2\overline{AC}=18$ $\quad \therefore \overline{AC}=9(\text{cm})$ **目 9 cm**

단계	채점 요소	배점
❶	$\triangle BDE \backsim \triangle BAC$임을 알기	3점
❷	$\overline{AC}$의 길이 구하기	4점

6 **1단계** $\overline{AD}^2=\overline{DB}\times\overline{DC}$이므로

$\overline{AD}^2=8\times2=16$ $\quad \therefore \overline{AD}=4(\text{cm})$

2단계 점 M은 $\triangle ABC$의 외심이므로

$\overline{AM}=\overline{BM}=\overline{CM}=\dfrac{1}{2}\overline{BC}=\dfrac{1}{2}\times10=5(\text{cm})$

3단계 $\overline{AD}^2=\overline{AH}\times\overline{AM}$이므로

$4^2=\overline{AH}\times5$ $\quad \therefore \overline{AH}=\dfrac{16}{5}(\text{cm})$ **目 $\dfrac{16}{5}$ cm**

단계	채점 요소	배점
❶	$\overline{AD}$의 길이 구하기	3점
❷	$\overline{AM}$의 길이 구하기	2점
❸	$\overline{AH}$의 길이 구하기	3점

2 평행선과 선분의 길이의 비

01 삼각형과 평행선

본문 127쪽

개념원리 확인하기

01 (1) $\overline{AD}$, $\overline{AC}$, x, 9, 8 (2) 9
　　(3) $\overline{AB}$, $\overline{BC}$, $x+6$, 16, 18 (4) 8

02 (1) $\overline{AE}$, $\overline{EC}$, 12, 4, 9 (2) 8

03 (1) $\overline{AE}$, 6, 9 (2) 5

이렇게 풀어요

01 (2) $\overline{AB} : \overline{AD} = \overline{AC} : \overline{AE}$ 이므로
　　$8 : 6 = (x+3) : x$, $8x = 6(x+3)$
　　$2x = 18$ ∴ $x = 9$
　(4) $\overline{AB} : \overline{AD} = \overline{BC} : \overline{DE}$ 이므로
　　$(6+3) : 6 = 12 : x$, $9x = 72$
　　∴ $x = 8$

　　　　답 (1) $\overline{AD}$, $\overline{AC}$, x, 9, 8 (2) 9
　　　　(3) $\overline{AB}$, $\overline{BC}$, $x+6$, 16, 18 (4) 8

02 (2) $\overline{AB} : \overline{BD} = \overline{AC} : \overline{CE}$ 이므로
　　$x : 4 = (15-5) : 5$, $5x = 40$
　　∴ $x = 8$ **답** (1) $\overline{AE}$, $\overline{EC}$, 12, 4, 9 (2) 8

03 (2) $\overline{AD} : \overline{DB} = \overline{AE} : \overline{EC}$ 이므로
　　$x : 20 = 4 : (4+12)$, $16x = 80$
　　∴ $x = 5$ **답** (1) $\overline{AE}$, 6, 9 (2) 5

핵심문제 익히기 확인문제

본문 128~129쪽

1 (1) $x = 21$, $y = 20$ (2) $x = 4$, $y = 5$

2 (1) 12 (2) 4 　　**3** ⑤ 　　**4** ㄴ, ㄹ

이렇게 풀어요

1 (1) $\overline{AB} : \overline{AD} = \overline{AC} : \overline{AE}$ 이므로
　　$14 : x = 16 : 24$, $16x = 336$ ∴ $x = 21$
　　$\overline{BC} : \overline{DE} = \overline{AC} : \overline{AE}$ 이므로
　　$y : 30 = 16 : 24$, $24y = 480$ ∴ $y = 20$

　(2) $\overline{AC} : \overline{AE} = \overline{BC} : \overline{DE}$ 이므로
　　$8 : x = 12 : 6$, $12x = 48$
　　∴ $x = 4$
　　$\overline{AB} : \overline{AD} = \overline{BC} : \overline{DE}$ 이므로
　　$10 : y = 12 : 6$, $12y = 60$
　　∴ $y = 5$

　　　　답 (1) $x = 21$, $y = 20$ (2) $x = 4$, $y = 5$

2 (1) $\overline{DQ} : \overline{BP} = \overline{AQ} : \overline{AP} = \overline{AE} : \overline{AC}$ 이므로
　　$9 : 12 = x : (x+4)$
　　$12x = 9(x+4)$, $3x = 36$
　　∴ $x = 12$
　(2) $\overline{DE} /\!/ \overline{BC}$ 이므로
　　$\overline{AE} : \overline{EC} = \overline{AD} : \overline{DB} = 6 : 3 = 2 : 1$
　　$\overline{FE} /\!/ \overline{DC}$ 이므로
　　$\overline{AF} : \overline{FD} = \overline{AE} : \overline{EC} = 2 : 1$
　　즉, $x : (6-x) = 2 : 1$, $x = 2(6-x)$
　　$3x = 12$ ∴ $x = 4$ **답** (1) 12 (2) 4

3 ① $12 : 4 \neq 13 : 3$
　② $4 : 8 \neq 5 : 9$
　③ $4 : 2 \neq 3 : 1$
　④ $6 : 3 \neq 6 : 4$
　⑤ $10 : 7.5 = 12 : 9$
　따라서 $\overline{BC} /\!/ \overline{DE}$ 인 것은 ⑤이다. **답** ⑤

4 ㄱ. $\overline{CF} : \overline{FA} \neq \overline{CE} : \overline{EB}$ 이므로 $\overline{AB}$와 $\overline{FE}$는 평행하지 않다.
　ㄴ. $\overline{AD} : \overline{DB} = \overline{AF} : \overline{FC}$ 이므로 $\overline{DF} /\!/ \overline{BC}$
　ㄷ. $\overline{BD} : \overline{DA} \neq \overline{BE} : \overline{EC}$ 이므로 $\overline{DE}$와 $\overline{AC}$는 평행하지 않다.
　ㄹ. $\overline{DF} /\!/ \overline{BC}$ 이므로 $\angle ADF = \angle ABC$ (동위각)
　ㅁ. $\overline{DE}$와 $\overline{AC}$가 평행하지 않으므로 $\angle BDE \neq \angle BAC$

　　　　　　　　　　　　　답 ㄴ, ㄹ

소단원 핵심문제

본문 130쪽

01 (1) $x = 18$, $y = 20$ (2) $x = \dfrac{44}{5}$, $y = \dfrac{48}{5}$

02 7 　　**03** 25 　　**04** (1) 3 (2) $\dfrac{18}{5}$ 　　**05** ⑤

01 (1) $\overline{AB} : \overline{AD} = \overline{BC} : \overline{DE}$이므로

$\quad x : (x+6) = 12 : 16$

$\quad 16x = 12(x+6), \ 4x = 72 \qquad \therefore x = 18$

$\quad \overline{AC} : \overline{AE} = \overline{BC} : \overline{DE}$이므로

$\quad 15 : y = 12 : 16, \ 12y = 240 \qquad \therefore y = 20$

(2) $\overline{AE} : \overline{AC} = \overline{AD} : \overline{AB}$이므로

$\quad 10 : 8 = 11 : x, \ 10x = 88 \qquad \therefore x = \dfrac{44}{5}$

$\quad \overline{AE} : \overline{AC} = \overline{ED} : \overline{CB}$이므로

$\quad 10 : 8 = 12 : y, \ 10y = 96 \qquad \therefore y = \dfrac{48}{5}$

$\qquad\qquad$ 달 (1) $x = 18, \ y = 20$ (2) $x = \dfrac{44}{5}, \ y = \dfrac{48}{5}$

02 $\square FBDE$는 평행사변형이므로

$\overline{FB} = \overline{ED} = 6$

$\overline{FE} /\!/ \overline{BC}$이므로 $\overline{AF} : \overline{FB} = \overline{AE} : \overline{EC}$에서

$x : 6 = 1 : 2, \ 2x = 6 \qquad \therefore x = 3$

$\overline{AB} /\!/ \overline{ED}$이므로 $\overline{CE} : \overline{EA} = \overline{CD} : \overline{DB}$에서

$2 : 1 = 8 : y, \ 2y = 8 \qquad \therefore y = 4$

$\therefore x + y = 3 + 4 = 7$ $\qquad\qquad$ 달 **7**

03 $\overline{AB} /\!/ \overline{CD}$이므로 $\overline{AB} : \overline{DC} = \overline{BG} : \overline{CG}$에서

$8 : (4+12) = 5 : x$

$8x = 80 \qquad \therefore x = 10$

$\overline{EF} /\!/ \overline{GC}$이므로 $\overline{DF} : \overline{DC} = \overline{EF} : \overline{GC}$에서

$12 : (12+4) = y : 10$

$16y = 120 \qquad \therefore y = \dfrac{15}{2}$

$\therefore x + 2y = 10 + 2 \times \dfrac{15}{2} = 25$ $\qquad$ 달 **25**

04 (1) $\overline{DE} /\!/ \overline{BC}$이므로 $\overline{AD} : \overline{AB} = \overline{AF} : \overline{AG} = \overline{FE} : \overline{GC}$

$\quad$ 즉, $12 : (12+x) = 4 : 5, \ 4(12+x) = 60$

$\quad 4x = 12 \qquad \therefore x = 3$

(2) $\overline{BC} /\!/ \overline{DE}$이므로

$\quad \overline{AD} : \overline{DB} = \overline{AE} : \overline{EC} = 6 : 4 = 3 : 2$

$\quad \overline{BE} /\!/ \overline{DF}$이므로

$\quad \overline{AF} : \overline{FE} = \overline{AD} : \overline{DB} = 3 : 2$

$\quad$ 즉, $x : (6-x) = 3 : 2$이므로

$\quad 2x = 3(6-x), \ 5x = 18$

$\quad \therefore x = \dfrac{18}{5}$ $\qquad\qquad$ 달 (1) **3** (2) $\dfrac{18}{5}$

05 ① $\overline{AD} : \overline{DB} = \overline{AE} : \overline{EC}$이므로 $\overline{BC} /\!/ \overline{DE}$

② $\overline{BC} /\!/ \overline{DE}$이므로 $\triangle ABC$와 $\triangle ADE$에서

$\quad \angle ABC = \angle ADE \ (\text{동위각}),$

$\quad \angle ACB = \angle AED \ (\text{동위각})$

$\quad \therefore \triangle ABC \backsim \triangle ADE \ (\text{AA 닮음})$

③ $\overline{AB} : \overline{AD} = \overline{BC} : \overline{DE} = 12 : 9 = 4 : 3$

④ $\overline{AD} : \overline{AB} = \overline{DE} : \overline{BC}$에서

$\quad 6 : (6 + \overline{DB}) = 9 : 12$

$\quad 9(6 + \overline{DB}) = 72, \ 9\overline{DB} = 18$

$\quad \therefore \overline{DB} = 2(\text{cm})$

⑤ $\overline{AC} : \overline{EC} = \overline{AB} : \overline{DB} = 8 : 2 = 4 : 1$ $\qquad$ 달 ⑤

개념원리 ☑ 확인하기 $\qquad\qquad\qquad\qquad$ 본문 132쪽

01 (1) $\overline{BD}$, 4, 3 (2) 12 (3) 9 (4) 18

02 (1) $\overline{BD}$, 12, 9 (2) 4 (3) 4 (4) 8

01 (2) $\overline{AB} : \overline{AC} = \overline{BD} : \overline{CD}$이므로

$\quad 9 : x = 6 : 8, \ 6x = 72$

$\quad \therefore x = 12$

(3) $\overline{AB} : \overline{AC} = \overline{BD} : \overline{CD}$이므로

$\quad x : 6 = (10 - 4) : 4$

$\quad 4x = 36 \qquad \therefore x = 9$

(4) $\overline{AB} : \overline{AC} = \overline{BD} : \overline{CD}$이므로

$\quad 15 : 12 = 10 : (x - 10), \ 15(x - 10) = 120$

$\quad 15x = 270 \qquad \therefore x = 18$

$\qquad\qquad$ 달 (1) $\overline{BD}$, **4, 3** (2) **12** (3) **9** (4) **18**

02 (2) $\overline{AB} : \overline{AC} = \overline{BD} : \overline{CD}$이므로

$\quad 6 : x = 9 : 6, \ 9x = 36 \qquad \therefore x = 4$

(3) $\overline{AB} : \overline{AC} = \overline{BD} : \overline{CD}$이므로

$\quad 5 : 3 = (x + 6) : 6, \ 3(x + 6) = 30$

$\quad 3x = 12 \qquad \therefore x = 4$

(4) $\overline{AB} : \overline{AC} = \overline{BD} : \overline{CD}$이므로

$\quad x : 5 = (6 + 10) : 10$

$\quad 10x = 80 \qquad \therefore x = 8$

$\qquad\qquad$ 달 (1) $\overline{BD}$, **12, 9** (2) **4** (3) **4** (4) **8**

1 4 cm　　2 6 cm

이렇게 풀어요

1 $\overline{AB}:\overline{AC}=\overline{BD}:\overline{CD}$이므로
$6:8=(7-\overline{CD}):\overline{CD}$, $6\overline{CD}=8(7-\overline{CD})$
$14\overline{CD}=56$　　$\therefore \overline{CD}=4(cm)$　　　🖉 **4 cm**

2 $\overline{AC}:\overline{AB}=\overline{CD}:\overline{BD}$이므로
$\overline{AC}:4=12:(12-4)$, $8\overline{AC}=48$
$\therefore \overline{AC}=6(cm)$　　　🖉 **6 cm**

01 12 cm　　02 12 cm²　　03 $\dfrac{8}{3}$ cm　　04 24 cm

05 6 cm

이렇게 풀어요

01 $\overline{AB}:\overline{AC}=\overline{BD}:\overline{CD}$이므로
$\overline{AB}:8=6:(10-6)$, $4\overline{AB}=48$
$\therefore \overline{AB}=12(cm)$　　　🖉 **12 cm**

02 △ABD와 △ADC의 넓이의 비는 밑변의 길이의 비와
같으므로
△ABD : △ADC$=\overline{BD}:\overline{CD}=\overline{AB}:\overline{AC}$
$=8:6=4:3$
$\therefore$ △ABD$=\dfrac{4}{4+3}\times21=12(cm^2)$　🖉 **12 cm²**

03 $\overline{BD}:\overline{CD}=\overline{AB}:\overline{AC}=8:4=2:1$이므로
$\overline{ED}:\overline{AC}=\overline{BD}:\overline{BC}$에서
$\overline{ED}:4=2:(2+1)$, $3\overline{ED}=8$
$\therefore \overline{ED}=\dfrac{8}{3}(cm)$　　　🖉 $\dfrac{\mathbf{8}}{\mathbf{3}}$ **cm**

04 $\overline{AB}:\overline{AC}=\overline{BD}:\overline{CD}$이므로
$\overline{AB}:6=(8+12):12$, $12\overline{AB}=120$
$\therefore \overline{AB}=10(cm)$
$\therefore$ (△ABC의 둘레의 길이)$=10+8+6=24(cm)$
　　　🖉 **24 cm**

05 $\overline{AB}:\overline{AC}=\overline{BD}:\overline{CD}$이므로
$8:4=4:\overline{CD}$, $8\overline{CD}=16$
$\therefore \overline{CD}=2(cm)$
$\therefore \overline{BC}=4+2=6(cm)$
또 $\overline{AB}:\overline{AC}=\overline{BE}:\overline{CE}$이므로
$8:4=(6+\overline{CE}):\overline{CE}$
$8\overline{CE}=4(6+\overline{CE})$, $4\overline{CE}=24$
$\therefore \overline{CE}=6(cm)$　　　🖉 **6 cm**

03　평행선과 선분의 길이의 비

01 (1) 15　(2) 4　(3) $\dfrac{36}{5}$　(4) 10

02 (1) 4　(2) 4　(3) 8　　　03 (1) 4　(2) 6　(3) 10

04 (1) 3 : 2　(2) 3 : 5　(3) 6

이렇게 풀어요

01 (1) $4:10=6:x$, $4x=60$　　$\therefore x=15$
(2) $5:15=x:12$, $15x=60$　　$\therefore x=4$
(3) $6:(6+4)=x:12$, $10x=72$　　$\therefore x=\dfrac{36}{5}$
(4) $12:(12+6)=x:15$, $18x=180$　　$\therefore x=10$
　　　🖉 (1) **15**　(2) **4**　(3) $\dfrac{\mathbf{36}}{\mathbf{5}}$　(4) **10**

02 (1) $\overline{GF}=\overline{AD}=4$
(2) $\overline{HC}=\overline{AD}=4$이므로
$\overline{BH}=\overline{BC}-\overline{HC}=10-4=6$
△ABH에서 $\overline{EG}/\!/\overline{BH}$이므로
$6:(6+3)=\overline{EG}:6$, $9\overline{EG}=36$
$\therefore \overline{EG}=4$
(3) $\overline{EF}=\overline{EG}+\overline{GF}=4+4=8$　　🖉 (1) **4**　(2) **4**　(3) **8**

03 (1) △ABC에서 $\overline{EG}/\!/\overline{BC}$이므로
$2:(2+4)=\overline{EG}:12$, $6\overline{EG}=24$
$\therefore \overline{EG}=4$
(2) △ACD에서 $\overline{GF}/\!/\overline{AD}$이므로
$4:(4+2)=\overline{GF}:9$, $6\overline{GF}=36$
$\therefore \overline{GF}=6$
(3) $\overline{EF}=\overline{EG}+\overline{GF}=4+6=10$　　🖉 (1) **4**　(2) **6**　(3) **10**

04 (1) $\triangle ABE \backsim \triangle CDE$ (AA 닮음)이므로

$\overline{BE} : \overline{DE} = \overline{AB} : \overline{CD} = 15 : 10 = 3 : 2$

(2) $\triangle BCD$에서 $\overline{EF} /\!/ \overline{DC}$이므로

$\overline{BF} : \overline{BC} = \overline{BE} : \overline{BD} = 3 : (3+2) = 3 : 5$

(3) $\triangle BCD$에서 $\overline{EF} /\!/ \overline{DC}$이므로

$\overline{EF} : 10 = 3 : 5$, $5\overline{EF} = 30$

$\therefore \overline{EF} = 6$ 🖺 (1) **3 : 2** (2) **3 : 5** (3) **6**

---

1 (1) 5 (2) 9 (3) $x=6, y=15$ **2** 10

3 $\dfrac{40}{7}$ cm   **4** (1) $\dfrac{18}{5}$ (2) 12

이렇게 풀어요

1 (1) $x : 15 = 4 : (4+8)$, $12x = 60$ $\therefore x = 5$

(2) $6 : 4 = x : (15-x)$, $4x = 6(15-x)$

$10x = 90$ $\therefore x = 9$

(3) $4 : 8 = x : 12$, $8x = 48$ $\therefore x = 6$

$4 : 8 = (y-10) : 10$, $8(y-10) = 40$

$8y = 120$ $\therefore y = 15$

🖺 (1) **5** (2) **9** (3) $x=6, y=15$

2 점 A를 지나고 $\overline{DC}$에 평행한 직선을
긋고, $\overline{EF}$, $\overline{BC}$와의 교점을 각각 R,
Q라 하면

$\overline{RF} = \overline{QC} = \overline{AD} = 9$이므로

$\overline{BQ} = 12 - 9 = 3$

$\triangle ABQ$에서 $\overline{ER} /\!/ \overline{BQ}$이므로

$3 : (3+6) = \overline{ER} : 3$, $9\overline{ER} = 9$ $\therefore \overline{ER} = 1$

$\therefore \overline{EF} = \overline{ER} + \overline{RF} = 1 + 9 = 10$

$\therefore x = 10$ 🖺 **10**

다른 풀이

대각선 AC를 긋고, $\overline{EF}$와의 교점을
G라 하면 $\triangle ABC$에서 $\overline{EG} /\!/ \overline{BC}$이
므로

$3 : (3+6) = \overline{EG} : 12$, $9\overline{EG} = 36$

$\therefore \overline{EG} = 4$

$\triangle ACD$에서 $\overline{GF} /\!/ \overline{AD}$이므로

$6 : (6+3) = \overline{GF} : 9$, $9\overline{GF} = 54$ $\therefore \overline{GF} = 6$

$\therefore \overline{EF} = \overline{EG} + \overline{GF} = 4 + 6 = 10$

$\therefore x = 10$

---

3 $\triangle AOD \backsim \triangle COB$ (AA 닮음)이므로

$\overline{AO} : \overline{CO} = \overline{AD} : \overline{CB} = 4 : 10 = 2 : 5$

$\triangle ABC$에서 $\overline{EO} /\!/ \overline{BC}$이므로

$2 : (2+5) = \overline{EO} : 10$, $7\overline{EO} = 20$

$\therefore \overline{EO} = \dfrac{20}{7}$ (cm)

$\triangle ACD$에서 $\overline{OF} /\!/ \overline{AD}$이므로

$5 : (5+2) = \overline{OF} : 4$, $7\overline{OF} = 20$

$\therefore \overline{OF} = \dfrac{20}{7}$ (cm)

$\therefore \overline{EF} = \overline{EO} + \overline{OF}$

$= \dfrac{20}{7} + \dfrac{20}{7} = \dfrac{40}{7}$ (cm)   🖺 $\dfrac{40}{7}$ **cm**

4 (1) $\triangle ABE \backsim \triangle CDE$ (AA 닮음)이므로

$\overline{BE} : \overline{DE} = \overline{AB} : \overline{CD} = 6 : 9 = 2 : 3$

$\triangle BCD$에서 $\overline{EF} /\!/ \overline{DC}$이므로

$2 : (2+3) = x : 9$, $5x = 18$

$\therefore x = \dfrac{18}{5}$

(2) $\triangle AFB \backsim \triangle CFD$ (AA 닮음)이므로

$\overline{AF} : \overline{CF} = \overline{AB} : \overline{CD} = 15 : 10 = 3 : 2$

$\triangle ADC$에서 $\overline{EF} /\!/ \overline{DC}$이므로

$3 : (3+2) = x : 20$, $5x = 60$

$\therefore x = 12$ 🖺 (1) $\dfrac{18}{5}$ (2) **12**

---

01 (1) $x = \dfrac{20}{3}$, $y = 6$ (2) $x = \dfrac{24}{5}$, $y = \dfrac{15}{4}$

(3) $x = 8$, $y = \dfrac{20}{3}$

02 (1) $x = 1$, $y = 4$ (2) $x = 4$, $y = \dfrac{14}{3}$ (3) $x = 5$, $y = 14$

03 10 cm   **04** (1) 2 cm (2) 3 cm

이렇게 풀어요

01 (1) $9 : 6 = 10 : x$, $9x = 60$ $\therefore x = \dfrac{20}{3}$

$9 : 6 = y : 4$, $6y = 36$ $\therefore y = 6$

(2) $(8-x) : x = 4 : 6$, $4x = 6(8-x)$

$10x = 48$ $\therefore x = \dfrac{24}{5}$

$8 : 3 = (4+6) : y$, $8y = 30$ $\therefore y = \dfrac{15}{4}$

(3) $4:5=x:10$, $5x=40$

$\therefore x=8$

$4:(4+5)=y:15$, $9y=60$

$\therefore y=\dfrac{20}{3}$

답 (1) $x=\dfrac{20}{3}$, $y=6$ (2) $x=\dfrac{24}{5}$, $y=\dfrac{15}{4}$

(3) $x=8$, $y=\dfrac{20}{3}$

02 (1) $\overline{GF}=\overline{HC}=\overline{AD}=4$ $\therefore y=4$

$\therefore \overline{BH}=\overline{BC}-\overline{HC}=\dfrac{15}{2}-4=\dfrac{7}{2}$

$\triangle ABH$에서 $\overline{EG}\,/\!/\,\overline{BH}$이므로

$2:(2+5)=x:\dfrac{7}{2}$, $7x=7$ $\therefore x=1$

(2) $\triangle ABC$에서 $\overline{EG}\,/\!/\,\overline{BC}$이므로

$4:(4+3)=x:7$, $7x=28$ $\therefore x=4$

또 $\triangle ACD$에서 $\overline{GF}\,/\!/\,\overline{AD}$이므로

$3:(3+4)=2:y$, $3y=14$ $\therefore y=\dfrac{14}{3}$

(3) $\overline{AD}\,/\!/\,\overline{EF}\,/\!/\,\overline{BC}$이므로

$10:x=8:4$, $8x=40$

$\therefore x=5$

점 A를 지나고 $\overline{DC}$에 평행한

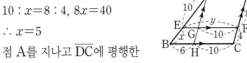

직선을 긋고, $\overline{EF}$, $\overline{BC}$와의 교점을 각각 G, H라 하면

$\overline{GF}=\overline{HC}=\overline{AD}=10$

$\therefore \overline{BH}=\overline{BC}-\overline{HC}=16-10=6$

$\triangle ABH$에서 $\overline{EG}\,/\!/\,\overline{BH}$이므로

$10:(10+5)=\overline{EG}:6$, $15\overline{EG}=60$

$\therefore \overline{EG}=4$

$\therefore \overline{EF}=\overline{EG}+\overline{GF}=4+10=14$

$\therefore y=14$

답 (1) $x=1$, $y=4$ (2) $x=4$, $y=\dfrac{14}{3}$ (3) $x=5$, $y=14$

03 $\overline{AE}=2\overline{EB}$에서 $\overline{AE}:\overline{EB}=2:1$

$\triangle ABD$에서 $\overline{EM}\,/\!/\,\overline{AD}$이므로

$1:(1+2)=\overline{EM}:24$, $3\overline{EM}=24$

$\therefore \overline{EM}=8\,(cm)$

$\triangle ABC$에서 $\overline{EN}\,/\!/\,\overline{BC}$이므로

$2:(2+1)=\overline{EN}:27$, $3\overline{EN}=54$

$\therefore \overline{EN}=18\,(cm)$

$\therefore \overline{MN}=\overline{EN}-\overline{EM}$

$=18-8=10\,(cm)$

답 **10 cm**

04 (1) $\overline{AB}$, $\overline{PH}$, $\overline{DC}$가 모두 $\overline{BC}$에 수직이므로

$\overline{AB}\,/\!/\,\overline{PH}\,/\!/\,\overline{DC}$

$\triangle PAB\backsim\triangle PCD$ (AA 닮음)이므로

$\overline{PA}:\overline{PC}=\overline{AB}:\overline{CD}=3:6=1:2$

$\triangle CAB$에서 $\overline{PH}\,/\!/\,\overline{AB}$이므로

$2:(2+1)=\overline{PH}:3$, $3\overline{PH}=6$ $\therefore \overline{PH}=2\,(cm)$

(2) $\triangle BCD$에서 $\overline{PH}\,/\!/\,\overline{DC}$이므로

$2:6=\overline{BH}:9$, $6\overline{BH}=18$

$\therefore \overline{BH}=3\,(cm)$ 답 (1) **2 cm** (2) **3 cm**

중단원 마무리 본문 140~142쪽

01 ④	**02** $x=12$, $y=4$	**03** 12 cm
04 $\dfrac{33}{2}$	**05** 3개 **06** ②	**07** 3 cm
08 450 m	**09** ③ **10** 8 cm	**11** ⑤
12 $\dfrac{15}{2}$ cm	**13** $\dfrac{72}{5}$ cm **14** 8 cm	**15** 8 cm
16 6 cm	**17** $\dfrac{36}{5}$ cm **18** $\dfrac{24}{7}$ cm **19** $\dfrac{2}{3}$ cm	
20 5 cm	**21** $\dfrac{15}{2}$ **22** 7 cm	**23** ⑤

이렇게 풀어요

01 ④ $\overline{AD}:\overline{AB}=\overline{DE}:\overline{BC}$이므로

$\overline{AD}:\overline{DB}\ne\overline{DE}:\overline{BC}$ 답 ④

02 $x:15=16:20$, $20x=240$

$\therefore x=12$

$(20-y):20=16:20$

$320=20(20-y)$, $20y=80$

$\therefore y=4$ 답 $x=12$, $y=4$

03 점 A를 지나고 $\overline{BE}$와 평행한 직선과 $\overline{EF}$의 연장선의 교점을 G, $\overline{CD}$의 연장선의 교점을 H라 하면 $\square AGEB$,

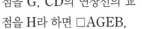

$\square HGEC$는 평행사변형이므로

$\overline{BE}=\overline{AG}$, $\overline{HG}=\overline{CE}=3$ cm

$\triangle AGF$에서 $\overline{HD}\,/\!/\,\overline{GF}$이므로

$\overline{AG}:3=(12+4):4$

$4\overline{AG}=48$ $\therefore \overline{AG}=12\,(cm)$

$\therefore \overline{BE}=\overline{AG}=12$ cm 답 **12 cm**

04 $\triangle ABM$에서 $\overline{DP}/\!/\overline{BM}$이므로

$9:(9+x)=4:6$, $4(9+x)=54$

$4x=18$ $\therefore x=\dfrac{9}{2}$

$\overline{DE}/\!/\overline{BC}$이므로 $4:6=8:y$, $4y=48$ $\therefore y=12$

$\therefore x+y=\dfrac{9}{2}+12=\dfrac{33}{2}$ 답 $\dfrac{33}{2}$

05 ㄱ. $\overline{AD}:\overline{DB}=6:5$, $\overline{AE}:\overline{EC}=(12-6):6=1:1$

    $\therefore \overline{AD}:\overline{DB}\neq\overline{AE}:\overline{EC}$

    즉, $\overline{BC}$와 $\overline{DE}$는 평행하지 않다.

ㄴ. $\overline{AD}:\overline{DB}=6:3=2:1$, $\overline{AE}:\overline{EC}=8:4=2:1$

    $\therefore \overline{AD}:\overline{DB}=\overline{AE}:\overline{EC}$

    즉, $\overline{BC}/\!/\overline{DE}$

ㄷ. $\overline{AD}:\overline{DB}=4:4=1:1$, $\overline{AE}:\overline{EC}=6:6=1:1$

    $\therefore \overline{AD}:\overline{DB}=\overline{AE}:\overline{EC}$

    즉, $\overline{BC}/\!/\overline{DE}$

ㄹ. $\overline{AC}:\overline{AE}=4:12=1:3$,

    $\overline{AB}:\overline{AD}=(10-8):8=1:4$

    $\therefore \overline{AC}:\overline{AE}\neq\overline{AB}:\overline{AD}$

    즉, $\overline{BC}$와 $\overline{DE}$는 평행하지 않다.

ㅁ. $\overline{AD}:\overline{DB}=3:9=1:3$,

    $\overline{AE}:\overline{EC}=(10-8):8=1:4$

    $\therefore \overline{AD}:\overline{DB}\neq\overline{AE}:\overline{EC}$

    즉, $\overline{BC}$와 $\overline{DE}$는 평행하지 않다.

ㅂ. $\overline{AC}:\overline{AE}=14:(18-14)=7:2$,

    $\overline{AB}:\overline{AD}=7:2$

    $\therefore \overline{AC}:\overline{AE}=\overline{AB}:\overline{AD}$

    즉, $\overline{BC}/\!/\overline{DE}$

따라서 $\overline{BC}/\!/\overline{DE}$인 것은 ㄴ, ㄷ, ㅂ의 3개이다.   답 **3개**

06 $\overline{AB}:\overline{AC}=\overline{BD}:\overline{CD}$에서

$8:10=\overline{BD}:(9-\overline{BD})$, $10\overline{BD}=8(9-\overline{BD})$

$18\overline{BD}=72$ $\therefore \overline{BD}=4(cm)$ 답 ②

07 $\overline{AB}:\overline{AC}=\overline{BD}:\overline{CD}$에서

$4:6=6:(6+\overline{BC})$, $4(6+\overline{BC})=36$

$4\overline{BC}=12$ $\therefore \overline{BC}=3(cm)$ 답 **3 cm**

08 회전목마에서 롤러코스터까지의 거리를 x m라 하면

$200:400=x:300$, $400x=60000$ $\therefore x=150$

따라서 회전목마에서 매점까지의 거리는

$150+300=450(m)$ 답 **450 m**

09 대각선 AC를 긋고, $\overline{EF}$와의 교점을 G라 하면 $\triangle ABC$에서

$\overline{EG}/\!/\overline{BC}$이므로

$6:(6+2)=\overline{EG}:8$

$8\overline{EG}=48$ $\therefore \overline{EG}=6(cm)$

$\therefore \overline{GF}=\overline{EF}-\overline{EG}=7-6=1(cm)$

또 $\triangle ACD$에서 $\overline{GF}/\!/\overline{AD}$이므로

$2:(2+6)=1:\overline{AD}$

$2\overline{AD}=8$ $\therefore \overline{AD}=4(cm)$ 답 ③

10 $\triangle ABC$에서 $\overline{EO}/\!/\overline{BC}$이므로

$\overline{AE}:\overline{AB}=\overline{EO}:\overline{BC}=6:24=1:4$

$\triangle ABD$에서 $\overline{EO}/\!/\overline{AD}$이므로 $(4-1):4=6:\overline{AD}$

$3\overline{AD}=24$ $\therefore \overline{AD}=8(cm)$ 답 **8 cm**

11 $\triangle ABE\varpropto\triangle CDE$(AA 닮음)이므로

$\overline{BE}:\overline{DE}=\overline{AB}:\overline{CD}=12:15=4:5$

$\triangle BCD$에서 $\overline{EF}/\!/\overline{DC}$이므로

$4:(4+5)=x:15$, $9x=60$ $\therefore x=\dfrac{20}{3}$

$12:(12+y)=4:(4+5)$, $4(12+y)=108$

$4y=60$ $\therefore y=15$

$\therefore 3x-y=3\times\dfrac{20}{3}-15=5$ 답 ⑤

12 $\overline{AE}/\!/\overline{BC}$이므로 $\overline{AE}:\overline{CB}=\overline{AF}:\overline{CF}$에서

$\overline{AE}:15=6:12$, $12\overline{AE}=90$

$\therefore \overline{AE}=\dfrac{15}{2}(cm)$ 답 $\dfrac{15}{2}$ cm

13 마름모 DBEF의 한 변의 길이를 x cm라 하면

$\overline{DF}/\!/\overline{BC}$이므로 $\overline{AD}:\overline{AB}=\overline{DF}:\overline{BC}$에서

$(9-x):9=x:6$, $9x=6(9-x)$

$15x=54$ $\therefore x=\dfrac{18}{5}$

따라서 □DBEF의 둘레의 길이는

$4\times\dfrac{18}{5}=\dfrac{72}{5}(cm)$ 답 $\dfrac{72}{5}$ cm

14 $\triangle CMB$에서 $\overline{DE}/\!/\overline{MB}$이고 $\overline{CD}:\overline{CM}=1:2$이므로

$2:\overline{MB}=1:2$ $\therefore \overline{MB}=4(cm)$

점 M은 직각삼각형 ABC의 빗변의 중점이므로 외심이다.

즉, $\overline{AM}=\overline{CM}=\overline{BM}=4$ cm이므로

$\overline{AC}=\overline{AM}+\overline{MC}$

    $=4+4=8(cm)$ 답 **8 cm**

15 △ADF에서 $\overline{PE}$ ∥ $\overline{DF}$이므로

$3:2=18:\overline{EF}$, $3\overline{EF}=36$

$\therefore \overline{EF}=12(cm)$

△CEB에서 $\overline{DF}$ ∥ $\overline{BE}$이므로

$2:3=\overline{CF}:12$, $3\overline{CF}=24$

$\therefore \overline{CF}=8(cm)$　　　　　　　답 **8 cm**

16 $\overline{AE}$와 $\overline{BF}$의 연장선의 교점
을 O라 하면 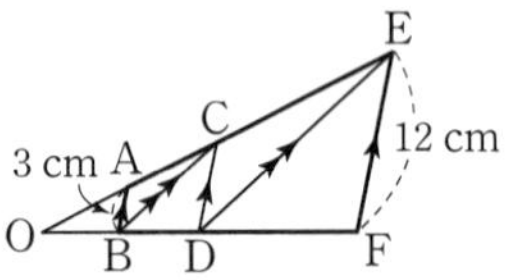
△ODC에서 $\overline{AB}$ ∥ $\overline{CD}$이므로

$\overline{OB}:\overline{OD}=\overline{AB}:\overline{CD}$　　…… ㉠

△ODE에서 $\overline{CB}$ ∥ $\overline{ED}$이므로

$\overline{OB}:\overline{OD}=\overline{OC}:\overline{OE}$　　…… ㉡

△OFE에서 $\overline{CD}$ ∥ $\overline{EF}$이므로

$\overline{OC}:\overline{OE}=\overline{CD}:\overline{EF}$　　…… ㉢

㉠, ㉡, ㉢에서 $\overline{AB}:\overline{CD}=\overline{CD}:\overline{EF}$

$3:\overline{CD}=\overline{CD}:12$, $\overline{CD}^2=36$

$\therefore \overline{CD}=6(cm)$　　　　　　답 **6 cm**

17 △ABC에서 $\overline{AD}$는 ∠A의 이등분선이므로

$\overline{BD}:\overline{CD}=\overline{AB}:\overline{AC}=18:12=3:2$

$\therefore \overline{BD}=\dfrac{3}{3+2}\times 10=6(cm)$

또 △BDE와 △BCA에서

∠B는 공통, ∠EDB=∠ACB

이므로 △BDE∽△BCA(AA 닮음)

즉, $\overline{BD}:\overline{BC}=\overline{DE}:\overline{CA}$이므로

$6:10=\overline{DE}:12$

$10\overline{DE}=72$　　$\therefore \overline{DE}=\dfrac{36}{5}(cm)$　　답 $\dfrac{36}{5}$ **cm**

18 △ABC에서 $\overline{CD}$는 ∠C의 이등분선이므로

$\overline{CA}:\overline{CB}=\overline{AD}:\overline{BD}$

$\overline{CA}:12=3:6$, $6\overline{CA}=36$

$\therefore \overline{CA}=6(cm)$

또 $\overline{BE}$는 ∠B의 이등분선이므로

$\overline{BC}:\overline{BA}=\overline{CE}:\overline{AE}$에서

$12:9=\overline{CE}:(6-\overline{CE})$

$9\overline{CE}=12(6-\overline{CE})$

$21\overline{CE}=72$

$\therefore \overline{CE}=\dfrac{24}{7}(cm)$　　　　답 $\dfrac{24}{7}$ **cm**

19 △ABC에서 $\overline{AD}$는 ∠A의 이등분선이므로

$\overline{BD}:\overline{CD}=\overline{AB}:\overline{AC}=6:4=3:2$

또 △BED와 △CFD에서

∠BDE=∠CDF(맞꼭지각), ∠BED=∠CFD=90°

이므로 △BED∽△CFD(AA 닮음)

즉, $\overline{DE}:\overline{DF}=\overline{BD}:\overline{CD}$이므로

$1:\overline{DF}=3:2$, $3\overline{DF}=2$

$\therefore \overline{DF}=\dfrac{2}{3}(cm)$　　　　답 $\dfrac{2}{3}$ **cm**

20 △DAB와 △ACB에서

∠B는 공통, ∠DAB=∠ACB

$\therefore$ △DAB∽△ACB(AA 닮음)

$\overline{BA}:\overline{BC}=\overline{BD}:\overline{BA}$에서

$10:20=\overline{BD}:10$, $20\overline{BD}=100$

$\therefore \overline{BD}=5(cm)$

$\therefore \overline{CD}=\overline{BC}-\overline{BD}=20-5=15(cm)$

또 $\overline{BA}:\overline{BC}=\overline{AD}:\overline{CA}$에서

$10:20=\overline{AD}:18$, $20\overline{AD}=180$

$\therefore \overline{AD}=9(cm)$

△ADC에서 $\overline{AE}$는 ∠CAD의 이등분선이므로

$\overline{AD}:\overline{AC}=\overline{DE}:\overline{CE}$에서

$9:18=\overline{DE}:(15-\overline{DE})$

$18\overline{DE}=9(15-\overline{DE})$, $27\overline{DE}=135$

$\therefore \overline{DE}=5(cm)$　　　　　　답 **5 cm**

21 오른쪽 그림에서

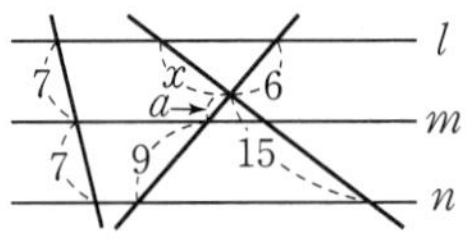

$(6+a):9=7:7$이므로

$7(6+a)=63$, $7a=21$

$\therefore a=3$

$x:15=6:(3+9)$이므로

$12x=90$

$\therefore x=\dfrac{15}{2}$　　　　　　답 $\dfrac{15}{2}$

22 △ABC에서 $\overline{EH}$ ∥ $\overline{BC}$이므로

$3:(3+1)=\overline{EH}:12$

$4\overline{EH}=36$　　$\therefore \overline{EH}=9(cm)$

△ABD에서 $\overline{EG}$ ∥ $\overline{AD}$이므로

$1:(1+3)=\overline{EG}:8$

$4\overline{EG}=8$　　$\therefore \overline{EG}=2(cm)$

$\therefore \overline{GH}=\overline{EH}-\overline{EG}=9-2=7(cm)$　　답 **7 cm**

23 ①, ③ $\overline{AB}$, $\overline{EF}$, $\overline{DC}$가 모두 $\overline{BC}$에 수직이므로

$\overline{AB} /\!/ \overline{EF} /\!/ \overline{DC}$

△ABE와 △CDE에서

∠AEB＝∠CED (맞꼭지각),

∠ABE＝∠CDE (엇각)

∴ △ABE∽△CDE (AA 닮음)

즉, $\overline{BE} : \overline{DE} = \overline{AB} : \overline{CD} = 12 : 24 = 1 : 2$이므로

$\overline{BE} : \overline{BD} = 1 : (1+2) = 1 : 3$

② △BCD에서 $\overline{EF} /\!/ \overline{DC}$이므로

$1 : 3 = \overline{EF} : 24$, $3\overline{EF} = 24$

∴ $\overline{EF} = 8 \text{(cm)}$

④ △CAB와 △CEF에서

∠C는 공통, ∠CBA＝∠CFE＝90°

∴ △CAB∽△CEF (AA 닮음)　　　　답 ⑤

본문 143～144쪽

📓 **서술형 대비 문제**

1-1 $\dfrac{24}{5}$ cm	2-1 12 cm	3 6 cm²	4 27
5 12 cm	6 16 cm²		

이렇게 풀어요

1-1 **1단계** $2\overline{BE} = 3\overline{EC}$이므로 $\overline{BE} : \overline{EC} = 3 : 2$

△BCA에서 $\overline{DE} /\!/ \overline{AC}$이므로

$\overline{BD} : 8 = 3 : 2$, $2\overline{BD} = 24$

∴ $\overline{BD} = 12 \text{(cm)}$

2단계 △BCD에서 $\overline{EF} /\!/ \overline{CD}$이므로

$\overline{BF} : \overline{FD} = \overline{BE} : \overline{EC} = 3 : 2$에서

$\overline{DF} = \dfrac{2}{3+2} \times 12 = \dfrac{24}{5} \text{(cm)}$　　답 $\dfrac{24}{5}$ **cm**

2-1 **1단계** $\overline{BD}$는 ∠B의 이등분선이므로

$\overline{BC} : \overline{BA} = \overline{CD} : \overline{AD}$에서

$8 : 4 = \overline{CD} : 2$, $4\overline{CD} = 16$　　∴ $\overline{CD} = 4 \text{(cm)}$

2단계 $\overline{BE}$는 ∠B의 외각의 이등분선이므로

$\overline{BC} : \overline{BA} = \overline{CE} : \overline{AE}$에서

$8 : 4 = (6 + \overline{AE}) : \overline{AE}$

$8\overline{AE} = 4(6 + \overline{AE})$, $4\overline{AE} = 24$

∴ $\overline{AE} = 6 \text{(cm)}$

3단계 ∴ $\overline{CE} = \overline{CD} + \overline{AD} + \overline{AE} = 4 + 2 + 6 = 12 \text{(cm)}$

답 **12 cm**

---

3 **1단계** △ABC는 ∠BAC＝90°인 직각삼각형이므로

$\triangle ABC = \dfrac{1}{2} \times 12 \times 4 = 24 \text{(cm}^2)$

2단계 $\overline{AD}$는 ∠A의 이등분선이므로

$\triangle ABD : \triangle ADC = \overline{BD} : \overline{CD}$

$= \overline{AB} : \overline{AC}$

$= 12 : 4 = 3 : 1$

3단계 ∴ $\triangle ADC = \dfrac{1}{3+1} \triangle ABC$

$= \dfrac{1}{4} \times 24 = 6 \text{(cm}^2)$　　답 **6 cm²**

단계	채점 요소	배점
❶	△ABC의 넓이 구하기	2점
❷	△ABD : △ADC 구하기	3점
❸	△ADC의 넓이 구하기	2점

4 **1단계** $x : 9 = 6 : 12$에서

$12x = 54$

∴ $x = \dfrac{9}{2}$

2단계 $3 : y = 6 : 12$에서

$6y = 36$

∴ $y = 6$

3단계 ∴ $xy = \dfrac{9}{2} \times 6 = 27$　　답 **27**

단계	채점 요소	배점
❶	x의 값 구하기	2점
❷	y의 값 구하기	2점
❸	xy의 값 구하기	2점

5 **1단계** △ABD에서 $\overline{EP} /\!/ \overline{AD}$이므로

$\overline{BE} : \overline{BA} = \overline{EP} : \overline{AD}$에서

$1 : (1+2) = \overline{EP} : 6$

$3\overline{EP} = 6$

∴ $\overline{EP} = 2 \text{(cm)}$

2단계 △ABC에서 $\overline{EQ} /\!/ \overline{BC}$이고

$\overline{EQ} = \overline{EP} + \overline{PQ} = 2 + 6 = 8 \text{(cm)}$이므로

$\overline{AE} : \overline{AB} = \overline{EQ} : \overline{BC}$에서

$2 : (2+1) = 8 : \overline{BC}$

$2\overline{BC} = 24$

∴ $\overline{BC} = 12 \text{(cm)}$　　답 **12 cm**

단계	채점 요소	배점
❶	$\overline{EP}$의 길이 구하기	3점
❷	$\overline{BC}$의 길이 구하기	4점

6 1단계 점 E에서 $\overline{BC}$에 내린

수선의 발을 H라 하면

동위각의 크기가 90°

로 같으므로

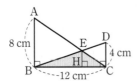

$\overline{AB}/\!/\overline{EH}/\!/\overline{DC}$

△ABE와 △CDE에서

∠AEB=∠CED (맞꼭지각),

∠ABE=∠CDE (엇각)

이므로 △ABE∽△CDE (AA 닮음)

∴ $\overline{BE}:\overline{DE}=\overline{AB}:\overline{CD}=8:4=2:1$

2단계 △BCD에서 $\overline{EH}/\!/\overline{DC}$이므로

$\overline{EH}:\overline{DC}=\overline{BE}:\overline{BD}$에서

$\overline{EH}:4=2:(2+1)$, $3\overline{EH}=8$

∴ $\overline{EH}=\dfrac{8}{3}$(cm)

3단계 ∴ $\triangle EBC=\dfrac{1}{2}\times 12\times\dfrac{8}{3}=16(\text{cm}^2)$ **답 16 cm²**

단계	채점 요소	배점
❶	$\overline{BE}:\overline{DE}$ 구하기	3점
❷	$\overline{EH}$의 길이 구하기	3점
❸	△EBC의 넓이 구하기	2점

③ 삼각형의 무게중심

01 삼각형의 두 변의 중점을 연결한 선분

개념원리 ✎ 확인하기   본문 148쪽

01 (1) 40° (2) 4 cm   **02** (1) 5 cm (2) 12 cm

03 (1) 4 cm, 4 cm (2) 5 cm, 5 cm (3) 18 cm

04 (1) 5 cm (2) 2 cm (3) 7 cm

이렇게 풀어요

01 $\overline{AM}=\overline{MB}$, $\overline{AN}=\overline{NC}$이므로

$\overline{MN}/\!/\overline{BC}$, $\overline{MN}=\dfrac{1}{2}\overline{BC}$

(1) $\overline{MN}/\!/\overline{BC}$이므로

∠AMN=∠B=40°(동위각)

(2) $\overline{MN}=\dfrac{1}{2}\overline{BC}=\dfrac{1}{2}\times 8=4(\text{cm})$

답 (1) 40° (2) 4 cm

02 $\overline{AM}=\overline{MB}$이고 $\overline{MN}/\!/\overline{BC}$이므로

$\overline{AN}=\overline{NC}$, $\overline{MN}=\dfrac{1}{2}\overline{BC}$

(1) $\overline{CN}=\overline{AN}=5\,\text{cm}$

(2) $\overline{BC}=2\overline{MN}=2\times 6=12(\text{cm})$

답 (1) 5 cm (2) 12 cm

03 (1) △ABC에서 $\overline{BQ}=\overline{QC}$, $\overline{BP}=\overline{PA}$이므로

$\overline{PQ}=\dfrac{1}{2}\overline{AC}=\dfrac{1}{2}\times 8=4(\text{cm})$

△ACD에서 $\overline{DS}=\overline{SA}$, $\overline{DR}=\overline{RC}$이므로

$\overline{SR}=\dfrac{1}{2}\overline{AC}=\dfrac{1}{2}\times 8=4(\text{cm})$

(2) △ABD에서 $\overline{AP}=\overline{PB}$, $\overline{AS}=\overline{SD}$이므로

$\overline{PS}=\dfrac{1}{2}\overline{BD}=\dfrac{1}{2}\times 10=5(\text{cm})$

△BCD에서 $\overline{CR}=\overline{RD}$, $\overline{CQ}=\overline{QB}$이므로

$\overline{QR}=\dfrac{1}{2}\overline{BD}=\dfrac{1}{2}\times 10=5(\text{cm})$

(3) (□PQRS의 둘레의 길이)

$=\overline{PQ}+\overline{QR}+\overline{RS}+\overline{SP}$

$=4+5+4+5$

$=18(\text{cm})$

답 (1) 4 cm, 4 cm (2) 5 cm, 5 cm (3) 18 cm

04 □ABCD에서 $\overline{\text{AM}}=\overline{\text{MB}}$, $\overline{\text{DN}}=\overline{\text{NC}}$이므로
$\overline{\text{AD}}\,/\!/\,\overline{\text{MN}}\,/\!/\,\overline{\text{BC}}$
삼각형의 두 변의 중점을 연결한 선분의 성질에 의해
(1) △ABC에서 $\overline{\text{AM}}=\overline{\text{MB}}$, $\overline{\text{MP}}\,/\!/\,\overline{\text{BC}}$이므로
$\overline{\text{MP}}=\dfrac{1}{2}\overline{\text{BC}}=\dfrac{1}{2}\times10=5(\text{cm})$
(2) △ACD에서 $\overline{\text{CN}}=\overline{\text{ND}}$, $\overline{\text{AD}}\,/\!/\,\overline{\text{PN}}$이므로
$\overline{\text{PN}}=\dfrac{1}{2}\overline{\text{AD}}=\dfrac{1}{2}\times4=2(\text{cm})$
(3) $\overline{\text{MN}}=\overline{\text{MP}}+\overline{\text{PN}}=5+2=7(\text{cm})$

답 (1) **5 cm** (2) **2 cm** (3) **7 cm**

핵심문제 익히기 🔑 **확인문제**　　　　　　　　본문 149~151쪽

1 15 cm	**2** 6 cm	**3** 6 cm	**4** 5 cm
5 12 cm	**6** 4 cm	**7** 14 cm	

이렇게 풀어요

1 △ABC에서 점 D, E, F는 세 변의 중점이므로
$\overline{\text{DE}}=\dfrac{1}{2}\overline{\text{AC}}=\dfrac{1}{2}\times8=4(\text{cm})$
$\overline{\text{EF}}=\dfrac{1}{2}\overline{\text{AB}}=\dfrac{1}{2}\times10=5(\text{cm})$
$\overline{\text{DF}}=\dfrac{1}{2}\overline{\text{BC}}=\dfrac{1}{2}\times12=6(\text{cm})$
$\therefore$ (△DEF의 둘레의 길이)$=\overline{\text{DE}}+\overline{\text{EF}}+\overline{\text{FD}}$
　　　　　　　　　　　$=4+5+6=15(\text{cm})$

답 **15 cm**

2 $\overline{\text{AD}}=\overline{\text{DB}}$, $\overline{\text{DE}}\,/\!/\,\overline{\text{BC}}$이므로 $\overline{\text{AE}}=\overline{\text{EC}}$
또 $\overline{\text{AE}}=\overline{\text{EC}}$, $\overline{\text{AB}}\,/\!/\,\overline{\text{EF}}$이므로
$\overline{\text{CF}}=\overline{\text{FB}}=6\text{ cm}$

답 **6 cm**

다른 풀이
□DBFE는 평행사변형이므로 $\overline{\text{DE}}=\overline{\text{BF}}=6\text{ cm}$
$\overline{\text{AD}}=\overline{\text{DB}}$, $\overline{\text{DE}}\,/\!/\,\overline{\text{BC}}$이므로
$\overline{\text{BC}}=2\overline{\text{DE}}=2\times6=12(\text{cm})$
$\therefore\ \overline{\text{CF}}=\overline{\text{BC}}-\overline{\text{BF}}=12-6=6(\text{cm})$

3 △AEC에서 $\overline{\text{AD}}=\overline{\text{DE}}$, $\overline{\text{AF}}=\overline{\text{FC}}$이므로 $\overline{\text{DF}}\,/\!/\,\overline{\text{EC}}$
$\overline{\text{EC}}=2\overline{\text{DF}}=2\times2=4(\text{cm})$
△DBG에서 $\overline{\text{BE}}=\overline{\text{ED}}$, $\overline{\text{EC}}\,/\!/\,\overline{\text{DG}}$이므로
$\overline{\text{DG}}=2\overline{\text{EC}}=2\times4=8(\text{cm})$
$\therefore\ \overline{\text{FG}}=\overline{\text{DG}}-\overline{\text{DF}}=8-2=6(\text{cm})$

답 **6 cm**

4 점 D를 지나고 $\overline{\text{BE}}$에 평행한 직선을 그어 $\overline{\text{AC}}$와의 교점을 F라 하자.
△ABC에서 $\overline{\text{AD}}=\overline{\text{DB}}$, $\overline{\text{DF}}\,/\!/\,\overline{\text{BC}}$이므로

$\overline{\text{DF}}=\dfrac{1}{2}\overline{\text{BC}}=\dfrac{1}{2}\times10=5(\text{cm})$
△DMF와 △EMC에서
$\overline{\text{DM}}=\overline{\text{EM}}$, ∠MDF=∠MEC(엇각),
∠DMF=∠EMC(맞꼭지각)
이므로 △DMF≡△EMC(ASA 합동)
$\therefore\ \overline{\text{CE}}=\overline{\text{FD}}=5\text{ cm}$

답 **5 cm**

5 직사각형의 두 대각선의 길이는 같으므로
$\overline{\text{PQ}}=\overline{\text{QR}}=\overline{\text{RS}}=\overline{\text{SP}}=\dfrac{1}{2}\overline{\text{BD}}=\dfrac{1}{2}\times6=3(\text{cm})$
$\therefore$ (□PQRS의 둘레의 길이)$=3\times4=12(\text{cm})$

답 **12 cm**

참고
□PQRS는 이웃하는 두 변의 길이가 같은 평행사변형이므로 마름모이다.

6 $\overline{\text{AC}}$를 그어 $\overline{\text{MN}}$과의 교점을 P라 하자.
△ABC에서 $\overline{\text{AM}}=\overline{\text{MB}}$, $\overline{\text{MP}}\,/\!/\,\overline{\text{BC}}$이므로

$\overline{\text{MP}}=\dfrac{1}{2}\overline{\text{BC}}=\dfrac{1}{2}\times6=3(\text{cm})$
$\therefore\ \overline{\text{PN}}=\overline{\text{MN}}-\overline{\text{MP}}=5-3=2(\text{cm})$
또 △ACD에서 $\overline{\text{CN}}=\overline{\text{ND}}$, $\overline{\text{PN}}\,/\!/\,\overline{\text{AD}}$이므로
$\overline{\text{AD}}=2\overline{\text{PN}}=2\times2=4(\text{cm})$

답 **4 cm**

7 △ABD에서 $\overline{\text{BM}}=\overline{\text{MA}}$, $\overline{\text{MP}}\,/\!/\,\overline{\text{AD}}$이므로
$\overline{\text{MP}}=\dfrac{1}{2}\overline{\text{AD}}=\dfrac{1}{2}\times6=3(\text{cm})$
$\therefore\ \overline{\text{MQ}}=\overline{\text{MP}}+\overline{\text{PQ}}=3+4=7(\text{cm})$
△ABC에서 $\overline{\text{AM}}=\overline{\text{MB}}$, $\overline{\text{MQ}}\,/\!/\,\overline{\text{BC}}$이므로
$\overline{\text{BC}}=2\overline{\text{MQ}}=2\times7=14(\text{cm})$

답 **14 cm**

소단원 📋 **핵심문제**　　　　　　　본문 152쪽

01 ④	**02** 13 cm	**03** 6 cm	**04** 4 cm
05 35	**06** 14		

01 ① △ABC와 △ADE에서

$\overline{AB}:\overline{AD}=\overline{AC}:\overline{AE}=2:1$, ∠A는 공통

이므로 △ABC∽△ADE(SAS 닮음)

②, ③ △ABC에서 $\overline{AD}=\overline{DB}$, $\overline{AE}=\overline{EC}$이므로

$\overline{DE}/\!/\overline{BC}$, $\overline{DE}=\dfrac{1}{2}\overline{BC}$

∴ $\overline{DE}:\overline{BC}=1:2$

④ $\overline{AD}:\overline{DB}=1:1$, $\overline{DE}:\overline{BC}=1:2$이므로

$\overline{AD}:\overline{DB}\neq\overline{DE}:\overline{BC}$

⑤ 삼각형의 닮음비는 대응변의 길이의 비와 같으므로

$\overline{AD}:\overline{AB}=1:2$에서 △ADE와 △ABC의 닮음비는

1:2이다. **답 ④**

02 △ABC에서 AM=MB, MP∥BC이므로

$\overline{BC}=2\overline{MP}=2\times13=26(cm)$

△DBC에서 $\overline{DN}=\overline{NB}$, $\overline{NQ}/\!/\overline{BC}$이므로

$\overline{NQ}=\dfrac{1}{2}\overline{BC}=\dfrac{1}{2}\times26=13(cm)$ **답 13 cm**

03 △ABF에서 $\overline{AD}=\overline{DB}$, $\overline{AE}=\overline{EF}$이므로

$\overline{BF}=2\overline{DE}=2\times4=8(cm)$, $\overline{DE}/\!/\overline{BF}$

△CED에서 $\overline{CF}=\overline{FE}$, $\overline{GF}/\!/\overline{DE}$이므로

$\overline{GF}=\dfrac{1}{2}\overline{DE}=\dfrac{1}{2}\times4=2(cm)$

∴ $\overline{BG}=\overline{BF}-\overline{GF}=8-2=6(cm)$ **답 6 cm**

04 점 D를 지나고 $\overline{BC}$에 평행한 직선
을 그어 $\overline{AB}$와의 교점을 G라 하자.

$\overline{BF}=x\,cm$라 하면

△EDG≡△EFB(ASA 합동)이
므로 $\overline{GD}=\overline{BF}=x\,cm$

△ABC에서 $\overline{AD}=\overline{DC}$, $\overline{GD}/\!/\overline{BC}$이므로

$\overline{BC}=2\overline{GD}=2x(cm)$

이때 $\overline{FC}=\overline{FB}+\overline{BC}$이므로

$12=x+2x$ ∴ $x=4$

∴ $\overline{BF}=4\,cm$ **답 4 cm**

05 $\overline{EF}=\overline{HG}=\dfrac{1}{2}\overline{AC}$, $\overline{EH}=\overline{FG}=\dfrac{1}{2}\overline{BD}$이므로

$\overline{AC}+\overline{BD}=\overline{EF}+\overline{HG}+\overline{EH}+\overline{FG}$

$=(\square EFGH의 둘레의 길이)=35$ **답 35**

06 $\overline{AC}$를 그어 $\overline{MN}$과의 교점을 P라
하자.

△ABC에서

$\overline{AM}=\overline{MB}$, $\overline{MP}/\!/\overline{BC}$이므로

$\overline{MP}=\dfrac{1}{2}\overline{BC}=\dfrac{1}{2}y(cm)$

△ACD에서 $\overline{CN}=\overline{ND}$, $\overline{PN}/\!/\overline{AD}$이므로

$\overline{PN}=\dfrac{1}{2}\overline{AD}=\dfrac{1}{2}x(cm)$

이때 $\overline{MN}=\overline{MP}+\overline{PN}$이므로

$7=\dfrac{1}{2}y+\dfrac{1}{2}x$, $7=\dfrac{1}{2}(x+y)$

∴ $x+y=14$ **답 14**

---

02 삼각형의 무게중심

01 (1) 8 (2) 2, 1, 2, 1, 5 (3) 2, 1, 2, 8

02 (1) 7 (2) 4 (3) 6 (4) 5

03 (1) $\dfrac{1}{3}$, 10 (2) $\dfrac{1}{6}$, 5 (3) $\dfrac{1}{3}$, 10

04 (1) 9, 9 (2) 무게중심, $\dfrac{2}{3}$, 6, $\dfrac{1}{3}$, 3

(3) 무게중심, $\dfrac{2}{3}$, 6, $\dfrac{1}{3}$, 3

05 $x=4$, $y=12$

06 (1) $\dfrac{1}{4}$, 9 (2) $\dfrac{1}{12}$, 3 (3) $\dfrac{1}{6}$, 6

01 **답** (1) 8 (2) **2, 1, 2, 1, 5** (3) **2, 1, 2, 8**

02 (2) $\overline{AG}:\overline{GD}=2:1$이므로

$8:x=2:1$, $2x=8$ ∴ $x=4$

(3) $\overline{BG}:\overline{GD}=2:1$이므로

$x:3=2:1$ ∴ $x=6$

(4) $\overline{CG}:\overline{GD}=2:1$이므로

$\overline{GD}=\dfrac{1}{2+1}\overline{CD}=\dfrac{1}{3}\times15=5$ ∴ $x=5$

답 (1) 7 (2) 4 (3) 6 (4) 5

03 **답** (1) $\dfrac{1}{3}$, 10 (2) $\dfrac{1}{6}$, 5 (3) $\dfrac{1}{3}$, 10

04 답 (1) 9, 9 (2) 무게중심, $\dfrac{2}{3}$, 6, $\dfrac{1}{3}$, 3

 (3) 무게중심, $\dfrac{2}{3}$, 6, $\dfrac{1}{3}$, 3

05 $\overline{DQ}:\overline{QO}=2:1$이므로
 $\overline{DQ}=2\overline{QO}=2\times2=4(cm)$ $\therefore x=4$
 $\overline{DO}=4+2=6(cm)$이므로
 $\overline{BO}=\overline{DO}=6\,cm$
 $\therefore \overline{BD}=6+6=12(cm)$ $\therefore y=12$

 답 $x=4,\ y=12$

06 답 (1) $\dfrac{1}{4}$, 9 (2) $\dfrac{1}{12}$, 3 (3) $\dfrac{1}{6}$, 6

핵심문제 익히기 🔍 **확인문제**   본문 157~159쪽

1 $7\,cm^2$	2 (1) 6 (2) 4	3 $6\,cm$	4 22
5 $36\,cm^2$	6 $10\,cm$	7 $8\,cm^2$	

이렇게 풀어요

1 $\overline{AM}$은 △ABC의 중선이므로
 $\triangle AMC=\triangle ABM=\dfrac{1}{2}\triangle ABC=\dfrac{1}{2}\times28=14(cm^2)$
 $\overline{CP}$는 △AMC의 중선이므로
 $\triangle APC=\triangle PMC=\dfrac{1}{2}\triangle AMC=\dfrac{1}{2}\times14=7(cm^2)$

 답 $7\,cm^2$

2 (1) 점 G는 △ABC의 무게중심이므로
  $\overline{GD}=\dfrac{1}{3}\overline{AD}=\dfrac{1}{3}\times27=9$
  점 G′은 △GBC의 무게중심이므로
  $\overline{GG'}=\dfrac{2}{3}\overline{GD}=\dfrac{2}{3}\times9=6$ $\therefore x=6$
 (2) 점 D는 직각삼각형 ABC의 빗변의 중점이므로
  △ABC의 외심이다.
  $\therefore \overline{AD}=\overline{BD}=\overline{CD}=\dfrac{1}{2}\overline{BC}=\dfrac{1}{2}\times12=6$
  점 G는 △ABC의 무게중심이므로
  $\overline{AG}=\dfrac{2}{3}\overline{AD}=\dfrac{2}{3}\times6=4$ $\therefore x=4$

 답 (1) 6 (2) 4

3 △ABD에서 $\overline{BE}=\overline{EA}$, $\overline{EF}/\!/\overline{AD}$이므로
 $\overline{AD}=2\overline{EF}=2\times9=18(cm)$
 점 G가 △ABC의 무게중심이므로
 $\overline{GD}=\dfrac{1}{3}\overline{AD}=\dfrac{1}{3}\times18=6(cm)$ 답 **6 cm**

4 점 G가 △ABC의 무게중심이므로
 $\overline{GD}=\dfrac{1}{2}\overline{AG}=\dfrac{1}{2}\times14=7(cm)$
 $\therefore x=7$
 △AEG∽△ABD(AA 닮음)이므로
 $\overline{EG}:\overline{BD}=\overline{AG}:\overline{AD}=2:3$에서
 $5:\overline{BD}=2:3,\ 2\overline{BD}=15$
 $\therefore \overline{BD}=\dfrac{15}{2}(cm)$
 $\therefore \overline{BC}=2\overline{BD}=2\times\dfrac{15}{2}=15(cm)$
 $\therefore y=15$
 $\therefore x+y=7+15=22$ 답 **22**

5 $\overline{GE}=\overline{EC}$이므로
 $\triangle GDC=2\triangle GDE$
   $=2\times3=6(cm^2)$
 점 G가 △ABC의 무게중심이므로
 $\triangle ABC=6\triangle GDC$
   $=6\times6=36(cm^2)$ 답 **36 cm²**

6 $\overline{BD}$를 긋고, $\overline{AC}$와 $\overline{BD}$의 교점
 을 O라 하면 점 P, Q는 각각
 △ABD, △DBC의 무게중심
 이다.
 즉, $\overline{AP}=2\overline{PO}$, $\overline{CQ}=2\overline{QO}$이고
 $\overline{AO}=\overline{CO}$에서 $\overline{PO}=\overline{QO}$이므로
 $\overline{AP}=\overline{PQ}=\overline{QC}$
 $\therefore \overline{AQ}=\dfrac{2}{3}\overline{AC}=\dfrac{2}{3}\times15=10(cm)$ 답 **10 cm**

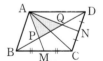

7 $\overline{AC}$를 그으면 점 P, Q는 각각
 △ABC, △ACD의 무게중심이므
 로 $\overline{BP}=\overline{PQ}=\overline{QD}$이다.
 $\therefore \triangle APQ=\dfrac{1}{3}\triangle ABD$
   $=\dfrac{1}{3}\times\dfrac{1}{2}\square ABCD$
   $=\dfrac{1}{6}\square ABCD$
   $=\dfrac{1}{6}\times48=8(cm^2)$ 답 **8 cm²**

01 9 cm	**02** 17	**03** 45 cm	**04** 8 cm
05 12	**06** 8 cm	**07** ㄷ, ㄹ	**08** ②
09 5 cm²	**10** 12 cm	**11** 20 cm²	

이렇게 풀어요

01 $\overline{AD}$가 △ABC의 중선이므로

$$△ABD=△ADC=\frac{1}{2}△ABC=\frac{1}{2}×54=27(\text{cm}^2)$$

즉, △ABD의 넓이에서

$$\frac{1}{2}×6×\overline{AH}=27$$

$$∴ \overline{AH}=9(\text{cm}) \qquad\qquad \text{目 } \textbf{9 cm}$$

02 점 G가 △ABC의 무게중심이므로

$$\overline{AG}=\frac{2}{3}\overline{AD}=\frac{2}{3}×18=12$$

$$\overline{GE}=\frac{1}{2}\overline{BG}=\frac{1}{2}×10=5$$

$$∴ \overline{AG}+\overline{GE}=12+5=17 \qquad \text{目 } \textbf{17}$$

03 점 G′이 △GBC의 무게중심이므로

$$\overline{GD}=\frac{3}{2}\overline{GG'}=\frac{3}{2}×10=15(\text{cm})$$

점 G가 △ABC의 무게중심이므로

$$\overline{AD}=3\overline{GD}=3×15=45(\text{cm}) \qquad \text{目 } \textbf{45 cm}$$

04 점 G가 △ABC의 무게중심이므로 $\overline{CF}=\overline{FA}$
△CAD에서 $\overline{CF}=\overline{FA}$, $\overline{CE}=\overline{ED}$이므로

$$\overline{AD}=2\overline{FE}=2×6=12(\text{cm})$$

$$∴ \overline{AG}=\frac{2}{3}\overline{AD}=\frac{2}{3}×12=8(\text{cm}) \qquad \text{目 } \textbf{8 cm}$$

05 점 G가 ABC의 무게중심이므로 $\overline{AE}=\overline{EC}$
즉, 점 E는 직각삼각형 ABC의 빗변의 중점이므로
△ABC의 외심이다.
즉, $\overline{BE}=\overline{AE}=\overline{CE}=\frac{1}{2}\overline{AC}=\frac{1}{2}×12=6$이므로

$$\overline{BG}=\frac{2}{3}\overline{BE}=\frac{2}{3}×6=4$$

$$∴ x=4$$

△CEB에서 $\overline{CD}=\overline{DB}$이고 $\overline{DF}/\!\!/\overline{BE}$이므로

$$\overline{DF}=\frac{1}{2}\overline{BE}=\frac{1}{2}×6=3$$

$$∴ y=3$$

$$∴ xy=4×3=12 \qquad \text{目 } \textbf{12}$$

06 $\overline{BD}=\overline{DC}$이고 점 G, G′이 각각 △ABD, △ADC의 무게중심이므로

$$\overline{BE}=\overline{ED}, \overline{DF}=\overline{FC}$$

$$∴ \overline{EF}=\frac{1}{2}\overline{BC}=\frac{1}{2}×24=12(\text{cm})$$

△AGG′과 △AEF에서
∠A는 공통, $\overline{AG}:\overline{AE}=\overline{AG'}:\overline{AF}=2:3$
이므로 △AGG′∽△AEF(SAS 닮음)
즉, $\overline{GG'}:\overline{EF}=\overline{AG}:\overline{AE}=2:3$에서

$$\overline{GG'}:12=2:3, 3\overline{GG'}=24$$

$$∴ \overline{GG'}=8(\text{cm}) \qquad \text{目 } \textbf{8 cm}$$

07 ㄷ. $\overline{GD}=\frac{1}{3}\overline{AD}$, $\overline{GE}=\frac{1}{3}\overline{BE}$, $\overline{GF}=\frac{1}{3}\overline{CF}$
　　 이때 세 중선 AD, BE, CF의 길이가 같은지 알 수
　　 없으므로 $\overline{GD}$, $\overline{GE}$, $\overline{GF}$의 길이가 같은지 알 수 없다.

ㄹ. $△GAB=\frac{1}{3}△ABC$

ㅁ. $□FBDG=△FBG+△GBD$

$$=\frac{1}{6}△ABC+\frac{1}{6}△ABC$$

$$=\frac{1}{3}△ABC \qquad \text{目 ㄷ, ㄹ}$$

08 점 G, G′은 각각 △ABC, △GBC의 무게중심이므로

$$△GBG'=\frac{2}{3}△GBD$$

$$=\frac{2}{3}×\frac{1}{6}△ABC$$

$$=\frac{1}{9}△ABC$$

$$=\frac{1}{9}×36=4(\text{cm}^2) \qquad \text{目 } ②$$

09 점 G가 △ABC의 무게중심이므로

$$△DBG=\frac{1}{6}△ABC=\frac{1}{6}×60=10(\text{cm}^2)$$

$$\overline{BG}:\overline{GE}=2:1$$이므로

$$△DGE=\frac{1}{2}△DBG$$

$$=\frac{1}{2}×10=5(\text{cm}^2) \qquad \text{目 } \textbf{5 cm}^2$$

10 점 P, Q는 각각 △ABC, △ACD의 무게중심이므로

$$\overline{BP}=\overline{PQ}=\overline{QD}=8\text{ cm}$$

$$∴ \overline{BD}=3\overline{BP}=3×8=24(\text{cm})$$

△BCD에서 $\overline{CM}=\overline{MB}$, $\overline{CN}=\overline{ND}$이므로

$$\overline{MN}=\frac{1}{2}\overline{BD}=\frac{1}{2}×24=12(\text{cm}) \qquad \text{目 } \textbf{12 cm}$$

11 점 P, Q는 각각 △ABC, △ACD의 무게중심이므로

(색칠한 부분의 넓이)$=$□PMCO$+$□OCNQ

$$=\frac{1}{3}\triangle ABC+\frac{1}{3}\triangle ACD$$

$$=\frac{1}{3}(\triangle ABC+\triangle ACD)$$

$$=\frac{1}{3}\square ABCD=\frac{1}{3}\times 60$$

$$=20(cm^2)$$ **答 20 cm²**

중단원 마무리			본문 162~164쪽
01 3 cm	**02** 4 cm	**03** 36 cm	**04** 9 cm
05 ②	**06** ④	**07** ②	**08** 6 cm
09 45 cm²	**10** ②	**11** 4 cm	**12** 8 cm²
13 19°	**14** 6 cm	**15** 3 cm	**16** 4 cm
17 18 cm	**18** 12 cm	**19** ③	**20** 10 cm²
21 10 cm	**22** 15 cm²		

이렇게 풀어요

01 △ABC에서 점 M, N은 각각 $\overline{AB}$, $\overline{AC}$의 중점이므로

$$\overline{MN}=\frac{1}{2}\overline{BC}=\frac{1}{2}\times 14=7(cm)$$

$$\therefore \overline{EN}=\overline{MN}-\overline{ME}$$

$$=7-4=3(cm)$$ **答 3 cm**

02 △ABC에서 점 M, N은 각각 $\overline{AB}$, $\overline{AC}$의 중점이므로

$$\overline{BC}=2\overline{MN}=2\times 6=12(cm)$$

또 △DBC에서 점 P, Q는 각각 $\overline{DB}$, $\overline{DC}$의 중점이므로

$$\overline{PQ}=\frac{1}{2}\overline{BC}=\frac{1}{2}\times 12=6(cm)$$

$$\therefore \overline{RQ}=\overline{PQ}-\overline{PR}$$

$$=6-2=4(cm)$$ **答 4 cm**

03 $\overline{DE}=\frac{1}{2}\overline{AC}$, $\overline{EF}=\frac{1}{2}\overline{AB}$, $\overline{DF}=\frac{1}{2}\overline{BC}$이므로

(△ABC의 둘레의 길이)$=\overline{AB}+\overline{BC}+\overline{CA}$

$$=2\overline{EF}+2\overline{DF}+2\overline{DE}$$

$$=2(\overline{EF}+\overline{DF}+\overline{DE})$$

$$=2\times 18=36(cm)$$ **答 36 cm**

04 △BCF에서 $\overline{CD}=\overline{DB}$, $\overline{DG}/\!/\overline{BF}$이므로

$$\overline{BF}=2\overline{DG}=2\times 6=12(cm)$$

△ADG에서 $\overline{AE}=\overline{ED}$, $\overline{EF}/\!/\overline{DG}$이므로

$$\overline{EF}=\frac{1}{2}\overline{DG}=\frac{1}{2}\times 6=3(cm)$$

$$\therefore \overline{BE}=\overline{BF}-\overline{EF}=12-3=9(cm)$$ **答 9 cm**

05 △ABD에서 $\overline{EH}=\frac{1}{2}\overline{BD}=\frac{1}{2}\times 16=8(cm)$

△ABC에서 $\overline{EF}=\frac{1}{2}\overline{AC}=\frac{1}{2}\times 12=6(cm)$

이때 마름모의 각 변의 중점을 연결하여 만든 사각형은 직사각형이므로 □EFGH는 직사각형이다.

$$\therefore \square EFGH=\overline{EH}\times\overline{EF}=8\times 6=48(cm^2)$$ **答 ②**

06 △ABC에서 $\overline{AM}=\overline{MB}$, $\overline{MQ}/\!/\overline{BC}$이므로

$$\overline{MQ}=\frac{1}{2}\overline{BC}=\frac{1}{2}\times 10=5(cm)$$

△ABD에서 $\overline{BM}=\overline{MA}$, $\overline{MP}/\!/\overline{AD}$이므로

$$\overline{MP}=\frac{1}{2}\overline{AD}=\frac{1}{2}\times 4=2(cm)$$

$$\therefore \overline{PQ}=\overline{MQ}-\overline{MP}=5-2=3(cm)$$ **答 ④**

07 $\triangle ABM=\triangle AMC=\frac{1}{2}\triangle ABC$

$$=\frac{1}{2}\times 60=30(cm^2)$$

$$\triangle DBE=\triangle DEC=\frac{1}{3}\triangle AMC$$

$$=\frac{1}{3}\times 30=10(cm^2)$$

∴ (색칠한 부분의 넓이)$=\triangle DBE+\triangle DEC$

$$=10+10$$

$$=20(cm^2)$$ **答 ②**

08 점 G가 △ABC의 무게중심이므로 $\overline{BD}=\overline{DC}$

즉, 점 D는 직각삼각형 ABC의 빗변의 중점이므로 외심이다.

즉, $\overline{AD}=\overline{BD}=\overline{CD}=\frac{1}{2}\overline{BC}=\frac{1}{2}\times 18=9(cm)$이므로

$$\overline{AG}=\frac{2}{3}\overline{AD}=\frac{2}{3}\times 9=6(cm)$$ **答 6 cm**

09 점 G′이 △GBC의 무게중심이므로

$$\triangle GBC=3\triangle GG'C=3\times 5=15(cm^2)$$

또 점 G가 △ABC의 무게중심이므로

$$\triangle ABC=3\triangle GBC=3\times 15=45(cm^2)$$ **答 45 cm²**

10 점 P, Q는 각각 $\triangle ABC$, $\triangle ACD$의 무게중심이다.

① $\overline{AM} : \overline{PM} = 3 : 1$이므로 $\overline{AM} = 3\overline{PM}$

② $\overline{AQ} : \overline{QN} = 2 : 1$이므로 $\overline{AQ} = 2\overline{QN}$

③ $\overline{BP} = \overline{PQ} = \overline{QD} = \dfrac{1}{3}\overline{BD}$

④ $\triangle BCD$에서 $\overline{CM} = \overline{MB}$, $\overline{CN} = \overline{ND}$이므로

$\overline{MN} = \dfrac{1}{2}\overline{BD}$

⑤ $\overline{BP} = \overline{PQ} = \overline{QD}$이므로

$\triangle APQ = \dfrac{1}{3}\triangle ABD$

$= \dfrac{1}{3} \times \dfrac{1}{2}\square ABCD$

$= \dfrac{1}{6}\square ABCD$ 🖹 ②

11 $\triangle ABC$에서

$\overline{DE} = \dfrac{1}{2}\overline{BC} = \dfrac{1}{2} \times 16 = 8(\text{cm})$

$\triangle FDE$에서

$\overline{GH} = \dfrac{1}{2}\overline{DE} = \dfrac{1}{2} \times 8 = 4(\text{cm})$ 🖹 **4 cm**

12 $\overline{DE} = \dfrac{1}{2}\overline{AC}$이므로 $\overline{DE} = \overline{AF} = \overline{FC}$

$\overline{FE} = \dfrac{1}{2}\overline{AB}$이므로 $\overline{FE} = \overline{AD} = \overline{DB}$

$\overline{DF} = \dfrac{1}{2}\overline{BC}$이므로 $\overline{DF} = \overline{BE} = \overline{EC}$

따라서 $\triangle ADF \equiv \triangle DBE \equiv \triangle FEC \equiv \triangle EFD$(SSS 합동)

이므로

$\triangle DEF = \dfrac{1}{4}\triangle ABC = \dfrac{1}{4} \times 32 = 8(\text{cm}^2)$ 🖹 **8 cm²**

13 삼각형의 두 변의 중점을 연결한 선분의 성질에 의해

$\triangle ACD$에서 $\overline{PM} /\!/ \overline{CD}$이므로

$\angle APM = \angle ACD = 42°$(동위각)

$\triangle ABC$에서 $\overline{PN} /\!/ \overline{AB}$이므로

$\angle CPN = \angle CAB = 80°$(동위각)

$\therefore \angle APN = 180° - \angle CPN = 180° - 80° = 100°$

$\therefore \angle MPN = \angle APM + \angle APN = 42° + 100° = 142°$

이때 $\overline{PM} = \dfrac{1}{2}\overline{CD} = \dfrac{1}{2}\overline{AB} = \overline{PN}$이므로

$\triangle PMN$에서 $\angle PMN = \angle PNM$

$\therefore \angle PMN = \dfrac{1}{2} \times (180° - \angle MPN)$

$= \dfrac{1}{2} \times (180° - 142°)$

$= \dfrac{1}{2} \times 38° = 19°$ 🖹 **19°**

14 삼각형의 두 변의 중점을 연결한 선분의 성질에 의해

$\triangle ADC$에서 $\overline{AD} /\!/ \overline{FE}$

또 $\triangle BEF$에서

$\overline{BD} = \overline{DE}$, $\overline{DP} /\!/ \overline{EF}$이므로

$\overline{BP} = \overline{PF}$, $\overline{PD} = \dfrac{1}{2}\overline{EF}$

$\overline{PD} = a$라 하면 $\triangle BEF$에서 $\overline{EF} = 2a$

$\triangle ADC$에서 $\overline{AD} = 2\overline{EF} = 2 \times 2a = 4a$

$\therefore \overline{AP} = \overline{AD} - \overline{PD} = 4a - a = 3a$

$\triangle QAP \backsim \triangle QEF$(AA 닮음)이므로

$\overline{QP} : \overline{QF} = \overline{AP} : \overline{EF} = 3a : 2a = 3 : 2$

그런데 $\triangle BEF$에서 $\overline{BP} = \overline{PF}$이므로

$\overline{BP} : \overline{PQ} : \overline{QF} = 5 : 3 : 2$

$\therefore \overline{PQ} = \dfrac{3}{5+3+2}\overline{BF}$

$= \dfrac{3}{10} \times 20 = 6(\text{cm})$ 🖹 **6 cm**

15 점 D를 지나고 $\overline{BC}$와 평행한 직선을 그어 $\overline{AC}$와의 교점을 G라 하자.

$\triangle ABC$에서

$\overline{AD} = \overline{DB}$, $\overline{DG} /\!/ \overline{BC}$이므로

$\overline{AG} = \overline{GC}$

또 $\triangle DEG \equiv \triangle FEC$(ASA 합동)

이므로 $\overline{GE} = \overline{CE}$

즉, $\overline{AE} = 3\overline{EC}$이므로 $3\overline{EC} = 9$

$\therefore \overline{EC} = 3(\text{cm})$ 🖹 **3 cm**

16 $\triangle PBD = \dfrac{1}{6}\triangle ABC$

$= \dfrac{1}{6} \times 2\triangle ABD$

$= \dfrac{1}{3}\triangle ABD$

이므로 $\triangle PBD : \triangle ABD = 1 : 3$

즉, $\overline{PD} : \overline{AD} = 1 : 3$이므로

$\overline{PD} : 12 = 1 : 3$, $3\overline{PD} = 12$

$\therefore \overline{PD} = 4(\text{cm})$ 🖹 **4 cm**

17 $\triangle AGG'$과 $\triangle AEF$에서

$\angle A$는 공통, $\overline{AG} : \overline{AE} = \overline{AG'} : \overline{AF} = 2 : 3$

이므로 $\triangle AGG' \backsim \triangle AEF$(SAS 닮음)

즉, $\overline{AG} : \overline{AE} = \overline{GG'} : \overline{EF}$에서

$2 : 3 = 6 : \overline{EF}$, $2\overline{EF} = 18$

$\therefore \overline{EF} = 9(\text{cm})$

이때 $\overline{BD} = \overline{DC}$이고 $\overline{BE} = \overline{ED}$, $\overline{DF} = \overline{FC}$이므로

$\overline{BC} = 2\overline{EF} = 2 \times 9 = 18(\text{cm})$ 🖹 **18 cm**

18 점 G가 △ABC의 무게중심이므로

$$\overline{AG}=\frac{2}{3}\overline{AL}=\frac{2}{3}\times 36=24\,(cm)$$

점 M, N이 각각 $\overline{AB}$, $\overline{AC}$의 중점이므로

$$\overline{MN}/\!/\overline{BC}$$

즉, △ABL에서 $\overline{AP}=\overline{PL}$이므로

$$\overline{AP}=\frac{1}{2}\overline{AL}=\frac{1}{2}\times 36=18\,(cm)$$

이때 점 G′이 △AMN의 무게중심이므로

$$\overline{AG'}=\frac{2}{3}\overline{AP}=\frac{2}{3}\times 18=12\,(cm)$$

$$\therefore \overline{G'G}=\overline{AG}-\overline{AG'}=24-12=12\,(cm) \qquad \text{답 } \mathbf{12\ cm}$$

19 $\overline{DE}$는 △EBC의 중선이므로

$$\triangle EBD=\triangle EDC$$

$$\therefore \triangle EDC=\frac{1}{2}\triangle EBC=\frac{1}{2}\times\frac{1}{2}\triangle ABC$$

$$=\frac{1}{4}\triangle ABC=\frac{1}{4}\times 3\triangle ABG$$

$$=\frac{1}{4}\times 3\times 4=3 \qquad \text{답 } ③$$

20 $\overline{AG}$를 그으면 점 G가 △ABC의 무게중심이므로

$$\triangle GAB=\triangle GBC=\triangle GCA$$

$$=\frac{1}{3}\triangle ABC$$

$$\therefore \triangle ADG=\frac{1}{2}\triangle ABG$$

$$=\frac{1}{2}\times\frac{1}{3}\triangle ABC$$

$$=\frac{1}{6}\triangle ABC$$

같은 방법으로 $\triangle AGE=\frac{1}{6}\triangle ABC$

$$\therefore (\text{색칠한 부분의 넓이})=\triangle ADG+\triangle AGE$$

$$=\frac{1}{6}\triangle ABC+\frac{1}{6}\triangle ABC$$

$$=\frac{1}{3}\triangle ABC$$

$$=\frac{1}{3}\times 30=10\,(cm^2)$$

$$\text{답 } \mathbf{10\ cm^2}$$

21 △BCD에서 $\overline{CM}=\overline{MB}$, $\overline{CN}=\overline{ND}$이므로

$$\overline{BD}=2\overline{MN}=2\times 15=30\,(cm)$$

이때 $\overline{BE}=\overline{EF}=\overline{FD}$이므로

$$\overline{BE}=\frac{1}{3}\overline{BD}=\frac{1}{3}\times 30=10\,(cm) \qquad \text{답 } \mathbf{10\ cm}$$

22 $\overline{PQ}/\!/\overline{MN}$이므로

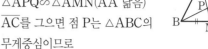

△APQ∽△AMN(AA 닮음)

$\overline{AC}$를 그으면 점 P는 △ABC의 무게중심이므로

$\overline{AP}:\overline{AM}=2:3$에서

$$\triangle APQ:\triangle AMN=2^2:3^2=4:9$$

$$\therefore \triangle APQ:\square PMNQ=4:(9-4)=4:5$$

즉, 12 : □PMNQ=4 : 5에서 4□PMNQ=60

$$\therefore \square PMNQ=15\,(cm^2) \qquad \text{답 } \mathbf{15\ cm^2}$$

다른 풀이

$$\square AMCN=\triangle AMC+\triangle ACN$$

$$=\frac{1}{2}\triangle ABC+\frac{1}{2}\triangle ACD$$

$$=\frac{1}{2}(\triangle ABC+\triangle ACD)=\frac{1}{2}\square ABCD$$

이때 △ABD=3△APQ=3×12=36(cm²)이므로

$$\square ABCD=2\triangle ABD=2\times 36=72\,(cm^2)$$

$$\therefore \square AMCN=\frac{1}{2}\square ABCD=\frac{1}{2}\times 72=36\,(cm^2)$$

또 $\triangle MCN=\frac{1}{2}\triangle BCN=\frac{1}{2}\times\frac{1}{2}\triangle BCD$

$$=\frac{1}{4}\triangle BCD=\frac{1}{4}\times\frac{1}{2}\square ABCD$$

$$=\frac{1}{8}\square ABCD=\frac{1}{8}\times 72=9\,(cm^2)$$

$$\therefore \square PMNQ=\square AMCN-\triangle APQ-\triangle MCN$$

$$=36-12-9=15\,(cm^2)$$

📋 서술형 대비 문제   본문 165~166쪽

1-1 48	**2-1** 10 cm²	**3** 4 cm	**4** 12 cm
5 6 cm	**6** 12 cm²		

이렇게 풀어요

1-1 **1단계** △ABC에서 $\overline{AM}=\overline{MB}$, $\overline{AN}=\overline{NC}$이므로

$$\overline{MN}/\!/\overline{BC}$$

즉, ∠AMN=∠B=60°(동위각)이므로

$$\angle ANM=180°-(80°+60°)=40°$$

$$\therefore x=40$$

2단계 $\overline{MN}=\frac{1}{2}\overline{BC}=\frac{1}{2}\times 16=8\,(cm)$

$$\therefore y=8$$

3단계 $\therefore x+y=40+8=48 \qquad \text{답 } 48$

2-1 [1단계] 오른쪽 그림과 같이 중선 CF를 그으면

[2단계] $\square GDCE$

$= \triangle GDC + \triangle GCE$

$= \dfrac{1}{6}\triangle ABC + \dfrac{1}{6}\triangle ABC$

$= \dfrac{1}{3}\triangle ABC$

[3단계] 이때 $\triangle ABC = \dfrac{1}{2}\times 12 \times 5 = 30(cm^2)$이므로

$\square GDCE = \dfrac{1}{3}\triangle ABC = \dfrac{1}{3}\times 30 = 10(cm^2)$

🖹 **10 cm²**

3 [1단계] 점 A를 지나고 $\overline{BC}$에 평행한 직선을 그어 $\overline{DE}$와의 교점을 F라 하면

$\triangle AMF$와 $\triangle CME$에서

$\overline{AM} = \overline{CM}$,

$\angle FAM = \angle ECM$(엇각),

$\angle AMF = \angle CME$(맞꼭지각)

이므로 $\triangle AMF \equiv \triangle CME$(ASA 합동)

$\therefore \overline{AF} = \overline{CE}$

[2단계] 또 $\triangle DBE$에서 $\overline{DA} = \overline{AB}$, $\overline{AF} /\!/ \overline{BE}$이므로

$\overline{AF} = \dfrac{1}{2}\overline{BE} = \dfrac{1}{2}\times 8 = 4(cm)$

[3단계] $\therefore \overline{EC} = \overline{AF} = 4\ cm$

🖹 **4 cm**

단계	채점 요소	배점
❶	$\overline{AF} = \overline{CE}$임을 알기	3점
❷	$\overline{AF}$의 길이 구하기	3점
❸	$\overline{EC}$의 길이 구하기	2점

4 [1단계] $\triangle ABD$에서 $\overline{BM} = \overline{MA}$, $\overline{MP} /\!/ \overline{AD}$이므로

$\overline{MP} = \dfrac{1}{2}\overline{AD} = \dfrac{1}{2}\times 6 = 3(cm)$

[2단계] $\overline{MQ} = 2\overline{MP} = 2 \times 3 = 6(cm)$

[3단계] $\triangle ABC$에서 $\overline{AM} = \overline{MB}$, $\overline{MQ} /\!/ \overline{BC}$이므로

$\overline{BC} = 2\overline{MQ} = 2 \times 6 = 12(cm)$

🖹 **12 cm**

단계	채점 요소	배점
❶	$\overline{MP}$의 길이 구하기	3점
❷	$\overline{MQ}$의 길이 구하기	1점
❸	$\overline{BC}$의 길이 구하기	3점

5 [1단계] $\triangle ABC$에서 $\overline{AD} = \overline{DB}$, $\overline{AE} = \overline{EC}$이므로

$\overline{DE} /\!/ \overline{BC}$

[2단계] $\triangle DGF$와 $\triangle CGH$에서

$\angle DGF = \angle CGH$(맞꼭지각),

$\angle GDF = \angle GCH$(엇각)

$\therefore \triangle DGF \backsim \triangle CGH$(AA 닮음)

이때 $\overline{GF} : \overline{GH} = \overline{DG} : \overline{CG} = 1 : 2$이므로

$2 : \overline{GH} = 1 : 2$ $\therefore \overline{GH} = 4(cm)$

[3단계] $\triangle ABH$에서 $\overline{AD} = \overline{DB}$, $\overline{DF} /\!/ \overline{BH}$이므로

$\overline{AF} = \overline{FH} = \overline{FG} + \overline{GH}$

$= 2 + 4 = 6(cm)$

🖹 **6 cm**

단계	채점 요소	배점
❶	$\overline{DE} /\!/ \overline{BC}$임을 알기	2점
❷	$\overline{GH}$의 길이 구하기	3점
❸	$\overline{AF}$의 길이 구하기	3점

6 [1단계] 점 P는 $\triangle ABC$의 무게중심이므로

$\overline{PO} = \dfrac{1}{3}\overline{BO}$ ······ ㉠

점 Q는 $\triangle ACD$의 무게중심이므로

$\overline{QO} = \dfrac{1}{3}\overline{DO}$ ······ ㉡

㉠, ㉡에 의해

$\overline{PQ} = \overline{PO} + \overline{QO} = \dfrac{1}{3}(\overline{BO} + \overline{DO})$

$= \dfrac{1}{3}\overline{BD}$

[2단계] $\therefore \triangle APQ = \dfrac{1}{3}\triangle ABD$

$= \dfrac{1}{3}\times \dfrac{1}{2}\square ABCD$

$= \dfrac{1}{6}\square ABCD$

$= \dfrac{1}{6}\times 72 = 12(cm^2)$ 🖹 **12 cm²**

단계	채점 요소	배점
❶	$\overline{PQ} = \dfrac{1}{3}\overline{BD}$임을 알기	4점
❷	$\triangle APQ$의 넓이 구하기	4점

4 피타고라스 정리

01 피타고라스 정리

개념원리 ▦ 확인하기 본문 170쪽

01 (1) 5 (2) 8 (3) 25 (4) 7

02 (1) $x=12$, $y=16$ (2) $x=15$, $y=17$

03 (1) ○ (2) × (3) × (4) ○

이렇게 풀어요

01 (1) $x^2+12^2=13^2$에서 $x^2=25$
그런데 $x>0$이므로 $x=5$
(2) $x^2+6^2=10^2$에서 $x^2=64$
그런데 $x>0$이므로 $x=8$
(3) $15^2+20^2=x^2$에서 $x^2=625$
그런데 $x>0$이므로 $x=25$
(4) $x^2+24^2=25^2$에서 $x^2=49$
그런데 $x>0$이므로 $x=7$

답 (1) **5** (2) **8** (3) **25** (4) **7**

02 (1) $x^2+5^2=13^2$에서 $x^2=144$
그런데 $x>0$이므로 $x=12$
$y^2+12^2=20^2$에서 $y^2=256$
그런데 $y>0$이므로 $y=16$
(2) $12^2+9^2=x^2$에서 $x^2=225$
그런데 $x>0$이므로 $x=15$
$15^2+8^2=y^2$에서 $y^2=289$
그런데 $y>0$이므로 $y=17$

답 (1) $x=12$, $y=16$ (2) $x=15$, $y=17$

03 (1) $3^2+4^2=5^2$이므로 직각삼각형이다.
(2) $4^2+6^2\neq8^2$이므로 직각삼각형이 아니다.
(3) $5^2+6^2\neq7^2$이므로 직각삼각형이 아니다.
(4) $8^2+15^2=17^2$이므로 직각삼각형이다.

답 (1) ○ (2) × (3) × (4) ○

핵심문제 익히기 🔎 확인문제 본문 171~173쪽

| 1 25 cm | 2 30 cm | 3 24 cm | 4 17 cm^2 |
| 5 29 cm^2 | 6 2 cm | 7 ③ | |

이렇게 풀어요

1 △ABD에서 $\overline{AB}^2+8^2=17^2$, $\overline{AB}^2=225$
그런데 $\overline{AB}>0$이므로 $\overline{AB}=15(cm)$
△ABC에서 $15^2+(8+12)^2=\overline{AC}^2$, $\overline{AC}^2=625$
그런데 $\overline{AC}>0$이므로 $\overline{AC}=25(cm)$

답 **25 cm**

2 점 A에서 $\overline{BC}$에 내린 수선의 발을 H
라 하면 $\overline{HC}=\overline{AD}=8$ cm이므로
$\overline{BH}=\overline{BC}-\overline{HC}=18-8=10(cm)$
△ABH에서 $\overline{AH}^2+10^2=26^2$
$\overline{AH}^2=576$
그런데 $\overline{AH}>0$이므로 $\overline{AH}=24(cm)$
이때 $\overline{DC}=\overline{AH}=24$ cm이므로
△DBC에서 $18^2+24^2=\overline{BD}^2$, $\overline{BD}^2=900$
그런데 $\overline{BD}>0$이므로 $\overline{BD}=30(cm)$

답 **30 cm**

3 △AEH≡△BFE≡△CGF≡△DHG(SAS 합동)이므로
□EFGH는 정사각형이다.
이때 □EFGH의 넓이가 20 cm^{2}이므로 $\overline{EH}^2=20$
△AEH에서 $\overline{AH}^2+2^2=20$, $\overline{AH}^2=16$
그런데 $\overline{AH}>0$이므로 $\overline{AH}=4(cm)$
$\overline{EB}=\overline{HA}=4$ cm이므로
$\overline{AB}=\overline{AE}+\overline{EB}=2+4=6(cm)$
∴ (□ABCD의 둘레의 길이)$=6\times4=24(cm)$

답 **24 cm**

4 △ABC≡△CDE이므로
$\angle ACE=180°-(\angle ACB+\angle ECD)$
$=180°-(\angle ACB+\angle CAB)=90°$,
$\overline{AC}=\overline{CE}$
즉, △ACE는 $\angle ACE=90°$인 직각이등변삼각형이다.
이때 $\overline{AB}=\overline{CD}=3$ cm이므로
△ABC에서 $3^2+5^2=\overline{AC}^2$, $\overline{AC}^2=34$
∴ △ACE$=\dfrac{1}{2}\times\overline{AC}^2$
$=\dfrac{1}{2}\times34=17(cm^2)$

답 **17 cm^2**

5 □EFGH는 정사각형이고 넓이가 9 cm^{2}이므로 $\overline{EF}^2=9$
그런데 $\overline{EF}>0$이므로 $\overline{EF}=3(cm)$
$\overline{BF}=\overline{AE}=2$ cm이고 $\overline{AF}=2+3=5(cm)$이므로
△ABF에서 $2^2+5^2=\overline{AB}^2$, $\overline{AB}^2=29$
∴ □ABCD$=\overline{AB}^2=29(cm^2)$

답 **29 cm^2**

6 □ACHI, □BFGC의 넓이가 각각 13 cm², 9 cm²이므로 $\overline{AC}^2=13$, $\overline{BC}^2=9$
△ABC에서 $\overline{AB}^2+\overline{BC}^2=\overline{AC}^2$이므로
$\overline{AB}^2+9=13$, $\overline{AB}^2=4$
그런데 $\overline{AB}>0$이므로 $\overline{AB}=2$(cm)　　🅐 **2 cm**

7 ③ $7^2+10^2\neq10^2$이므로 직각삼각형이 아니다.　　🅐 ③

소단원 📖 **핵심문제**　　　　　　　본문 174쪽

01 (1) 17　(2) 13	**02** (1) 936 cm²　(2) 192 cm²
03 49 cm²　**04** 50 cm²　**05** 20	

이렇게 풀어요

01 (1) △ADC에서 $\overline{DC}^2+8^2=10^2$, $\overline{DC}^2=36$
그런데 $\overline{DC}>0$이므로 $\overline{DC}=6$(cm)
△ABC에서 $(9+6)^2+8^2=\overline{AB}^2$, $\overline{AB}^2=289$
그런데 $\overline{AB}>0$이므로 $\overline{AB}=17$(cm)　∴ $x=17$
(2) △ABD에서 $\overline{BD}^2+12^2=20^2$, $\overline{BD}^2=256$
그런데 $\overline{BD}>0$이므로 $\overline{BD}=16$(cm)
이때 $\overline{CD}=\overline{BC}-\overline{BD}=21-16=5$(cm)
△ADC에서 $12^2+5^2=\overline{AC}^2$, $\overline{AC}^2=169$
그런데 $\overline{AC}>0$이므로 $\overline{AC}=13$(cm)　∴ $x=13$
🅐 (1) **17**　(2) **13**

02 (1) $\overline{BD}$를 그으면 △ABD에서
$14^2+48^2=\overline{BD}^2$, $\overline{BD}^2=2500$
그런데 $\overline{BD}>0$이므로
$\overline{BD}=50$(cm)
△BCD에서
$30^2+\overline{CD}^2=50^2$, $\overline{CD}^2=1600$
그런데 $\overline{CD}>0$이므로 $\overline{CD}=40$(cm)
∴ □ABCD$=\frac{1}{2}\times14\times48+\frac{1}{2}\times30\times40$
$=936$(cm²)

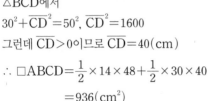

(2) 두 꼭짓점 A, D에서 $\overline{BC}$에
내린 수선의 발을 각각 E, F
라 하자.
$\overline{EF}=\overline{AD}=7$ cm이므로
$\overline{BE}=\overline{CF}=\frac{1}{2}\times(25-7)=9$(cm)

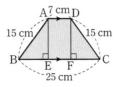

△ABE에서 $9^2+\overline{AE}^2=15^2$, $\overline{AE}^2=144$
그런데 $\overline{AE}>0$이므로 $\overline{AE}=12$(cm)
∴ □ABCD$=\frac{1}{2}\times(7+25)\times12$
$=192$(cm²)
🅐 (1) **936 cm²**　(2) **192 cm²**

03 $\overline{BQ}=\overline{AP}=8$ cm이므로
△ABQ에서
$\overline{AQ}^2+8^2=17^2$, $\overline{AQ}^2=225$
그런데 $\overline{AQ}>0$이므로 $\overline{AQ}=15$(cm)
∴ $\overline{PQ}=\overline{AQ}-\overline{AP}$
$=15-8=7$(cm)
이때 □PQRS는 정사각형이므로
□PQRS$=7^2=49$(cm²)　　🅐 **49 cm²**

04 △ABC에서 $8^2+\overline{AC}^2=10^2$, $\overline{AC}^2=36$
그런데 $\overline{AC}>0$이므로 $\overline{AC}=6$(cm)
△ABF$=\frac{1}{2}$□ADEB
$=\frac{1}{2}\times8^2=32$(cm²)
△AGC$=\frac{1}{2}$□ACHI
$=\frac{1}{2}\times6^2=18$(cm²)
∴ (색칠한 부분의 넓이)$=$△ABF$+$△AGC
$=32+18$
$=50$(cm²)　　🅐 **50 cm²**

05 x cm가 가장 긴 선분의 길이이므로 직각삼각형을 만들려
면 $12^2+16^2=x^2$이어야 한다.
즉, $x^2=400$
그런데 $x>16$이므로 $x=20$　　🅐 **20**

---

02 **피타고라스 정리를 이용한 성질**

개념원리 📘 **확인하기**　　　　　本문 177쪽

01 (1) 예각삼각형　(2) 둔각삼각형　(3) 직각삼각형			
02 19	**03** 12	**04** 5	**05** 30π cm²

01 (1) $7^2 < 5^2 + 6^2$이므로 예각삼각형이다.

(2) $15^2 > 6^2 + 10^2$이므로 둔각삼각형이다.

(3) $20^2 = 12^2 + 16^2$이므로 직각삼각형이다.

⬚ (1) **예각삼각형** (2) **둔각삼각형** (3) **직각삼각형**

02 $\overline{BE}^2 + \overline{CD}^2 = \overline{DE}^2 + \overline{BC}^2$이므로

$6^2 + 8^2 = x^2 + 9^2$

$\therefore x^2 = 19$ **⬚ 19**

03 $\overline{AB}^2 + \overline{CD}^2 = \overline{AD}^2 + \overline{BC}^2$이므로

$6^2 + 5^2 = x^2 + 7^2$

$\therefore x^2 = 12$ **⬚ 12**

04 $\overline{AP}^2 + \overline{CP}^2 = \overline{BP}^2 + \overline{DP}^2$이므로

$6^2 + x^2 = 5^2 + 4^2$

$\therefore x^2 = 5$ **⬚ 5**

05 $\overline{AC}$를 지름으로 하는 반원의 넓이를 $S\ \mathrm{cm}^2$라 하면

$60\pi + S = 90\pi$

$\therefore S = 30\pi$

따라서 $\overline{AC}$를 지름으로 하는 반원의 넓이는 $30\pi\ \mathrm{cm}^2$이다. **⬚ $30\pi\ \mathrm{cm}^2$**

핵심문제 익히기 🔑 **확인문제** 본문 178~179쪽

01 ② **02** 89 **03** 45

04 (1) $25\pi\ \mathrm{cm}^2$ (2) $54\ \mathrm{cm}^2$

---

1 ① $8^2 < 5^2 + 7^2$ ∴ 예각삼각형

② $12^2 > 5^2 + 10^2$ ∴ 둔각삼각형

③ $10^2 < 7^2 + 8^2$ ∴ 예각삼각형

④ $25^2 = 7^2 + 24^2$ ∴ 직각삼각형

⑤ $15^2 = 9^2 + 12^2$ ∴ 직각삼각형 **⬚ ②**

2 $\triangle ADE$에서 $3^2 + 4^2 = \overline{DE}^2$, $\overline{DE}^2 = 25$

$\overline{BE}^2 + \overline{CD}^2 = \overline{DE}^2 + \overline{BC}^2$이므로

$\overline{BE}^2 + \overline{CD}^2 = 25 + 8^2 = 89$ **⬚ 89**

3 $\overline{AP}^2 + \overline{CP}^2 = \overline{BP}^2 + \overline{DP}^2$이므로

$\overline{BP}^2 + \overline{DP}^2 = 3^2 + 6^2 = 45$ **⬚ 45**

---

4 (1) ($\overline{AB}$를 지름으로 하는 반원의 넓이)

$\quad + (\overline{AC}$를 지름으로 하는 반원의 넓이)

$= (\overline{BC}$를 지름으로 하는 반원의 넓이)이므로

(색칠한 부분의 넓이)

$= 2 \times (\overline{BC}$를 지름으로 하는 반원의 넓이)

$= 2 \times \left(\dfrac{1}{2} \times \pi \times 5^2 \right)$

$= 25\pi\ (\mathrm{cm}^2)$

(2) $\triangle ABC$에서 $12^2 + \overline{AC}^2 = 15^2$, $\overline{AC}^2 = 81$

그런데 $\overline{AC} > 0$이므로 $\overline{AC} = 9\ (\mathrm{cm})$

$\therefore$ (색칠한 부분의 넓이) $= \triangle ABC$

$\qquad\qquad = \dfrac{1}{2} \times 12 \times 9$

$\qquad\qquad = 54\ (\mathrm{cm}^2)$

⬚ (1) **$25\pi\ \mathrm{cm}^2$** (2) **$54\ \mathrm{cm}^2$**

소단원 📋 **핵심문제** 본문 180쪽

01 ③ **02** 125 **03** 83 **04** 21

05 $96\ \mathrm{cm}^2$ **06** $5\ \mathrm{cm}$

---

01 ① $4^2 > 2^2 + 3^2$ ∴ 둔각삼각형

② $7^2 > 3^2 + 5^2$ ∴ 둔각삼각형

③ $9^2 < 6^2 + 7^2$ ∴ 예각삼각형

④ $10^2 = 6^2 + 8^2$ ∴ 직각삼각형

⑤ $20^2 > 12^2 + 15^2$ ∴ 둔각삼각형 **⬚ ③**

02 $\triangle ABC$에서 $\overline{CD} = \overline{DA}$, $\overline{CE} = \overline{EB}$이므로

$\overline{DE} = \dfrac{1}{2}\overline{AB} = \dfrac{1}{2} \times 10 = 5$

$\overline{AE}^2 + \overline{BD}^2 = \overline{DE}^2 + \overline{AB}^2$이므로

$\overline{AE}^2 + \overline{BD}^2 = 5^2 + 10^2 = 125$ **⬚ 125**

03 $\triangle PBC$에서 $3^2 + 5^2 = \overline{BC}^2$, $\overline{BC}^2 = 34$

$\overline{AB}^2 + \overline{CD}^2 = \overline{AD}^2 + \overline{BC}^2$이므로

$\overline{AB}^2 + \overline{CD}^2 = 7^2 + 34 = 83$ **⬚ 83**

04 $\overline{AP}^2 + \overline{CP}^2 = \overline{BP}^2 + \overline{DP}^2$이므로

$x^2 + 5^2 = 2^2 + y^2$

$\therefore y^2 - x^2 = 21$ **⬚ 21**

05 $(\overline{AB}$를 지름으로 하는 반원의 넓이)
$+(\overline{BC}$를 지름으로 하는 반원의 넓이)
$=(\overline{AC}$를 지름으로 하는 반원의 넓이)이므로
$(\overline{BC}$를 지름으로 하는 반원의 넓이)
$=50\pi-18\pi=32\pi(cm^2)$
$\overline{AB}$를 지름으로 하는 반원의 넓이가 $18\pi\ cm^2$이므로
$\dfrac{1}{2}\times\pi\times\left(\dfrac{\overline{AB}}{2}\right)^2=18\pi$에서 $\overline{AB}^2=144$
그런데 $\overline{AB}>0$이므로 $\overline{AB}=12(cm)$
또 $\overline{BC}$를 지름으로 하는 반원의 넓이가 $32\pi\ cm^2$이므로
$\dfrac{1}{2}\times\pi\times\left(\dfrac{\overline{BC}}{2}\right)^2=32\pi$에서 $\overline{BC}^2=256$
그런데 $\overline{BC}>0$이므로 $\overline{BC}=16(cm)$
$\therefore \triangle ABC=\dfrac{1}{2}\times\overline{AB}\times\overline{BC}$
$=\dfrac{1}{2}\times12\times16=96(cm^2)$ **目 96 cm²**

06 색칠한 부분의 넓이는 $\triangle ABC$의 넓이와 같으므로
$6=\dfrac{1}{2}\times4\times\overline{AC}$
$\therefore \overline{AC}=3(cm)$
따라서 $\triangle ABC$에서
$4^2+3^2=\overline{BC}^2$, $\overline{BC}^2=25$
그런데 $\overline{BC}>0$이므로 $\overline{BC}=5(cm)$ **目 5 cm**

중단원 마무리　　　　본문 181~182쪽

01 32	02 15 cm	03 18	04 18 cm²
05 ②	06 ①, ③	07 29	08 10 cm
09 16 cm	10 5	11 96 cm²	12 57
13 40 cm²	14 189	15 6 cm	16 15

이렇게 풀어요

01 $\triangle ABD$에서 $x^2+9^2=15^2$, $x^2=144$
그런데 $x>0$이므로 $x=12$
$\triangle ABC$에서 $12^2+16^2=y^2$, $y^2=400$
그런데 $y>0$이므로 $y=20$
$\therefore x+y=12+20=32$ **目 32**

02 $\triangle ABD$에서 $\overline{AD}^2+12^2=20^2$, $\overline{AD}^2=256$
그런데 $\overline{AD}>0$이므로 $\overline{AD}=16(cm)$
또 $\triangle ABC$에서 $\overline{AB}^2=\overline{AD}\times\overline{AC}$이므로
$20^2=16\times\overline{AC}$　$\therefore \overline{AC}=25(cm)$
이때 $20^2+\overline{BC}^2=25^2$에서 $\overline{BC}^2=225$
그런데 $\overline{BC}>0$이므로 $\overline{BC}=15(cm)$ **目 15 cm**

03 $\overline{AC}$를 그으면
$\triangle ACD$에서 $7^2+1^2=\overline{AC}^2$
$\overline{AC}^2=50$
$\triangle ABC$에서 $\overline{AB}^2+\overline{BC}^2=\overline{AC}^2=50$
이때 $\overline{AB}=\overline{BC}$이므로
$2\overline{AB}^2=50$, $\overline{AB}^2=25$
그런데 $\overline{AB}>0$이므로 $\overline{AB}=5$
$\therefore (\square ABCD$의 둘레의 길이$)$
$=\overline{AB}+\overline{BC}+\overline{CD}+\overline{DA}$
$=5+5+1+7=18$ **目 18**

04 $\triangle ABC\equiv\triangle CDE$이므로 $\triangle ACE$는 $\angle ACE=90°$인 직각이등변삼각형이다.
이때 $\triangle ACE$의 넓이가 $10\ cm^2$이므로
$\dfrac{1}{2}\overline{AC}^2=10$, $\overline{AC}^2=20$
$\triangle ABC$에서 $\overline{AB}^2+4^2=20$, $\overline{AB}^2=4$
그런데 $\overline{AB}>0$이므로 $\overline{AB}=2(cm)$
따라서 $\overline{CD}=\overline{AB}=2\ cm$, $\overline{DE}=\overline{BC}=4\ cm$이므로
$\square ABDE=\dfrac{1}{2}\times(2+4)\times(4+2)$
$=18(cm^2)$ **目 18 cm²**

05 ① $\overline{EB}/\!/\overline{AC}$이므로 $\triangle AEB=\triangle CEB$
③ $\triangle EBC\equiv\triangle ABF$(SAS 합동)이므로
$\triangle EBC=\triangle ABF$
④ $\triangle EBA=\triangle EBC=\triangle ABF=\triangle JBF=\dfrac{1}{2}\square BFKJ$
⑤ $\triangle HAC=\triangle HBC=\triangle AGC=\triangle JGC$이므로
$\square ACHI=\square JKGC$ **目 ②**

06 ① $5^2=3^2+4^2$ (직각삼각형)
② $6^2\neq3^2+5^2$
③ $10^2=6^2+8^2$ (직각삼각형)
④ $13^2\neq6^2+9^2$
⑤ $12^2\neq7^2+9^2$ **目 ①, ③**

07 $\overline{AB}^2+\overline{CD}^2=\overline{AD}^2+\overline{BC}^2$이고

$\overline{AD}^2=x^2+y^2$이므로 $9^2+12^2=(x^2+y^2)+14^2$

$\therefore x^2+y^2=29$ **目 29**

08 색칠한 부분의 넓이는 △ABC의 넓이와 같으므로

$24=\dfrac{1}{2}\times6\times\overline{AC}$ $\therefore \overline{AC}=8(\text{cm})$

따라서 △ABC에서 $6^2+8^2=\overline{BC}^2$, $\overline{BC}^2=100$

그런데 $\overline{BC}>0$이므로 $\overline{BC}=10(\text{cm})$ **目 10 cm**

09 $\overline{AB}=\overline{AD}=12\text{ cm}$이므로

△ABE에서 $12^2+\overline{BE}^2=20^2$, $\overline{BE}^2=256$

그런데 $\overline{BE}>0$이므로 $\overline{BE}=16(\text{cm})$

이때 $\overline{BC}=\overline{AD}=12\text{ cm}$이므로

$\overline{CE}=\overline{BE}-\overline{BC}=16-12=4(\text{cm})$

$\therefore$ (□CEFG의 둘레의 길이)$=4\times4=16(\text{cm})$

目 16 cm

10 △ABC에서 $\overline{BC}^2+6^2=10^2$, $\overline{BC}^2=64$

그런데 $\overline{BC}>0$이므로 $\overline{BC}=8$

이때 $\overline{BD}:\overline{CD}=\overline{AB}:\overline{AC}$이므로

$\overline{BD}:\overline{CD}=10:6=5:3$

$\therefore \overline{BD}=\dfrac{5}{5+3}\overline{BC}=\dfrac{5}{8}\times8=5$ **目 5**

11 점 G가 △ABC의 무게중심이므로

$\overline{CD}=\dfrac{3}{2}\overline{CG}=\dfrac{3}{2}\times\dfrac{20}{3}=10(\text{cm})$

이때 점 D는 △ABC의 외심이므로

$\overline{AD}=\overline{BD}=\overline{CD}=10\text{ cm}$

$\therefore \overline{AB}=2\overline{AD}=2\times10=20(\text{cm})$

따라서 △ABC에서 $12^2+\overline{AC}^2=20^2$, $\overline{AC}^2=256$

그런데 $\overline{AC}>0$이므로 $\overline{AC}=16(\text{cm})$

$\therefore △ABC=\dfrac{1}{2}\times12\times16=96(\text{cm}^2)$ **目 96 cm²**

12 오각형 ABCDE의 넓이는 오른쪽 그림과 같이 직사각형 ABCF의 넓이에서 직각삼각형 EDF의 넓이를 뺀 것과 같다.

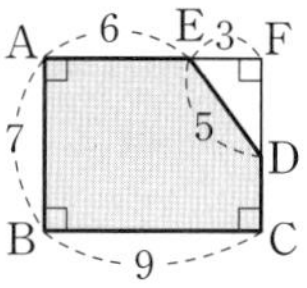

△EDF에서 $3^2+\overline{DF}^2=5^2$, $\overline{DF}^2=16$

그런데 $\overline{DF}>0$이므로 $\overline{DF}=4$

$\therefore$ (오각형 ABCDE의 넓이)$=9\times7-\dfrac{1}{2}\times3\times4=57$

目 57

13 △ABC에서

$8^2+4^2=\overline{BC}^2$, $\overline{BC}^2=80$

$\therefore △FDE=△BDE$

$=\dfrac{1}{2}□BDEC$

$=\dfrac{1}{2}\times\overline{BC}^2$

$=\dfrac{1}{2}\times80=40(\text{cm}^2)$ **目 40 cm²**

14 $\overline{DE}$를 그으면

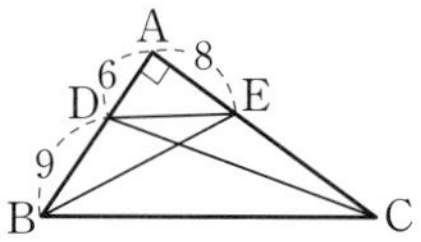

△ADE에서

$6^2+8^2=\overline{DE}^2$, $\overline{DE}^2=100$

△ABE에서

$(6+9)^2+8^2=\overline{BE}^2$, $\overline{BE}^2=289$

이때 $\overline{BE}^2+\overline{CD}^2=\overline{DE}^2+\overline{BC}^2$이므로

$289+\overline{CD}^2=100+\overline{BC}^2$

$\therefore \overline{BC}^2-\overline{CD}^2=189$ **目 189**

15 $\overline{AP}^2+\overline{CP}^2=\overline{BP}^2+\overline{DP}^2$이므로

$6^2+\overline{CP}^2=8^2+2^2$, $\overline{CP}^2=32$

△PCD에서

$2^2+32=\overline{CD}^2$, $\overline{CD}^2=36$

그런데 $\overline{CD}>0$이므로

$\overline{CD}=6(\text{cm})$ **目 6 cm**

16 $\overline{BD}$를 그으면

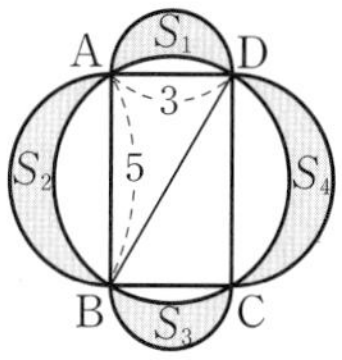

$S_1+S_2=△ABD$

$S_3+S_4=△DBC$

$\therefore$ (색칠한 부분의 넓이)

$=△ABD+△DBC$

$=□ABCD$

$=3\times5=15$ **目 15**

📋 서술형 대비 문제 본문 183~184쪽

1-1 20 cm	**2-1** 16	**3** 17 cm	**4** $\dfrac{25}{2}$ cm²
5 369, 81	**6** 18분		

1-1 [1단계] 꼭짓점 A에서 $\overline{BC}$에 내린 수선의 발을 H라 하자.

$\overline{HC}=\overline{AD}=11$ cm이므로

$\overline{BH}=\overline{BC}-\overline{HC}$
$\quad\quad=16-11=5(cm)$

$\triangle ABH$에서

$\overline{AH}^2+5^2=13^2$, $\overline{AH}^2=144$

그런데 $\overline{AH}>0$이므로 $\overline{AH}=12(cm)$

$\therefore \overline{DC}=\overline{AH}=12$ cm

[2단계] $\triangle DBC$에서 $16^2+12^2=\overline{BD}^2$, $\overline{BD}^2=400$

그런데 $\overline{BD}>0$이므로 $\overline{BD}=20(cm)$

답 **20 cm**

2-1 [1단계] $\overline{AC}$를 지름으로 하는 반원의 넓이는

$S_2-S_1=56\pi-24\pi=32\pi$

[2단계] $\overline{AC}$를 지름으로 하는 반원의 넓이가 32π이므로

$\dfrac{1}{2}\times\pi\times\left(\dfrac{\overline{AC}}{2}\right)^2=32\pi$에서

$\overline{AC}^2=256$

그런데 $\overline{AC}>0$이므로 $\overline{AC}=16$ 답 **16**

3 [1단계] 마름모의 두 대각선은 서로 다른 것을 수직이등분하므로

$\overline{AO}=\dfrac{1}{2}\overline{AC}=\dfrac{1}{2}\times16=8(cm)$

$\overline{BO}=\dfrac{1}{2}\overline{BD}=\dfrac{1}{2}\times30=15(cm)$

[2단계] $\triangle ABO$에서

$8^2+15^2=\overline{AB}^2$, $\overline{AB}^2=289$

그런데 $\overline{AB}>0$이므로 $\overline{AB}=17(cm)$

따라서 마름모 ABCD의 한 변의 길이는 17 cm이다. 답 **17 cm**

단계	채점 요소	배점
❶	$\overline{AO}$, $\overline{BO}$의 길이 각각 구하기	2점
❷	마름모 ABCD의 한 변의 길이 구하기	4점

4 [1단계] $\triangle HBC\equiv\triangle AGC$(SAS 합동)이므로

$\triangle HBC=\triangle AGC$ ······ ㉠

또 $\overline{AK}/\!/\overline{CG}$이므로

$\triangle AGC=\triangle JGC$ ······ ㉡

㉠, ㉡에서 $\triangle HBC=\triangle JGC$

[2단계] 이때 $\triangle JGC=\dfrac{1}{2}\square JKGC$이고

$\square JKGC=\square BFGC-\square BFKJ$
$\quad\quad\quad=13^2-144$
$\quad\quad\quad-25(cm^2)$

이므로

$\triangle HBC=\triangle JGC=\dfrac{1}{2}\square JKGC$

$\quad\quad=\dfrac{1}{2}\times25=\dfrac{25}{2}(cm^2)$

답 $\dfrac{25}{2}$ cm²

단계	채점 요소	배점
❶	$\triangle HBC=\triangle JGC$임을 알기	4점
❷	$\triangle HBC$의 넓이 구하기	4점

5 [1단계] 가장 긴 빨대의 길이가 x cm일 때

$15^2+12^2=x^2$에서

$x^2=369$

[2단계] 가장 긴 빨대의 길이가 15 cm일 때

$12^2+x^2=15^2$에서

$x^2=81$ 답 **369, 81**

단계	채점 요소	배점
❶	가장 긴 빨대의 길이가 x cm일 때, x^2의 값 구하기	4점
❷	가장 긴 빨대의 길이가 15 cm일 때, x^2의 값 구하기	4점

6 [1단계] $\overline{PA}^2+\overline{PC}^2=\overline{PB}^2+\overline{PD}^2$이므로

$200^2+\overline{PC}^2=600^2+700^2$에서

$\overline{PC}^2=810000$

그런데 $\overline{PC}>0$이므로 $\overline{PC}=900(m)$

[2단계] 시속 3 km는 분속 $\dfrac{3000}{60}=50(m)$이므로 안내소 P에서 출발하여 시속 3 km로 C 부스까지 가는 데 걸리는 시간은

$\dfrac{900}{50}=18(분)$ 답 **18분**

단계	채점 요소	배점
❶	안내소 P에서 C 부스까지의 거리 구하기	4점
❷	안내소 P에서 C 부스까지 시속 3 km로 가는 데 걸리는 시간 구하기	4점

1 경우의 수

경우의 수

개념원리 ✍ 확인하기
본문 189쪽

01 (1) 2 (2) 3, 6 ⇨ 2 (3) 2, 3, 5 ⇨ 3

02 5, 4, 9　　**03** 3, 4, 12

04 (1) 2, 6, 12 (2) 1, 3, 3 (3) 1, 4, 4

이렇게 풀어요

01 (1) 5 이상의 눈이 나오는 경우는 5, 6의 2가지이다.

(2) 3의 배수의 눈이 나오는 경우는 3, 6의 2가지이다.

(3) 소수의 눈이 나오는 경우는 2, 3, 5의 3가지이다.

🖺 (1) **2** (2) **3, 6 ⇨ 2** (3) **2, 3, 5 ⇨ 3**

02 🖺 **5, 4, 9**

03 🖺 **3, 4, 12**

04 (1) 동전 1개를 던질 때 일어나는 모든 경우는 앞, 뒤의 2 가지, 주사위 1개를 던질 때 일어나는 모든 경우는 1, 2, 3, 4, 5, 6의 6가지이므로 구하는 경우의 수는

$2 \times 6 = 12$

(2) 동전에서 앞면이 나오는 경우는 1가지, 주사위에서 홀수의 눈이 나오는 경우는 1, 3, 5의 3가지이므로 구하는 경우의 수는

$1 \times 3 = 3$

(3) 동전에서 뒷면이 나오는 경우는 1가지, 주사위에서 5 미만의 눈이 나오는 경우는 1, 2, 3, 4의 4가지이므로 구하는 경우의 수는

$1 \times 4 = 4$　　🖺 (1) **2, 6, 12** (2) **1, 3, 3** (3) **1, 4, 4**

핵심문제 익히기 🔑 확인문제
본문 190~192쪽

1 (1) 6 (2) 6	**2** 12	**3** 5	**4** 5가지
5 5	**6** 9	**7** 19	**8** 24
9 30	**10** (1) 72 (2) 9		

1 (1) 두 주사위에서 나오는 눈의 수를 순서쌍으로 나타내면 두 눈의 수의 차가 3인 경우는

(1, 4), (2, 5), (3, 6), (4, 1), (5, 2), (6, 3)

이므로 구하는 경우의 수는 6이다.

(2) 두 주사위에서 나오는 눈의 수를 순서쌍으로 나타내면 두 눈의 수의 합이 10 이상인 경우는

(4, 6), (5, 5), (5, 6), (6, 4), (6, 5), (6, 6)

이므로 구하는 경우의 수는 6이다.　🖺 (1) **6** (2) **6**

2 1부터 50까지의 자연수 중에서 4의 배수는 4, 8, 12, …, 48이므로 구하는 경우의 수는 12이다.　🖺 **12**

3 250원을 지불하는 방법을 표로 나타내면 다음과 같다.

100원(개)	50원(개)	10원(개)
2	1	0
2	0	5
1	3	0
1	2	5
0	4	5

따라서 구하는 방법의 수는 5이다.　🖺 **5**

4 지불할 수 있는 금액을 표로 나타내면 다음과 같다.

(단위: 원)

50원(개) \ 100원(개)	1	2
1	150	250
2	200	300
3	250	350

따라서 지불할 수 있는 금액은 150원, 200원, 250원, 300원, 350원의 5가지이다.　🖺 **5가지**

5 3의 배수가 나오는 경우는 3, 6, 9의 3가지, 5의 배수가 나오는 경우는 5, 10의 2가지이므로 구하는 경우의 수는 $3 + 2 = 5$　🖺 **5**

6 두 눈의 수의 합이 8의 약수인 경우는 합이 2이거나 4이거나 8인 경우이다.

두 주사위에서 나오는 눈의 수를 순서쌍으로 나타내면

(i) 두 눈의 수의 합이 2인 경우:

(1, 1)의 1가지

(ii) 두 눈의 수의 합이 4인 경우:

(1, 3), (2, 2), (3, 1)의 3가지

(iii) 두 눈의 수의 합이 8인 경우 :

   $(2, 6), (3, 5), (4, 4), (5, 3), (6, 2)$의 5가지

따라서 구하는 경우의 수는

$1+3+5=9$ **답 9**

7 가요를 듣는 경우는 7가지, 팝송을 듣는 경우는 8가지, 클래식을 듣는 경우는 4가지이므로 구하는 경우의 수는

$7+8+4=19$ **답 19**

8 A도시에서 B도시로 가는 방법은 3가지, B도시에서 C도시로 가는 방법은 2가지, C도시에서 D도시로 가는 방법은 4가지이므로 구하는 방법의 수는

$3 \times 2 \times 4 = 24$ **답 24**

9 책상을 선택하는 방법은 5가지, 의자를 선택하는 방법은 6가지이므로 책상과 의자를 각각 한 개씩 짝 지어 한 쌍으로 판매할 수 있는 방법의 수는

$5 \times 6 = 30$ **답 30**

10 (1) 동전 1개를 던질 때 나오는 모든 경우는 앞, 뒤의 2가지, 주사위 1개를 던질 때 나오는 모든 경우는 1, 2, 3, 4, 5, 6의 6가지이므로

구하는 경우의 수는

$2 \times 6 \times 6 = 72$

(2) 홀수의 눈이 나오는 경우는 1, 3, 5의 3가지, 소수의 눈이 나오는 경우는 2, 3, 5의 3가지이므로

구하는 경우의 수는

$3 \times 3 = 9$ **답 (1) 72 (2) 9**

소단원 📖 핵심문제   본문 193쪽

| **01** 6 | **02** 4 | **03** 6 | **04** 9 |
| **05** 7 | **06** 12개 | **07** 13 | |

이렇게 풀어요

01 앞면이 2개, 뒷면이 2개 나오는 경우를 순서쌍으로 나타내면

(앞, 앞, 뒤, 뒤), (앞, 뒤, 앞, 뒤),

(앞, 뒤, 뒤, 앞), (뒤, 앞, 앞, 뒤),

(뒤, 앞, 뒤, 앞), (뒤, 뒤, 앞, 앞)

이므로 구하는 경우의 수는 6이다.   **답 6**

02 330원을 지불하는 방법을 표로 나타내면 다음과 같다.

100원(개)	50원(개)	10원(개)
3	0	3
2	2	3
1	4	3
0	6	3

따라서 구하는 방법의 수는 4이다.   **답 4**

03 두 눈의 수의 차가 4 이상인 경우는 차가 4이거나 5인 경우이다.

두 주사위에서 나오는 눈의 수를 순서쌍으로 나타내면

(i) 두 눈의 수의 차가 4인 경우 :

   $(1, 5), (2, 6), (5, 1), (6, 2)$의 4가지

(ii) 두 눈의 수의 차가 5인 경우 :

   $(1, 6), (6, 1)$의 2가지

따라서 구하는 경우의 수는

$4+2=6$ **답 6**

04 $2x+y<8$을 만족시키는 경우를 순서쌍 (x, y)로 나타내면

(i) $x=1$일 때, $y<6$이므로

   $(1, 1), (1, 2), (1, 3), (1, 4), (1, 5)$의 5가지

(ii) $x=2$일 때, $y<4$이므로

   $(2, 1), (2, 2), (2, 3)$의 3가지

(iii) $x=3$일 때, $y<2$이므로

   $(3, 1)$의 1가지

따라서 구하는 경우의 수는

$5+3+1=9$ **답 9**

05 1부터 10까지의 자연수 중

2의 배수는 2, 4, 6, 8, 10의 5개,

3의 배수는 3, 6, 9의 3개이다.

이때 2와 3의 공배수는 6의 1개이므로

구하는 경우의 수는

$5+3-1=7$ **답 7**

06 3개의 자음과 4개의 모음이 있으므로

구하는 글자의 개수는

$3 \times 4 = 12$(개)   **답 12개**

07 (i) A → B → C로 가는 방법의 수 :

   $4 \times 3 = 12$

(ii) A → C로 바로 가는 방법의 수 : 1

따라서 구하는 방법의 수는

$12+1=13$ **답 13**

개념원리 ✎ 확인하기

본문 196쪽

01 풀이 참조 **02** (1) 4, 3, 12 (2) 6, 2, 12

03 (1) 4개 (2) 3개 (3) 4, 3, 12

04 (1) 4, 3, 12 (2) 4, 3, 2, 6

이렇게 풀어요

01

맨 앞	가운데	끝	
A	B — C	···	ABC
	C — $\boxed{B}$	···	$\boxed{ACB}$
B	$\boxed{A}$ — C	···	$\boxed{BAC}$
	$\boxed{C}$ — A	···	$\boxed{BCA}$
C	$\boxed{A}$ — $\boxed{B}$	···	$\boxed{CAB}$
	$\boxed{B}$ — A	···	$\boxed{CBA}$

$\Rightarrow \boxed{3} \times \boxed{2} \times \boxed{1} = \boxed{6}$

🔑 **풀이 참조**

02 (1) 맨 앞에 서는 학생을 뽑는 경우의 수는 4, 맨 앞에 선 1명을 제외한 3명 중에서 두 번째 서는 학생을 뽑는 경우의 수는 3이므로 구하는 경우의 수는

$4 \times 3 = 12$

(2) A, C를 하나로 묶어서 생각하면 (A, C), B, D의 3명을 한 줄로 세우는 경우의 수는

$3 \times 2 \times 1 = 6$

이때 A와 C가 자리를 바꾸는 경우의 수는 2이므로 구하는 경우의 수는

$6 \times 2 = 12$

🔑 (1) **4, 3, 12** (2) **6, 2, 12**

03 (1) 십의 자리에 올 수 있는 숫자는 2, 4, 6, 8의 4개이다.

(2) 일의 자리에 올 수 있는 숫자는 십의 자리의 숫자를 제외한 3개이다.

(3) $4 \times 3 = 12$(개) 🔑 (1) **4개** (2) **3개** (3) **4, 3, 12**

04 (1) A, B, C, D 4명 중 회장 1명을 뽑는 경우의 수는 4, 회장으로 뽑힌 사람을 제외한 3명 중에서 부회장 1명을 뽑는 경우의 수는 3이므로 구하는 경우의 수는

$4 \times 3 = 12$

(2) 대표 2명을 뽑는 것은 순서와 관계가 없으므로

$\dfrac{\boxed{4} \times \boxed{3}}{\boxed{2}} = 6$ 🔑 (1) **4, 3, 12** (2) **4, 3, 2, 6**

핵심문제 익히기 🔑 확인문제

본문 197~200쪽

1 (1) 24 (2) 120   **2** (1) 6 (2) 48

3 240   **4** (1) 24개 (2) 12개   **5** 16개

6 42   **7** 120   **8** 10

9 선분의 개수: 15개, 삼각형의 개수: 20개

10 24

이렇게 풀어요

1 (1) 4명을 한 줄로 세우는 경우의 수와 같으므로 구하는 경우의 수는

$4 \times 3 \times 2 \times 1 = 24$

(2) 6명의 학생 중에서 3명을 뽑아 한 줄로 세우는 경우의 수와 같으므로 구하는 경우의 수는

$6 \times 5 \times 4 = 120$ 🔑 (1) **24** (2) **120**

2 (1) K, O를 제외한 나머지 세 문자를 한 줄로 나열하는 경우의 수와 같으므로 구하는 경우의 수는

$3 \times 2 \times 1 = 6$

(2) E가 맨 앞에 오는 경우의 수는 E를 제외한 나머지 네 문자를 한 줄로 나열하는 경우의 수와 같으므로

$4 \times 3 \times 2 \times 1 = 24$

마찬가지로 A가 맨 앞에 오는 경우의 수도 24이므로 E 또는 A가 맨 앞에 오는 경우의 수는

$24 + 24 = 48$ 🔑 (1) **6** (2) **48**

3 여학생 2명을 한 묶음으로 생각하여 (여, 여), 남, 남, 남, 남의 5명을 한 줄로 세우는 경우의 수는

$5 \times 4 \times 3 \times 2 \times 1 = 120$

이때 여학생 2명이 자리를 바꾸는 경우의 수는 2이므로 구하는 경우의 수는

$120 \times 2 = 240$ 🔑 **240**

4 (1) 백의 자리에 올 수 있는 숫자는 4개, 십의 자리에 올 수 있는 숫자는 백의 자리의 숫자를 제외한 3개, 일의 자리에 올 수 있는 숫자는 백의 자리와 십의 자리의 숫자를 제외한 2개이므로 구하는 자연수의 개수는

$4 \times 3 \times 2 = 24$(개)

(2) 홀수가 되려면 일의 자리에 올 수 있는 숫자는 1 또는 3이어야 한다.

(i) □□1인 경우 : 백의 자리에 올 수 있는 숫자는 1을 제외한 3개, 십의 자리에 올 수 있는 숫자는 백의 자리의 숫자와 1을 제외한 2개이므로

$3 \times 2 = 6$(개)

(ii) □□3인 경우 : 백의 자리에 올 수 있는 숫자는 3을 제외한 3개, 십의 자리에 올 수 있는 숫자는 백의 자리의 숫자와 3을 제외한 2개이므로

$3 \times 2 = 6$(개)

따라서 구하는 홀수의 개수는

$6 + 6 = 12$(개)   🖹 (1) **24개** (2) **12개**

---

5 십의 자리에 올 수 있는 숫자는 0을 제외한 4개, 일의 자리에 올 수 있는 숫자는 십의 자리의 숫자를 제외한 4개이다.

따라서 구하는 자연수의 개수는

$4 \times 4 = 16$(개)   🖹 **16개**

---

6 회장이 될 수 있는 회원은 7명이고 부회장이 될 수 있는 회원은 회장을 제외한 6명이다.

따라서 구하는 경우의 수는

$7 \times 6 = 42$ 🖹 **42**

---

7 여학생 4명 중에서 조장 1명을 뽑는 경우의 수는 4

남학생 6명 중에서 총무 1명, 서기 1명을 뽑는 경우의 수는 $6 \times 5 = 30$

따라서 구하는 경우의 수는

$4 \times 30 = 120$ 🖹 **120**

---

8 시하를 제외한 나머지 5명 중에서 대표 2명을 뽑는 경우의 수와 같으므로 구하는 경우의 수는

$\dfrac{5 \times 4}{2} = 10$ 🖹 **10**

---

9 두 점을 이어서 만들 수 있는 선분의 개수는 6개의 점 중에서 2개의 점을 선택하는 경우의 수와 같으므로

$\dfrac{6 \times 5}{2} = 15$(개)

또 세 점을 꼭짓점으로 하는 삼각형의 개수는 6개의 점 중에서 3개의 점을 선택하는 경우의 수와 같으므로

$\dfrac{6 \times 5 \times 4}{3 \times 2 \times 1} = 20$(개)

🖹 **선분의 개수 : 15개, 삼각형의 개수 : 20개**

---

10 A에 칠할 수 있는 색은 4가지,

B에 칠할 수 있는 색은 A에 칠한 색을 제외한 3가지,

C에 칠할 수 있는 색은 A, B에 칠한 색을 제외한 2가지이다.

따라서 구하는 경우의 수는

$4 \times 3 \times 2 = 24$ 🖹 **24**

소단원 📖 **핵심문제**			본문 201쪽
01 12	**02** 36	**03** 12개	**04** 60
05 10개	**06** 6		

이렇게 풀어요

01 부부를 제외한 나머지 자녀 3명을 한 줄로 세우는 경우의 수는

$3 \times 2 \times 1 = 6$

이때 부부가 양 끝에 서는 경우는 부□□□모, 모□□□부의 2가지

따라서 구하는 경우의 수는

$6 \times 2 = 12$ 🖹 **12**

---

02 딸기, 초콜릿, 치즈 케이크를 한 묶음으로 생각하여 3개를 한 줄로 진열하는 경우의 수는

$3 \times 2 \times 1 = 6$

이때 딸기, 초콜릿, 치즈 케이크가 서로 자리를 바꾸는 경우의 수는

$3 \times 2 \times 1 = 6$

따라서 구하는 경우의 수는

$6 \times 6 = 36$ 🖹 **36**

---

03 40보다 작은 자연수가 되려면 십의 자리에 올 수 있는 숫자는 3 또는 2 또는 1이어야 한다.

(i) 3□인 경우 : 일의 자리에 올 수 있는 숫자는 십의 자리의 숫자를 제외한 4개이다.

(ii) 2□인 경우 : 일의 자리에 올 수 있는 숫자는 십의 자리의 숫자를 제외한 4개이다.

(iii) 1□인 경우 : 일의 자리에 올 수 있는 숫자는 십의 자리의 숫자를 제외한 4개이다.

따라서 구하는 자연수의 개수는

$4 + 4 + 4 = 12$(개)   🖹 **12개**

04 수학 참고서 4권 중에서 2권을 사는 경우의 수는
$$\frac{4\times3}{2}=6$$
국어 참고서 5권 중에서 2권을 사는 경우의 수는
$$\frac{5\times4}{2}=10$$
따라서 구하는 경우의 수는
$$6\times10=60$$ **目 60**

05 6개의 점 중에서 2개를 선택하는 경우의 수는
$$\frac{6\times5}{2}=15$$
한 직선 위에 있는 4개의 점 중에서 2개를 선택하는 경우의 수는
$$\frac{4\times3}{2}=6$$
따라서 구하는 직선의 개수는
$$15-6+1=10(개)$$ **目 10개**

06 A에 칠할 수 있는 색은 3가지,
B에 칠할 수 있는 색은 A에 칠한 색을 제외한 2가지,
C에 칠할 수 있는 색은 A, B에 칠한 색을 제외한 1가지이다.
따라서 구하는 경우의 수는
$$3\times2\times1=6$$ **目 6**

중단원 마무리
본문 202~204쪽

01 ③	**02** 4	**03** 6	**04** 16
05 14	**06** 12	**07** 6	**08** 16
09 ③	**10** 6개	**11** 10	**12** 15번
13 ③	**14** 14	**15** 8	**16** 72
17 3214	**18** 20번째	**19** 24	**20** 18
21 11명	**22** 20	**23** 31개	**24** ③
25 1280			

이렇게 풀어요

01 소수가 적힌 구슬이 나오는 경우는
2, 3, 5, 7, 11, 13, 17, 19
이므로 구하는 경우의 수는 8이다. **目 ③**

---

02 윷의 평평한 면을 배, 둥근 면을 등이라 할 때, 걸이 나오는 경우를 순서쌍으로 나타내면
(배, 배, 배, 등), (배, 배, 등, 배) (배, 등, 배, 배),
(등, 배, 배, 배)
이므로 구하는 경우의 수는 4이다. **目 4**

03 800원을 지불하는 방법을 표로 나타내면 오른쪽과 같다.
따라서 구하는 방법의 수는 6이다.

100원(개)	50원(개)
8	0
7	2
6	4
5	6
4	8
3	10

目 6

04 주사위에서 나오는 수를 순서쌍으로 나타내면
(ⅰ) 두 수의 차가 7인 경우 :
$(1, 8), (2, 9), (3, 10), (4, 11), (5, 12),$
$(8, 1), (9, 2), (10, 3), (11, 4), (12, 5)$
의 10가지
(ⅱ) 두 수의 차가 9인 경우 :
$(1, 10), (2, 11), (3, 12),$
$(10, 1), (11, 2), (12, 3)$
의 6가지
따라서 구하는 경우의 수는
$$10+6=16$$ **目 16**

05 재혁이네 반 학생 중에서 A형인 학생을 선택하는 경우는 8가지, B형인 학생을 선택하는 경우는 6가지이므로 구하는 경우의 수는
$$8+6=14$$ **目 14**

06 샌드위치를 선택하는 경우는 4가지, 음료수를 선택하는 경우는 3가지이므로 구하는 경우의 수는
$$4\times3=12$$ **目 12**

07 제1전시장에서 나와 복도로 가는 방법은 2가지, 복도에서 제2전시장으로 들어가는 방법은 3가지이므로 구하는 방법의 수는
$$2\times3=6$$ **目 6**

08 서로 다른 동전 2개를 동시에 던질 때 일어나는 모든 경우의 수는

$2 \times 2 = 4$

주사위 1개를 던질 때 3 이상의 눈이 나오는 경우는
3, 4, 5, 6의 4가지이다.

따라서 구하는 경우의 수는

$4 \times 4 = 16$ 　　　　　　　　　　　**📖 16**

09 B가 맨 앞에 서는 경우의 수는 B를 제외한 나머지 3명을 한 줄로 세우는 경우의 수와 같으므로

$3 \times 2 \times 1 = 6$

같은 방법으로 B가 맨 뒤에 서는 경우의 수도

$3 \times 2 \times 1 = 6$

따라서 구하는 경우의 수는

$6 + 6 = 12$ 　　　　　　　　　　　**📖 ③**

10 32 이상인 자연수가 되려면 십의 자리에 올 수 있는 숫자는 3 또는 4이어야 한다.

(i) 3□인 경우 : 32, 34의 2개

(ii) 4□인 경우 : 40, 41, 42, 43의 4개

따라서 구하는 자연수의 개수는

$2 + 4 = 6$(개) 　　　　　　　　　　　**📖 6개**

11 B와 F가 반드시 뽑히는 경우의 수는 B와 F를 제외한 나머지 5명 중에서 대표 2명을 뽑는 경우의 수와 같으므로 구하는 경우의 수는

$\dfrac{5 \times 4}{2} = 10$ 　　　　　　　　　　　**📖 10**

12 6개의 팀 중에서 순서와 관계없이 두 팀을 뽑는 경우의 수와 같으므로

$\dfrac{6 \times 5}{2} = 15$(번) 　　　　　　　　　　　**📖 15번**

다른 풀이

A, B, C, D, E, F 6개의 팀이 서로 한 번씩 시합을 하는 경우를 수형도로 나타내면 다음과 같다.

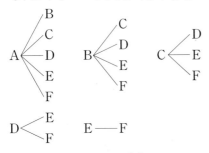

$\therefore\ 5 + 4 + 3 + 2 + 1 = 15$(번)

13 3명이 가위바위보를 할 때 승부가 나지 않는 경우는 3명이 모두 같은 것을 내거나 3명이 모두 다른 것을 내는 경우이다.

3명이 내는 것을 순서쌍으로 나타내면

(i) 3명이 모두 같은 것을 내는 경우:
　(가위, 가위, 가위), (바위, 바위, 바위), (보, 보, 보)
　의 3가지

(ii) 3명이 모두 다른 것을 내는 경우:
　(가위, 바위, 보), (가위, 보, 바위), (바위, 가위, 보),
　(바위, 보, 가위), (보, 가위, 바위), (보, 바위, 가위)
　의 6가지

따라서 구하는 경우의 수는

$3 + 6 = 9$ 　　　　　　　　　　　**📖 ③**

14 $ax = b$에서 $x = \dfrac{b}{a}$, 즉 $\dfrac{b}{a}$가 정수가 되려면 b가 a의 배수이어야 하므로 순서쌍 (a, b)로 나타내면

(i) $a = 1$인 경우 :
　$(1, 1), (1, 2), (1, 3), (1, 4), (1, 5), (1, 6)$
　의 6가지

(ii) $a = 2$인 경우 : $(2, 2), (2, 4), (2, 6)$의 3가지

(iii) $a = 3$인 경우 : $(3, 3), (3, 6)$의 2가지

(iv) $a = 4$인 경우 : $(4, 4)$의 1가지

(v) $a = 5$인 경우 : $(5, 5)$의 1가지

(vi) $a = 6$인 경우 : $(6, 6)$의 1가지

따라서 구하는 경우의 수는

$6 + 3 + 2 + 1 + 1 + 1 = 14$ 　　　　　　　　　　　**📖 14**

15 집에서 과일 가게까지 최단 거리로 가는 방법은 2가지, 과일 가게에서 병원까지 최단 거리로 가는 방법은 4가지이므로 구하는 방법의 수는

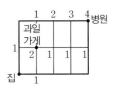

$2 \times 4 = 8$ 　　　　　　　　　　　**📖 8**

16 남학생과 여학생이 교대로 서는 경우는

남여남여남여, 여남여남여남의 2가지

각각의 경우에 대하여 남학생 3명이 한 줄로 서는 경우의 수는 $3 \times 2 \times 1 = 6$

또 여학생 3명이 한 줄로 서는 경우의 수는

$3 \times 2 \times 1 = 6$

따라서 구하는 경우의 수는

$2 \times 6 \times 6 = 72$ 　　　　　　　　　　　**📖 72**

17 천의 자리의 숫자가 1인 네 자리 자연수는

$3 \times 2 \times 1 = 6$(개)

천의 자리의 숫자가 2인 네 자리 자연수는

$3 \times 2 \times 1 = 6$(개)

이때 $6+6=12$(개)이므로 15번째 수는 천의 자리의 숫자가 3인 수이다.

따라서 13번째 수부터 차례로 나열하면 3124, 3142, 3214, 3241, …에서 15번째 수는 3214이다.　　**🖋 3214**

18 (i) $a\square\square\square$인 경우: a를 제외한 나머지 b, c, d를 한 줄로 나열하는 경우이므로

$3 \times 2 \times 1 = 6$(가지)

(ii) $b\square\square\square$인 경우: b를 제외한 나머지 a, c, d를 한 줄로 나열하는 경우이므로

$3 \times 2 \times 1 = 6$(가지)

(iii) $c\square\square\square$인 경우: c를 제외한 나머지 a, b, d를 한 줄로 나열하는 경우이므로

$3 \times 2 \times 1 = 6$(가지)

(i)~(iii)에서 $6+6+6=18$이므로 $dabc$는 19번째 문자열이고 $dacb$는 20번째 문자열이다.　　**🖋 20번째**

19 호영이와 동생을 양 끝에 세우고 아버지와 어머니를 한 묶음으로 생각하여 가운데에 호영이와 동생을 제외한 3명을 한 줄로 세우는 경우의 수는 $3 \times 2 \times 1 = 6$

이때 아버지와 어머니가 자리를 바꾸는 경우의 수는 2, 호영이와 동생이 자리를 바꾸는 경우의 수는 2이므로

구하는 경우의 수는 $6 \times 2 \times 2 = 24$　　**🖋 24**

20 (i) 1명은 남학생, 1명은 여학생이 뽑히는 경우의 수는

$4 \times 3 = 12$

(ii) 2명 모두 남학생이 뽑히는 경우의 수는

$\dfrac{4 \times 3}{2} = 6$

따라서 구하는 경우의 수는

$12 + 6 = 18$　　**🖋 18**

21 회원 수를 n명이라 하면 악수를 한 횟수는 n명 중 자격이 같은 대표 2명을 뽑는 경우의 수와 같으므로

$\dfrac{n(n-1)}{2} = 55$, $n(n-1) = 110 = 11 \times 10$

$\therefore n = 11$

따라서 구하는 모임의 회원 수는 11명이다.　　**🖋 11명**

22 5명 중에서 자신의 수험 번호가 적힌 의자에 앉는 2명을 뽑는 경우의 수는

$\dfrac{5 \times 4}{2} = 10$

A, B, C, D, E 5명 중에서 A와 B는 자신의 수험 번호가 적힌 의자에 앉고, C, D, E는 다른 사람의 수험 번호가 적힌 의자에 앉는 경우는 다음 표와 같으므로 2가지이다.

의자에 적힌 수험 번호	A	B	C	D	E	
의자에 앉은 사람	A	B	D	E	C	2가지
	A	B	E	C	D	

따라서 구하는 경우의 수는

$10 \times 2 = 20$　　**🖋 20**

23 7개의 점 중에서 3개의 점을 선택하는 경우의 수는

$\dfrac{7 \times 6 \times 5}{3 \times 2 \times 1} = 35$

이때 한 직선 위에 있는 4개의 점 A, B, C, D 중에서 3개의 점을 선택하는 경우에는 삼각형이 만들어지지 않으므로 삼각형이 만들어지지 않는 경우의 수는

$\dfrac{4 \times 3 \times 2}{3 \times 2 \times 1} = 4$

따라서 구하는 삼각형의 개수는

$35 - 4 = 31$(개)　　**🖋 31개**

24 만들 수 있는 사각형의 개수는 가로줄 중에서 2개, 세로줄 중에서 2개를 선택하는 경우의 수와 같다.

3개의 가로줄 중에서 2개를 선택하는 경우의 수는

$\dfrac{3 \times 2}{2} = 3$

또 5개의 세로줄 중에서 2개를 선택하는 경우의 수는

$\dfrac{5 \times 4}{2} = 10$

따라서 만들 수 있는 사각형의 개수는

$3 \times 10 = 30$(개)　　**🖋 ③**

25 A에 칠할 수 있는 색은 5가지,

B에 칠할 수 있는 색은 A에 칠한 색을 제외한 4가지,

C에 칠할 수 있는 색은 B에 칠한 색을 제외한 4가지,

D에 칠할 수 있는 색은 C에 칠한 색을 제외한 4가지,

E에 칠할 수 있는 색은 D에 칠한 색을 제외한 4가지이다.

따라서 구하는 경우의 수는

$5 \times 4 \times 4 \times 4 = 1280$　　**🖋 1280**

서술형 대비 문제

본문 205~206쪽

1-1 72 **2**-1 60 **3** 9 **4** 9
5 36개 **6** 30

이렇게 풀어요

1-1 **1단계** 수학책 3권, 영어책 2권을 각각 한 묶음으로 생각하여 3권을 한 줄로 꽂는 경우의 수는
$3 \times 2 \times 1 = 6$
2단계 수학책 3권끼리 자리를 바꾸는 경우의 수는
$3 \times 2 \times 1 = 6$
영어책 2권끼리 자리를 바꾸는 경우의 수는
$2 \times 1 = 2$
3단계 따라서 구하는 경우의 수는
$6 \times 6 \times 2 = 72$　　　　　　**目 72**

2-1 **1단계** 6명 중에서 회장 1명을 뽑는 경우의 수는 6
2단계 회장 1명을 제외한 나머지 5명 중에서 총무 2명을 뽑는 경우의 수는
$\dfrac{5 \times 4}{2} = 10$
3단계 따라서 구하는 경우의 수는
$6 \times 10 = 60$　　　　　　**目 60**

3 **1단계** 두 원판에서 바늘이 가리킨 수를 순서쌍으로 나타내면
(i) 바늘이 가리킨 수의 합이 5인 경우:
$(1, 4), (2, 3), (3, 2), (4, 1)$의 4가지
2단계 (ii) 바늘이 가리킨 수의 합이 8인 경우:
$(2, 6), (3, 5), (4, 4), (5, 3), (6, 2)$의 5가지
3단계 따라서 구하는 경우의 수는
$4 + 5 = 9$　　　　　　**目 9**

단계	채점 요소	배점
1	바늘이 가리킨 수의 합이 5인 경우의 수 구하기	2점
2	바늘이 가리킨 수의 합이 8인 경우의 수 구하기	2점
3	바늘이 가리킨 수의 합이 5 또는 8인 경우의 수 구하기	2점

4 **1단계** (i) A → B → C로 가는 방법의 수:
$3 \times 2 = 6$
2단계 (ii) A → C로 바로 가는 방법의 수: 3
3단계 따라서 구하는 방법의 수는
$6 + 3 = 9$　　　　　　**目 9**

5 **1단계** 5의 배수가 되려면 일의 자리에 올 수 있는 숫자는 0 또는 5이어야 한다.
2단계 (i) □□0인 경우:
백의 자리에 올 수 있는 숫자는 0을 제외한 5개, 십의 자리에 올 수 있는 숫자는 0과 백의 자리의 숫자를 제외한 4개이므로
$5 \times 4 = 20$(개)
3단계 (ii) □□5인 경우:
백의 자리에 올 수 있는 숫자는 5와 0을 제외한 4개, 십의 자리에 올 수 있는 숫자는 5와 백의 자리의 숫자를 제외한 4개이므로
$4 \times 4 = 16$(개)
4단계 따라서 5의 배수의 개수는
$20 + 16 = 36$(개)　　　　　　**目 36개**

단계	채점 요소	배점
1	5의 배수가 될 조건 알기	2점
2	□□0인 세 자리 자연수의 개수 구하기	2점
3	□□5인 세 자리 자연수의 개수 구하기	2점
4	5의 배수의 개수 구하기	2점

6 **1단계** 두 점을 이어 만들 수 있는 반직선의 개수는 5개의 점 중에서 2개의 점을 선택하여 한 줄로 세우는 경우의 수와 같으므로
$5 \times 4 = 20$(개)
$\therefore a = 20$
2단계 세 점을 꼭짓점으로 하는 삼각형의 개수는 5개의 점 중에서 3개의 점을 선택하는 경우의 수와 같으므로
$\dfrac{5 \times 4 \times 3}{3 \times 2 \times 1} = 10$(개)
$\therefore b = 10$
3단계 $\therefore a + b = 20 + 10 = 30$　　　　**目 30**

단계	채점 요소	배점
1	a의 값 구하기	3점
2	b의 값 구하기	3점
3	$a + b$의 값 구하기	1점

2 확률

개념원리 ✏️ 확인하기　　　　　본문 210~211쪽

---

01 사건 A가 일어나는 경우의 수, 모든 경우의 수

02 (1) 6, $\dfrac{2}{3}$ (2) 3, $\dfrac{1}{3}$ 　　**03** 36, 3, $\dfrac{1}{12}$

04 (1) $\dfrac{2}{5}$ (2) $\dfrac{3}{10}$ 　　**05** 8, 3, $\dfrac{3}{8}$

06 (1) $\dfrac{1}{2}$ (2) 1 (3) 0 　　**07** $\dfrac{2}{5}$, $\dfrac{3}{5}$

08 (1) $\dfrac{1}{3}$ (2) $\dfrac{2}{3}$ 　　**09** 4, 1, $\dfrac{1}{4}$, $\dfrac{1}{4}$, $\dfrac{3}{4}$

이렇게 풀어요

01 🔖 사건 A가 일어나는 경우의 수, 모든 경우의 수

02 모든 경우의 수는 $6+3=9$

(1) 흰 공이 나오는 경우의 수는 6이므로 흰 공이 나올 확률은 $\dfrac{6}{9}=\dfrac{2}{3}$이다.

(2) 검은 공이 나오는 경우의 수는 3이므로 검은 공이 나올 확률은 $\dfrac{3}{9}=\dfrac{1}{3}$이다. 　🔖 (1) **6**, $\dfrac{2}{3}$ (2) **3**, $\dfrac{1}{3}$

03 (i) 주사위 2개를 동시에 던질 때 일어나는 모든 경우의 수는
$$6 \times 6 = 36$$
(ii) 두 주사위의 눈의 수를 순서쌍으로 나타내면 두 눈의 수의 합이 10인 경우는
$$(4, 6), (5, 5), (6, 4)$$
의 3가지이다.

⇨ 두 눈의 수의 합이 10일 확률은 $\dfrac{3}{36}=\dfrac{1}{12}$이다.

🔖 **36, 3**, $\dfrac{1}{12}$

04 (1) 카드에 적힌 수가 10의 약수인 경우는 1, 2, 5, 10의 4가지이므로 구하는 확률은 $\dfrac{4}{10}=\dfrac{2}{5}$

(2) 카드에 적힌 수가 3의 배수인 경우는 3, 6, 9의 3가지이므로 구하는 확률은 $\dfrac{3}{10}$ 　🔖 (1) $\dfrac{2}{5}$ (2) $\dfrac{3}{10}$

05 (i) 동전 3개를 동시에 던질 때 일어나는 모든 경우의 수는
$$2 \times 2 \times 2 = 8$$
(ii) 뒷면이 한 개 나오는 경우는
(뒤, 앞, 앞), (앞, 뒤, 앞), (앞, 앞, 뒤)
의 3가지이다.

⇨ 뒷면이 한 개 나올 확률은 $\dfrac{3}{8}$이다. 　🔖 **8, 3**, $\dfrac{3}{8}$

06 (1) 홀수의 눈이 나오는 경우는
1, 3, 5
의 3가지이므로 구하는 확률은
$$\dfrac{3}{6}=\dfrac{1}{2}$$
(2) 주사위의 눈의 수는 모두 6 이하이므로 6 이하의 눈이 나올 확률은 1이다.

(3) 7보다 큰 눈은 없으므로 7보다 큰 눈이 나올 확률은 0이다. 　🔖 (1) $\dfrac{1}{2}$ (2) **1** (3) **0**

07 (사건 A가 일어나지 않을 확률)
$$=1-\dfrac{2}{5}=\dfrac{3}{5}$$
🔖 $\dfrac{2}{5}$, $\dfrac{3}{5}$

08 (1) 카드에 적힌 수가 3의 배수인 경우는
3, 6, 9, 12, 15
의 5가지이므로 구하는 확률은
$$\dfrac{5}{15}=\dfrac{1}{3}$$
(2) (카드에 적힌 수가 3의 배수가 아닐 확률)
$=1-$(카드에 적힌 수가 3의 배수일 확률)
$$=1-\dfrac{1}{3}=\dfrac{2}{3}$$
🔖 (1) $\dfrac{1}{3}$ (2) $\dfrac{2}{3}$

09 (i) 동전 2개를 동시에 던질 때 일어나는 모든 경우의 수는
$$2 \times 2 = 4$$
(ii) 둘 다 앞면이 나오는 경우는 (앞, 앞)의 1가지이다.

⇨ 둘 다 앞면이 나올 확률은 $\dfrac{1}{4}$이다.

∴ (적어도 하나는 뒷면이 나올 확률)
$=1-$(둘 다 앞면이 나올 확률)
$$=1-\dfrac{1}{4}=\dfrac{3}{4}$$
🔖 **4, 1**, $\dfrac{1}{4}$, $\dfrac{1}{4}$, $\dfrac{3}{4}$

핵심문제 익히기 🔑 확인문제

1 (1) $\dfrac{2}{5}$ (2) $\dfrac{11}{25}$ **2** (1) $\dfrac{1}{2}$ (2) $\dfrac{3}{5}$

3 (1) $\dfrac{1}{5}$ (2) $\dfrac{2}{5}$ **4** $\dfrac{1}{9}$ **5** (1) 1 (2) 0

6 (1) $\dfrac{22}{25}$ (2) $\dfrac{11}{12}$ **7** (1) $\dfrac{7}{8}$ (2) $\dfrac{6}{7}$

이렇게 풀어요

1 (1) 모든 경우의 수는 $5 \times 4 = 20$

짝수인 경우는 일의 자리의 숫자가 2 또는 4이어야 한다.

(ⅰ) □2인 경우: 십의 자리에 올 수 있는 숫자는 4가지이다.

(ⅱ) □4인 경우: 십의 자리에 올 수 있는 숫자는 4가지이다.

(ⅰ), (ⅱ)에 의해 짝수인 경우의 수는 $4 + 4 = 8$

따라서 구하는 확률은 $\dfrac{8}{20} = \dfrac{2}{5}$

(2) 모든 경우의 수는 $5 \times 5 = 25$

30 이하인 경우는 십의 자리의 숫자가 1 또는 2 또는 3이어야 한다.

(ⅰ) 1□인 경우: 일의 자리에 올 수 있는 숫자는 5가지이다.

(ⅱ) 2□인 경우: 일의 자리에 올 수 있는 숫자는 5가지이다.

(ⅲ) 3□인 경우: 30의 1가지이다.

(ⅰ)~(ⅲ)에 의해 30 이하인 경우의 수는 $5 + 5 + 1 = 11$

따라서 구하는 확률은 $\dfrac{11}{25}$ 🖹 (1) $\dfrac{2}{5}$ (2) $\dfrac{11}{25}$

2 (1) 모든 경우의 수는 $\dfrac{4 \times 3}{2} = 6$

병을 제외한 나머지 3명 중에서 한 명을 뽑는 경우의 수는 3

따라서 구하는 확률은 $\dfrac{3}{6} = \dfrac{1}{2}$

(2) 모든 경우의 수는 $\dfrac{5 \times 4}{2} = 10$

남학생 1명, 여학생 1명을 뽑는 경우의 수는 $3 \times 2 = 6$

따라서 구하는 확률은 $\dfrac{6}{10} = \dfrac{3}{5}$ 🖹 (1) $\dfrac{1}{2}$ (2) $\dfrac{3}{5}$

3 (1) 모든 경우의 수는 $5 \times 4 \times 3 \times 2 \times 1 = 120$

E가 맨 뒤에 서는 경우의 수는 $4 \times 3 \times 2 \times 1 = 24$

따라서 구하는 확률은 $\dfrac{24}{120} = \dfrac{1}{5}$

(2) 모든 경우의 수는 $5 \times 4 \times 3 \times 2 \times 1 = 120$

여학생끼리 이웃하여 서는 경우의 수는

$(4 \times 3 \times 2 \times 1) \times 2 = 48$

따라서 구하는 확률은 $\dfrac{48}{120} = \dfrac{2}{5}$ 🖹 (1) $\dfrac{1}{5}$ (2) $\dfrac{2}{5}$

4 모든 경우의 수는 $6 \times 6 = 36$

$x + 2y < 6$을 만족시키는 순서쌍 (x, y)는

$(1, 1), (1, 2), (2, 1), (3, 1)$의 4가지이다.

따라서 구하는 확률은 $\dfrac{4}{36} = \dfrac{1}{9}$ 🖹 $\dfrac{1}{9}$

5 (1) 파란 공만 있으므로 구하는 확률은 1이다.

(2) 두 눈의 수의 합이 1 이하가 되는 경우는 없으므로 구하는 확률은 0이다. 🖹 (1) 1 (2) 0

6 (1) 불량품이 나올 확률은 $\dfrac{6}{50} = \dfrac{3}{25}$

따라서 구하는 확률은

$1 - \dfrac{3}{25} = \dfrac{22}{25}$

(2) 모든 경우의 수는 $6 \times 6 = 36$

두 눈의 수의 합이 10보다 큰 경우는 $(5, 6), (6, 5), (6, 6)$의 3가지이므로 그 확률은 $\dfrac{3}{36} = \dfrac{1}{12}$

따라서 구하는 확률은

$1 - \dfrac{1}{12} = \dfrac{11}{12}$ 🖹 (1) $\dfrac{22}{25}$ (2) $\dfrac{11}{12}$

7 (1) 모든 경우의 수는 $2 \times 2 \times 2 = 8$

모두 뒷면이 나오는 경우의 수는 1이므로 그 확률은 $\dfrac{1}{8}$

따라서 구하는 확률은

$1 - \dfrac{1}{8} = \dfrac{7}{8}$

(2) 모든 경우의 수는 $\dfrac{7 \times 6}{2} = 21$

대표 2명 모두 여학생이 뽑히는 경우의 수는

$\dfrac{3 \times 2}{2} = 3$이므로 그 확률은 $\dfrac{3}{21} = \dfrac{1}{7}$

따라서 구하는 확률은

$1 - \dfrac{1}{7} = \dfrac{6}{7}$ 🖹 (1) $\dfrac{7}{8}$ (2) $\dfrac{6}{7}$

소단원 📋 핵심문제

01 ③	**02** (1) $\dfrac{1}{2}$ (2) $\dfrac{1}{20}$	**03** $\dfrac{2}{5}$
04 ②	**05** $\dfrac{5}{36}$	**06** ④ **07** ⑤
08 (1) $\dfrac{5}{6}$ (2) $\dfrac{35}{36}$	**09** $\dfrac{7}{10}$	**10** $\dfrac{31}{32}$

이렇게 풀어요

01 모든 경우의 수는 $4+3+2=9$
파란 구슬이 나오는 경우의 수는 3
따라서 구하는 확률은
$$\dfrac{3}{9}=\dfrac{1}{3}$$
달 ③

02 (1) 모든 경우의 수는 $4\times3\times2\times1=24$
A, B가 이웃하여 서는 경우의 수는
$(3\times2\times1)\times2=12$
따라서 구하는 확률은
$$\dfrac{12}{24}=\dfrac{1}{2}$$
(2) 모든 경우의 수는 $5\times4\times3\times2\times1=120$
어머니와 아버지를 제외한 나머지 3명의 자녀를 한 줄로 세우는 경우의 수는
$3\times2\times1=6$
따라서 구하는 확률은
$$\dfrac{6}{120}=\dfrac{1}{20}$$
달 (1) $\dfrac{1}{2}$ (2) $\dfrac{1}{20}$

03 모든 경우의 수는 $5\times4=20$
3의 배수인 경우는
12, 15, 21, 24, 42, 45, 51, 54
의 8가지
따라서 구하는 확률은
$$\dfrac{8}{20}=\dfrac{2}{5}$$
달 $\dfrac{2}{5}$

04 모든 경우의 수는 $\dfrac{10\times9}{2}=45$
대표 2명 모두 2학년 학생이 뽑히는 경우의 수는
$\dfrac{6\times5}{2}=15$
따라서 구하는 확률은 $\dfrac{15}{45}=\dfrac{1}{3}$
달 ②

05 모든 경우의 수는 $6\times6=36$
x에 대한 방정식 $2ax-b=0$에서 $x=\dfrac{b}{2a}$
이때 $\dfrac{b}{2a}$가 자연수이려면 b는 $2a$의 배수이어야 한다.
이를 만족시키는 a, b의 순서쌍 $(a,\ b)$는
$(1,\ 2)$, $(1,\ 4)$, $(1,\ 6)$, $(2,\ 4)$, $(3,\ 6)$의 5가지
따라서 구하는 확률은 $\dfrac{5}{36}$
달 $\dfrac{5}{36}$

06 ① 뒷면이 나올 확률은 $\dfrac{1}{2}$이다.
② 모든 경우의 수는 $2\times2=4$이고, 앞면이 2개 나오는 경우를 순서쌍으로 나타내면 (앞, 앞)의 1가지이므로 그 확률은 $\dfrac{1}{4}$
③ 홀수의 눈이 나오는 경우는 1, 3, 5의 3가지이므로 그 확률은 $\dfrac{3}{6}=\dfrac{1}{2}$
④ 주사위의 눈의 수는 모두 6 이하이므로 그 확률은 1이다.
⑤ 두 주사위의 눈의 수의 합이 12보다 큰 경우는 없으므로 그 확률은 0이다.
달 ④

07 ② $p+q=1$
③ $p=1-q$
④ $0\le p\le1$
달 ⑤

08 (1) 모든 경우의 수는 $6\times6=36$
서로 같은 눈이 나오는 경우는
$(1,\ 1)$, $(2,\ 2)$, $(3,\ 3)$, $(4,\ 4)$, $(5,\ 5)$, $(6,\ 6)$
의 6가지이므로 그 확률은
$$\dfrac{6}{36}=\dfrac{1}{6}$$
따라서 구하는 확률은
$$1-\dfrac{1}{6}=\dfrac{5}{6}$$
(2) 모든 경우의 수는 $6\times6=36$
두 눈의 수의 합이 3 미만인 경우는 $(1,\ 1)$의 1가지이므로 그 확률은 $\dfrac{1}{36}$
따라서 구하는 확률은
$$1-\dfrac{1}{36}=\dfrac{35}{36}$$
달 (1) $\dfrac{5}{6}$ (2) $\dfrac{35}{36}$

09 모든 경우의 수는 $\dfrac{5 \times 4}{2} = 10$

2개 모두 검은 공이 나오는 경우의 수는 $\dfrac{3 \times 2}{2} = 3$이므로

그 확률은 $\dfrac{3}{10}$

따라서 구하는 확률은

$1 - \dfrac{3}{10} = \dfrac{7}{10}$ 　　　　　　　　🖺 $\dfrac{7}{10}$

10 모든 경우의 수는 $2 \times 2 \times 2 \times 2 \times 2 = 32$

5문제 모두 틀리는 경우의 수는 1이므로 그 확률은 $\dfrac{1}{32}$

따라서 구하는 확률은

$1 - \dfrac{1}{32} = \dfrac{31}{32}$ 　　　　　　　　🖺 $\dfrac{31}{32}$

---

02 **확률의 계산**

개념원리 📖 확인하기
본문 219쪽

01 $\dfrac{1}{18}, \dfrac{5}{36}, \dfrac{1}{18}, +, \dfrac{5}{36}, \dfrac{7}{36}$

02 $\dfrac{1}{2}, \dfrac{1}{2}, \dfrac{1}{2}, \times, \dfrac{1}{2}, \dfrac{1}{4}$

03 (1) $\dfrac{2}{5}, \dfrac{2}{5}, \dfrac{2}{5}, \times, \dfrac{2}{5}, \dfrac{4}{25}$

　　(2) $\dfrac{2}{5}, \dfrac{1}{4}, \dfrac{2}{5}, \times, \dfrac{1}{4}, \dfrac{1}{10}$

이렇게 풀어요

01 모든 경우의 수는 $6 \times 6 = 36$

(i) 두 눈의 수의 합이 3인 경우는

　$(1, 2), (2, 1)$

　의 2가지이므로 그 확률은 $\dfrac{2}{36} = \dfrac{1}{18}$

(ii) 두 눈의 수의 합이 8인 경우는

　$(2, 6), (3, 5), (4, 4), (5, 3), (6, 2)$

　의 5가지이므로 그 확률은 $\dfrac{5}{36}$

⇨ (두 눈의 수의 합이 3 또는 8일 확률)

　$= \dfrac{1}{18} + \dfrac{5}{36} = \dfrac{7}{36}$ 　🖺 $\dfrac{1}{18}, \dfrac{5}{36}, \dfrac{1}{18}, +, \dfrac{5}{36}, \dfrac{7}{36}$

02 (i) 동전에서 뒷면이 나올 확률은 $\dfrac{1}{2}$

(ii) 주사위에서 짝수의 눈이 나오는 경우는 2, 4, 6의 3가

　지이므로 그 확률은 $\dfrac{3}{6} = \dfrac{1}{2}$

⇨ (동전은 뒷면이 나오고 주사위는 짝수의 눈이 나올 확률)

　$= \dfrac{1}{2} \times \dfrac{1}{2} = \dfrac{1}{4}$ 　🖺 $\dfrac{1}{2}, \dfrac{1}{2}, \dfrac{1}{2}, \times, \dfrac{1}{2}, \dfrac{1}{4}$

03 (1) (i) A가 당첨 제비를 뽑을 확률은 $\dfrac{2}{5}$

　(ii) A가 뽑은 제비를 다시 넣으므로 B가 당첨 제비를

　　뽑을 확률도 $\dfrac{2}{5}$

　⇨ A, B가 모두 당첨 제비를 뽑을 확률은

　　$\dfrac{2}{5} \times \dfrac{2}{5} = \dfrac{4}{25}$

(2) (i) A가 당첨 제비를 뽑을 확률은 $\dfrac{2}{5}$

　(ii) A가 뽑은 제비를 다시 넣지 않으므로 B가 당첨 제

　　비를 뽑을 확률은 $\dfrac{1}{4}$

　⇨ A, B가 모두 당첨 제비를 뽑을 확률은

　　$\dfrac{2}{5} \times \dfrac{1}{4} = \dfrac{1}{10}$

🖺 (1) $\dfrac{2}{5}, \dfrac{2}{5}, \dfrac{2}{5}, \times, \dfrac{2}{5}, \dfrac{4}{25}$ (2) $\dfrac{2}{5}, \dfrac{1}{4}, \dfrac{2}{5}, \times, \dfrac{1}{4}, \dfrac{1}{10}$

핵심문제 익히기 🔑 확인문제
본문 220~223쪽

1 $\dfrac{7}{12}$	**2** $\dfrac{9}{31}$	**3** $\dfrac{2}{5}$	**4** 0.06
5 $\dfrac{1}{3}$	**6** $\dfrac{14}{25}$	**7** $\dfrac{19}{36}$	
8 (1) $\dfrac{12}{49}$ (2) $\dfrac{2}{7}$		**9** $\dfrac{1}{10}$	**10** $\dfrac{15}{16}$
11 $\dfrac{9}{64}$			

이렇게 풀어요

1 모든 경우의 수는 12

카드에 적힌 수가 소수인 경우는 2, 3, 5, 7, 11의 5가지

이므로 그 확률은 $\dfrac{5}{12}$

카드에 적힌 수가 6의 배수인 경우는 6, 12의 2가지이므

로 그 확률은 $\dfrac{2}{12}$

따라서 구하는 확률은 $\dfrac{5}{12} + \dfrac{2}{12} = \dfrac{7}{12}$ 　🖺 $\dfrac{7}{12}$

2 모든 경우의 수는 31

선택한 날이 화요일인 경우는 7일, 14일, 21일, 28일의 4가지이므로 그 확률은 $\frac{4}{31}$

선택한 날이 금요일인 경우는 3일, 10일, 17일, 24일, 31일의 5가지이므로 그 확률은 $\frac{5}{31}$

따라서 구하는 확률은

$\frac{4}{31} + \frac{5}{31} = \frac{9}{31}$ 🖹 $\frac{9}{31}$

3 모든 경우의 수는 $5 \times 4 \times 3 \times 2 \times 1 = 120$

E가 맨 앞에 오는 경우의 수는 $4 \times 3 \times 2 \times 1 = 24$이므로 그 확률은 $\frac{24}{120}$

T가 맨 앞에 오는 경우의 수는 $4 \times 3 \times 2 \times 1 = 24$이므로 그 확률은 $\frac{24}{120}$

따라서 구하는 확률은

$\frac{24}{120} + \frac{24}{120} = \frac{48}{120} = \frac{2}{5}$ 🖹 $\frac{2}{5}$

4 두 타자가 연속으로 안타를 칠 확률은

$0.2 \times 0.3 = 0.06$ 🖹 **0.06**

5 A주머니에서 흰 공을 꺼낼 확률은 $\frac{2}{3}$

B주머니에서 흰 공을 꺼낼 확률은 $\frac{3}{6} = \frac{1}{2}$

따라서 구하는 확률은

$\frac{2}{3} \times \frac{1}{2} = \frac{1}{3}$ 🖹 $\frac{1}{3}$

6 내일 비가 오지 않을 확률은 $1 - \frac{30}{100} = \frac{70}{100} = \frac{7}{10}$

모레 비가 올 확률은 $\frac{80}{100} = \frac{4}{5}$

따라서 구하는 확률은

$\frac{7}{10} \times \frac{4}{5} = \frac{14}{25}$ 🖹 $\frac{14}{25}$

7 (i) A상자에서 팥빵, B상자에서 크림빵을 꺼낼 확률은

$\frac{8}{12} \times \frac{7}{12} = \frac{7}{18}$

(ii) A상자에서 크림빵, B상자에서 팥빵을 꺼낼 확률은

$\frac{4}{12} \times \frac{5}{12} = \frac{5}{36}$

따라서 구하는 확률은 $\frac{7}{18} + \frac{5}{36} = \frac{19}{36}$ 🖹 $\frac{19}{36}$

8 (1) A가 당첨 제비를 뽑을 확률은 $\frac{3}{7}$

뽑은 제비를 다시 넣으므로 B가 당첨 제비를 뽑지 못할 확률은 $\frac{4}{7}$

따라서 구하는 확률은

$\frac{3}{7} \times \frac{4}{7} = \frac{12}{49}$

(2) A가 당첨 제비를 뽑을 확률은 $\frac{3}{7}$

뽑은 제비를 다시 넣지 않으므로 B가 당첨 제비를 뽑지 못할 확률은 $\frac{4}{6} = \frac{2}{3}$

따라서 구하는 확률은

$\frac{3}{7} \times \frac{2}{3} = \frac{2}{7}$ 🖹 (1) $\frac{12}{49}$ (2) $\frac{2}{7}$

9 민주와 정혁이가 모두 불합격할 확률은

$\left(1 - \frac{3}{5}\right) \times \left(1 - \frac{3}{4}\right) = \frac{2}{5} \times \frac{1}{4} = \frac{1}{10}$ 🖹 $\frac{1}{10}$

10 두 명 모두 치료되지 않을 확률은

$\left(1 - \frac{75}{100}\right) \times \left(1 - \frac{75}{100}\right) = \frac{1}{4} \times \frac{1}{4} = \frac{1}{16}$

따라서 구하는 확률은

$1 - \frac{1}{16} = \frac{15}{16}$ 🖹 $\frac{15}{16}$

11 작은 정사각형 1개의 넓이를 x라 하면 16개의 정사각형 전체의 넓이는 $16x$이고 색칠한 부분의 넓이는 $6x$이므로 화살을 한 번 쏘아 색칠한 부분에 맞힐 확률은

$\frac{6x}{16x} = \frac{3}{8}$

따라서 구하는 확률은

$\frac{3}{8} \times \frac{3}{8} = \frac{9}{64}$ 🖹 $\frac{9}{64}$

소단원 📖 핵심문제   본문 224쪽

01 $\frac{7}{18}$ **02** $\frac{1}{15}$ **03** $\frac{4}{7}$ **04** $\frac{41}{81}$

05 $\frac{17}{20}$ **06** $\frac{5}{9}$

01 모든 경우의 수는 $6 \times 6 = 36$

(ⅰ) 두 눈의 수의 차가 2인 경우는

$(1, 3), (2, 4), (3, 1), (3, 5), (4, 2), (4, 6),$
$(5, 3), (6, 4)$

의 8가지이므로 그 확률은 $\dfrac{8}{36}$

(ⅱ) 두 눈의 수의 차가 3인 경우는

$(1, 4), (2, 5), (3, 6), (4, 1), (5, 2), (6, 3)$

의 6가지이므로 그 확률은 $\dfrac{6}{36}$

따라서 구하는 확률은

$\dfrac{8}{36} + \dfrac{6}{36} = \dfrac{14}{36} = \dfrac{7}{18}$

답 $\dfrac{7}{18}$

02 B만 문제를 맞힐 확률은 A, C는 문제를 틀리고 B는 문제를 맞힐 확률과 같으므로

$\left(1 - \dfrac{1}{2}\right) \times \dfrac{1}{3} \times \left(1 - \dfrac{3}{5}\right) = \dfrac{1}{2} \times \dfrac{1}{3} \times \dfrac{2}{5} = \dfrac{1}{15}$

답 $\dfrac{1}{15}$

03 A상자를 선택하여 흰 구슬을 꺼낼 확률은

$\dfrac{1}{2} \times \dfrac{3}{7} = \dfrac{3}{14}$

B상자를 선택하여 흰 구슬을 꺼낼 확률은

$\dfrac{1}{2} \times \dfrac{5}{7} = \dfrac{5}{14}$

따라서 구하는 확률은

$\dfrac{3}{14} + \dfrac{5}{14} = \dfrac{8}{14} = \dfrac{4}{7}$

답 $\dfrac{4}{7}$

04 2장의 카드에 적힌 수의 합이 짝수이려면 두 수가 모두 짝수이거나 모두 홀수이어야 한다.

(ⅰ) 짝수가 적힌 카드를 꺼내는 경우는

$2, 4, 6, 8$

의 4가지이므로 2장 모두 짝수가 적힌 카드를 꺼낼 확률은

$\dfrac{4}{9} \times \dfrac{4}{9} = \dfrac{16}{81}$

(ⅱ) 홀수가 적힌 카드를 꺼내는 경우는

$1, 3, 5, 7, 9$

의 5가지이므로 2장 모두 홀수가 적힌 카드를 꺼낼 확률은

$\dfrac{5}{9} \times \dfrac{5}{9} = \dfrac{25}{81}$

따라서 구하는 확률은

$\dfrac{16}{81} + \dfrac{25}{81} = \dfrac{41}{81}$

답 $\dfrac{41}{81}$

05 두 사람 모두 약속 시간에 늦을 확률은

$\left(1 - \dfrac{3}{4}\right) \times \left(1 - \dfrac{2}{5}\right) = \dfrac{1}{4} \times \dfrac{3}{5} = \dfrac{3}{20}$

따라서 구하는 확률은

$1 - \dfrac{3}{20} = \dfrac{17}{20}$

답 $\dfrac{17}{20}$

06 세 원의 반지름의 길이의 비가 $1 : 2 : 3$이므로

각 원의 반지름의 길이를 $x, 2x, 3x$라 하면

과녁 전체의 넓이는

$\pi \times (3x)^2 = 9\pi x^2$

6점인 부분의 넓이는

$9\pi x^2 - \pi \times (2x)^2 = 5\pi x^2$

따라서 구하는 확률은

$\dfrac{5\pi x^2}{9\pi x^2} = \dfrac{5}{9}$

답 $\dfrac{5}{9}$

중단원 마무리

01 ③	**02** $\dfrac{1}{3}$	**03** $\dfrac{1}{2}$	**04** $\dfrac{1}{2}$
05 ③	**06** ⑴ $\dfrac{1}{3}$ ⑵ $\dfrac{2}{3}$		**07** ③
08 $\dfrac{1}{2}$	**09** $\dfrac{16}{25}$	**10** $\dfrac{1}{4}$	**11** $\dfrac{5}{6}$
12 $\dfrac{1}{4}$	**13** ④	**14** $\dfrac{3}{10}$	**15** $\dfrac{1}{18}$
16 $\dfrac{1}{8}$	**17** $\dfrac{17}{30}$	**18** $\dfrac{3}{8}$	**19** $\dfrac{65}{81}$
20 $\dfrac{2}{5}$	**21** $\dfrac{13}{15}$	**22** ③	**23** ②

01 ① 홀수의 눈이 나오는 경우는 1, 3, 5의 3가지이므로 그 확률은 $\dfrac{3}{6} = \dfrac{1}{2}$

② 모든 경우의 수는 $3 \times 2 \times 1 = 6$

C가 맨 앞에 서는 경우의 수는 $2 \times 1 = 2$이므로 그 확률은 $\dfrac{2}{6} = \dfrac{1}{3}$

③ 소수가 나오는 경우는 2, 3, 5의 3가지이므로 그 확률
은 $\dfrac{3}{5}$

④ 모든 경우의 수는 $2\times2=4$

둘 다 앞면이 나오는 경우는 (앞, 앞)의 1가지이므로

그 확률은 $\dfrac{1}{4}$

⑤ $\dfrac{3}{8}$

따라서 확률이 가장 큰 것은 ③ $\dfrac{3}{5}$이다.　　　　답 ③

02 모든 경우의 수는 $3\times2\times1=6$

키 순서대로 서게 되는 경우는 큰 순서대로 서는 경우와
작은 순서대로 서는 경우의 2가지이다.

따라서 구하는 확률은 $\dfrac{2}{6}=\dfrac{1}{3}$　　　　답 $\dfrac{1}{3}$

03 모든 경우의 수는 $4\times3\times2\times1=24$

부모님이 이웃하여 서서 사진을 찍는 경우의 수는

$(3\times2\times1)\times2=12$

따라서 구하는 확률은 $\dfrac{12}{24}=\dfrac{1}{2}$　　　　답 $\dfrac{1}{2}$

04 모든 경우의 수는 $\dfrac{4\times3}{2}=6$

연주가 청소 당번에 뽑히는 경우의 수는 연주를 제외한 나
지 3명 중에서 청소 당번 1명을 뽑는 경우의 수와 같으므
로 3

따라서 구하는 확률은 $\dfrac{3}{6}=\dfrac{1}{2}$　　　　답 $\dfrac{1}{2}$

05 ③ $p+q=1$이므로 $p=1-q$이다.

⑤ $q=0$이면 $p=1$이므로 사건 A는 반드시 일어난다.

답 ③

06 ⑴ 모든 경우의 수는 $3\times3\times3=27$

세 사람이 서로 비기는 경우는 모두 같은 것을 내거나
모두 다른 것을 내는 경우이다.

(i) 세 사람이 모두 같은 것을 내는 경우는

(가위, 가위, 가위), (바위, 바위, 바위), (보, 보, 보)
의 3가지이므로 그 확률은

$\dfrac{3}{27}=\dfrac{1}{9}$

(ii) 세 사람이 모두 다른 것을 내는 경우의 수는

$3\times2\times1=6$이므로 그 확률은 $\dfrac{6}{27}=\dfrac{2}{9}$

따라서 구하는 확률은

$\dfrac{1}{9}+\dfrac{2}{9}=\dfrac{3}{9}=\dfrac{1}{3}$

⑵ (승부가 결정될 확률)$=1-$(비길 확률)

$=1-\dfrac{1}{3}=\dfrac{2}{3}$　　답 ⑴ $\dfrac{1}{3}$ ⑵ $\dfrac{2}{3}$

07 모든 경우의 수는 $\dfrac{5\times4}{2}=10$

대표 2명 모두 여학생이 뽑히는 경우의 수는 $\dfrac{3\times2}{2}=3$이

므로 그 확률은 $\dfrac{3}{10}$

따라서 구하는 확률은

$1-\dfrac{3}{10}=\dfrac{7}{10}$　　　　답 ③

08 모든 경우의 수는 $4\times4\times3=48$

(i) 200 이하인 경우 :

백의 자리의 숫자가 1이어야 하므로 200 이하인 경우
의 수는 $4\times3=12$이고, 그 확률은 $\dfrac{12}{48}=\dfrac{1}{4}$

(ii) 400 이상인 경우 :

백의 자리의 숫자가 4이어야 하므로 400 이상인 경우
의 수는 $4\times3=12$이고, 그 확률은 $\dfrac{12}{48}=\dfrac{1}{4}$

따라서 구하는 확률은

$\dfrac{1}{4}+\dfrac{1}{4}=\dfrac{2}{4}=\dfrac{1}{2}$　　　　답 $\dfrac{1}{2}$

09 A팀이 이기려면 자유투 2개를 모두 성공시켜야 하고 자
유투 성공률은 $\dfrac{4}{5}$이므로 구하는 확률은

$\dfrac{4}{5}\times\dfrac{4}{5}=\dfrac{16}{25}$　　　　답 $\dfrac{16}{25}$

10 4장의 카드 중에서 L이 적힌 카드를 뽑을 확률은 $\dfrac{1}{4}$이고

2장 모두 L이 적힌 카드를 뽑을 확률은

$\dfrac{1}{4}\times\dfrac{1}{4}=\dfrac{1}{16}$

이때 2장 모두 O, V, E가 적힌 카드를 뽑을 확률도 각각

$\dfrac{1}{16}$이므로 구하는 확률은

$\dfrac{1}{16}+\dfrac{1}{16}+\dfrac{1}{16}+\dfrac{1}{16}=\dfrac{4}{16}=\dfrac{1}{4}$　　　답 $\dfrac{1}{4}$

11 두 사람이 만나지 못하려면 적어도 한 사람은 약속을 지키지 않아야 한다.

이때 두 사람이 모두 약속을 지킬 확률은

$$\frac{2}{3} \times \frac{1}{4} = \frac{1}{6}$$

따라서 구하는 확률은

$$1 - \frac{1}{6} = \frac{5}{6}$$ 　　　　　　🅐 $\frac{5}{6}$

12 홀수가 적힌 부분은 1, 3, 5, 7의 네 부분이므로 한 번 쏘아 홀수가 적힌 부분에 맞힐 확률은

$$\frac{4}{8} = \frac{1}{2}$$

따라서 구하는 확률은

$$\frac{1}{2} \times \frac{1}{2} = \frac{1}{4}$$ 　　　　　　🅐 $\frac{1}{4}$

13 빨간 구슬의 개수를 x개라 하면 노란 구슬이 나올 확률이 $\frac{1}{6}$이므로

$$\frac{2}{2+6+x} = \frac{1}{6}, \ 2+6+x = 12$$

$$\therefore x = 4$$

따라서 주머니에 들어 있는 빨간 구슬은 4개이다. 　🅐 ④

14 5개의 막대 중에서 3개를 선택하는 경우의 수는

$$\frac{5 \times 4 \times 3}{3 \times 2 \times 1} = 10$$

삼각형이 되기 위해서는

(가장 긴 변의 길이)<(나머지 두 변의 길이의 합)

을 만족시켜야 하므로 삼각형이 만들어지는 경우는

(2, 3, 4), (2, 4, 5), (3, 4, 5)의 3가지이다.

따라서 구하는 확률은 $\frac{3}{10}$ 　　　　🅐 $\frac{3}{10}$

15 모든 경우의 수는 $6 \times 6 = 36$

$x=1$을 $y=2x-a$에 대입하면

$$y = 2-a$$ 　　　　　　　 …… ㉠

$x=1$을 $y=-x+b$에 대입하면

$$y = -1+b$$ 　　　　　　 …… ㉡

㉠, ㉡에서 $2-a = -1+b$이므로

$$a+b = 3$$

이때 $a+b=3$을 만족시키는 순서쌍 (a, b)는

(1, 2), (2, 1)의 2가지이다.

따라서 구하는 확률은 $\frac{2}{36} = \frac{1}{18}$ 　🅐 $\frac{1}{18}$

16 6반이 우승하기 위해서는 세 번의 경기에서 모두 이겨야 하므로 구하는 확률은

$$\frac{1}{2} \times \frac{1}{2} \times \frac{1}{2} = \frac{1}{8}$$ 　　　　🅐 $\frac{1}{8}$

17 (ⅰ) A주머니에서 흰 공을 꺼낸 경우 B주머니에서 흰 공이 나올 확률은

$$\frac{2}{5} \times \frac{4}{6} = \frac{4}{15}$$

(ⅱ) A주머니에서 검은 공을 꺼낸 경우 B주머니에서 흰 공이 나올 확률은

$$\frac{3}{5} \times \frac{3}{6} = \frac{3}{10}$$

따라서 구하는 확률은

$$\frac{4}{15} + \frac{3}{10} = \frac{17}{30}$$ 　　　　🅐 $\frac{17}{30}$

18 공이 Q로 나오는 경우는 다음과 같이 3가지이다.

이때 각 갈림길에서 공이 어느 한쪽으로 빠져나갈 확률은 모두 $\frac{1}{2}$이므로 각 경우의 확률은 모두

$$\frac{1}{2} \times \frac{1}{2} \times \frac{1}{2} = \frac{1}{8}$$

따라서 구하는 확률은

$$\frac{1}{8} + \frac{1}{8} + \frac{1}{8} = \frac{3}{8}$$ 　　　🅐 $\frac{3}{8}$

19 4개의 공을 모두 맞힐 확률은

$$\frac{2}{3} \times \frac{2}{3} \times \frac{2}{3} \times \frac{2}{3} = \frac{16}{81}$$

따라서 구하는 확률은

$$1 - \frac{16}{81} = \frac{65}{81}$$ 　　　　🅐 $\frac{65}{81}$

20 전구에 불이 들어오지 않으려면 스위치 A, B가 모두 닫히지 않아야 하므로 구하는 확률은

$$\left(1 - \frac{1}{3}\right) \times \left(1 - \frac{2}{5}\right) = \frac{2}{3} \times \frac{3}{5} = \frac{2}{5}$$ 　🅐 $\frac{2}{5}$

21 $a \times b$가 짝수이려면 두 수 a, b 중 적어도 하나는 짝수이어야 한다.

이때 a, b가 모두 홀수일 확률은

$$\left(1-\frac{2}{3}\right) \times \left(1-\frac{3}{5}\right) = \frac{1}{3} \times \frac{2}{5} = \frac{2}{15}$$

따라서 구하는 확률은 $1-\frac{2}{15} = \frac{13}{15}$ 답 $\dfrac{13}{15}$

22 1개의 주사위를 한 번 던질 때, 5의 약수의 눈이 나오는 경우는 1, 5의 2가지이므로 그 확률은 $\frac{2}{6} = \frac{1}{3}$

B가 4회 이내에 이기려면 B가 2회에 이기거나 4회에 이겨야 한다.

(i) B가 2회에 이기려면 1회에 5의 약수의 눈이 나오지 않고 2회에 5의 약수의 눈이 나오면 되므로 그 확률은

$$\left(1-\frac{1}{3}\right) \times \frac{1}{3} = \frac{2}{3} \times \frac{1}{3} = \frac{2}{9}$$

(ii) B가 4회에 이기려면 1, 2, 3회에 5의 약수의 눈이 나오지 않고 4회에 5의 약수의 눈이 나오면 되므로 그 확률은

$$\left(1-\frac{1}{3}\right) \times \left(1-\frac{1}{3}\right) \times \left(1-\frac{1}{3}\right) \times \frac{1}{3}$$
$$= \frac{2}{3} \times \frac{2}{3} \times \frac{2}{3} \times \frac{1}{3} = \frac{8}{81}$$

따라서 구하는 확률은

$$\frac{2}{9} + \frac{8}{81} = \frac{26}{81}$$ 답 ③

23 모든 경우의 수는 $6 \times 6 = 36$

두 번 이동하여 점 P가 점 E에 위치하려면 점 P가 움직인 거리가 5로 나누었을 때의 나머지는 1이고 3의 배수이어야 하므로 6 cm 또는 21 cm 또는 36 cm이어야 한다. 즉, 주사위를 두 번 던져 나오는 눈의 수의 합이 2 또는 7 또는 12이어야 한다.

(i) 두 눈의 수의 합이 2인 경우는

$(1, 1)$의 1가지이므로 그 확률은 $\frac{1}{36}$

(ii) 두 눈의 수의 합이 7인 경우는

$(1, 6)$, $(2, 5)$, $(3, 4)$, $(4, 3)$, $(5, 2)$, $(6, 1)$

의 6가지이므로 그 확률은 $\frac{6}{36}$

(iii) 두 눈의 수의 합이 12인 경우는

$(6, 6)$의 1가지이므로 그 확률은 $\frac{1}{36}$

따라서 구하는 확률은

$$\frac{1}{36} + \frac{6}{36} + \frac{1}{36} = \frac{8}{36} = \frac{2}{9}$$ 답 ②

📰 서술형 대비 문제   본문 228~229쪽

1-1 $\dfrac{1}{2}$	**2-1** $\dfrac{19}{21}$	**3** $\dfrac{5}{36}$	**4** $\dfrac{33}{50}$
5 $\dfrac{11}{24}$	**6** $\dfrac{9}{25}$		

이렇게 풀어요

1-1 **1단계** A, B 두 주머니에서 모두 흰 공이 나올 확률은

$$\frac{3}{4} \times \frac{2}{4} = \frac{3}{8}$$

2단계 A, B 두 주머니에서 모두 검은 공이 나올 확률은

$$\frac{1}{4} \times \frac{2}{4} = \frac{1}{8}$$

3단계 따라서 구하는 확률은

$$\frac{3}{8} + \frac{1}{8} = \frac{1}{2}$$ 답 $\dfrac{1}{2}$

2-1 **1단계** 준이가 10등 안에 들지 못할 확률은

$$1-\frac{3}{7} = \frac{4}{7}$$

2단계 기쁨이가 10등 안에 들지 못할 확률은

$$1-\frac{5}{6} = \frac{1}{6}$$

3단계 ∴ (적어도 한 명은 10등 안에 들 확률)

$$= 1 - (\text{둘 다 10등 안에 들지 못할 확률})$$
$$= 1 - \frac{4}{7} \times \frac{1}{6}$$
$$= 1 - \frac{2}{21} = \frac{19}{21}$$ 답 $\dfrac{19}{21}$

3 **1단계** 모든 경우의 수는 $6 \times 6 = 36$

2단계 직선 $y = ax+b$가 점 $(1, 6)$을 지나므로

$x=1$, $y=6$을 $y=ax+b$에 대입하면

$$6 = a+b$$

3단계 이를 만족시키는 순서쌍 (a, b)는

$(1, 5)$, $(2, 4)$, $(3, 3)$, $(4, 2)$, $(5, 1)$의 5가지

4단계 따라서 구하는 확률은 $\frac{5}{36}$ 답 $\dfrac{5}{36}$

단계	채점 요소	배점
1	모든 경우의 수 구하기	2점
2	a, b 사이의 관계식 구하기	2점
3	조건을 만족시키는 순서쌍 (a, b)의 개수 구하기	2점
4	직선 $y=ax+b$가 점 $(1, 6)$을 지날 확률 구하기	1점

4 **1단계** (i) 2의 배수는 25개이므로 2의 배수가 나올 확률은
$$\frac{25}{50}$$

2단계 (ii) 3의 배수는 16개이므로 3의 배수가 나올 확률은
$$\frac{16}{50}$$

3단계 (iii) 2의 배수이면서 3의 배수, 즉 6의 배수는 8개이므로 6의 배수가 나올 확률은
$$\frac{8}{50}$$

4단계 따라서 구하는 확률은
$$\frac{25}{50}+\frac{16}{50}-\frac{8}{50}=\frac{33}{50}$$ 답 $\dfrac{33}{50}$

단계	채점 요소	배점
❶	2의 배수가 나올 확률 구하기	2점
❷	3의 배수가 나올 확률 구하기	2점
❸	6의 배수가 나올 확률 구하기	2점
❹	2의 배수 또는 3의 배수가 나올 확률 구하기	2점

5 **1단계** (i) A, B만 합격할 확률은
$$\frac{2}{3}\times\frac{3}{4}\times\left(1-\frac{1}{2}\right)=\frac{2}{3}\times\frac{3}{4}\times\frac{1}{2}=\frac{1}{4}$$

2단계 (ii) B, C만 합격할 확률은
$$\left(1-\frac{2}{3}\right)\times\frac{3}{4}\times\frac{1}{2}=\frac{1}{3}\times\frac{3}{4}\times\frac{1}{2}=\frac{1}{8}$$

3단계 (iii) A, C만 합격할 확률은
$$\frac{2}{3}\times\left(1-\frac{3}{4}\right)\times\frac{1}{2}=\frac{2}{3}\times\frac{1}{4}\times\frac{1}{2}=\frac{1}{12}$$

4단계 따라서 구하는 확률은
$$\frac{1}{4}+\frac{1}{8}+\frac{1}{12}=\frac{11}{24}$$ 답 $\dfrac{11}{24}$

단계	채점 요소	배점
❶	A, B만 합격할 확률 구하기	2점
❷	B, C만 합격할 확률 구하기	2점
❸	A, C만 합격할 확률 구하기	2점
❹	2명만 합격할 확률 구하기	1점

6 **1단계** 비가 온 날의 다음 날에 비가 올 확률은 $\dfrac{2}{5}$이므로 비가 온 날의 다음 날에 비가 오지 않을 확률은
$$1-\frac{2}{5}=\frac{3}{5}$$이다.

2단계 (i) 화요일에 비가 왔을 때, 수요일에 비가 오고 목요일에 비가 올 확률은
$$\frac{2}{5}\times\frac{2}{5}=\frac{4}{25}$$

3단계 (ii) 화요일에 비가 왔을 때, 수요일에 비가 오지 않고 목요일에 비가 올 확률은
$$\frac{3}{5}\times\frac{1}{3}=\frac{1}{5}$$

4단계 따라서 구하는 확률은
$$\frac{4}{25}+\frac{1}{5}=\frac{9}{25}$$ 답 $\dfrac{9}{25}$

단계	채점 요소	배점
❶	비가 온 날의 다음 날에 비가 오지 않을 확률 구하기	2점
❷	수요일에 비가 오고 목요일에 비가 올 확률 구하기	2점
❸	수요일에 비가 오지 않고 목요일에 비가 올 확률 구하기	2점
❹	목요일에 비가 올 확률 구하기	1점